4G LTE 移动通信技术系列教程

路由与交换技术

ROUTING AND SWITCHING TECHNOLOGY

赵新胜 陈美娟 ◎ 主编

陈国华 卞璐 陈启彪 ◎ 副主编

人民邮电出版社

北京

图书在版编目（CIP）数据

路由与交换技术 / 赵新胜，陈美娟主编. -- 北京 ：
人民邮电出版社，2018.2
4G LTE移动通信技术系列教程
ISBN 978-7-115-47474-2

Ⅰ. ①路… Ⅱ. ①赵… ②陈… Ⅲ. ①计算机网络－
路由选择②计算机网络－信息交换机 Ⅳ. ①TN915.05

中国版本图书馆CIP数据核字(2017)第302995号

内 容 提 要

本书全面地介绍了数据通信的基本原理，从LTE承载的通信架构出发，对IP基础内容、通用数据链路层技术、常用路由协议、MPLS关键技术进行了详细介绍；同时，也对IP的后续演进协议IPv6、安全设备防火墙、SDN等进行了简单的描述。书中包含了大量的图片，同时内嵌了视频二维码，提供了在线视频学习的途径。相比传统教材而言，本书内容新颖，可操作性强，简明易懂。本书实用性强，内容覆盖了华为工程师HCNA认证的知识点，同时包含了一些现网的故障案例。通过本书内容的学习，学员能够完成华为HCNA认证。本书的故障案例也能培养学员动手解决实际问题的能力，积累现网的应用经验。

本书可以作为高校通信相关专业的教材，也可以作为华为HCNA认证培训班教材，并适合作为网络维护人员、移动通信设备销售技术支持人员和广大移动通信爱好者自学用书。

◆ 主　　编　赵新胜　陈美娟
副 主 编　陈国华　卞　璐　陈启彪
责任编辑　左仲海
责任印制　马振武
◆ 人民邮电出版社出版发行　　北京市丰台区成寿寺路11号
邮编　100164　　电子邮件　315@ptpress.com.cn
网址　http://www.ptpress.com.cn
山东华立印务有限公司印刷
◆ 开本：787×1092　1/16
印张：17.75　　　　2018年2月第1版
字数：502千字　　　　2024年12月山东第20次印刷

定价：49.80元

读者服务热线：(010)81055256　印装质量热线：(010)81055316
反盗版热线：(010)81055315
广告经营许可证：京东市监广登字20170147号

“4G LTE移动通信技术系列教程”编委会

序 PREFACE

当前，在云计算、大数据、物联网、移动互联网、人工智能等新领域出现人才奇缺状况。习近平总书记指出：“我们对高等教育的需要比以往任何时候都更加迫切，对科学知识和卓越人才的渴求比以往任何时候都更加强烈”。国民经济与社会信息化和现代服务业的迅猛发展，对电子信息领域的人才培养提出了更高的要求，而电子信息类专业又是许多高等学校的传统专业、优势专业和主干专业，也是近年来发展最快、在校人数最多的专业之一。

为此，高校必须深化机制体制改革，推进人才培养模式创新，进一步深化产教融合、校企合作、协同育人，促进人才培养与产业需求紧密衔接，有效支撑我国产业结构深度调整、新旧动能接续转换。机制体制改革关键之一就是深入推进产学合作、产教融合、科教协同，通过校企联合制定培养目标和培养方案、共同建设课程与开发教程、共建实验室和实训实习基地、合作培养培训师资和合作开展研究等，鼓励行业企业参与到教育教学各个环节中，促进人才培养与产业需求紧密结合。要按照工程逻辑构建模块化课程，梳理课程知识点，开展学习成果导向的课程体系重构，建立工作能力和课程体系之间的对应关系，构建遵循工程逻辑和教育规律的课程体系。

由高校教学一线的教育工作者与华为技术有限公司、浙江华为通信技术有限公司的技术专家联合成立编委会，共同编写“4G LTE 移动通信技术系列教程”，将移动通信系统的基础理论与华为技术有限公司相关系列产品深度融合，构建完善的移动通信理论知识和工程技术体系，搭建基础理论到工程实践的知识桥梁，目标是培养具备扎实理论基础，从事工程实践的优秀应用型人才。

“4G LTE 移动通信技术系列教程”包括《移动通信技术》《网络规划与优化技术》《路由与交换技术》和《传输网络技术》四本教材，基本涵盖了通信系统的交换、传输、接入和通信等核心内容。系列教程有效融合华为技能认证课程体系，将理论教学与工程实践融为一体。教材配套华为 ICT 学堂在线视频，置入华为工程现场实际案例，读者既可以学习到前沿知识，又可以掌握相关岗位所需的能力。

我很高兴看到这套教材的出版，希望读者在学习后，能够构建起完备的移动通信知识体系，掌握相关的实用工程技能，成为电子信息领域的优秀应用型人才。

教育部电子信息与电气工程专业认证委员会学术委员会副主任委员
北京交通大学
谈振辉
2017 年 12 月

前言 FOREWORD

伴随着物联网、车联网、吉比特宽带接入等技术的逐渐成熟和应用，互联网开始在方方面面影响我们的生活。无线接入技术、光传输技术、IP 承载技术、认证和鉴权技术，则共同构筑了便利的互联网接入。在这其中，介于底层光信号传输层和上层业务处理层之间的 IP 层网络技术，起到了举足轻重的作用。通过 IP 网络的构建，我们能够实现不同区域、不同用户、不同终端之间的数据通信和应用的互通，为广泛而丰富的互联网应用提供坚实的基础。

本书主要介绍了数据通信的基本原理，以 4G LTE 承载为主线，同时结合 TCP/IP 分层模型的架构，从物理层、数据链路层、网络层分层介绍了 4G 业务承载中用到的常见协议和工作原理。数据通信基础章节主要介绍了数据通信网络中的基本概念、常见网络类型，以及局域网、广域网等常见网络技术。数据链路层技术及应用章节主要介绍了 VLAN、STP、VRRP、链路聚合等二层技术的工作原理，以及通过配置华为设备实现现网部署的应用案例。网络层路由技术章节则对 RIP、OSPF、ISIS、BGP 这四大协议进行了介绍。通过对协议的学习和配置练习，读者能够对路由的概念有比较深刻的理解。MPLS 技术章节对当今承载实现的主流技术进行了介绍。基于业务安全的考虑，现网业务部署基本会选择 VPN 方案。MPLS 作为常见的 VPN 实现技术，在现网中有着广泛的用途，而在 MPLS VPN 的实现中，又可以分为二层 VPN 和三层 VPN 两种实现方式。IPv6、防火墙、SDN 这 3 个章节，则代表了网络以后的发展趋势。目前网络的发展，IPv4 地址的局限逐渐显露，安全问题也越来越受到关注。网络规模的扩大，也增加了维护的难度，对于自动运维的需求也逐渐变得强烈。当前情况下，IPv6 技术趋于成熟，防火墙的安全防范受到更多的关注，SDN 的智能运维讨论如火如荼。本书通过对这 3 个章节的介绍，学员能够对现今的网络形态有一个基本的认知，打开继续学习的大门。

本书的内容适合高校通信类专业的学生、运营商的设备维护人员、通信技术类公司等行业从业人员学习。本书穿插了很多在线视频二维码，读者可以通过扫描二维码在线观看相关技术视频，帮助消化吸收知识内容。完成本书的学习，读者能够掌握 LTE 产品工程师需要具备的各项技能。

本书的参考学时为 48～64 学时，建议采用理论实践一体化教学模式，各章节的参考学时见下面的学时分配表。

学时分配表

章　节	课程内容	学　时
第 1 章	数据通信基础	6～8
第 2 章	数据链路层技术及应用	10～12
第 3 章	网络层路由技术	12～16
第 4 章	MPLS 技术	12~14（选修）
第 5 章	IPv6	2～4
第 6 章	防火墙	2～4
第 7 章	SDN	2~4
课程考评		2
课时总计		48～64

本书由赵新胜、陈美娟任主编，陈国华、卞璐和陈启彪任副主编。由于编者水平和经验有限，书中难免有不妥及疏漏之处，恳请读者批评指正。读者可登录人民邮电出版社教育社区（www.ryjiaoyu.com）下载本书相关资源。

编　者

2017 年 10 月

目录　CONTENTS

Communication

Chapter

1

第 1 章 数据通信基础

通信技术应用在生活中的方方面面，如电报、电话、互联网，以及现在非常热门的移动支付。这些功能的实现都离不开网络的支持。在本章中将介绍数据通信基础知识，包括 OSI 参考模型、以太网、广域网、IP 协议等知识。

课堂学习目标

- 了解数据通信网络架构及演进历史
- 掌握网络互联的基础概念
- 了解以太网技术和广域网技术
- 掌握 IP 编址与子网划分的原理

1.1 移动通信网络

通信网络业务移动化、宽带化和 IP 化的趋势日益明显，移动通信技术处于网络技术演进的关键时期。长期演进（Long-Term Evolution，LTE）/系统架构演进（System Architecture Evolution，SAE）作为下一代移动通信的统一标准，具有高频谱效率、高峰值速率、高移动性和网络架构扁平化等多种优势。

1.1.1 移动通信网络架构

整个移动通信网络架构分为 3 个部分：无线基站设备、移动承载网络和核心网。图 1-1 中，数据通信设备位于网络的中间，连接起无线基站和核心网服务器，承担着数据转发的重要功能。

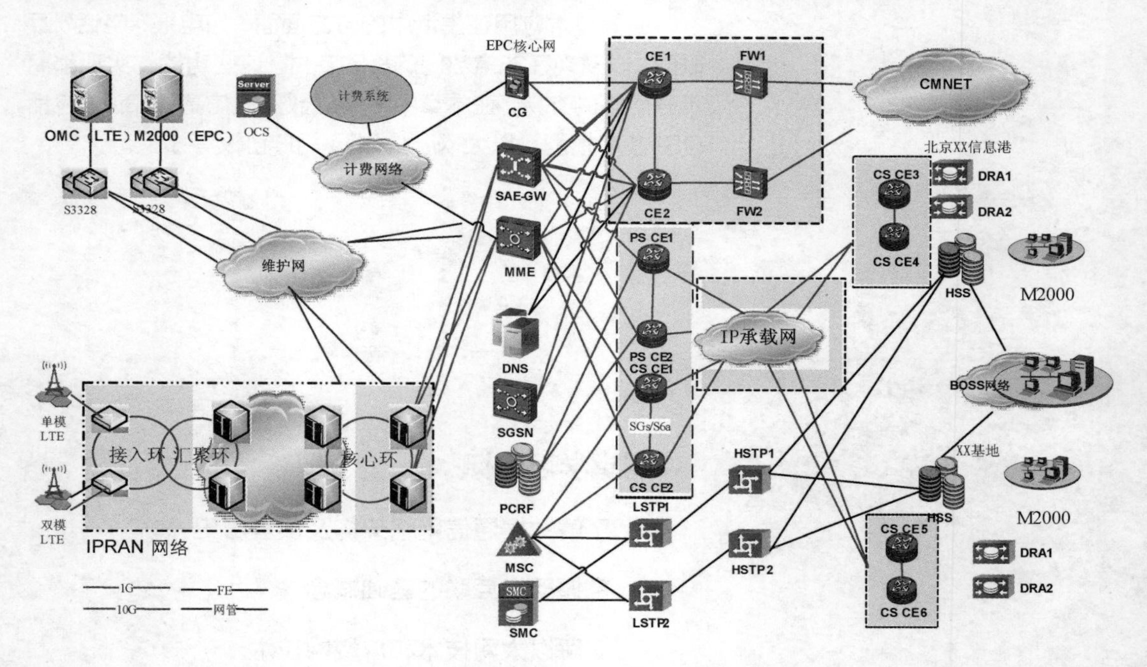

图 1-1　移动通信网络架构

本书作为 4G LTE 移动通信技术系列教程丛书中的《路由与交换技术》分册，主要侧重于 IP 承载网络相关内容的介绍，无线基站和核心网部分的技术内容详见其他分册，本书不再涉及。

移动通信网络架构中的移动承载网络部分，在整个网络结构中承担的是“管道”的功能，具体的功能实现又可以为两个部分：无线回传网络（Radio Access Network，RAN）和 IP 承载网络。如图 1-2 所示，基站和基站控制器之间的 IP 网络负责将无线基站侧的数据上送基站控制器，这部分网络我们称为无线回传网络；核心网服务器设备之间的 IP 网络则负责提供核心网设备间的 IP 互联通道，我们称为 IP 承载网络。

无线回传网络，主要作用是接入无线侧基站的业务。2G 时代，主流使用 SDH 等方式进行业务承载；到 3G 和 4G 时代，主要借助 IP 化的方式进行业务承载。使用 IP 技术进行业务承载的无线回传网络，也称为基于 IP 的无线接入网络（IP Radio Access Network，IPRAN），国外的普遍叫法为 IP Mobile Backhaul。

IP 承载网络，主要作用是实现核心网各功能服务器之间的业务互通和与 Internet 的互访连接。核心网中实现无线终端语音呼叫和上网访问功能的服务器包括移动性管理实体（Mobility Management Entity，

MME）、服务网关（Service Gateway，SGW）、PDN 网关（PDN Gateway，PGW）、策略和计费规则功能（Policy and Charging Rules Function，PCRF）、归属用户服务器（Home Subscriber Server，HSS）等设备，这些设备位于网络中的不同位置，相互之间需要进行信令连接和数据访问，其中数据的转发就是通过 IP 承载网络实现的。

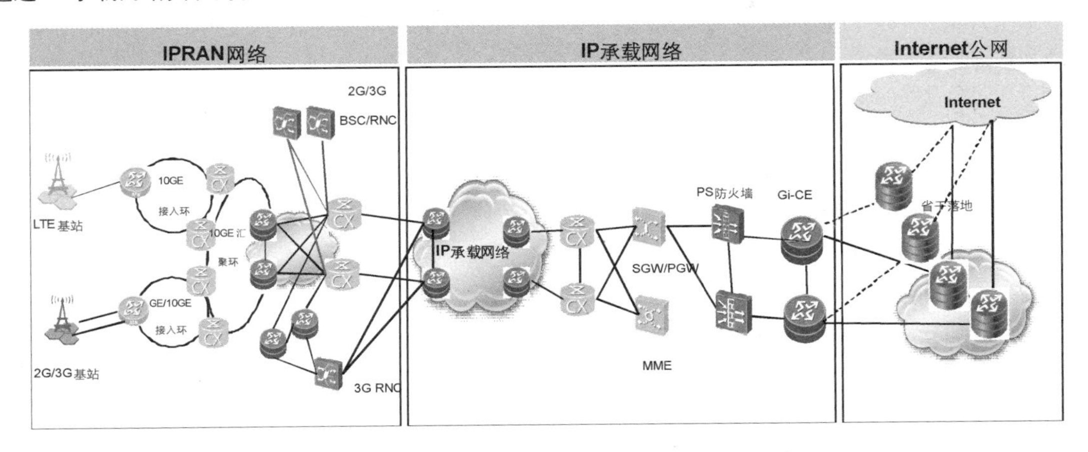

图 1-2　移动通信中的承载网络

1.1.2　ALL IP 的发展趋势

移动互联业务的迅猛发展，对传送网络提出了更高的要求：容量更大，成本更低，快速灵活的部署和业务调度，扩展能力强，可靠性高，网络管理及维护功能完善。

传统的多业务传送平台（Multi-Service Transmission Platform，MSTP）设备在灵活性，以及端到端业务的提供、管理、运营等方面存在诸多不足。运营成本高，必须进行改进才能满足运营商多业务发展的需求，而 IP 技术则是目前业界广泛认可的发展方向。利用多协议标签交换（Multi-Protocol Label Switching，MPLS）技术并配以完善的操作管理和维护（Operation，Administration and Maintenance，OAM）及保护倒换机制，可以实现面向连接的电信级别的业务承载。

在 2G/2.xG 移动通信网（GSM/GPRS/EDGE）中，为基站回传的语音和数据业务提供承载的主要是基于 SDH 的多业务传送平台——MSTP 技术。其中，BTS 基站一般使用 2M 的 TDM 接口，基站控制器 BSC 使用 2M 或 STM-1 的 TDM 接口，MSC/GMSC 则提供 STM-N 或 2M 的 TDM 接口，SGSN/GGSN 提供 STM-N 的 POS 接口。对于局间中继业务，各节点业务量较大，业务颗粒一般为 2M、155M、622M 或 FE/GE；对于 BTS 到 BSC 间的业务，网络业务流向集中，各节点业务量小，业务颗粒主要为 2M。

3G 本地接入网主要完成基站（Node B）与基站控制器（Radio Network Control，RNC）之间业务的接入和传送功能。相对于 2G 网络而言，3G 网络设备传输接口的显著变化是，除支持 E1/IMA EI 接口外，还应支持以太网接口（FE 和 GE），这就要求本地接入网具备多业务承载的能力，既要满足以语音业务为主的 TDM 业务承载需求，又要满足以以太网业务为主的数据业务承载需求。而且随着移动多媒体业务的发展，对本地接入网的带宽提出更高的需求，因此本地接入网必须具备大容量、高带宽、多业务、高可靠性等能力，从而实现全网层面的宽带 IP 化业务的支持。

LTE 的网络演进对于分组承载网提出了更高的要求，基站带宽更高，网络结构趋向扁平，业务功能更为复杂，引入了 X2 接口，允许基站之间进行数据转发。

IP 技术在业务容量、建设成本、网络扩容等方面体现出了远超传统传送网络的性能，成为移动回传网络的必然选择。

1.2 网络互联基础

现在是互联网的时代，网络通信在人类日常生活中发挥着越来越重要的作用，越来越多的日常活动依赖于互联网。本节将介绍以下内容。

（1）网络互联的基本概念。

（2）OSI 参考模型。

（3）TCP/IP 参考模型。

（4）数据的封装和解封装。

（5）常见协议和标准。

（6）基本网络类型和拓扑结构。

1.2.1 网络互联的基本概念

计算机网络起始于 20 世纪 60 年代，当时网络的概念主要是基于主机（Host）架构的低速串行（Serial）连接，提供应用程序执行、远程打印和数据服务功能，如图 1-3（a）所示。IBM 的系统网络架构（System Network Architecture，SNA）与非 IBM 公司的 X.25 公用数据网络是这种网络的典型例子。当时，由美国国防部资助，美国建立了基于分组交换（Packet Switching）的阿帕网（ARPANET），这个阿帕网就是今天 Internet 最早的雏形。

20 世纪 70 年代，出现了以个人计算机为主的商业计算模式，如图 1-3（b）所示。最初，个人计算机是独立的设备。由于商业计算的复杂性要求大量终端设备协同操作，局域网（Local Area Network，LAN）产生了。局域网的出现，大大降低了商业用户昂贵的打印机和磁盘费用。

20 世纪 80~90 年代，因为远程计算的需求不断增加，迫使计算机界开发出多种广域网络协议，用于满足不同计算方式下远程连接的需求，如图 1-3（c）所示。在此阶段，互联网得到了快速发展，TCP/IP（Transmission Control Protocol/Internet Protocol）被广泛应用，成为互联网的事实标准。

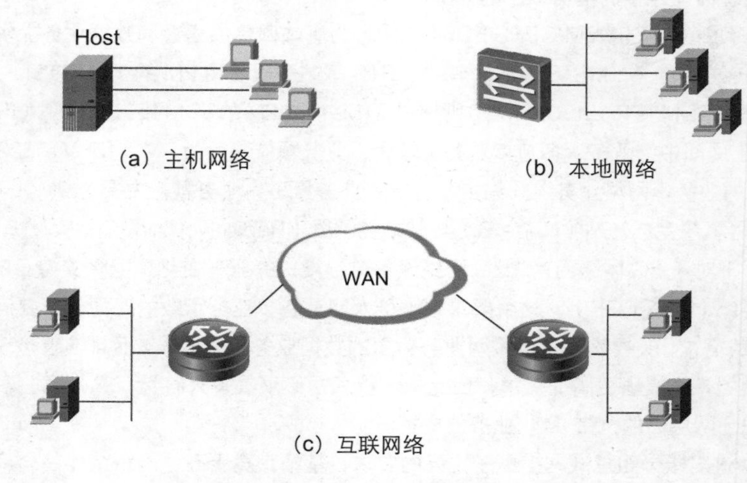

(a) 主机网络

(b) 本地网络

(c) 互联网络

图 1-3 计算机网络的发展

在实现了设备间的物理连接之后，请思考一下，应该如何实现数据上的互通。

为了方便大家理解网络互联的实现机理，可以对比生活中的例子来了解网络中数据通信的过程。

如图 1–4 所示，两台计算机通过一条网线直接连接，构成了一个最简单的网络，希望能够借助于这样的网络实现两台计算机之间的数据通信，双方可以将文本、图片、视频等信息传递给对方。

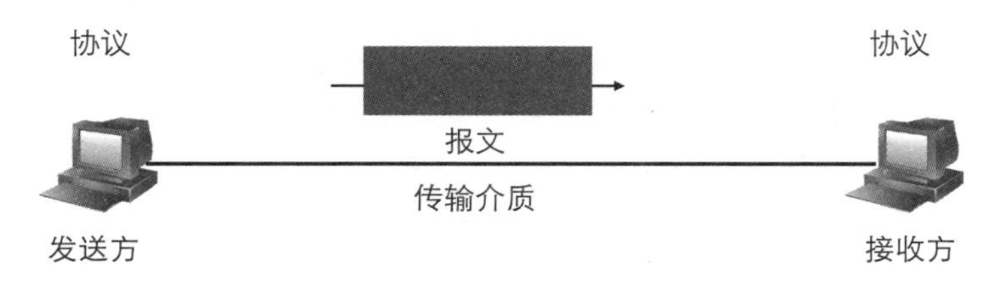

图 1–4　两台计算机直连通信

一个完整的数据通信系统由报文、发送方、接收方、传输介质和协议 5 个部分组成。以下分别对 5 个组成部分做详细的介绍。

- 报文（Message），通信中的数据块。文本、数字、图片、声音、视频等信息被编码后，以报文的形式传送。
- 发送方（Sender），发送数据报文的设备。它可以是计算机、工作站、服务器、手机等。
- 接收方（Receiver），接收报文的设备。它可以是计算机、工作站、服务器、手机、电视等。
- 传输介质（Medium），信号传送的载体。信号可以通过有线或者无线方式进行传输，局域网中常见的有线传输介质有光纤、同轴电缆、双绞线等。
- 协议（Protocol），管理数据通信的一组规则。它表示通信设备之间的一组约定。如果没有协议，即使两台设备在物理上是连通的，也不能通信。比如一个只能说汉语的人就无法与一个只能说英语的人进行语言交流。

数据通信的过程，有点类似现实生活中的物品快递服务，在流程上可以互相进行对比理解。表 1–1 描述了物品快递过程和数据通信过程的对比。

表 1-1　快递过程和数据通信过程的对比

步　骤	物品快递	数据通信
1	邮寄人准备寄件物品，妥善包装 如果是大件物品，拆成散件分别包装	发送方准备好需要传递的报文 如果文件较大，则拆分成小的数据分片
2	快递公司对邮寄物品进行包装 填写寄件人姓名、地址，收件人姓名、地址等信息	将数据分片封装成数据报文 数据报文中包含发送方和接收方的信息
3	通过查找收件人地址和姓名，确定物品快递的路径，确定转运节点 借助海陆空等方式，实现物品在各转运节点之间的传递	查找接收方的地址信息，确定数据转发路径 借助网线等介质在各转发节点上转发数据报文
4	收件人接收寄件，拆封包装 如果是大件物品，重新组装还原	目的计算机接收数据报文 如果是分片的，则重新组装数据分片，还原报文

通过表 1–1 对于数据通信过程的描述可以了解到，在数据通信过程中，要实现数据的正确传递，要具备以下的前提。

（1）发送双方地址的标识。数据转发过程中，发送方和接收方的信息应该如何标识，类似于收件人/发件人姓名和地址。

IP 网络基础——数据通信基础

（2）数据封装方式的协定。收发双方必须遵循相同的数据封装原则。譬如数据外层封装了几层包裹，每层包裹中携带了什么信息。

（3）数据信息解码。网络中，信息的表述是用二进制数字“0”“1”进行描述的。接收方要还原出具体的网络信息，譬如文字、图片、视频等信息，则必须提前协商好数据代表的具体含义。

上述的第一个问题，相信大家都能够回答，在计算机网络中，用于标识计算机的主要是 IP 地址和 MAC 地址两个参数。在本章的后续小节中，将对 IP 地址和部分常见协议进行详细介绍。接下来，首先来认识网络的分层模型。

1.2.2 OSI 参考模型

在上文中提到，一个基本的数据通信系统由 5 个部分组成，其中比较关键的一个部分是网络协议。

在计算机网络中，所谓协议，就是为了使网络中的不同设备能进行数据通信而预先制定的一整套通信各方相互了解和共同遵守的格式和约定，是一系列规则和约定的规范性描述。协议定义了网络设备之间如何进行信息交换，是网络通信的基础。只有遵从相同的协议，网络设备之间才能够通信。如果一台设备不支持用于网络互联的协议，它就无法与其他设备进行通信。

以电话为例，必须首先规定好信号的传输方式、什么信号表示发起呼叫、什么信号表示呼叫结束、出了错误怎么办、怎样表示呼叫人的号码等，这种预先规定好的格式及约定就是协议。

网络协议多种多样，例如经常提到的有超文本传输协议（Hypertext Transfer Protocol，HTTP）、文件传输协议（File Transfer Protocol，FTP）、传输控制协议（Transmission Control Protocol，TCP）、IPv4 等。譬如通过浏览器访问网站时，输入网址中的“http://”就是代表这次访问使用的协议是 HTTP。

协议分为两类：一类是各网络设备厂商自己定义的协议，称为私有协议；另一类是专门的标准机构定义的协议，称为开放式协议。私有协议只有厂商自己的设备支持，无法和其他厂商的设备互通，所以在平时应用中，各厂商会尽量遵循开放式协议。

目前现网中使用的开放式协议标准可以分为两类，包括事实标准和法定标准。事实标准是未经组织团体承认但已在应用中被广泛使用和接受的标准，法定标准是由官方认可的组织团体制定的标准。

目前，整理、研究、制定和发布开放性标准协议的组织机构主要有以下几个，如表 1-2 所示。

表 1-2　网络标准化组织机构

标准机构	组织介绍
国际标准化组织（International Organization for Standardization，ISO）	ISO 是一个全球性的非政府组织，是国际标准化领域中一个十分重要的组织，成立于 1946 年 中国是 ISO 的正式成员，代表中国参加 ISO 的国家机构是中国国家技术监督局 ISO 制定国际标准，协调世界范围内的标准化工作，与其他国际性组织合作研究有关标准化问题，促进标准化工作的开展，以利于国际物资交流和互助，并扩大知识、科学、技术和经济方面的合作
互联网工程任务组（Internet Engineering Task Force，IETF）	IETF 是一个公开性质的大型民间国际团体，成立于 1985 年底，是全球互联网最具权威的技术标准化组织，主要任务是负责互联网相关技术规范的研发和制定，当前绝大多数国际互联网技术标准出自 IETF。著名的 RFC（Request For Comments，请求评论）标准系列就是由 IETF 制定和发布的

续表

标准机构	组织介绍
电气和电子工程师协会（Institute of Electrical and Electronics Engineers，IEEE）	IEEE 是一个国际性的电子技术与信息科学工程师的协会，是目前全球最大的非营利性专业技术协会 IEEE 致力于推动电工技术在理论方面的发展和应用方面的进步，促进计算机工程、生物医学、通信到电力、航天、用户电子学等技术领域的科技和信息交流，制定和推荐电气、电子技术标准 以太网标准规范就是由 IEEE 制定发布的
国际电信联盟（International Telecommunication Union，ITU）	ITU 是联合国的一个重要专门机构 ITU 是主管信息通信技术事务的联合国机构，负责分配和管理全球无线电频谱与卫星轨道资源，制定全球电信标准，向发展中国家提供电信援助，促进全球电信发展
电子工业联盟（Electronic Industries Alliance，EIA）	EIA 是美国电子产品制造商的一个产业组织 EIA 由美国国家标准学会授权编写电子器件、消费电子产品、电信和互联网安全等方面的标准 串行通信的 RS-232、EIA-422、EIA-485 等就是由 EIA 制定的

IP 网络基础——协议和标准

网络中，为了使不同设备能够互相通信，收发双方都必须遵循同一个标准，但单一的巨大的协议会加大网络设计难度，同时也不利于分析及查找问题。因此，计算机模型中引入了分层的概念。

分层模型是一种用于开放网络的设计方法，将通信问题划分为几个小的问题（层次），每个问题对应一个层次。

为了更好地实现计算机之间的通信，分层模型需具备以下的特点。

（1）每层的功能应是明确的，并且是相互独立的，当某一层的具体实现方法更新时，只要保持上下层的接口不变，便不会对邻层产生影响。

（2）层间接口必须清晰，跨越接口的信息量应尽可能少。

（3）层数应适中。若层数太少，则造成每一层的协议太复杂。若层数太多，则体系结构过于复杂，使描述和实现各层功能变得困难。

基于以上的原则，20 世纪 60 年代以来，各大厂商为了在数据通信网络领域占据主导地位，纷纷推出了各自的网络架构体系和标准，如 IBM 公司的 SNA、Novell IPX/SPX 协议、Apple 公司的 AppleTalk 协议、DEC 公司的 DECnet。

同时，各大厂商针对自己的协议生产出了不同的硬件和软件。各个厂商的共同努力促进了网络技术的快速发展和网络设备种类的迅速增加。但是由于多种协议的并存，也使网络变得越来越复杂，而且厂商之间的网络设备大部分不能兼容，很难互相进行通信。

为了解决网络设备之间的兼容性问题，帮助各个厂商生产出可兼容的网络设备，国际标准化组织（ISO）于 1984 年提出了开放系统互联参考模型（Open System Interconnection Reference Model，OSIRM），其 7 层模型如图 1-5 所示。

OSI 参考模型在设计时，遵循了以下原则。

（1）各个层之间有清晰的边界，每层实现特定的功能。

（2）层次的划分有利于国际标准协议的制定。

（3）层的数目足够多，以避免各个层功能重复。

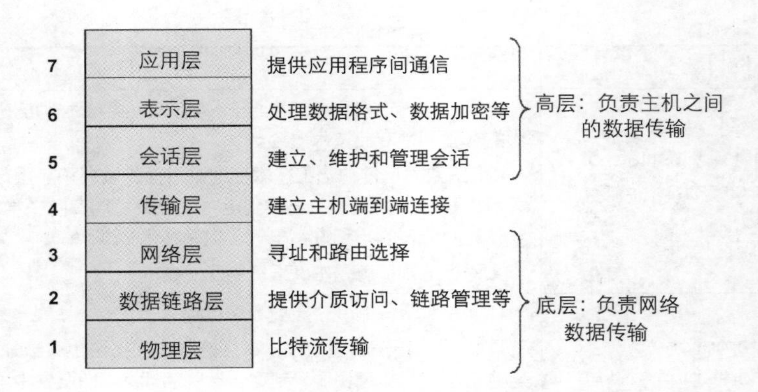

图 1-5　OSI 的 7 层模型

参考模型的设计简化了相关的网络操作，提供了即插即用的兼容性和不同厂商之间的标准接口，使各个厂商能够设计出互操作的网络设备；同时促进了标准化工作，防止一个区域网络的变化影响另一个区域的功能；在结构上进行分隔，每一个区域的网络都能单独快速升级，把复杂的网络问题分解为小的简单问题，易于学习和操作。

OSI 参考模型由下至上被分为 7 层，各层的功能如表 1-3 所示。

表 1-3　OSI 参考模型各层的功能

层　　次	功能简介
物理层	在设备之间传输比特流，规定了电平、线速和电缆针脚
数据链路层	将比特流组合成帧，实现在数据链路上以帧为单位的数据传输
网络层	提供逻辑地址，实现网络层的数据寻址
传输层	提供可靠或不可靠的数据传递，以及进行重传前的差错检测
会话层	负责建立、管理和终止表示层实体之间的通信会话
表示层	提供各种用于应用层数据的编码和转换功能，确保一个系统的应用层发送的数据能被另一个系统的应用层识别
应用层	OSI 参考模型中最靠近用户的一层，为应用程序提供网络服务

其中的第 1~3 层称为底层（Lower Layer），又叫介质层（Media Layer），主要负责数据在网络中的传送。以硬件和软件相结合的方式来实现，组成互联网络的设备通常具备下面 3 层的功能。第 4 层称为传输层，负责实现面向连接或者无连接的传输通道的建立。第 5~7 层称为高层（Upper Layer），又叫主机层（Host Layer），主要用于保障数据的正确传输，通常以软件方式来实现。

1.2.3　TCP/IP 参考模型

OSI 的 7 层协议体系结构将网络结构定义得非常清楚，理论也比较完整，但相对比较复杂，不太实用。而随着互联网的发展，TCP/IP 的 5 层体系结构得到了广泛的应用，已经成为事实上的标准。

TCP/IP 模型与 OSI 参考模型的不同点在于，TCP/IP 把表示层和会话层都归入了应用层。TCP/IP 模型由下至上依次分为物理层、数据链路层、网络层、传输层和应用层 5 个层次。图 1-6 描述了 OSI 参考模型和 TCP/IP 模型在分层结构上的区别。

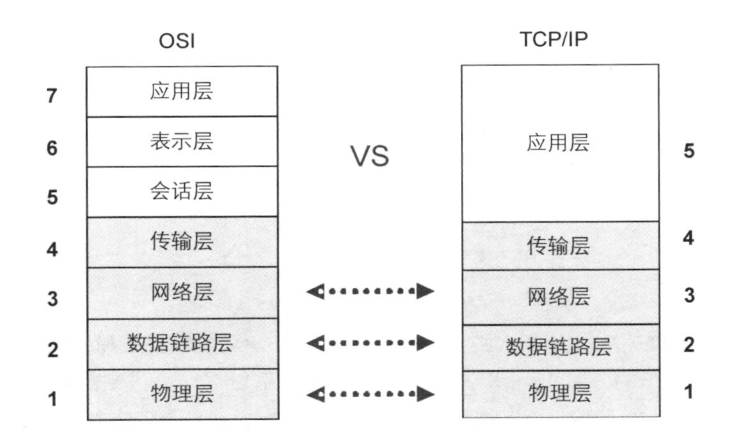

图 1-6　OSI 和 TCP/IP 模型对比

下面将对 TCP/IP 模型各层次的功能进行介绍，大家学习时可以对比表 1-3 中的 OSI 各层功能。

TCP/IP 概述

1. 物理层

物理层的作用是透明传递比特（bit）流，发送方发送 1 或者 0 的时候，接收方应当收到 1 或者 0，而不是 0 或者 1。要实现这个目的，物理层需要实现以下功能。

（1）规定介质类型、接口类型、信令类型。

（2）规范终端系统之间激活、维护和关闭物理链路的电气、机械、流程和功能等方面的要求。

（3）规范电平、数据速率、最大传输距离和物理接头等特征。

物理层标准规定了物理介质和用于将设备与物理介质相连的接头。局域网常用的物理层标准有 IEEE 制定的以太网标准 802.3、令牌总线标准 802.4、令牌环网标准 802.5，以及美国国家标准组织（ANSI）的 X3T9.5 委员会制定的光缆标准——光纤分布式数据接口（Fiber Distributed Data Interface，FDDI）等。广域网常用的物理层标准有电子工业协会和电信工业协会（EIA/TIA）制定的公共物理层接口标准 EIA/TIA-232（即 RS-232）、国际电信联盟（ITU）制定的串行线路接口标准 V.24 和 V.35，以及有关各种数字接口的物理和电气特性的标准 G.703 等。

物理层介质主要有同轴电缆（Coaxical Cable）、双绞线（Twisted Pair）、光纤（Fiber）、无线电波（Wireless Radio）等。设备有中继器和集线器，但是随着网络的发展，这两种设备已经很少使用。

2. 数据链路层

数据链路层是 OSI 参考模型中的第 2 层，介于物理层和网络层之间。它负责从上而下将源自网络层的数据封装成帧，从下而上将源自物理层的比特流划分为帧，并控制帧在物理信道上的传输，主要包括如何处理传输差错、如何调节发送速率以便与接收方相匹配，以及在两个网络实体之间进行数据链路通路的建立、维持和释放的管理。

在 IEEE 802 标准中，数据链路层又分为两个逻辑子层：逻辑链路控制子层（Logic Link Control sublayer，LLC）和介质访问控制子层（Media Access Control sublayer，MAC），如图 1-7 所示。

LLC 子层位于网络层和 MAC 子层之间，负责识别协议类型，并对数据进行封装以便通过网络进行传输。

MAC 子层负责指定数据如何通过物理线路进行传输，并向下与物理层通信。它具有物理编址、网络拓扑、线路规范、错误通知、按序传递和流量控制等功能。

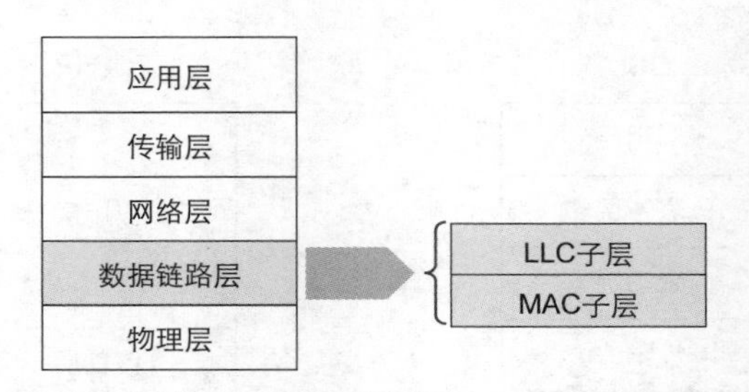

图 1-7 数据链路层

MAC 子层定义的物理编址用于唯一地标识一台网络设备，这个地址就是 MAC 地址。IEEE 规定的网络设备 MAC 地址是全球唯一的，由 48 个二进制位组成，通常用 12 位十六进制数字来表示。其中，前 6 位十六进制数字由 IEEE 统一分配给设备制造商，后 6 位十六进制数由各个厂商自行分配。例如，MAC 地址 0x00e0.fc01.2345 的前 6 位 00e0fc 即为 IEEE 统一分配给设备厂商的，而后 6 位的 012345 则是厂商自己定义的。标准不同，MAC 地址的长度及定义可能也不一致。

数据链路层中定义的协议有以太网协议（Ethernet）、高级数据链路控制（High-level Data Link Control，HDLC）、点对点协议（Point-to-Point Protocol，PPP）、帧中继（Frame Relay，FR）协议等。数据链路层常见的设备是以太网交换机。

3. 网络层

网络层负责在网络之间将数据包从源转发到目的地。在发送数据时，网络层把传输层产生的报文段加上网络层的头部信息封装成包的形式进行传送；在接收时，网络层根据对端添加的头部信息对包进行相应的处理。

网络层在整个分层结构中主要功能有两个。

（1）提供逻辑地址：网络层定义了一个地址，用于在网络层唯一标识一台网络设备。

网络层地址在 TCP/IP 模型中即为 IP 地址。IP 地址目前分为两个版本，IPv4 地址和 IPv6 地址，现阶段 IPv4 地址在现网中的应用较为广泛。IPv4 地址的常用表示方法为点分十进制，如 10.8.2.48。后续章节将对 IP 地址做详细的介绍。

（2）路由：将数据报文从某一链路转发到另一链路。

路由决定了分组包从源转发到目的地的路径。

网络层定义的协议常见的有网际协议（Internet Protocol，IP）、网际控制报文协议（Internet Control Message Protocol，ICMP）、地址解析协议（Address Resolution Protocol，ARP）、反向地址解析协议（Reverse Address Resolution Protocol，RARP）。网络层常见的设备是路由器。

4. 传输层

传输层为上层应用屏蔽了网络的复杂性，并实现了主机应用程序间端到端的连通性，主要具备以下基本功能。

（1）将应用层发往网络层的数据分段或将网络层发往应用层的数据段进行合并。

（2）建立端到端的连接，主要是建立逻辑连接以传送数据流。

（3）实现主机间的数据段传输。在传送过程中可通过计算校验以及流控制的方式保证数据的正确性，其中流控制可以避免缓冲区溢出。

（4）部分传输层协议能保证数据传送的正确性。主要是在数据传送过程中确保同一数据既不多次传送，也不丢失，以及保证数据报的接收顺序与发送顺序一致。

TCP/IP 协议栈中的传输层协议主要有两种：传输控制协议（Transmission Control Protocol，TCP）和用户数据报协议（User Datagram Protocol，UDP）。TCP 提供面向连接的、可靠的字节流服务，UDP 提供无连接的、面向数据报的服务，后续章节将对 TCP 和 UDP 做详细介绍。

5. 应用层

TCP/IP 协议栈介绍

应用层是体系结构中的最高层，直接为用户应用进程提供服务，主要功能有以下 3 类。

（1）为用户提供接口、处理特定的应用。

（2）数据加密、解密、压缩、解压缩。

（3）定义数据表示的标准。

应用层有许多协议，用来帮助用户使用和管理 TCP/IP 网络，如基于 TCP 传输层协议工作的文件传输协议（File Transfer Protocol，FTP）、远程登录协议（Telnet）、超文本传输协议、简单邮件传输协议（Simple Mail Transfer Protocol，SMTP）等；基于 UDP 工作的简单文件传输协议（Trivial File Transfer Protocol，TFTP）、简单网络管理协议（Simple Network Management Protocol，SNMP）等。其中部分协议如域名系统（Domain Name System，DNS），既可以封装在 TCP 头部中，也可以封装在 UDP 头部中。

1.2.4 数据的封装和解封装

在前面的 OSI 和 TCP/IP 分层模型中，简单介绍了每一层的功能，如传输层，主要用于建立端到端的连接，网络层则可以给报文带上 IP 地址，用于给数据报文进行地址标识。

数据的发送过程和物品的邮寄比较类似，在邮寄物品的时候，会将物品封成包裹，填上收发人的信息，数据的转发也是如此，需要给待发送的数据封装上头部报文，在报头中包含了 IP 地址、MAC 地址等信息。图 1-8 所示为数据的封装和解封装过程。

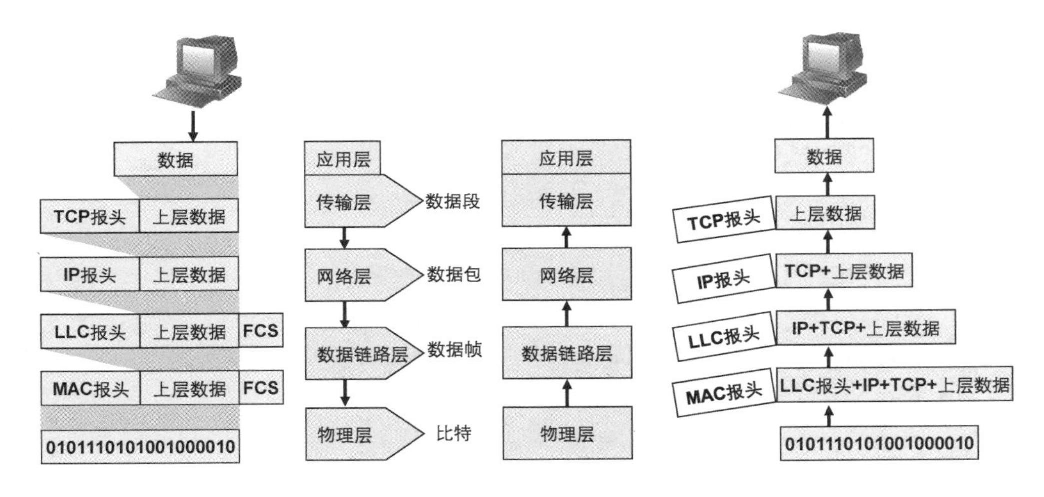

图 1-8　数据的封装和解封装

在 TCP/IP 分层结构中，对等层之间互相交互的数据被称为 PDU（协议数据单元）。PDU 在不同层有约定俗成的名称。如在传输层中，在上层数据中加入 TCP 报头后得到的 PDU 被称为数据段（Segment）；数据段被传递给网络层，网络层添加 IP 报头得到的 PDU 被称为数据包（Packet）；数据包被传递到数据链路层，封装数据链路层报头得到的 PDU 被称为数据帧（Frame）；最后，帧被转换为比特，通过网络介质传输。

假设两台主机 A 与 B 进行通信。主机 A 将某项应用通过上层协议转换上层数据后交给传输层；传输层将应用层的 PDU 作为自己的数据部分并封装传输层报头，如果报文较大，则进行分段，形成传输层的 PDU，然后传递给网络层；网络层将传输层的 PDU 作为本层的数据部分，加上网络层的头部信息，形成网络层的 PDU，传递给数据链路层；数据链路层在头部添加数据链路层的报头，形成数据帧，然后传递给物理层；物理层将数据转换为比特流，通过物理线路传送给主机 B。这种协议栈向下传递数据，并添加报头和报尾的过程就称为封装。图 1-7 中，数据链路层被表示为 LLC 和 MAC 两个逻辑子层。在实际应用中，根据协议的不同，有时候只需要封装 MAC 子层的头部信息即可。而帧检验序列（Frame Check Sequence，FCS），主要用于校验数据在传输过程中有无发生错误，是一种错误检验机制。

而当数据通过网络传输后，到达接收设备，接收方将删除添加的信息，并根据报头中的信息决定如何将数据沿协议栈上传给合适的应用程序，这个过程称为解封装。如图 1-8 右侧所示，主机 B 在物理层接收到比特流之后交给数据链路层处理，数据链路层收到报文后，从中拆离出数据链路层报文头后将数据传递给网络层，网络层收到报文后，从中拆离出 IP 报文头，交给传输层处理，传输层拆离传输头部后交给应用层。

TCP/IP 报文
封装与分片

数据的封装和解封装都是逐层处理的过程，各层都会处理上层或下层的数据，并加上或剥离到本层的封装报文头。不同设备的对等层之间依靠封装和解封装来实现相互间的通信。图 1-9 所示是通过抓包软件解析得到的一个报文，从中可以看到，从上层到下层的封装协议分别是 TCP、IP、Ethernet II。

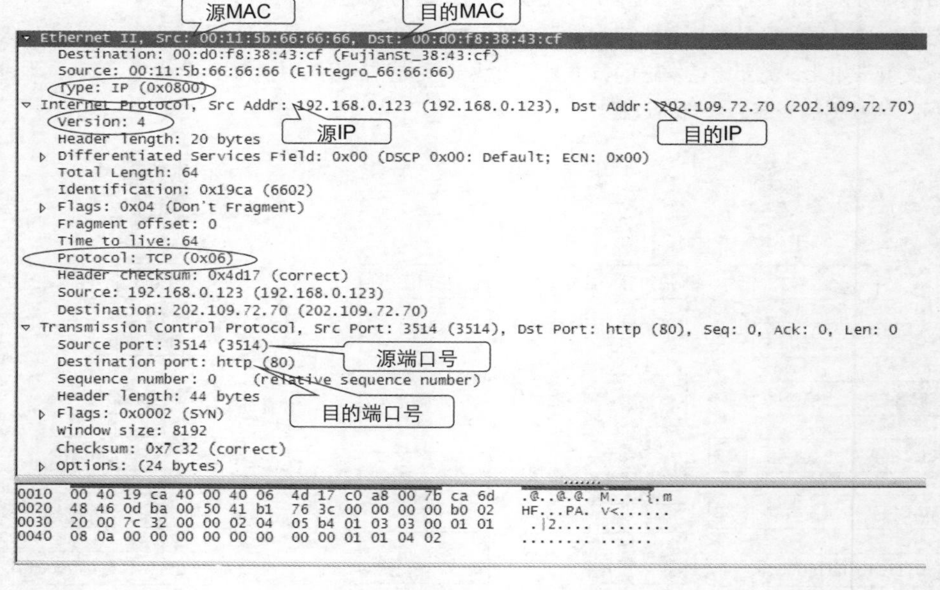

图 1-9 报文封装

1.2.5 协议和标准

上文中提到了分层结构，提到了数据的封装和解封装。从中可以了解到，信息的传递离不开协议。本小节将对一些常见的协议和标准进行介绍。

1. TCP

在 TCP/IP 分层模型中，传输层位于应用层和网络层之间，为终端主机提供端到端的连接，主要的协议有两种：TCP 和 UDP。TCP 提供面向连接的、可靠的字节流服务，而 UDP 则为用户提供简单的、面向数据报的服务。图 1-10 所示是 TCP 报文头部的格式，图 1-11 所示是通过抓包软件看到的 TCP 报文封装结构。

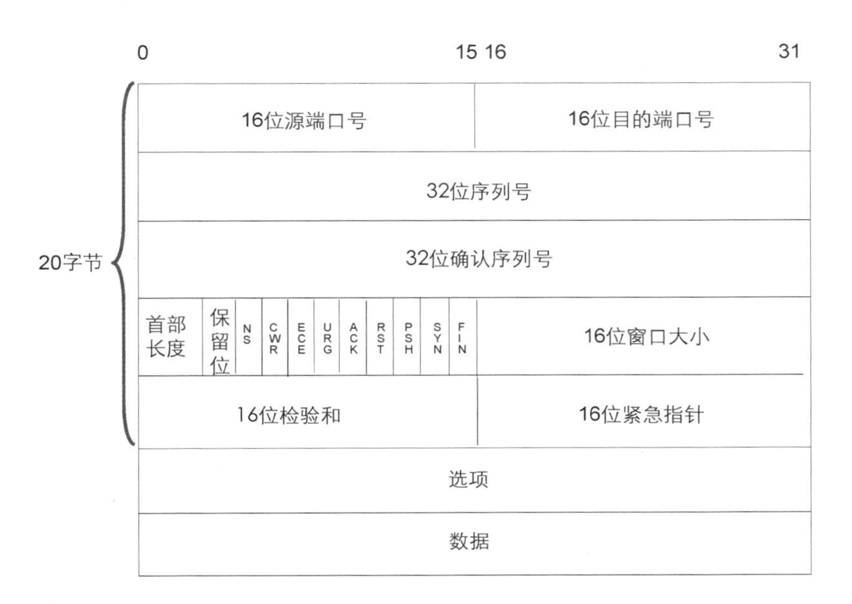

图 1-10　TCP 头部格式

```
▽ Transmission Control Protocol, Src Port: 3514 (3514), Dst Port: http (80), Seq: 0, Ack: 0, Len: 0
    Source port: 3514 (3514)
    Destination port: http (80)
    Sequence number: 0    (relative sequence number)
    Header length: 44 bytes
  ▷ Flags: 0x0002 (SYN)
    Window size: 8192
    Checksum: 0x7c32 (correct)
  ▷ Options: (24 bytes)

0010  00 40 19 ca 40 00 40 06  4d 17 c0 a8 00 7b ca 6d   .@..@.@. M....{.m
0020  48 46 0d ba 00 50 41 b1  76 3c 00 00 00 00 b0 02   HF...PA. v<......
0030  20 00 7c 32 00 00 02 04  05 b4 01 03 03 00 01 01    .|2.... ........
0040  08 0a 00 00 00 00 00 00  00 00 01 01 04 02         ........ ......
```

图 1-11　TCP 报文封装结构

TCP 数据段由头部（TCP Head）和数据（TCP Data）组成。由于 TCP 头部中用于指示头部长度的字段为 4 bit，其最大值是 15，表示最大可有 15 个 32 bit，因此 TCP 最多有 60 个字节的头部。如果没有选项字段，则 TCP 头部的长度是 20 字节。每个 TCP 段都包含源端和目的端的端口号，用于寻找发端和收端的应用进程。端口号加上 IP 头部中的源端 IP 地址和目的端 IP 地址能够唯一确定一个 TCP 连接。序列号则用来标识从 TCP 发端向 TCP 收端发送的数据字节流，它表示在这个报文段中的第一个数据字节。窗口大小用于表示接收端期望接收的字节，由于该字段为 16 bit，因而窗口大小最大为 65 535 字节。检验和则是针对整个 TCP 报文段以及部分 IP 头中的信息进行的报文验证。

传输层协议——TCP、UDP 介绍

TCP 提供的是可靠的面向连接的服务，在传送数据之前，会在收发双方之间建立一条连接通道。TCP 连接的建立是一个三次握手的过程，如图 1-12 所示。具体过程有以下 3 步。

（1）客户端（Client）发送一个 SYN 段，表示客户期望连接服务器端口，初始序列号为 a。

（2）服务器（Server）发回序列号为 b 的 SYN 段作为响应。同时设置确认序列号为客户端的序列号加 1（a+1），作为对客户端的 SYN 报文的确认。

（3）客户端设置确认序列号为服务器端的序列号加 1（b+1），作为对服务器端 SYN 报文段的确认。

这 3 个报文段完成了 TCP 连接的建立。

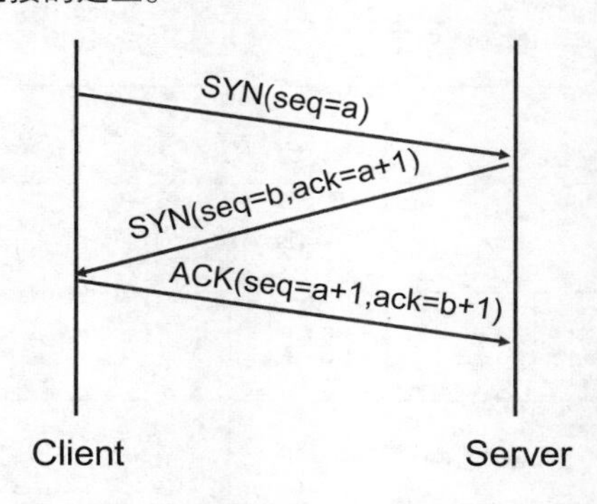

图 1-12　TCP 连接的建立过程

TCP 的可靠传输还体现在确认技术的应用方面，保证数据流从源设备准确无误地发送到目的设备。以下描述的是确认技术的工作原理。

当目的设备接收到源设备发送的数据报时，向源端发送确认报文，源设备收到确认报文后，继续发送数据报，如此重复。当源设备发送数据报后没有收到确认报文，在一定时间后（源设备在发送数据报时启动计时器，计时器开始计时到结束的时间），源设备降低数据传输速率，重发数据报，如图 1-13 所示。

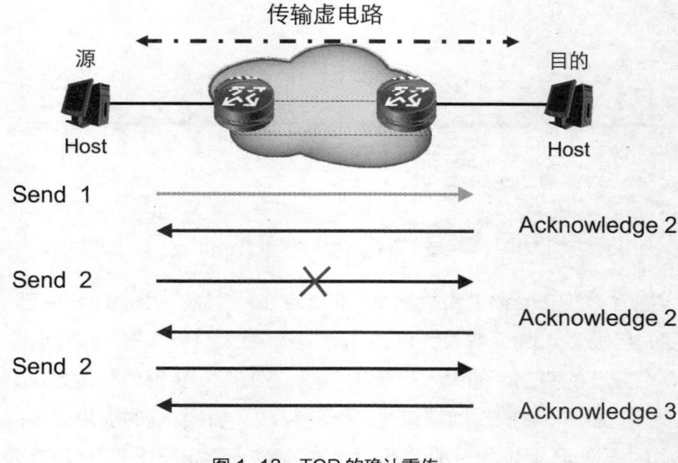

图 1-13　TCP 的确认重传

源设备与目的设备建立了一条端到端的虚链路，开始数据传输。源设备向目的设备发送 seq=n，ack=m，长度为 q 的数据报，目的设备收到数据报后，用 seq=m，ack=$n+q$ 来确认正确接收此数据报，源设备收到确认信息后，继续发送 seq=$n+q$ 起始的数据报。目的设备如果未能正确接收到数据报，则继续用 seq=m，ack=$n+q$ 的确认报文来进行确认，表示目前只正确接收到序列号为 n 的数据报。源设备收到 seq=m，ack=$n+q$ 的确认报文后，重发序列号为 n~$n+q-1$ 的数据报，当目的设备正确接收到数据报后，用 ack=$n+q$ 的报文进行确认。

TCP 在保证数据传输的可靠性的同时，还提供了多路复用、最大报文段（Maximum Segment Size，MSS）协商、窗口机制等功能。

多路复用是指多个应用程序允许同时调用传输层从而为不同的应用建立各自的连接通道。传输层把上层发来的不同应用程序数据分成段，按照先到先发（First Input First Output，FIFO）的原则（或者其他原则）发送数据段。这些数据段可以去往同一目的地，也可以去往不同目的地。

MSS 表示 TCP 传给另一端的最大报文段长度。当建立一个连接时，连接的双方都要通告各自的 MSS，协商得到 MSS 的最终值。MSS 的默认值为 536，因此它允许 IP 数据包长度为 576 字节（536 + 20 字节 IP 头部 + 20 字节 TCP 头部）。通过协商最大报文段长度值，可以更好地提高网络利用率和提升应用性能。

TCP 滑动窗口技术通过动态改变窗口大小来调节两台主机间的数据传输。每个 TCP/IP 主机支持全双工数据传输，因此 TCP 有两个滑动窗口：一个用于接收数据，另一个用于发送数据。

服务器在和客户端建立 TCP 连接后，在报文的交互过程中，服务器和客户端都会将自己的缓冲区大小（窗口大小）分别发送给对端。图 1-14 所示为滑动窗口机制，服务器通告给客户端的窗口大小为 3，而客户端通告给服务端的初始窗口大小为 4。

服务端开始发送数据，连续发 4 个单位的数据，在发送完这一波数据后，服务端暂停数据发送，需等待客户端的确认。客户端接收服务器发送过来的数据后，缓冲区逐渐被填满，这时候缓冲区中的两个报文被进程读取，缓冲区有了两个空位，于是客户端向服务器发送一个 ACK，这个报文中指示窗口大小为 2。服务器收到客户端发过来的 ACK 消息，并且知道客户端将窗口大小调整为 2，因此它只发送了 2 个单位的数据，并且等待客户端的下一个确认报文，如此反复。

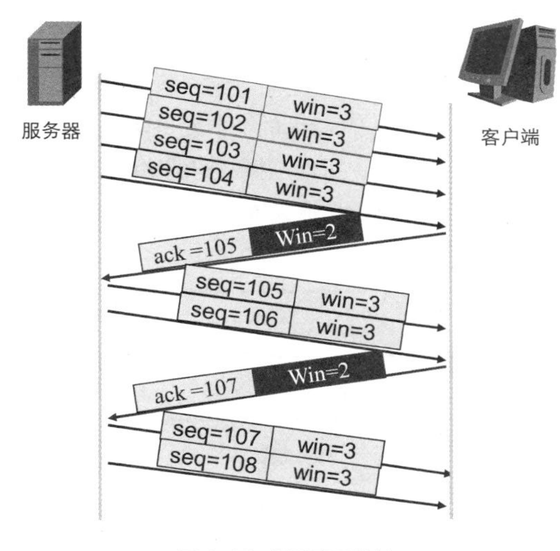

图 1-14　滑动窗口机制

2. UDP

UDP 为应用程序提供面向无连接的服务，所以在传数据之前，源端和目的端之间不必像 TCP 那样需要事先建立连接。正由于 UDP 是基于无连接的传输协议，所以 UDP 不需要去维护连接状态和收发状态，因此服务器能以多播或者广播的形式同时向多个客户端传输相同的消息。UDP 的报文头部格式如图 1-15 所示。

与 TCP 的报文头部格式进行比较，UDP 头部中不包含序列号，因此 UDP 不保证可靠性，即不保证报文能够到达目的地。UDP 更适用于对传输效率要求高的应用，如 SNMP、Radius 等。SNMP 监控网络并断续发送告警等消息，如果每次发送少量信息都需要建立 TCP 连接，无疑会降低传输效率，所以诸如 SNMP、Radius 等更注重传输效率的应用程序都会选择 UDP 作为传输层协议。图 1–16 列举了 TCP 和 UDP 之间的不同之处。

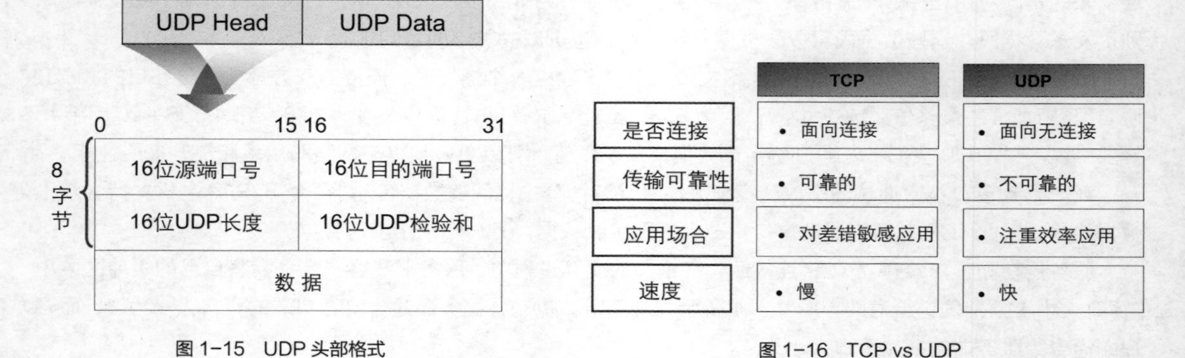

图 1–15　UDP 头部格式

图 1–16　TCP vs UDP

3. IP 协议

IP 是 TCP/IP 协议族中最为核心的协议。所有的 TCP、UDP 等数据都以 IP 数据包格式传输。IP 协议提供不可靠、无连接的数据包传送服务。

不可靠的意思是，它不能保证 IP 数据包能成功地到达目的地。IP 仅提供尽力而为的传输服务。如果发生某种错误，如某个路由器暂时用完了缓冲区，IP 有一个简单的错误处理算法，即丢弃该数据包，然后发送 ICMP 消息报给信源端。任何要求的可靠性必须由上层来提供（如 TCP）。

无连接的意思是，IP 并不维护任何关于后续数据包的状态信息。每个数据包的处理是相互独立的。这也说明，IP 数据包可以不按发送顺序接收。如果某一信源向相同的信宿发送两个连续的数据包（比如先发送 A，然后是 B），每个数据包都是独立地进行路由选择，可能选择不同的路线，因此 B 可能在 A 到达之前先到达。IPv4 头部的格式如图 1–17 所示，图 1–18 所示是抓包软件中看到的 IP 报文封装结构。

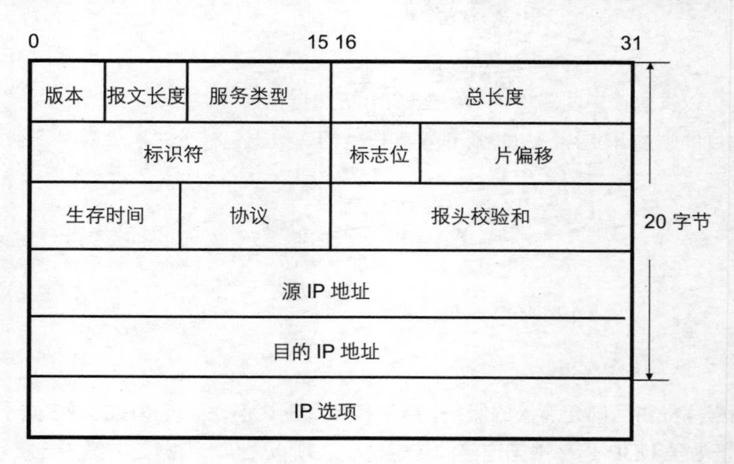

图 1–17　IPv4 头部格式

以下介绍了 IP 数据包中包含的各字段的含义。

- 版本号（Version）。IP 协议的版本号，目前的协议版本号为 4。下一代 IP 协议的版本号为 6。
- 报文长度。IP 头部的长度，字段总共 4 位，以 4 字节为单位。常规情况下取值为 5，即头部长度为 20 字节，最大取值为 15，即 IP 头部的最大长度为 60 字节。

- 服务类型（Type of Service，TOS）。共 8 位。包括一个 3 位的优先权字段（Class of Service，COS）、4 位 TOS 字段和 1 位未用位。4 位 TOS 分别代表最小时延、最大吞吐量、最高可靠性和最小费用，只能置其中一位为 1。如果所有 4 比特均为 0，那么就意味着是一般服务。COS 用于表示报文优先级。

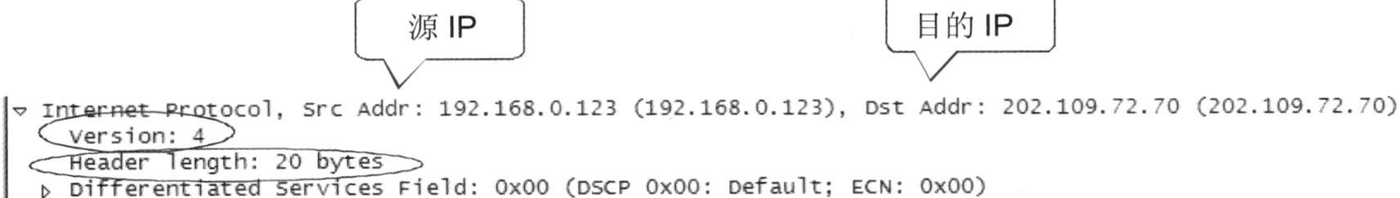

图 1-18　IP 报文封装结构

- 总长度（Total length）。整个 IP 数据包长度，包括数据部分。该字段长 16 位，所以 IP 数据包最长可达 65 535 字节。尽管可以传送一个长达 65 535 字节的 IP 数据包，但是大多数的链路层都会对它进行分片。而且，主机也要求不能接收超过 576 字节的 UDP 数据包。UDP 限制用户数据包长度为 512 字节，小于 576 字节。但是，事实上现在大多数的实现（特别是那些支持网络文件系统 NFS 的实现）允许超过 8 192 字节的 IP 数据包。
- 标识符（Identification）。在一对主机之间一定时间内唯一标识主机发送的每一份数据包。通常每发送一份报文，它的值就会加 1。一般情况下，数据链路层会限制每次发送数据帧的最大长度。如果 IP 包的长度超出了链路层的帧长，数据包就需要进行分片。分片可以发生在原始发送端主机上，也可以发生在中间路由器上。把一份 IP 数据包分片以后，只有到达目的地才进行重新组装，重组由目的端的 IP 层来完成。标识符字段的值在数据包被分片时会被复制到每个分片中，用于数据分片在目的主机上的重组。
- 标志位。占 3 比特。第一位保留，取值为 0；第二位（DF）代表报文是否可以进行分片，取值为 0 代表可以分片，取值为 1 代表不能分片；第三位（MF）代表是否为最后一个分片，取值为 0 代表该分片是最后一个分片，取值为 1 代表还有更多的分片。DF 和 MF 的取值不能同时为 1。
- 片偏移。片偏移乘以 8 指的是该分片偏移原始数据包开始处的位置。同样用于目的主机的分片重组。
- 生存时间（Time to Live，TTL）。数据包可以经过的路由器数目。每经过一个路由器，TTL 值就会减 1，当该字段值为 0 时，数据包将被丢弃。
- 协议。在数据包内传送的上层协议，和端口号类似，IP 协议用协议号区分上层协议。例如，协议字段取值 6 代表上层协议是 TCP，取值为 17 代表上层协议是 UDP。
- 报头校验和（Head checksum）。IP 头部的校验和，用于收端检查报文头部的完整性。源 IP 地址和目的 IP 地址字段标识数据包的源端设备和目的端设备。

● 源 IP 地址和目的 IP 地址。标识数据包的源端地址和目的端地址。

1.2.6 网络类型和拓扑结构

互联网是由大大小小的网络、设备连接起来的大网络。而网络类型可以根据覆盖的地理范围，划分成局域网和广域网，如图 1–19 所示。

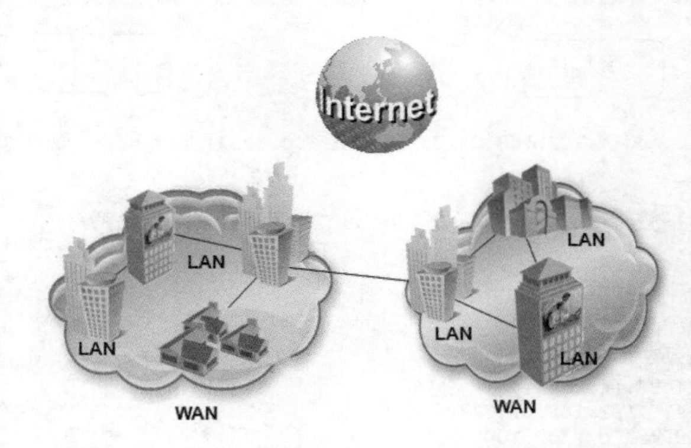

图 1–19 互联网组成

1. 局域网（Local Area Network，LAN）

局域网是将小区域内的各种通信设备互联在一起所形成的网络，覆盖范围一般局限在房间、大楼或园区内。局域网一般指分布于几千米范围内的网络，局域网的特点是距离短，延迟小，数据速率高，传输可靠。

局域网络建设时常用网络部件有以下几种。

线缆（Cable）：局域网的距离扩展通常需要通过线缆来实现，不同的局域网有不同的连接线缆，如光纤（Fiber）、双绞线（Twisted Pair）、同轴电缆等。

网卡（Network Interface Card，NIC）：插在计算机主板插槽中，负责将用户要传递的数据转换为网络上其他设备能够识别的格式，通过网络介质传输。

集线器（Hub）：是单一总线共享式设备，提供很多网络接口，负责将网络中的多个计算机连接在一起。所谓共享，是指集线器所有端口共用一条数据总线，同一时刻只能有一个用户传输数据，因此平均每用户（端口）传递的数据量、速率等受活动用户（端口）总数量的限制。

交换机（Switch）：也称交换式集线器（Switched Hub）。它同样具备许多接口，提供多个网络节点互联。但它的性能却较共享集线器（Shared Hub）大为提高，相当于拥有多条总线，使各端口设备能独立地进行数据传递，而不受其他设备影响，表现在用户面前即是各端口有独立、固定的带宽。此外，现在的交换机还具备集线器欠缺的功能，如数据过滤、网络分段、广播控制等。

路由器（Router）：是一种用于网络互联的计算机设备，它工作在 OSI 参考模型的第三层（网络层），为不同网络之间的报文寻径并存储转发。通常路由器还会支持两种以上的网络协议以支持异种网络互联，一般的路由器还会运行动态路由协议以实现动态寻径。

防火墙（Firewall）：也称为防护墙，位于内部网络与外部网络之间。通过设定特定的规则，允许或者限制传输的数据通过。某些情况下，也会作为网关，承担网络地址转换（Network Address Translation，NAT）。

2. 广域网（Wide Area Network,WAN）

WAN 连接地理范围较大，常常是一个国家或是一个洲。在大范围区域内提供数据通信服务，主要用于互联局域网。在我国，中国公用分组交换网（CHINAPAC）、中国公用数字数据网（CHINADDN）、国家教育和科研网（CERnet）、中国公用计算机互联网（CHINANET）以及中国下一代互联网（China Next Generation Internet，CNGI）都属于广域网。WAN 的目的是为了让分布较远的各局域网互联。随着光通信技术的发展，以太网技术基本可以满足大部分的网络应用场景，广域网的应用除了少量场景外，已经不太常见。具有代表性的广域网的网络有以下几个。

综合业务数字网（Integrated Service Digital Network，ISDN）提供拨号连接方式。提供 2B+D 的数据通道，每个 B 通道速率为 64kbit/s，其速率最高可达到 128kbit/s。

专线（Leased Line），在中国称为 DDN，提供点到点的连接方式，速度为 64 kbit/s ~ 2.048 Mbit/s。

帧中继（Frame Relay），是在 X.25 基础上发展起来的技术，速度为 64 kbit/s ~ 2.048 Mbit/s。帧中继的特点是灵活、有弹性，可实现一点对多点的连接。

异步传输模式（Asynchronous Transfer Mode，ATM），是一种信元交换网络，其最大的特点是速率高，延迟小，传输质量有保障。

需要说明的是，局域网和广域网的地理覆盖范围并没有一个严格的界限。区分局域网或者广域网，更多的是依据所使用的技术。

在网络发展初期，以太网技术受传输距离限制，只能实现短距离的网络互联，多用于局域网组网。但随着技术的发展，以太网技术已经能够用于构建大规模、长距离的互联网络。因此，目前很多的广域网技术，像 ISDN、FR 等，正逐步被以太网替换，只有在某些特定的应用场景中，才会用到一些广域网技术，如宽带拨号中用到的 PPPoE。

3. 网络拓扑类型

拓扑结构定义了组织网络设备的方法。现网网络中的拓扑结构有总线型、星形、环形等，如图 1-20 所示。

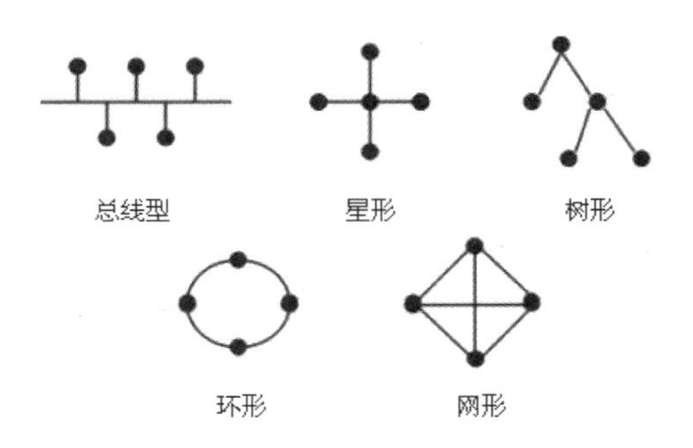

图 1-20　常见网络拓扑结构

在总线型拓扑中，网络中的所有设备都连接到一个线性的网络介质上，这个线性的网络介质称为总线。当一个节点在总线型拓扑网络上传送数据时，数据会向所有节点传送。每一个设备检查经过它的数据，如果数据不是发给它的，则该设备丢弃数据；如果数据是发向它的，则接收数据并将数据交给上层协议处理。典型的总线型拓扑具有简单的线路布局，该布局使用较短的网络介质，相应的，所需要的线缆花费也较低。缺点是很难进行故障诊断和故障隔离，一旦总线出现故障，就会导致整个网络故障。而且，任何一个设备发送数据，都是向所有设备发送，消耗了大量带宽，大大影响了网络性能。

星形拓扑结构有一个中心控制点。当使用星形拓扑时，连接到局域网上的设备间的通信是通过与交换机的点到点的连线进行的。星形拓扑易于设计和安装，网络介质直接从中心的集线器或交换机处连接到工作站所在区域。星形拓扑易于维护，网络介质的布局使得网络易于修改，并且更容易对发生的问题进行诊断。在局域网构建中，大量采用了星形拓扑结构。当然星形拓扑也有缺点，一旦中心控制点设备出现了问题，容易发生单点故障。每一段网络介质只能连接一个设备，导致网络介质数量增多，局域网安装成本相应提升。

环形拓扑通过一个连续的环将每台设备连接在一起，数据在环路中沿着一个方向在各个节点间传输。在部分场景中，如果某个方向链路中断，则可以借助另一方向的链路进行数据的传递。环形结构消除了用户通信时对中心系统的依赖性，但当环形网络中的节点过多时，会影响信息的传输效率，使网络的响应时间延长。而且环形网络的改造比较麻烦，必须先中断原来的环，才能插入新节点，以形成新环。

IP 网络基础——网络和 Internet 介绍

树形拓扑结构是分级的集中控制式网络。与星形相比，它的通信线路总长度短，成本较低，节点易于扩充，寻找路径比较方便，但除了叶节点及相连的线路外，其他任一节点或其相连的线路故障都会使系统受到影响。

网状拓扑结构将各节点通过传输线互联起来，且每一个节点至少与其他两个节点相连。网络拓扑结构具有较高的可靠性，但结构较为复杂，实现起来费用较高，管理和维护的难度相对较大。

1.3 以太网

随着网络技术的发展，带宽、传输距离已不再成为制约以太网发展的因素，以太网技术在网络中的应用也越来越广泛。本节将对以下内容进行介绍。

（1）以太网的基本概念。

（2）以太网物理层的线缆标准。

（3）以太网的工作原理。

（4）以太网的端口技术。

（5）以太网实现中使用的 ARP。

1.3.1 以太网基本概念

以太网是当今网络采用的主要局域网技术，它的概念诞生于 1973 年，由位于加利福尼亚 Palo Alto 的 Xerox 公司提出并实现。Robert Metcalfe 博士研制的实验室原型系统运行速度是 2.94 兆比特每秒(2.94 Mbit/s)，他也被公认为以太网之父。

1982 年，数字设备公司（Digital Equipment Corp.）、英特尔公司（Intel Corp.）和 Xerox 公司联合公布了一个标准，采用带冲突检测的载波侦听多路接入（Carrier Sense Multiple Access with Collision Detection，CSMA/CD）的媒体接入方法，速率达到了 10 Mbit/s，地址采用 48 bit 的物理地址。

几年后，IEEE 802 委员会公布了一个与之前的标准稍不同的标准集，其中 802.3 针对整个 CSMA/CD 网络，802.4 针对令牌总线网络，802.5 针对令牌环网络。这三者的共同特性是都由 802.2 标准来定义，那就是 802 网络共有的逻辑链路控制（Logic Link Control,LLC）。不幸的是，802.2 和 802.3 定义了一个与以太网不同的帧格式。

1995 年，IEEE 正式通过了 802.3u 快速以太网标准。

1998 年，IEEE 802.3z 吉以太网标准正式发布。

1999 年，发布 IEEE 802.3ab 标准，即 1000BASE-T 标准。

2002 年 7 月 18 日，IEEE 通过了 802.3ae，即 10 Gbit/s 以太网，又称为万兆以太网，它包括了 10 GBase-R、10 GBase-W、10 Gbase-LX4 这 3 种物理接口标准。

2004 年 3 月，IEEE 批准铜缆 10G 以太网标准 802.3ak，新标准作为 10 GBase-CX4 实施，提供双轴电缆上的 10 Gbit/s 的速率。

1.3.2 以太网线缆标准

刚萌芽时期的以太网是共享式以太网，当时存在几种常见的传输介质，如图 1-21 所示。

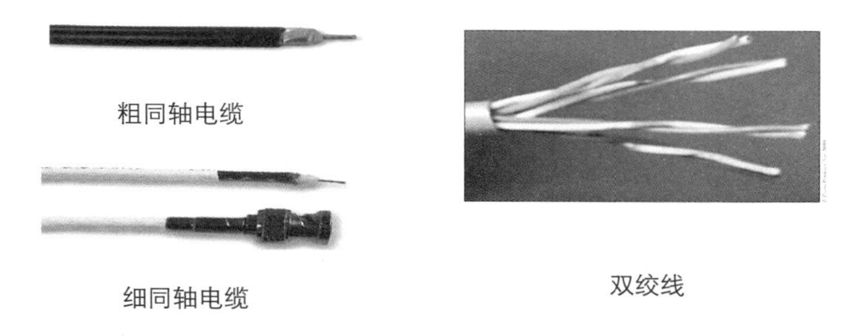

图 1-21 同轴电缆和双绞线

早期出现的是同轴电缆，有粗同轴电缆和细同轴电缆，典型的标准是 10Base-5 和 10Base-2。其中，10Base-5 是粗同轴电缆标准，表示 10 Mbit/s 的速率，500 m 的传输距离；10Base-2 是细同轴电缆标准，表示 10 Mbit/s 的速率，200 m 的传输距离。

到 20 世纪 80 年代末期，非屏蔽双绞线（UTP）出现，并迅速得到广泛的应用。UTP 的巨大优势在于：价格低廉，制作简单，收发使用不同的线缆，易于实现全双工工作模式。

双绞线有屏蔽与非屏蔽之分，如图 1-22 所示。屏蔽双绞线抗干扰能力较强，两者均为 8 芯电缆。

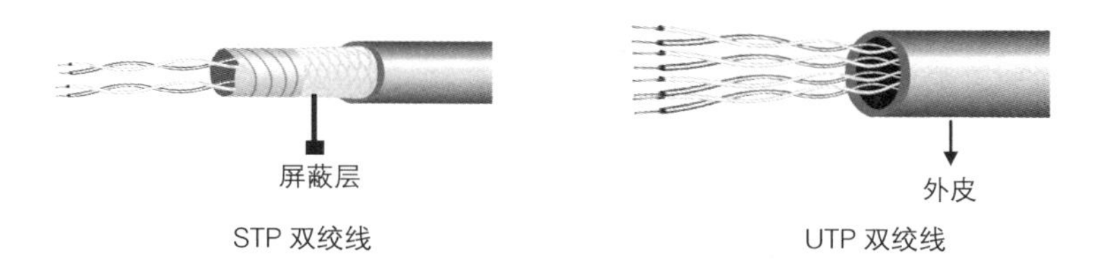

图 1-22 屏蔽双绞线和非屏蔽双绞线

双绞线的类型由单位长度内的绞环数确定，包括有以下几类。

3 类双绞线——在 ANSI 和 EIA/TIA568 标准中指定的电缆。该电缆的传输频率为 16 MHz，用于语音传输及最高传输速率为 10 Mbit/s 的数据传输，主要用于 10Base-T。

4 类双绞线——该类电缆的传输频率为 20 MHz，用于语音传输和最高传输速率为 16 Mbit/s 的数据传输，主要用于基于令牌的局域网和 10Base-T/100Base-T。4 类双绞线未得到广泛使用。

5 类双绞线——传输频率为 100 MHz，用于语音传输和最高传输速率为 100 Mbit/s 的数据传输，主要用于 100Base-T 和 10Base-T 网络。这是最常用的以太网电缆。

超 5 类双绞线——与普通的 5 类 UTP 双绞线比，其衰减更小，串扰更少，同时具有更高的衰减与串扰的比值和信噪比、更小的时延误差，性能得到了提高。

廉价的双绞线的使用，标志着以太网进入了发展的成熟期。图 1-23 所示为双绞线的线序。

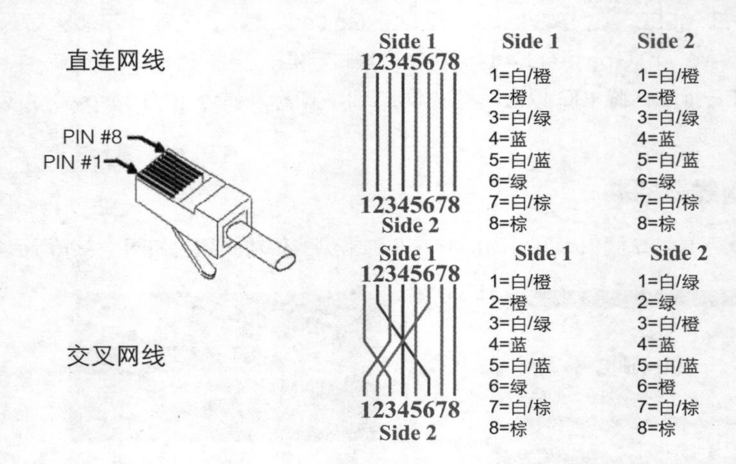

图 1-23　双绞线的线序

双绞线的线序有两种，直连和交叉。区分两种线序的主要原因在于网络设备接口分 MDI(Medium Dependent Interface)和 MDI_X 两种。一般路由器的以太网接口、主机的 NIC(Network Interface Card)的接口类型为 MDI。交换机的接口类型可以为 MDI 或 MDI_X。Hub(集线器)的接口类型为 MDI_X。双绞线的直连网线用于连接 MDI 和 MDI_X，交叉网线用于连接 MDI 和 MDI，或者 MDI_X 和 MDI_X。具体连接方式如表 1-4 所示。

表 1-4　设备连接方式

	主　　机	路由器	交换机 MDIX	交换机 MDI	Hub
主机	交叉	交叉	直连	N/A	直连
路由器	交叉	交叉	直连	N/A	直连
交换机 MDI-X	直连	直连	交叉	直连	交叉
交换机 MDI	N/A	N/A	直连	交叉	直连
Hub	直连	直连	交叉	直连	交叉

不过现在的很多交换机等网络设备都有智能 MDI/MDI-X 识别技术，也叫端口自动翻转（Auto MDI/MDI-X），可以自动识别连接的网线类型。用户不管采用直连网线或者交叉网线，均可正确连接设备。

从以太网诞生到目前为止，成熟应用的以太网物理层标准主要有以下几种。

- 10Base-2；
- 10Base-5；
- 10Base-T；
- 10Base-F；
- 100Base-T4；
- 100Base-TX；
- 100Base-FX；
- 1000Base-SX；

- 1 000Base-LX；
- 1 000Base-CX；
- 1 000Base-TX。

在这些标准中，前面的 10、100、1 000 分别代表运行速率，中间的 Base 指传输的信号是基带方式。

1. 10 兆以太网线缆标准

10 兆以太网线缆标准在 IEEE 802.3 中定义，线缆类型如表 1-5 所示。

表 1-5　10 兆以太网线缆标准

名　　称	电　　缆	最长有效距离
10Base-5	粗同轴电缆	500 m
10Base-2	细同轴电缆	200 m
10Base-T	双绞线	100 m
10Base-F	光纤	2 000 m

2. 100 兆以太网线缆标准

标准以太网速率太低，已经无法满足现在网络数据传输的需要了。因此，IEEE 制定了数据传输速率为 100 Mbit/s 的快速以太网，其标准为 IEEE 802.3u，传输介质主要包括光纤和双绞线。快速以太网在数据链路层上跟 10 兆以太网没有区别，仅在物理层上提高了传输的速率。快速以太网线缆标准如表 1-6 所示。

表 1-6　快速以太网线缆标准

名　　称	线　　缆	最长有效距离
100Base-T4	四对三类双绞线	100 m
100Base-Tx	两对五类双绞线	100 m
100Base-Fx	单模光纤或多模光纤	2 000 m

100Base-T4 现在已经很少使用，主流使用的网线是五类双绞线 100Base-Tx。

3. 吉以太网线缆标准

吉以太网是对 IEEE 802.3 以太网标准的扩展，在基于以太网协议的基础之上，将快速以太网的传输速率从 100 Mbit/s 提高了 10 倍，达到了 1 Gbit/s。

吉以太网有两个标准：IEEE 802.3z（光纤与铜缆）和 IEEE 802.3ab（双绞线）。具体的线缆类型如表 1-7 所示。

表 1-7　以太网线缆标准

名　　称	线　　缆	最长有效距离
1 000Base-LX	多模光纤和单模光纤	316 m
1 000Base-SX	多模光纤	316 m
1 000Base-CX	平衡双绞线对的屏蔽铜缆	25 m
1 000Base-TX	5 类双绞线	100 m

以太网概述

4. 万兆以太网线缆标准

IEEE 在 2002 年 6 月发布了万兆以太网标准 IEEE 802.3ae，该标准正式定义了光纤传输的万兆标准，但并不适用于企业局域网普遍采用的铜缆连接。因此，为了满足万兆铜缆以太网的需求，2004 年 3 月，IEEE 通过了 802.3ak，在同轴铜缆上实现万兆以太网，IEEE 802.3an 定义了在双绞线上实现万兆以太网。万兆以太网线缆标准如表 1-8 所示。

表 1-8　万兆以太网线缆标准

名　　称	线　　缆	最长有效距离
10GBase-SR/SW	多模光纤	2 m~300 m
10GBase-LR/LW	多模光纤	2 m~10 km
10GBase-ER/EW	单模光纤	2 m~40 km
10GBase-LX4	多模光纤或单模光纤	多模 300 m/单模 10 km
10GBase-CX4	同轴铜缆	15 m
10GBase-T	双绞线铜缆	100 m

1.3.3　以太网工作原理

在前面的内容中，介绍了以太网的发展历史和线缆的标准，本小节将对以太网的工作原理进行介绍，主要知识点包括带冲突检测的载波侦听多路接入（Carrier Sense Multiple Access with Collision Detection，CSMA/CD）机制、Hub 的工作原理、以太网链路层的介绍、以太网帧的封装结构，以及交换机的工作原理。

1. CSMA/CD

在制定以太网络标准的时候，采用了 CSMA/CD 机制的局域网技术。这是因为在以太网设计之初，计算机和其他数字设备是通过一条共享的物理线路连接起来的，如果同一时刻有多个设备进行数据传输，就会导致数据冲突。而 CSMA/CD 机制能够在保证数据被接收的同时避免这种冲突，一旦发生这种冲突也能够及时检测到。

可以从以下 3 点来理解。

- CS：载波侦听。

在发送数据之前进行监听，以确保线路空闲，减少冲突的机会。

- MA：多址访问。

每个站点以广播方式发送数据，允许被多个站点接收。

- CD：冲突检测。

由于两个站点同时发送信号，信号叠加后，会使线路上电压的摆动值超过正常值一倍。据此可判断冲突的产生。

因此，基于 CSMA/CD 机制的以太网数据传输，实际上是在侦听到链路空闲的基础上进行数据发送，同时进行检测的过程。一旦发现冲突就停止发送，延迟一段随机时间之后继续发送的数据传输机制。以下描述了 CSMA/CD 机制具体的过程。

（1）若介质空闲，发送数据。否则，转（2）。

（2）若介质忙，则监听到信道空闲时立即发送数据。

（3）若检测到冲突，即线路上电压的摆动值超过正常值一倍，则发出一个短小的干扰（jamming）信号，使得所有站点都知道发生了冲突并停止数据的发送。

（4）发送完干扰信号，等待一段随机的时间后，再次试图传输，回到（1）重新开始。

同时，因为 CSMA/CD 算法的限制，也限制了以太网的帧长不能小于 64 字节。这是由最大传输距离和冲突检测机制共同决定的。最小帧长的规定是为了避免这种情况发生：A 站点已经将一个数据报的最后一个比特发送完毕，但这个报文的第一个比特还没有传送到距离很远的 B 站点。B 站点认为线路空闲而继续发送数据，导致冲突。以太网帧长在技术上没有上限的限制，但基于内存以及缓冲区的考虑，在规范的标准中，一般会设置以太帧的载荷不超过 1 500 字节。

2. Hub 的工作原理

局域网进行组网时，需要有一个网络设备把计算机和其他的终端设备进行连接，比较常见的设备包括 Hub、交换机等。首先来看 Hub 的工作原理。

Hub 是物理层的连接设备，工作模型如图 1-24 所示。

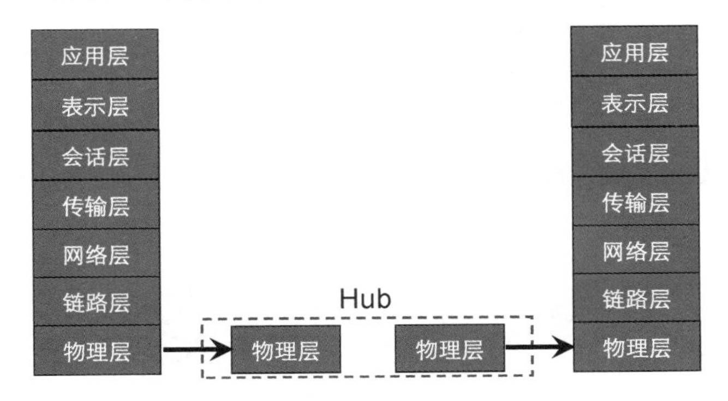

图 1-24　Hub 的工作模型

以太网范围扩大后，信号在传送的过程中容易失真，导致误码，Hub 的功能是恢复失真信号，并放大信号。Hub 的每个接口可以连接一个终端设备。从物理拓扑上看，Hub 组网的方式是一个星形的拓扑结构，但 Hub 内部使用的是共享总线的技术，所有接入 Hub 的终端共享使用总线资源，所以，使用 Hub 连接的终端逻辑结构仍然是总线型拓扑。

Hub 的具体工作原理如图 1-25 所示。

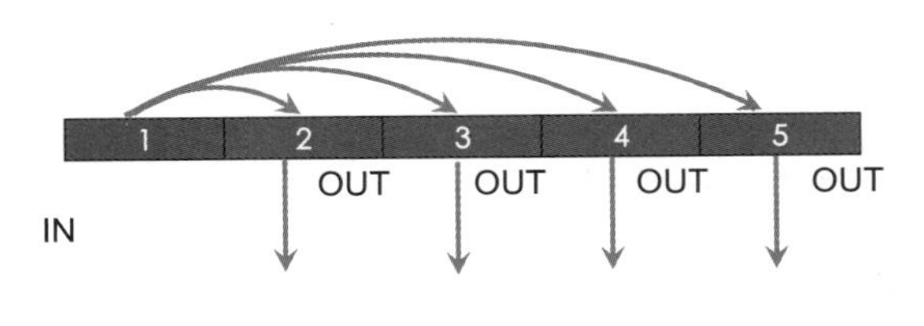

图 1-25　Hub 的工作原理

Hub 将从任何一个接口收到的数据帧不加选择地转发给其他的任何端口（接收端口除外），以保证数据报能够送达接收方。在这种工作机制中，如果有两个终端同时进行数据发送，那么必然会产生冲突，所以，Hub 的工作必然需要有冲突的检测和避免机制，这即为之前提到的 CSMA/CD 工作机制。

Hub 的工作机制相对简单，由 Hub 组建的以太网实质上是一种共享式的以太网，同样也存在共享式以太网的所有缺陷，譬如数据冲突严重、广播报文泛滥，而且数据转发无任何安全性。

3. 以太网帧结构

上文在描述 TCP/IP 模型的时候，曾经简单介绍过数据链路层的结构。数据链路层又可以分为 LLC 子层和 MAC 子层。其中，LLC 子层定义了链路层服务；MAC 子层则完成物理链路的访问、链路级的站点标识（即 MAC 地址），同时接收 LLC 子层过来的数据，附加上 MAC 地址和控制信息后把数据发送到物理链路上。

MAC 子层定义的物理地址由 IEEE 统一管理，共 48 位，通常被表示为 12 位的点分十六进制数。例如，48 位的 MAC 地址 000000001110000011111100001110011000000000110100,表示为 00e0. fc39.8034。MAC 地址中的第 2 位指示该地址是全局唯一还是局部唯一，以太网一直使用全局唯一地址。

MAC 地址又可以分为单播 MAC 地址、广播 MAC 地址、多播 MAC 地址。单播 MAC 地址唯一地标识了以太网上的一个终端，这个地址是固化在硬件（如网卡）里面的；广播 MAC 地址用来表示网络上的所有终端设备，全为 1，表示为 ffff.ffff.ffff；多播 MAC 地址用于代表网络上的一组终端，第 8 位为 1，例如 01005e010101。

网络层在将数据发送给数据链路层后，数据链路层会对数据包进行封装处理。以太网的封装方式有两种，RFC894 中定义了 Ethernet II 的封装方式，RFC 1042 定义了 IEEE 802 的数据封装方式。两种封装方式相互兼容，Ethernet II 和 802.3 帧结构如图 1–26 和图 1–27 所示。

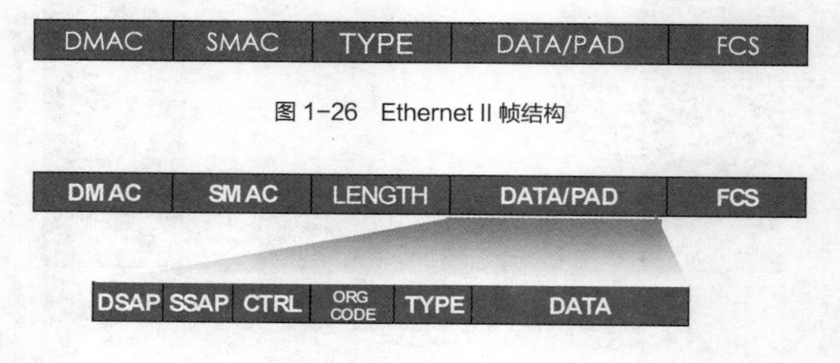

图 1–26 Ethernet II 帧结构

图 1–27 802.3 帧结构

以太网数据帧封装中的 DMAC 代表目的终端的 MAC 地址，SMAC 代表源 MAC 地址，而 LENGTH/TYPE 字段则根据值的不同有不同的含义：当 LENGTH/TYPE>1 500 时，该字段代表该数据帧的类型（TYPE，比如上层协议类型）；当 LENGTH/TYPE<1 500 时，该字段代表该数据帧的长度（LENGTH）。DATA/PAD 则是具体的数据，因为以太网数据帧的最小长度必须不小于 64 字节（根据半双工模式下的最大距离计算获得的），所以如果数据长度加上帧头不足 64 字节，就需要在数据部分增加填充内容。FCS 则是帧校验字段，来判断该数据帧是否出错。

当 LENGTH/TYPE 的取值大于 1 500 的时候，MAC 子层可以根据 LENGTH/TYPE 的值直接把数据帧提交给上层协议，这时候就没有必要实现 LLC 子层。这种结构便是目前比较流行的 ETHERNET II，大部分计算机都支持这种结构。注意，这种结构下的数据链路层可以不实现 LLC 子层，而仅仅包含一个 MAC 子层。

当 LENGTH/TYPE 小于或等于 1 500 时，这种类型就是所谓的 ETHERNET_SNAP，是 802.3 委员会制定的标准。此时 LENGTH/TYPE 代表的是帧长度的概念，跟随在后面的是 3 字节的 802.2 LLC 和 5 字节的 802.2 SNAP。目的服务访问点（Destination Service Access Point，DSAP）和源服务访问点（Source Service Access Point，SSAP）的值都设置为 0xAA。Ctrl 字段的值设置为 3。随后的 3 个字节 org code 都设置为 0。接下来的两个字节类型字段和以太网帧格式一样，用于表示该数据帧的类型。802.3 的封装格式目前的应用不是很广泛。

在 Ethernet II 和 802.3 的帧结构封装中，都包含了 TYPE 类型的字段，用于表示数据帧的类型。其中几种常用帧类型如下。

- 字段取值为 0x0800 时，该帧代表 IP 协议帧。
- 字段取值为 0x0806 时，该帧代表 ARP 帧。
- 字段取值为 0x0835 时，该帧代表 RARP 帧。

图 1-28 所示就是一个典型的 Ethernet II 帧，TYPE 字段取值为 0x0800，表示网络层的数据报文是 IP 包。

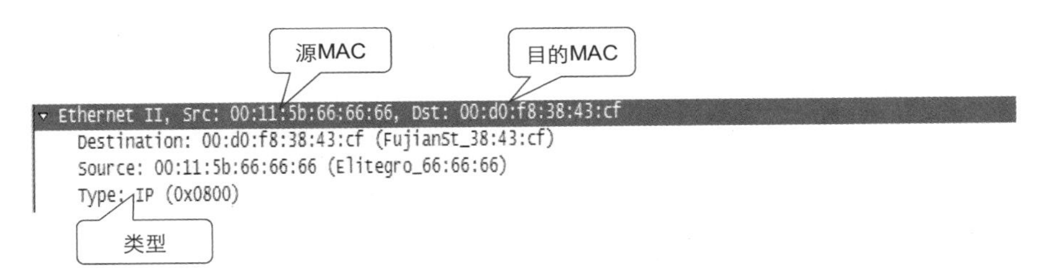

图 1-28 Ethernet II 帧

4. 以太网交换机的工作原理

通过前面的 Hub 工作模式的介绍可以了解到，Hub 的转发效率不高，而且存在各种缺陷，因此 Hub 设备慢慢地退出应用，取代 Hub 的是以太网交换机。

有别于 Hub 基于物理层工作的机制，以太网交换机工作在数据链路层（另一种设备是网桥，但现在已经基本不用，本书中不再介绍），Ethernet II 或者 802.3 封装报文中的 MAC 地址来进行寻址。两层交换机的工作模式如图 1-29 所示。

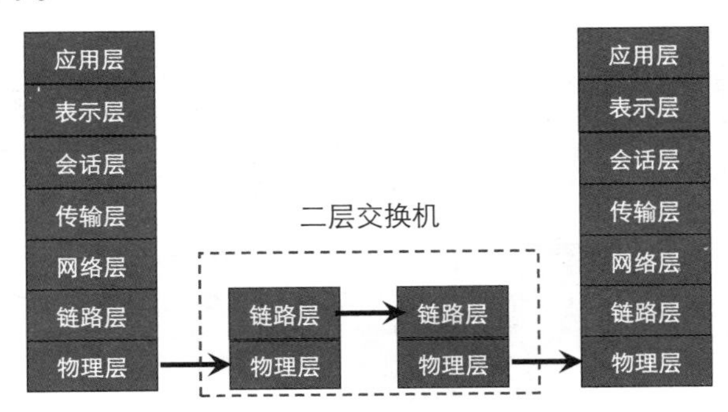

图 1-29 二层交换机的工作模式

数据从网络层发送到数据链路层后，加上目的 MAC 地址和自己的 MAC 地址（源 MAC 地址），计算出数据帧的长度，形成以太网帧。以太网帧根据目的 MAC 地址在二层交换网络中转发，直到被发送到对端设备。在数据转发中，交换机的工作主要包含以下两个方面。

（1）基于源 MAC 地址的学习。

交换机转发数据帧是基于 MAC 地址表进行的，而 MAC 地址表的建立则是交换机基于源 MAC 地址学习得到的。交换机通过构建 MAC 地址和交换机端口之间的映射关系形成 MAC 地址表。交换机在初始化时，MAC 地址表为空。

如图 1-30 所示，交换机的端口 1 通过 Hub 接入了 PC A 和 PC B，端口 2 则接入了 PC C 和 PC D。当 PC A 发送数据的时候，交换机从端口 1 接收到这个帧，交换机查看该帧的源 MAC 地址，把端口 1 和

PC A 的 MAC 映射关系维护在交换机上，以此类推，每个站点都跟直接连接的端口建立好映射关系，最终端口 1 和端口 2 上会各自学习到所连接 PC 的 MAC 地址，形成 MAC 地址表。

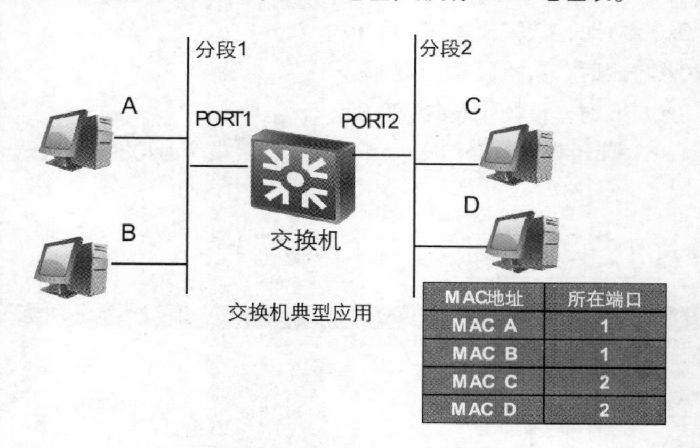

图 1-30 基于源 MAC 的学习

（2）基于目的 MAC 地址的转发。

交换机通过源 MAC 地址的学习，可以构建 MAC 地址表。借助于 MAC 地址表，交换机可以完成数据帧的转发。交换机在接收到数据帧后，检查数据帧的目的 MAC 地址，然后，将目的 MAC 地址和 MAC 地址表进行匹配，匹配到的 MAC 地址表项的接口即为数据帧的出接口。如果出接口与入接口相同，则表明目的地址和源地址在同一个冲突域，从而不需要交换机转发，交换机将丢弃该帧。

如图 1-31 所示，交换机收到的数据帧的目的 MAC 地址是 MACD，源 MAC 地址是 MACA，跟 MAC 地址表进行匹配，找到出接口 2，该数据帧被发送到接口 2 继续往外转发。

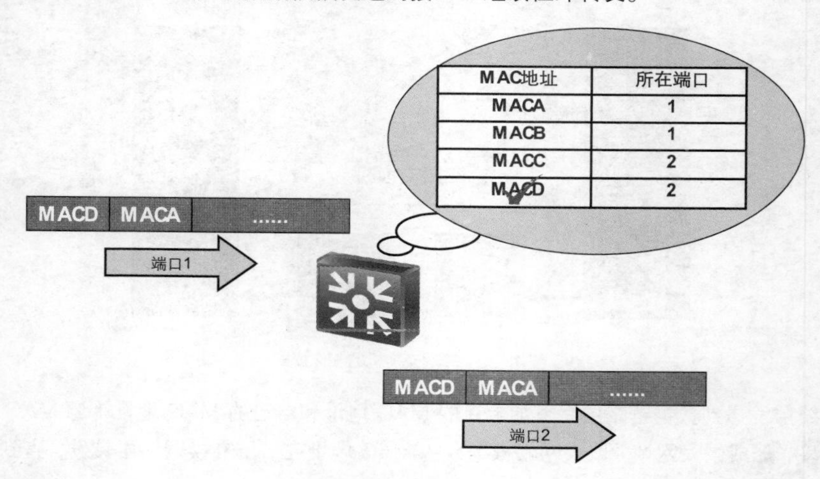

图 1-31 基于目的 MAC 的转发

交换机转发以太网帧依据 MAC 地址表，但如果没有匹配的 MAC 地址表项，那数据帧该如何转发？如果数据帧是广播、多播地址，又该如何转发？图 1-32 对交换机的转发情况进行了描述。

交换机接收网段上的所有数据帧，利用接收数据帧中的源 MAC 地址来建立 MAC 地址表，使用地址老化机制进行地址表维护（默认为 300 s，如果 300 s 内没收到源自该地址的帧，该表项就因老化而删除）。

如果数据帧是单播数据帧，交换机在 MAC 地址表中查找数据帧中的目的 MAC 地址，找到对应的表项后就将该数据帧发送到相应的端口（不包括源端口）。如果找不到，就向所有的端口发送（不包括源端口）。如果数据帧是广播和多播帧，则向所有端口转发（不包括源端口）。

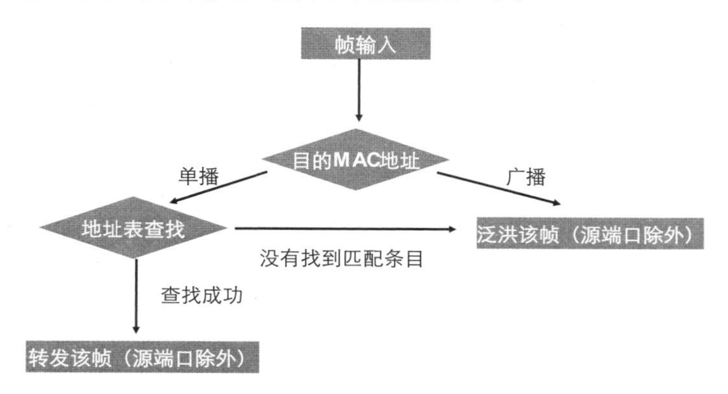

图 1-32　交换机工作原理

从上面的交换机的工作原理，可以看出交换机与 Hub 有着本质上的区别。交换机和 Hub 的网络拓扑类型也不一样。Hub 是总线型的拓扑结构，连接的网络同处于一个冲突域，同一时刻只能有一个用户进行数据发送，否则会发生冲突。交换机的网络是一个星形网络，交换机位于中心点，汇接各种终端的接入，能够为每个终端提供独立的数据传输通道，所以，对于交换机来说，每一个端口都是一个独立的冲突域。

交换机的交换模式有 Cut-Through、Store-and-Forward、Fragment-free 这 3 种。在 Cut-Through 模式下，交换机在接收到目的地址后即开始转发过程，交换机不检测错误，直接转发数据帧，延迟小。在 Store-and-Forward 模式下，交换机接收完整的数据帧后才开始转发过程，交换机检测错误，一旦发现错误，数据报将会丢弃，延迟较大。在 Fragment-free 模式下，交换机接收完数据报的前 64 字节（一个最短帧长度），然后根据帧头信息查找转发表，此交换模式结合了直通方式和存储转发方式的优点。考虑到大多数错误是由于冲突引起的，冲突导致的数据帧错误一般会在 64 字节中体现出来，因此不用等待接收完整的数据帧后才转发，只要接收了 64 字节即可转发。在 Fragment-free 的转发模式中，如果在前 64 字节中检测到了帧错误，则直接丢弃整个数据帧。

以太网设备工作原理
——二层交换机
的工作原理

交换机彻底解决了以太网的冲突问题，但是还是存在部分缺陷，譬如广播泛滥和安全性无法保证等。

1.3.4　以太网端口技术

通过前面的课程，读者已经了解了以太网的基本概念、以太网线缆的类型、交换机和 Hub 的工作原理。本小节将对以太网端口的一些特性做一些介绍。

1. 以太网的双工模式

之前介绍了两种以太网设备——Hub 和交换机。Hub 设备同一时刻只能有一个终端进行数据的收发，而且单个终端在某一时刻也只能进行收或者发的操作，不能同时进行收发。但交换机则可以允许多个终端同时进行收发。根据终端数据的收发模式，将以太网的物理层的工作模式区分为半双工和全双工两种。

- 半双工：端口同一时刻只能发送数据报或接收数据报。
- 全双工：端口能够同时发送和接收数据报。

2. 以太网的自协商

以太网技术发展到 100 Mbit/s 速率以后，出现了一个如何与原来的 10 Mbit/s 以太网设备兼容的问题。为了解决这个问题，制定了自协商技术。

自协商功能允许一个网络设备将自己所支持的工作模式信息传达给网络上的对端，并接收对方可能传递过来的相应信息。自协商功能完全由物理层芯片设计实现，在传输业务数据帧之前完成，因此并不使用专用数据报文或带来任何高层协议开销。

自协商功能的基本机制就是将协商信息封装进一连串修改后的“10Base-T 连接测试收发波形”的连接整合性测试脉冲中。每个网络设备在上电、管理命令发出或是用户干预时发出此串脉冲。快速连接脉冲包含一系列连接整合性测试脉冲组成的时钟/数字序列。将这些数据从中提取出来就可以得到对端设备支持的工作模式，以及一些用于协商握手机制的其他信息，如图 1-33 所示。

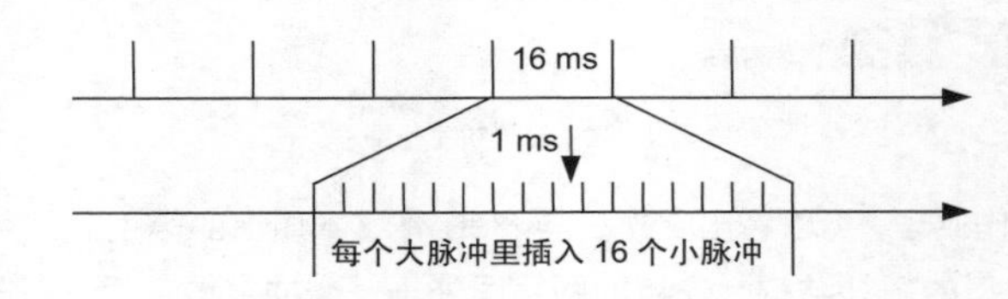

图 1-33 脉冲插入示意图

以太网端口技术——自协商技术

当协商双方都支持一种以上的工作方式时，需要有一个优先级方案来确定最终工作方式。以太网速率双工链路自协商优先级别从高到低的顺序如下所示。

1 000 Mbit/s 全双工→1 000 Mbit/s 半双工→100 Mbit/s 全双工→100 Mbit/s 半双工→10 Mbit/s 全双工→10 Mbit/s 半双工。

自协商的基本思路：100 Mbit/s 优于 10 Mbit/s，全双工优于半双工。除了自协商以外，读者也可以使用手工的方式进行配置。

3. 流量控制

在线速不匹配（如 100 Mbit/s 向 10 Mbit/s 端口发送数据）或者数据突发集中传输的时候，可能会导致链路的拥塞，使数据发送的延时增加、数据丢包、重传增加，网络资源不能有效利用。

在实际的网络中，尤其是一般局域网，产生网络拥塞的情况极少，所以有的厂家的交换机并不支持流量控制。但部分厂家的交换机中定义了半双工方式下的反向压力和全双工方式下的 IEEE 802.3x 流控。

交换式半双工以太网利用一种内部的方法去处理速度不同的站之间的传输问题，它采用一种所谓的“反向压力（Back Pressure）”概念。例如，如果一台高速 100 Mbit/s 服务器通过交换机将数据发送给一个 10 Mbit/s 的客户机，则该交换机将尽可能多地缓冲其帧，一旦交换机的缓冲区即将装满，它就通知服务器暂停发送。有两种方法可以达到这一目的：交换机可以强行制造一次与服务器的冲突，使得服务器退避；交换机通过插入一次“载波检测”，使得服务器的端口保持繁忙，这样就能使服务器像感觉到交换机要发送数据一样。利用这两种方法，服务器都会在一段时间内暂停发送，从而允许交换机去处理积聚在它缓冲区中的数据。

以太网端口技术——流量控制

在全双工环境中，服务器和交换机之间的连接是一个无碰撞的发送和接收通道，不能使用反向压力技术。那么服务器将一直发送数据，直到交换机的帧缓冲器溢出。因此，IEEE 制定了一个组合的全双工流量控制标准 802.3x。IEEE 802.3x 规定了 64 字节的“PAUSE”MAC 控制帧的格式。当端口发生阻塞时，交换机向信息源发送“PAUSE”帧，告诉信息源暂停一段时间再发送信息。

1.3.5　ARP

通过前面课程的学习，读者已经了解了以太网交换机的工作原理。本小节将介绍局域网中的终端之间是如何实现互通的，同时对地址解析协议（Address Resolution Protocol，ARP）等进行介绍。

1. ARP 工作原理

在图 1-34 中，主机 A 尝试着从局域网中的另一台主机 B 上进行 FTP 文件下载，在 FTP 的客户端界面上输入了 FTP 服务器的 IP 地址，成功登录了 FTP 服务器。在这个过程中，主机 A 和主机 B 之间进行了数据的交互，局域网也完成了数据的转发。

按照之前介绍的内容，主机 A 往网络上发送数据的时候，需要进行数据的封装；从以太网的工作原理又可以了解到，如果数据链路层采用了 Ethernet II 标准，则数据帧中应该包含源 MAC 地址、目的 MAC 地址和 TYPE 类型字段。主机 A 可以获知自身的 IP 地址和 MAC 地址。同样通过登录 FTP 的操作，可以获知服务器的目的 IP 地址，但以太网帧头部中的目的 MAC 地址如何获知?

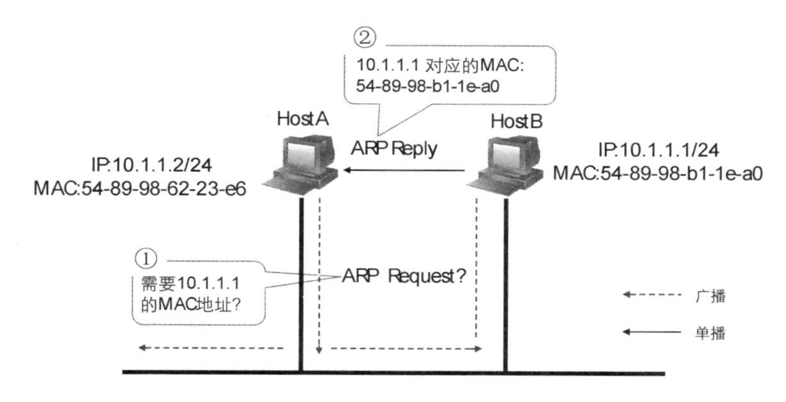

图 1-34　ARP 工作过程

ARP，地址解析协议，在 IP 地址和对应的硬件地址之间提供动态映射。仍然以图 1-34 为例，为获知主机 B 的 MAC 地址，主机 A 发送一份称作 ARP 请求的以太网数据帧给以太网上的每台主机，这个过程称作广播。ARP 请求数据帧中包含目的主机的 IP 地址，意思如图中①所示“我需要 10.1.1.1 的 MAC 地址，作为这个 IP 地址的拥有者，请回答你的硬件地址”。接收到该 ARP 请求报文的主机，如果自身 IP 不是 10.1.1.1，则不予回应，如果是 10.1.1.1，则构建一个 ARP 应答报文发送给主机 A，这个应答报文中包含了 IP 地址及对应的硬件地址，如图中②所示。收到 ARP 应答后，后续的报文就可以传送了。具体的报文交互过程如图 1-35 所示。

```
1 0.000000    HuaweiTe_62:23:e6    Broadcast            ARP    Who has 10.1.1.1?  Tell 10.1.1.2
2 0.016000    HuaweiTe_b1:1e:a0    HuaweiTe_62:23:e6    ARP    10.1.1.1 is at 54:89:98:b1:1e:a0

⊞ Frame 1: 60 bytes on wire (480 bits), 60 bytes captured (480 bits)
⊞ Ethernet II, Src: HuaweiTe_62:23:e6 (54:89:98:62:23:e6), Dst: Broadcast (ff:ff:ff:ff:ff:ff)
⊟ Address Resolution Protocol (request)
    Hardware type: Ethernet (0x0001)
    Protocol type: IP (0x0800)
    Hardware size: 6
    Protocol size: 4
    Opcode: request (0x0001)
    [Is gratuitous: False]
    Sender MAC address: HuaweiTe_62:23:e6 (54:89:98:62:23:e6)
    Sender IP address: 10.1.1.2 (10.1.1.2)
    Target MAC address: 00:00:00_00:00:00 (00:00:00:00:00:00)
    Target IP address: 10.1.1.1 (10.1.1.1)
```

图 1-35　ARP 报文的交互过程

ARP 的请求报文以广播的方式发送，报文的目的 MAC 地址被填充为 ff:ff:ff:ff:ff:ff，ARP 的应答报文只需要回应给请求方即可，因此以单播的方式进行应答。

2. RARP 工作原理

在进行地址转换时，有时还要用到逆向地址解析协议（Reverse Address Resolution Protocol,RARP）。RARP 常用于无盘工作站，这些设备知道自己的 MAC 地址，需要获得 IP 地址。为了使 RARP 能工作，在局域网中至少有一台主机要充当 RARP 服务器。无盘工作站获得自己的 IP 地址的过程如图 1-36 所示。向网络中广播 RARP 请求，RARP 服务器接收广播请求，发送应答报文，无盘工作站获得 IP 地址。

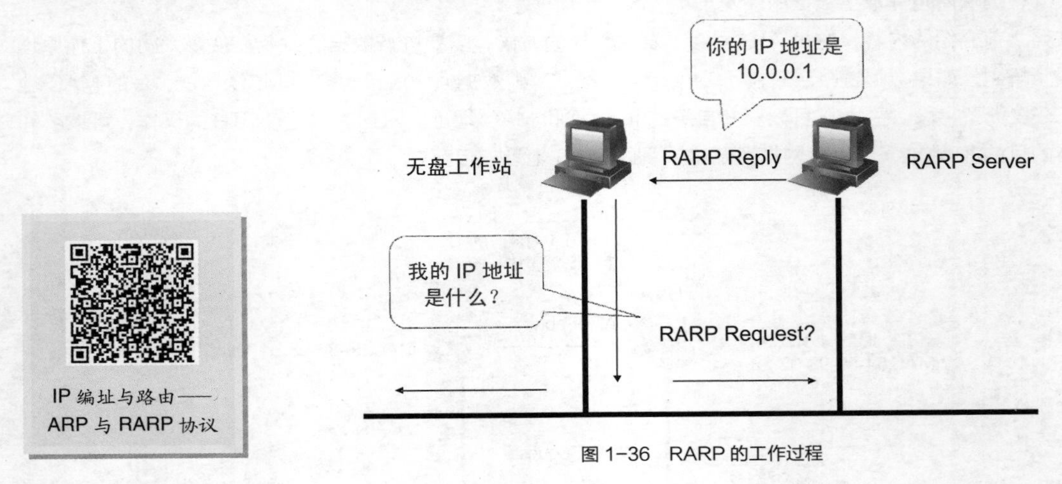

图 1-36　RARP 的工作过程

3. ARP 代理

如果两台 PC 在同一网段却不在同一物理网络上，中间被路由器隔离。在通常情况下，当一台路由器收到一条 ARP 请求报文时，路由器将进行检查，查看该 ARP 请求的目的地址是否是自己，如果是，发出 ARP 应答报文。如果不是，丢弃该报文。所以，通常情况下，ARP 请求无法跨越路由器进行传递，被路由器隔离的两台同网段主机无法进行通信。

如果路由器使能了代理 ARP 功能，当路由器 R 收到一条 ARP 请求报文时，发现该报文的目的地址不是自己，路由器并不立即丢弃该报文，而是查找路由表，如果路由器有到达该目的地址的路由，则路由器将自己的 MAC 地址发送给 ARP 请求方。ARP 请求方就将到该目的地址的报文发送给路由器，路由器再将其转发出去。这个过程就被称作委托 ARP 或 ARP 代理（Proxy ARP）。

4. 免费 ARP

Gratuitous ARP（免费 ARP）是一种特殊的 ARP 报文，正常情况下，主机发送 ARP 请求报文去请求目的终端的 MAC 地址，但免费 ARP 报文请求的是自己的 IP 地址对应的 MAC 地址。如果网络上没有另一台主机设置了相同的 IP 地址，则主机不会收到回答。而当主机收到该请求的回答时，则表示有另一台主机设置了与本机相同的 IP 地址。于是主机会在终端日志上生成一个错误消息，表示以太网内存在一台相同 IP 的主机。

所以，概括来说，免费 ARP 报文有以下两个作用。

（1）通过发送免费 ARP 可以确认 IP 地址是否有冲突。当发送方收到一条免费 ARP 请求的回答时，表示当前网络中存在着一个与该 IP 地址相冲突的设备。

（2）更新旧的硬件地址信息。当发送免费 ARP 的主机正好改变了硬件地址，如更换网卡，免费 ARP

就可以起到更新硬件地址信息的功能。当接收方收到一条 ARP 请求时，并且该 ARP 信息在 ARP 表中已经存在，则接收方必须用新的 ARP 请求中的地址信息更新旧的 ARP 信息表。

1.4 广域网

大部分的广域网技术因为带宽、通用性等应用上的局限，已经渐渐退出了现网应用，但在现网的部分场景中，仍然能见到少量的应用，如银行中的帧中继网络。另外，部分技术，如 PPP，在现网中的应用还是比较广泛，例如，用于宽带拨号的 PPPoE 就用到了 PPP 技术。本节将介绍以下内容。

（1）广域网的常见协议。

（2）HDLC 协议的工作原理。

（3）PPP 的工作原理。

（4）FR 的工作原理。

1.4.1 广域网技术

广域网是一种跨地区的数据通信网络，使用电信运营商提供的设备作为信息传输平台。对照 OSI 参考模型，广域网技术主要位于下面的 3 个层次，分别是物理层、数据链路层和网络层。根据使用的通信协议不同，早期的广域网又可以分为 X.25 网、ATM 网、ISDN 网、帧中继网等。这里将针对 HDLC、PPP、FR 等广域网的技术进行介绍。

1.4.2 HDLC 工作原理

HDLC 是由国际标准化组织（ISO）制定的面向比特的同步数据链路层协议，主要用于封装同步串行链路上的数据。HDLC 是在数据链路层中被广泛使用的协议之一。

20 世纪 70 年代初，IBM 公司率先提出了面向比特的同步数据链路控制规程（Synchronous Data Link Control，SDLC）。随后，ANSI 和 ISO 均采纳并发展了 SDLC，并分别提出了自己的标准，即 ANSI 的高级通信控制过程（Advanced Data Communication Control Procedure，ADCCP）以及 ISO 的高级数据链路控制规程（High-level Data Link Control，HDLC）。

HDLC 作为面向比特的同步数据控制协议的典型，具有以下这些特点。

（1）协议不依赖于任何一种字符编码集。

（2）数据报文可透明传输，用于透明传输的“0 比特插入法”易于硬件实现。

（3）全双工通信，不必等待确认即可连续发送数据，有较高的数据链路传输效率。

（4）所有帧均采用 CRC 校验，对信息帧进行顺序编号，可防止漏收或重收，传输可靠性高。

（5）传输控制功能与处理功能分离，具有较大的灵活性和较完善的控制功能。

运行 HDLC 协议的数据链路两端的终端，从逻辑功能的角度常被称为站，可以分为主站、从站和复合站 3 种。

主站的主要功能是发送命令（包括数据信息）帧，接收响应帧，并负责对整个链路控制系统的初启、流程的控制、差错检测或恢复等。

从站的主要功能是接收由主站发来的命令帧，向主站发送响应帧，并且配合主站参与差错恢复等链路控制。

复合站的主要功能是既发送又接收命令帧和响应帧，并且负责整个链路的控制。

根据通信双方的链路结构和传输响应类型，HDLC 中又定义了 3 种基本的操作方式：正常响应方式、异步响应方式和异步平衡方式。

- 正常响应方式（Normal Responses Mode，NRM）：由主站控制整个链路的操作，负责链路的初始化、数据流控制和链路复位等。从站的功能很简单，它只有在得到主站的明确允许后，才能发出响应。
- 异步响应方式（Asynchronous Responses Mode，ARM）：从站可以不必得到主站的允许就可以数据传输。传输效率比 NRM 有所提高。
- 异步平衡方式（Asynchronous Balanced Mode，ABM）：链路两端的复合站具有同等的能力，不管哪个复合站，均可在任意时间发送命令帧，并且不需要收到对方复合站发出的命令帧就可以发送响应帧。

HDLC 具体的帧格式如图 1-37 所示。

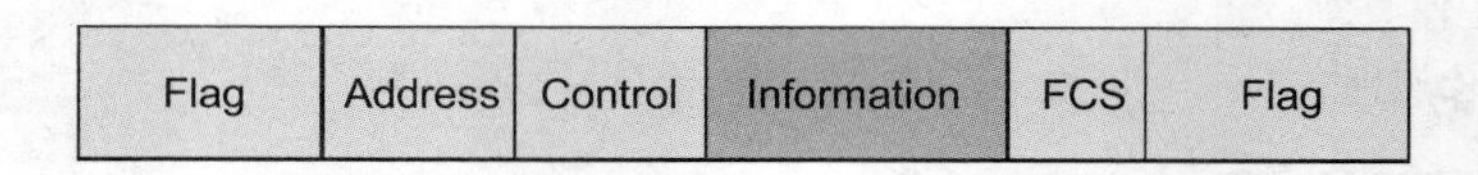

图 1-37 HDLC 的帧格式

HDLC 的完整帧由标志字段（F）、地址字段（A）、控制字段（C）、信息字段（I）、帧校验序列字段（FCS）等组成。

标志字段（F）：固定为值 01111110，用于标志帧的开始与结束，也可以作为帧与帧之间的填充字符。

地址字段（A）：携带的是地址信息，在使用不平衡方式传送数据时（采用 NRM 和 ARM），地址字段总是写入从站的地址；在使用平衡方式时（采用 ABM），地址字段总是写入应答站的地址。

控制字段（C）：用于构成各种命令及响应，以便对链路进行监视与控制。发送方主节点或组合节点利用控制字段来通知被寻址的从节点或组合节点执行约定的操作。相反，从节点将该字段作为对命令的响应，报告已经完成的操作或状态的变化。

信息字段（I）：可以是任意的二进制比特串，长度未做限定，其上限由 FCS 字段或通信节点的缓冲容量来决定，目前国际上用得较多的是 1 000~2 000 位，而下限可以是 0，即无信息字段。但是监控帧中不能有信息字段。

帧校验序列字段（FCS）：可以使用 16 位 CRC 对两个标志字段之间的整个帧的内容进行校验。

HDLC 协议传送的信息单位为帧。其最大的特点是不需要数据必须是规定的字符集，对任何一种比特流，均可以实现透明传输。帧的起始和结束由起始标志符和终止标志符进行标识，字符串值为 01111110。标志码不允许在帧的内部出现，以免引起歧义。为避免引起歧义，可以采用“0 比特插入法”来解决。在发送端，一旦检测到标志码以外的字段有连续的 5 个“1”，便在其后添加一个“0”，然后继续发送后继的比特流。在接收端，除标志码以外的所有字段，当连续发现 5 个“1”出现后，若其后的一个位为“0”，则自动删除它，以恢复原来的比特流。若发现连续 6 个“1”，则可能是插入的“0”发生错误，也可能是收到了终止标志码。

根据帧的不同作用，HDLC 的帧可以分为信息帧（I 帧）、监控帧（S 帧）和无编号帧（U 帧）3 种不同的类型。帧的类型由控制字段决定。

信息帧用于传送有效信息或数据，通常简称为 I 帧，以控制字段的第一位是二进制数 0 为标志。

监控帧用于差错控制和流量控制，通常称为 S 帧。S 帧的标志是控制字段的前两个比特位为“10”。S 帧不带信息字段，只有 6 个字节，即 48 位。

无编号帧用于提供对链路的建立、拆除以及多种控制功能，简称 U 帧。

HDLC 主要用于串行链路上的数据封装。其基础配置比较简单，只需要在接口模式下封装 HDLC，然后配置 IP 地址即可。典型的应用场景如图 1-38 所示。

```
[RTA]interface Serial 0/0/1
[RTA-Serial0/0/1]link-protocol hdlc
[RTA-Serial0/0/1]ip address 10.1.1.1 30
```

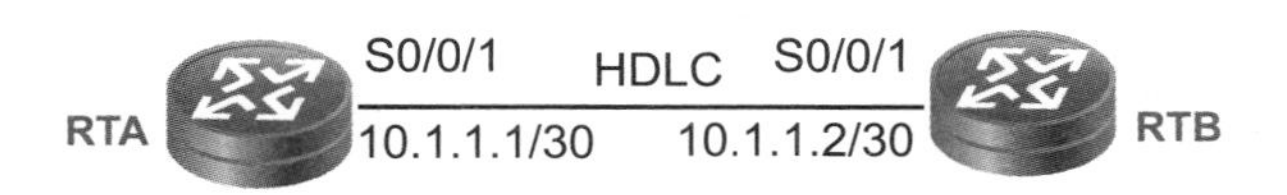

```
[RTB]interface Serial 0/0/1
[RTB-Serial0/0/1]link-protocol hdlc
[RTB-Serial0/0/1]ip address 10.1.1.2 30
```

图 1-38　HDLC 的典型应用

HDLC 在配置时，通信双方的接口必须配置相同的封装方式。图 1-38 的应用示例以华为设备的配置为例，其余厂商设备的配置会在命令上稍有区别。

1.4.3 PPP 工作原理

HDLC 和 PPP 是两种典型的广域网协议。在前面的内容中，已经对 HDLC 协议的封装方式和基本配置进行了一定的介绍。本小节介绍另一种典型的广域网协议，即 PPP。

1. PPP 的基本概念

PPP 提供了一种在点到点链路上传输多协议数据包的标准方法，是目前广泛应用的数据链路层点到点通信协议。

PPP 在 TCP/IP 协议栈中位于数据链路层，通常用于在串行链路、ATM 链路和 SDH 链路上封装和发送 IP 数据包。PPP 在协议栈中的位置如图 1-39 所示。

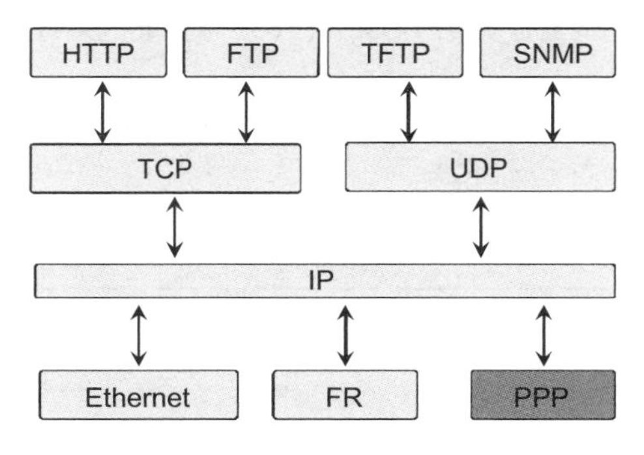

图 1-39　PPP 在 TCP/IP 协议栈中的位置

PPP 共定义了 3 个协议组件，分别是数据封装方式、链路控制协议（Link Control Protocol，LCP）和网络层控制协议（Network Control Protocol，NCP）。

数据封装方式定义了如何封装多种类型的上层协议数据包。

LCP 的定义主要是为了能适应多种多样的链路类型。LCP 可以自动检测链路环境（如是否存在环路）、协商链路参数（如最大数据包长度）、使用何种认证协议等。与其他数据链路层协议相比，PPP 的一个重要特点是可以提供认证功能，链路两端可以协商使用何种认证协议并实施认证过程，只有认证成功才会建立连接。这个特点使 PPP 适合运营商来接入分散的用户。

NCP 包含了一组协议，主要用于协商网络层的地址等参数，每一种协议对应一种网络层协议，例如，IPCP 用于协商控制 IP，IPXCP 用于协商控制 IPX 协议等。

PPP 的运行需要经历多个阶段的协商，而各个阶段的协商需要不同的组件参与。具体的协商流程如图 1-40 所示。

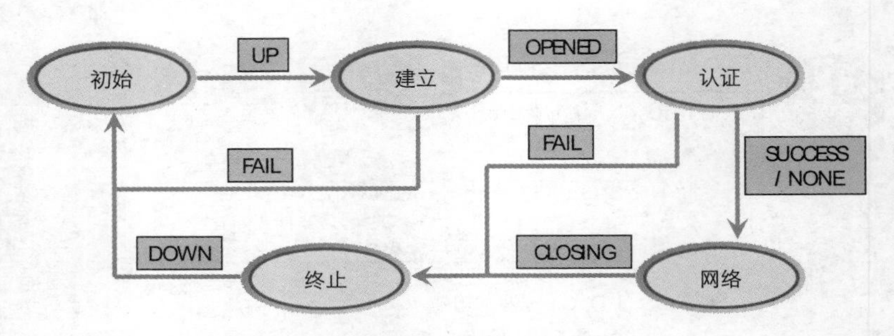

图 1-40 PPP 的具体协商流程

最开始建立 PPP 链路时，会从初始状态进入到建立阶段。在链路建立阶段，PPP 进行 LCP 的协商。协商内容包括最大接收单元 MRU、验证方式、魔术字（Magic Number）等选项。

LCP 协商成功后进入 Opened 状态，表示底层链路已经建立。此时，PPP 会检查双方是否配置了认证，采用何种方式进行认证。如果配置了验证，将进入认证阶段，开始 CHAP 或 PAP 验证。如果没有配置验证，则直接进入 NCP 协商阶段。

对于认证阶段，如果验证失败，则链路被终止拆除，LCP 状态转为 Down。如果验证成功，则进入网络协商阶段，此时 LCP 状态仍为 Opened，而网络协商状态却从 Initial 转到 Request。

网络协商支持 IPCP、MPLSCP、OSCICP 等协商。IPCP 协商主要包括双方的 IP 地址。通过 NCP 协商来选择和配置一个网络层协议。只有相应的网络层协议协商成功后，该网络层协议才可以通过这条 PPP 链路发送报文。

PPP 链路将一直保持通信，直至有明确的 LCP 或 NCP 帧关闭这条链路，或发生了某些外部事件，例如用户干预。

在 PPP 协商的过程中，数据帧都是封装在 PPP 报文中进行传递的。封装方式相对比较简单，主要包含了 3 个字段，PPP 数据帧格式如图 1-41 所示。

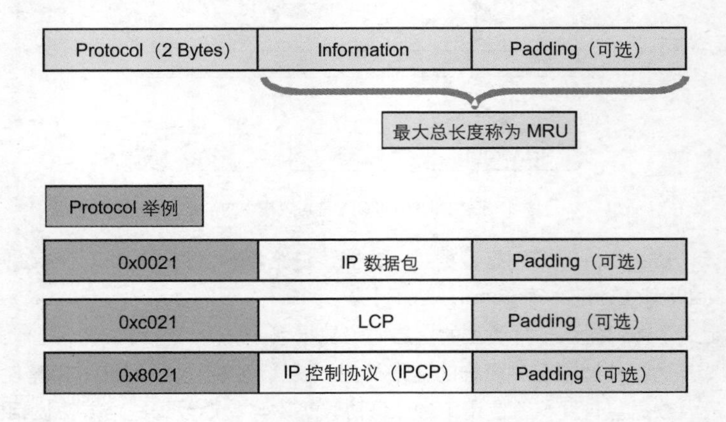

图 1-41 PPP 数据帧格式

下面将介绍 PPP 的数据封装中 3 个字段的功能。

- Protocol，协议域，长度为两个字节，标识此 PPP 数据帧中封装的协议类型，如 IP 数据包、LCP、NCP 等。常用取值如图 1-41 所示。
- Information，信息域，被 PPP 封装的数据，例如 LCP 数据、NCP 数据、网络层数据包等。此字段的长度是可变的。
- Padding，填充域。用于填充信息域。

Padding 字段和 Information 字段的最大总长度称为 PPP 的最大接收单元（Maximum Receive Unit，MRU）。MRU 默认为 1 500 字节。当 Information 字段的长度小于 MRU 时，可以使用 Padding 字段填充以方便发送和接收，也可以不进行填充，即 Padding 字段是可选的。

PPP 数据帧无法直接在链路上传输，在不同的链路上传输 PPP 数据帧需要不同的额外封装和控制机制，如在串行链路上传送 PPP 数据帧需遵循 HDLC 标准。

结合之前学习的 HDLC 的知识，串行链路上的数据帧结构如图 1-42 所示。

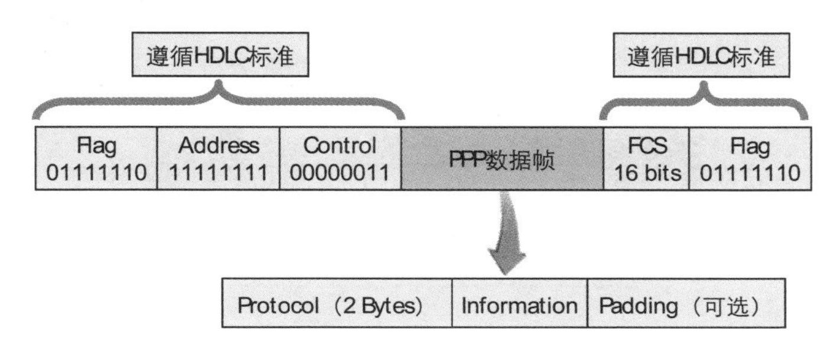

图 1-42　串行链路上的 PPP 数据帧结构

串行链路上的 PPP 基础配置也比较简单，只需要在接口模式下封装 PPP，然后配置 IP 地址即可，如图 1-43 所示。

```
[RTA]interface Serial 1/0
[RTA-Serial1/0]link-protocol ppp
[RTA-Serial1/0]ip address 10.1.1.1 30
[RTA-Serial1/0]quit
[RTA]
```

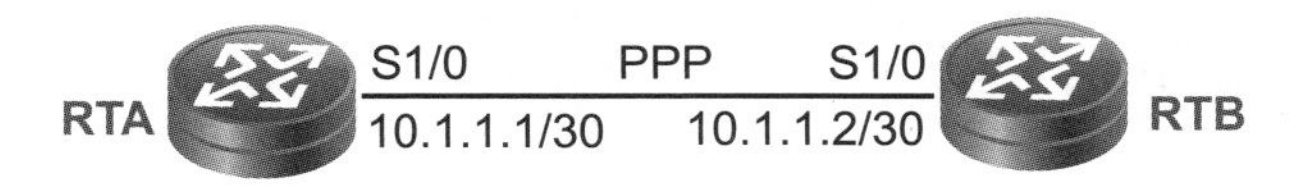


```
[RTB]interface Serial 1/0
[RTB-Serial1/0]link-protocol ppp
[RTB-Serial1/0]ip address 10.1.1.2 30
[RTB-Serial1/0]quit
[RTB]
```

图 1-43　串行链路上 PPP 的基础配置

PPP 原理与配置
——协议概述

2. 链路控制协议（LCP）

通过前面内容的介绍，读者已经对 PPP 有了一个总体的了解，包括 PPP 的概念、在串行链路上发送的 PPP 数据帧格式、PPP 的组件以及 PPP 的工作过程。下面将结合前面 PPP 的介绍，对 PPP 的组件进行介绍，首先来看下 PPP 的链路控制协议 LCP 的工作原理。

如前面所述，LCP 主要用来建立、拆除和监控 PPP 数据链路，同时进行链路层参数的协商，如 MRU、验证方式等。在协商过程中，PPP 双方会交互几种常见的链路协商报文。下面是对几种常见 LCP 协商场景的描述。

场景一：LCP 协商成功。

如图 1-44 所示，RTA 和 RTB 使用串行链路相连，运行 PPP。当物理层链路变为可用状态之后，RTA 和 RTB 使用 LCP 协商链路参数。本例中，RTA 首先发送一个 LCP 报文。

RTA 向 RTB 发送 Configure-Request 报文，此报文包含了发送者（RTA）上配置的链路层参数。当 RTB 收到此 Configure-Request 报文之后，如果 RTB 能识别此报文中的所有链路层参数，并且认为每个参数的取值都是可以接受的，则向 RTA 回应一个 Configure-Ack 报文。

在没有收到 Configure-Ack 报文的情况下，每隔 3 s 重传一次 Configure-Request 报文，如果连续 10 次发送 Configure-Request 报文仍然没有收到 Configure-Ack 报文，则认为对端不可用，停止发送 Configure-Request 报文。

需要注意的是，该过程只是表明了 RTB 认为 RTA 上的链路参数配置是可接受的。RTB 也需要向 RTA 发送 Configure-Request 报文，使 RTA 检测 RTB 上的链路参数配置是不是可接受的。

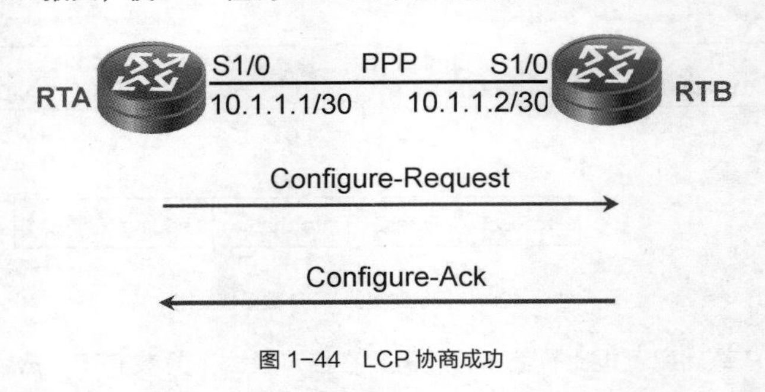

图 1-44　LCP 协商成功

场景二：LCP 参数协商不成功。

如图 1-45 所示，当 RTB 收到 RTA 发送的 Configure-Request 报文之后，如果 RTB 能识别此报文中携带的所有链路层参数，但是认为部分或全部参数的取值不能接受，即参数的取值协商不成功，则 RTB 需要向 RTA 回应一个 Configure-Nak 报文。

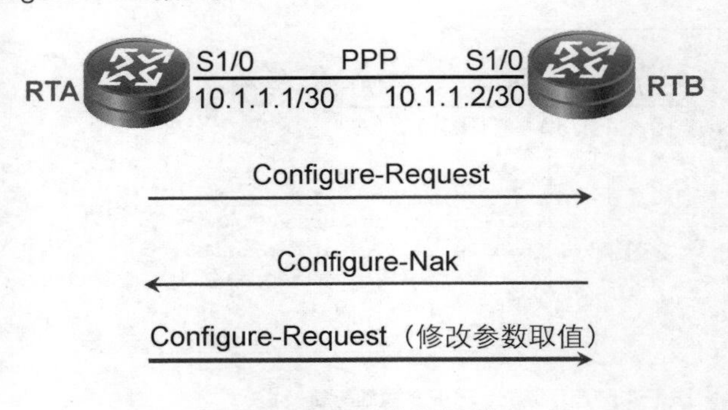

图 1-45　LCP 参数协商不成功

在这个 Configure-Nak 报文中，只包含不能接受的那部分链路层参数列表，每一个包含在此报文中链路层参数的取值均被修改为此报文的发送者（RTB）可以接受的取值（或取值范围）。

在收到 Configure-Nak 报文之后，RTA 需要根据此报文中的链路层参数重新选择本地使用的相关参数，并重新发送一个 Configure-Request。

连续 5 次协商仍然不成功的参数将被禁用，不再继续协商。

场景三：LCP 参数无法识别。

如图 1-46 所示，当 RTB 收到 RTA 发送的 Configure-Request 报文之后，如果 RTB 不能识别此报文中携带的部分或全部链路层参数，则 RTB 需要向 RTA 回应一个 Configure-Reject 报文。

在此 Configure-Reject 报文中，只包含不被识别的那部分链路层参数列表。

在收到 Configure-Reject 报文之后，RTA 需要向 RTB 重新发送一个 Configure-Request 报文，在新的 Configure-Request 报文中，不再包含不被对端（RTB）识别的参数。

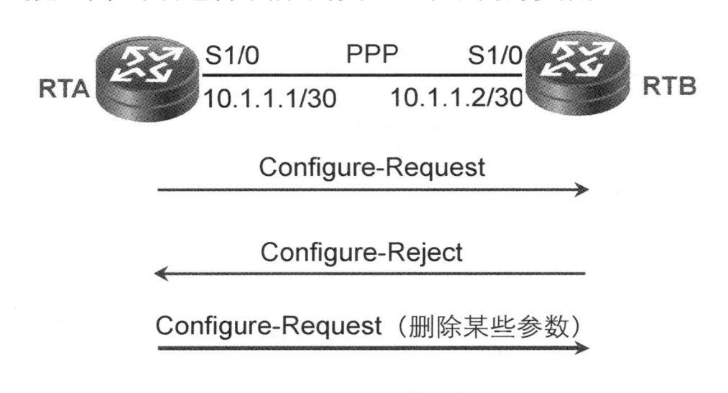

图 1-46 LCP 参数无法识别

场景四：LCP 链路检测。

如图 1-47 所示，LCP 建立连接之后，可以使用 Echo-Request 报文和 Echo-Reply 报文检测链路状态，收到 Echo-Request 报文之后应当回应一个 Echo-Reply 报文，表示链路状态正常。

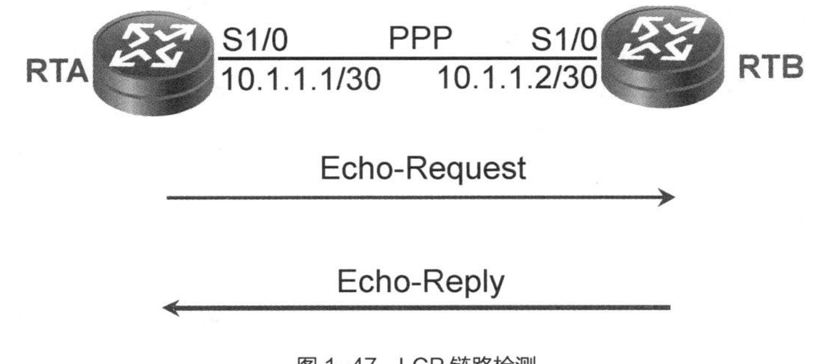

图 1-47 LCP 链路检测

场景五：LCP 连接关闭。

如图 1-48 所示，由于认证不成功或者管理员手工关闭等原因可以使 LCP 关闭已经建立的连接。

LCP 关闭连接使用 Terminate-Request 报文和 Terminate-Ack 报文，Terminate-Request 报文用于请求对端关闭连接，一旦收到一个 Terminate-Request 报文，LCP 必须回应一个 Terminate-Ack 报文来确认连接关闭。

在没有收到 Terminate-Ack 报文的情况下，每隔 3 s 重传一次 Terminate-Request 报文，连续两次重传都没有收到 Terminate-Ack 报文，则认为对端不可用，连接关闭。

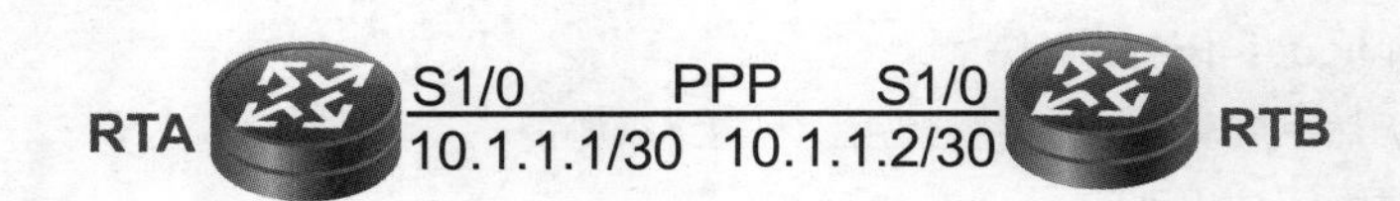

图 1-48 LCP 连接关闭

通过对上述 5 个场景的描述，可以总结 LCP 链路层协商常用的报文类型，如表 1-9 所示。

表 1-9 LCP 链路层协商常用报文

报文类型	功能描述
Configure-Request	包含发送者试图使用的、没有使用默认值的参数列表
Configure-Ack	表示完全接收对端发送的 Configure-Request 的参数取值
Configure-Nak	表示对端发送的 Configure-Request 中的参数取值在本地不合法
Configure-Reject	表示对端发送的 Configure-Request 中的参数本地不能识别

LCP 链路的协商通过表 1-9 中的报文实现，LCP 协商的常用链路参数如表 1-10 所示。

表 1-10 LCP 协商的常用链路参数

参数名称	功能描述	协商规则	默认值
最大接收单元 MRU	PPP 数据帧中 Information 字段和 Padding 字段的总长度	使用两端设置的较小值	1 500
认证协议	认证对端使用的认证协议	被认证方必须支持认证方使用的认证协议并正确配置，否则协商不成功	不认证
魔术字 Magic-Number	魔术字为一个随机产生的数字，用于检测链路环路，如果收到的 LCP 报文中的魔术字和本地产生的魔术字相同，则认为链路有环路	一端支持而另一端不支持，表示链路无环路，认为协商成功，两端都支持则使用检测机制检测环路	启用

PPP 原理与配置——链路控制协议（LCP）

在华为设备上，MRU 参数使用接口上配置的最大传输单元（MTU）值来表示。

常用的 PPP 认证协议有 PAP 和 CHAP（后续章节介绍），一条 PPP 链路的两端可以使用不同的认证协议认证对端，但是被认证方必须支持认证方使用的认证协议，并正确配置用户名和密码等认证信息。

LCP 使用魔术字（Magic-Number）检测链路环路和其他异常情况。魔术字为随机产生的一个数字，随机机制需要保证两端产生相同魔术字的可能性几乎为 0。

收到一个 Configure-Request 报文之后，其包含的魔术字需要和本地产生的魔术字做比较，如果不同，表示链路无环路，则使用 Confugure-Ack 报文确认（其他参数也协商成功），表示魔术字协商成功。在后续发送的报文中，如果报文含有魔术字字段，则该字段设置为协商成功的魔术字，LCP 不再产生新的魔术字。

如果收到的 Configure-Request 报文和自身产生的魔术字相同，则发送一个 Configure-Nak 报文，携带一个新的魔术字。然后，不管新收到的 Configure-Nak 报文中是否携带相同的魔术字，LCP 都发送一个新的 Configure-Request 报文，携带一个新的魔术字。如果链路有环路，则这个过程会不停地持续下去；如果链路没有环路，则报文交互会很快恢复正常。

3. PPP 的认证协议

PPP 工作过程中的认证，常用的方式有 PAP 和 CHAP 两种。

（1）PAP 认证。

PAP 全称为 Password Authentication Protocol，密码认证协议。要实现 PAP 的认证，需要配置的信息有两部分。

- 在认证方开启 PAP 认证功能，创建一个 PPP 用户。
- 在被认证方配置 PAP 使用的用户名和密码信息。

PAP 的认证示例如图 1-49 所示，认证方配置了认证方式是 PAP，创建了用户名 huawei 和密码 hello，同时指定了用户 huawei 的业务类型为 PPP 业务。被认证方指明了 PAP 认证的用户名 huawei 和 hello，保持和认证方的一致，才能保证认证通过。

```
[RTA]aaa
[RTA-aaa]local-user huawei password simple hello
[RTA-aaa]local-user huawei service-type ppp
[RTA]interface Serial 0
[RTA-Serial0]link-protocol ppp
[RTA-Serial0]ppp authentication-mode pap
[RTA-Serial0]ip address 10.1.1.1 30
```

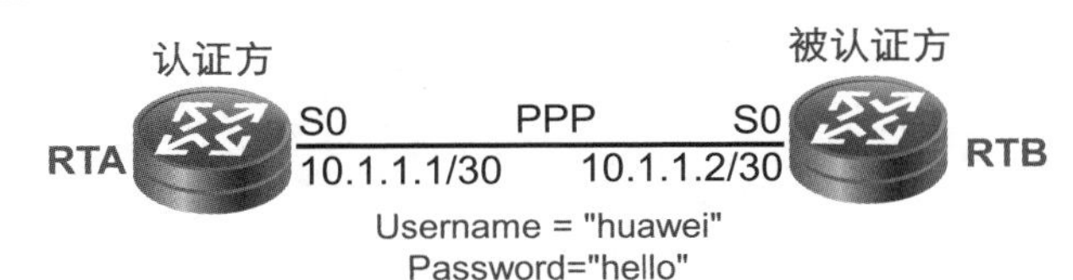


```
[RTB]interface Serial 0
[RTB-Serial0]link-protocol ppp
[RTB-Serial0]ppp pap local-user huawei password simple hello
[RTB-Serial0]ip address 10.1.1.2 30
```

图 1-49　PAP 认证示例

PAP 认证方式的工作原理较为简单。LCP 协商完成后，认证方要求被认证方使用 PAP 进行认证，具体过程如图 1-50 所示。

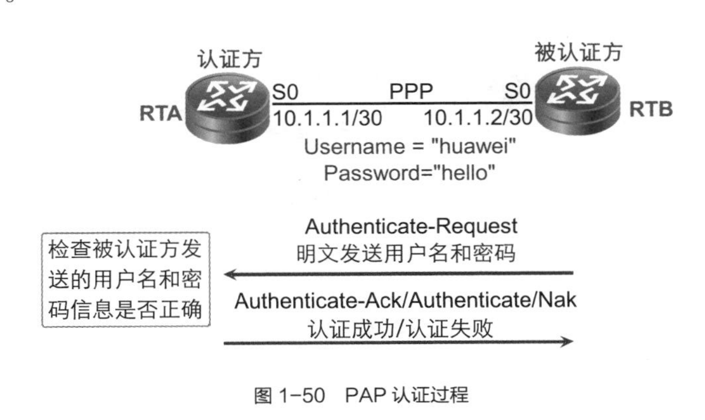

图 1-50　PAP 认证过程

被认证方将配置的用户名和密码信息使用 Authenticate-Request 报文以明文方式发送给认证方，本例中，用户名为“huawei”，密码为“hello”。

认证方收到被认证方发送的用户名和密码信息之后，根据本地配置的用户名和密码数据库检查用户名和密码信息是否正确匹配，如果正确，则返回 Authenticate-Ack 报文，表示认证成功。否则，返回 Authenticate-Nak 报文，表示认证失败。

PAP 验证协议包含两次握手验证，验证过程仅在链路初始建立阶段进行。当链路建立阶段结束后，用户名和密码将由被验证方重复地在链路上发送给验证方，直到验证被通过或者链路连接终止。PAP 不是一种安全的验证协议。当验证时，口令以明文方式在链路上发送，并且由于完成 PPP 链路建立后，被验证方会不停地在链路上反复发送用户名和口令，直到身份验证过程结束，所以不能防止攻击。

（2）CHAP 认证。

CHAP 全称为 Challenge Handshake Authentication Protocol，是一种使用加密方式发送密码信息的认证方式，与 PAP 相比，可以提供更高的安全性。

CHAP 的认证示例如图 1-51 所示，基本配置和 PAP 的认证方式差别不大，只是认证模式被指明为 CHAP 模式。

图 1-51　CHAP 认证示例

CHAP 的认证过程需要 3 次报文的交互。信息在链路上传递时，需要经过加密，因此安全性得到了极大的提升，具体过程如图 1-52 所示。

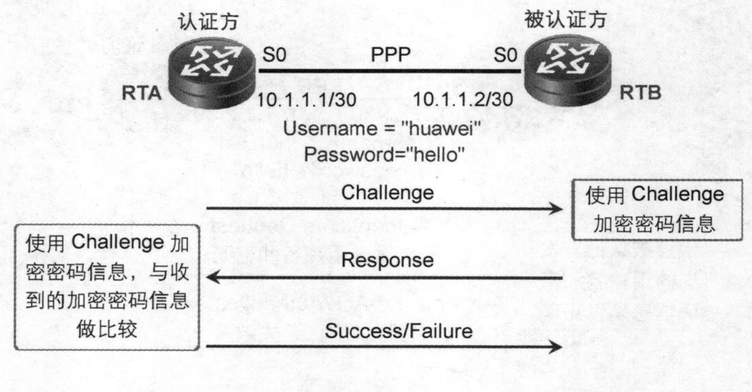

图 1-52　CHAP 认证过程

在 LCP 协商完成后，认证方发送一个 Challenge 报文给被认证方，报文中含有 Identifier 信息和一个随机产生的 Challenge 字符串。此 Identifier 会被后续报文所使用，一次认证过程所使用的报文均使用相同的 Identifier 信息，用于匹配请求报文和回应报文。

被认证方收到此 Challenge 报文之后进行一次加密运算，运算公式为 MD5{Identifier + 密码 + Challenge}，意思是将 Identifier、密码和 Challenge 这 3 部分连成一个字符串整体，然后对此字符串做 MD5 运算，得到一个 16 字节长的摘要信息，最后将此摘要信息和端口上配置的 CHAP 用户名一起封装在 Response 报文中并发回认证方，本例中将加密运算得到的摘要信息和用户名 "huawei" 一起发回认证方。

认证方接收到被认证方发送的 Response 报文之后，按照其中的用户名在本地查找相应的密码信息。得到密码信息之后进行一次加密运算，运算方式和被认证方的加密运算方式相同，然后将加密运算得到的摘要信息和 Response 报文中封装的摘要信息做比较，相同则表示认证成功，不相同则表示认证失败。

PPP 原理与配置——认证协议

从 CHAP 认证的整个过程可以看出，验证的密码从未在链路上进行明文传递，传递的只是经过 MD5 计算的摘要信息，因此，相对于 PAP 来说，安全性得到了很大的提升。

4. 网络层控制协议（NCP）

目前应用最广泛的 NCP 为 IPCP 与 MPLSCP，分别用于 IP 和 MPLS 的协商与控制。

IPCP 用于协商控制 IP 参数，使 PPP 可用于传输 IP 数据包。MPLSCP 用于协商控制 MPLSCP 协议参数，使 PPP 可用于传输 MPLSCP 数据包。下面以 IPCP 的 IP 地址协商为例，说明一下 NCP 的作用。

图 1-53 所示为静态协商 IP 地址，RTA 和 RTB 之间通过串行链路连接，封装 PPP。两端的端口 IP 地址通过静态方式部署。在双方进行 PPP 的 NCP 协商时，需要经过以下过程。

（1）每一端都要发送 Configure-Request 报文，在此报文中包含本地配置的 IP 地址。

（2）另一端接收到此 Configure-Request 报文之后，检查其中的 IP 地址，如果 IP 地址是一个合法的单播 IP 地址，而且和本地配置的 IP 地址不同（没有 IP 冲突），则认为对端可以使用该地址，回应一个 Configure-Ack 报文。

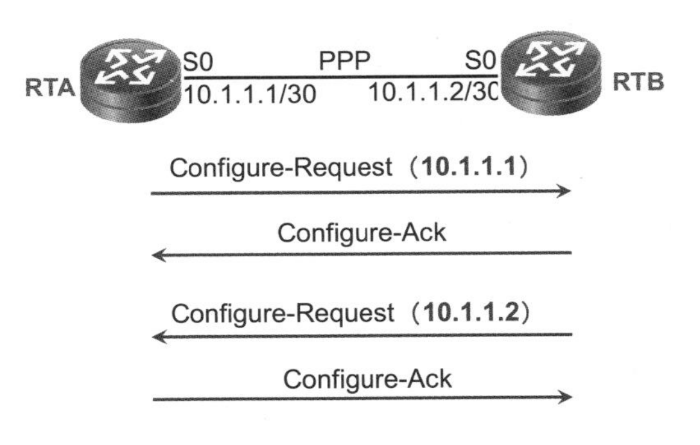

图 1-53 静态协商 IP 地址

除了静态协商 IP 地址外，也可以通过 IPCP 实现 IP 地址的动态协商。如图 1-54 所示，RTB 上配置了本地端口的 IP 地址，同时配置一个远端的 IP 地址，RTA 则通过协商的方式动态获取 IP 地址。具体有以下 4 步。

（1）RTA 向 RTB 发送一个 Configure-Request 报文，此报文中的 IP 地址填充为 0.0.0.0，一个含有 0.0.0.0 的 IP 地址的 Configure-Request 报文表示向对端请求 IP 地址。

（2）RTB 收到上述 Configure-Request 报文后，认为其中包含的地址（0.0.0.0）不合法，使用 Configure-Nak 回应一个新的 IP 地址 10.1.1.1。

（3）RTA 收到此 Configure-Nak 报文之后，更新本地 IP 地址，并重新发送一个 Configure-Request 报文，包含新的 IP 地址 10.1.1.1。

（4）RTB 收到 Configure-Request 报文后，认为其中包含的 IP 地址为合法地址，回应一个 Configure-Ack 报文。同时，RTB 也要向 RTA 发送 Configure-Request 报文来请求使用地址 10.1.1.2，RTA 认为此地址合法，回应 Configure-Ack 报文。

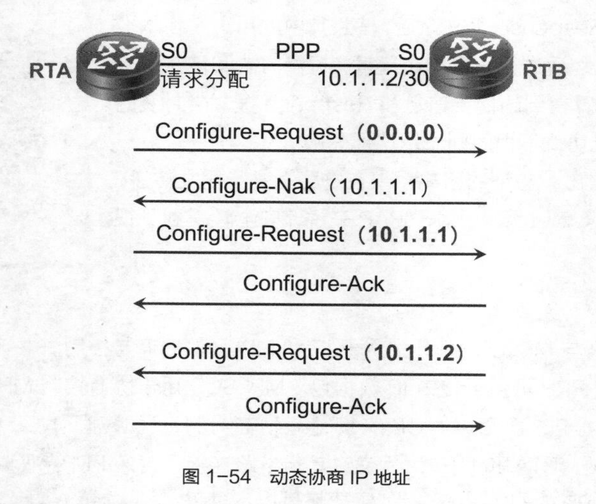

图 1-54 动态协商 IP 地址

PPP 原理与配置——网络层控制协议(NCP)

1.4.4 FR 工作原理

帧中继（Frame Relay，FR）技术是在数据链路层用简化的方法传送和交换数据单元的快速分组交换技术。由于在链路层的数据单元一般称作帧，故称为帧方式。

帧中继采用虚电路技术，即帧中继传送数据使用的传输链路是逻辑连接，而不是物理连接。在一个物理连接上可以复用多个逻辑连接，实现了带宽的复用和动态分配，有利于多用户、多速率数据的传输，充分利用了网络资源，如图 1-55 中的虚线所示。采用虚电路技术，能充分利用网络资源，因此帧中继具有吞吐量高、时延低、适合突发性业务等特点。

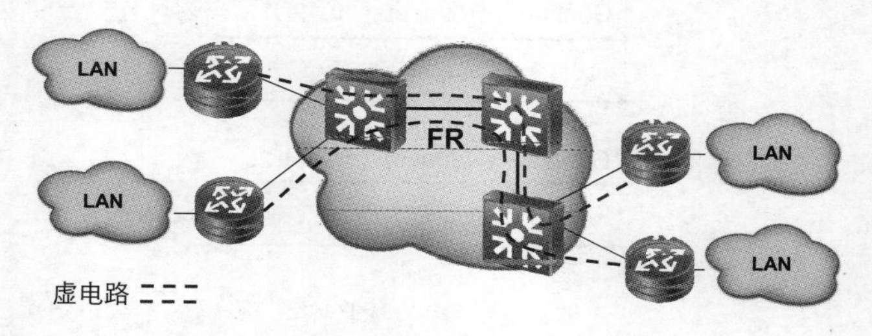

图 1-55 帧中继的虚电路技术

帧中继工作在 OSI 的物理层和数据链路层，使用简化的方法传送和交换数据单元，仅完成 OSI 物理层和数据链路层核心层的功能，将流量控制、纠错等留给智能终端完成，依赖 TCP 等上层协议完成纠错控制等，大大简化了节点机之间的协议。帧中继可用于传输各种路由协议，路由协议数据包被封装在帧中继数据帧内，如图 1-56 所示。

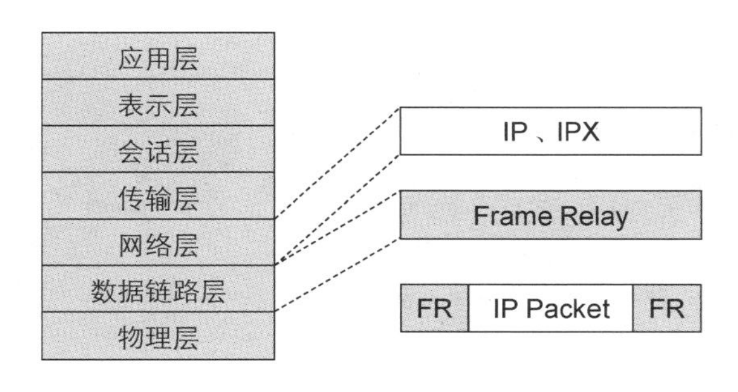

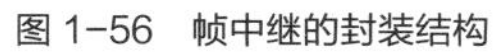
图 1-56　帧中继的封装结构

FR 原理与配置——
帧中继网络概述

在网络发展初期，由于帧中继能够充分利用网络资源，具备吞吐量高、时延低、适合突发性业务等特点，因此，对于当时的网络组网而言，是一个重要的可选项。帧中继技术的特点可归纳为以下几点。

（1）帧中继技术主要用于传递数据业务，数据信息以帧的形式进行传送，是一种面向连接的快速分组交换技术。

（2）帧中继传送数据使用的传输链路是逻辑连接，而不是物理连接，在一个物理连接上可以复用多个逻辑连接，可以实现带宽的复用和动态分配。

（3）帧中继采用物理层和链路层的两级结构，在链路层也只保留了核心子集部分，简化了 X.25 的第三层功能，使网络节点的处理大大简化。在链路层可完成统计复用、帧透明传输和错误检测，但不提供重传操作，提高了网络对信息的处理效率。省去了帧编号、流量控制、应答和监视等机制，大大节省了交换机的开销，提高了网络吞吐量、降低了通信时延。一般帧中继用户的接入速率在 64 kbit/s~2 Mbit/s。

（4）提供了一套合理的带宽管理和防止拥塞的机制，用户有效地利用预约的带宽，即承诺的信息速率（Committed Information Rate，CIR），还允许用户的突发数据占用未预定的带宽，以提高网络资源的利用率。

（5）与分组交换一样，帧中继采用面向连接的交换技术。可以提供交换虚电路（Switched Virtual Circuit，SVC）和永久虚电路（Permanent Virtual Circuit，PVC）业务，但目前已应用帧中继的网络中，只采用 PVC 业务。

帧中继网络模型如图 1-57 所示，由用户侧数据终端设备（Data Terminal Equipment ，DTE）和 FR 帧中继交换网组成。FR 帧中继交换网由一组数据电路终接设备（Data Circuit-terminating Equipment，DCE）组成。两端的局域网通过 FR 网络实现互联。局域网之间数据的转发通过 PVC 来实现。以下为帧中继网络中的一些相关术语介绍。

- 数据终端设备。通常指的是用户侧的设备等。
- 数据电路终接设备。通常是指网络中的交换设备，如帧中继交换机。
- 数据链路连接标识（Data Link Connection Identifier，DLCI）。链路接口的标识，帧中继网络的每一个连接都使用 DLCI。

DTE 与 DCE 直接连接，分组交换机之间建立若干连接，这样，便形成了 DTE 与 DTE 之间的通路。用户设备和网络设备之间的接口为用户到网络接口（User-to-Network Interface，UNI），帧中继交换机之间的接口为网络到网络接口（Network-to-Network Interface，NNI），如图 1-57 所示。

帧中继是面向连接的技术，在通信之前必须建立链路，DTE 之间建立的连接称为虚电路，如图 1-57 中的虚线所示。

帧中继虚电路有两种类型：PVC 和 SVC。目前在帧中继中使用最多的方式是永久虚电路方式。

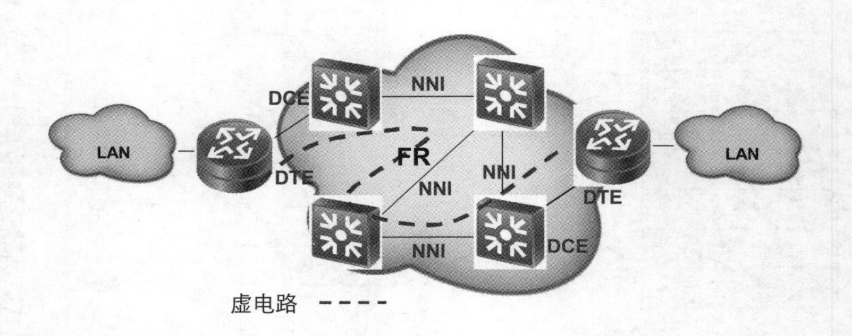

图 1-57 帧中继网络

PVC 是指给用户提供的固定虚电路，该电路一旦建立，则链路永远生效，除非管理员手动删除。PVC 用于两端之间频繁的、流量稳定的数据传输。

SVC 是指通过协议自动分配的虚电路。在通信结束后，该虚电路可以被本地设备或交换机取消。一般临时性的数据传输多用 SVC。

帧中继技术为了能够更加有效地利用网络资源，采用了虚电路技术，能够在单一物理传输线路上提供多条虚电路，也就是说，帧中继是一种统计复用协议。那么如何来标识和区分这些虚链路呢？帧中继中定义了数据链路连接标识（Data Link Connection Identifier，DLCI）。通过帧中继帧中的地址字段，可以区分出该帧属于哪一条虚电路。

DLCI 只在本地接口和与之直接相连的对端接口有效（即用于标识连接本地和对端接口的链路），不具有全局有效性。在帧中继网络中，不同物理接口上相同的 DLCI 并不表示同一个虚连接。

帧中继网络用户接口上最多可支持 1 024 条虚电路，其中用户可用的 DLCI 的范围是 16～1 007。由于帧中继虚电路是面向连接的，本地不同的 DLCI 连接着不同的对端设备，所以可认为本地 DLCI 就是对端设备的“帧中继地址”。

帧中继网络作为一种公共设施，一般是由电信运营商提供的，也可以通过自己私有的交换机组成帧中继网。对于任何一种方式，帧中继网络服务者都为用户路由器使用的 PVC 分配了 DLCI 号。其中一些 DLCI 代表特殊的功能，如 DLCI0 和 DLCI 1023 为 LMI 协议专用。

帧中继地址映射是把对端设备的协议地址与本地到达对端设备的 DLCI 关联起来，以便高层协议能够通过对端设备的协议地址寻址到对端设备。帧中继主要用来承载 IP 协议，在发送 IP 报文时，由于路由表只知道报文的下一跳地址，所以发送前必须由该地址确定它对应的 DLCI。这个过程可以通过查找帧中继地址映射表来完成。地址映射可以手动静态配置，也可以由协议动态维护，如图 1-58 所示。

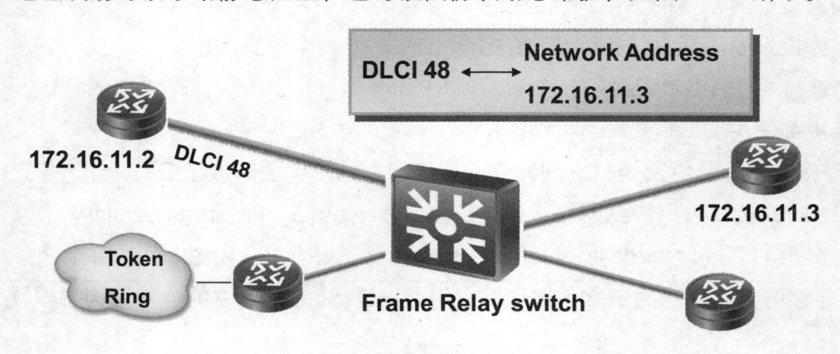

图 1-58 帧中继地址映射

逆向地址解析协议（Inverse ARP）的主要功能是寻找每条虚电路连接的对端设备的协议地址，包括 IP

地址和 IPX 地址等。如果知道了某条虚电路连接的对端设备的协议地址，在本地就可以生成对端协议地址与 DLCI 的映射（MAP），从而避免手工配置地址映射。它的基本过程如图 1-59 所示。

当 RTA 发现一条新的虚电路时（前提是 RTA 上已配置了协议地址），RTA 就在该虚电路上发送 Inverse ARP 请求报文给 RTB，该请求报文包含有 RTA 的协议地址。RTB 收到该请求时，可以获得 RTA 的协议地址，从而生成地址映射，并发送 Inverse ARP 响应报文进行响应，这样 RTA 同样生成地址映射。

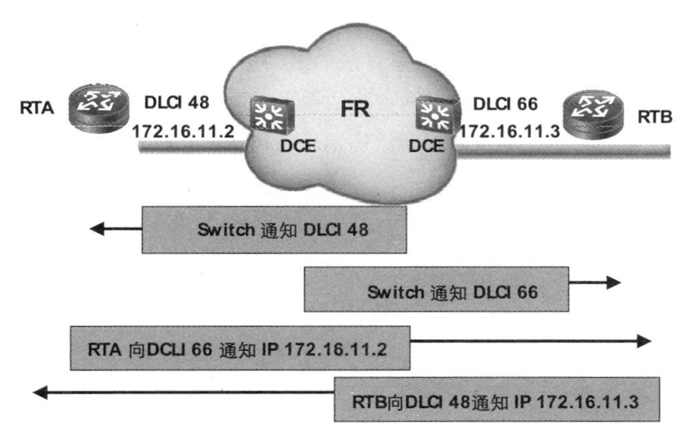

图 1-59　Inverse ARP 工作过程

对于逆向地址解析，需要留意以下几种特殊情况。

（1）如果已经手工配置了静态 MAP 或已经建立了动态 MAP，则无论该静态 MAP 中的对端地址正确与否，都不会在该虚电路上发送 Inverse ARP 请求报文给对端，只有在没有 MAP 的情况下才会向对端发送 Inverse ARP 请求报文。

（2）如果在 Inverse ARP 请求报文的接收端发现对端的协议地址与本地配置的 MAP 中的协议地址相同，则不会生成该动态 MAP。

（3）多协议地址主机回复与请求方协议地址相对应的协议地址。如果没有则不回复。

（4）多协议地址主机会为接口的每个协议地址请求对应的协议地址。

Inverse ARP 用于寻找每条虚电路连接的对端设备的协议地址，本地管理接口（Local Management Interface，LMI）协议则通过状态请求报文和状态报文维护帧中继的链路状态和 PVC 状态。涉及的功能包括增加 PVC 记录、删除已断掉的 PVC 记录、监控 PVC 状态的变更、链路完整性验证。

系统支持的本地管理接口协议有 3 种：ITU-T 的 Q.933 Annex A、ANSI 的 T1.617 Annex D 和非标准兼容协议。其中，非标准兼容协议用于和其他厂商设备对接，时如表 1-11 所示。

表 1-11　本地管理接口协议

组　　织	协议标准
ANSI	T1.617 Annex D
ITU-T(CCITT)	Q.933 Annex A
—	Nonstandard

LMI 的基本工作方式：DTE 设备每隔一定的时间间隔发送一个状态请求报文（Status Enquiry 报文）去查询虚电路的状态，DCE 设备收到状态请求报文后，立即用状态报文（Status 报文）通知 DTE 当前接口上所有虚电路的状态。

对于 DTE 侧设备，永久虚电路的状态完全由 DCE 侧设备决定。对于 DCE 侧设备，永久虚电路的状态由网络来决定。在两台网络设备直接连接的情况下，DCE 侧设备的虚电路状态是由设备管理员来设置的。

借助于 DLCI、InARP、LMI 等机制，帧中继能够实现数据的转发，但在点到多点的网络中部署某些应用的时候，会导致另外一些问题的出现。图 1–60 所示为在网络中部署路由协议进行路由信息的通告（路由的详细介绍见第 3 章），Router A 的 S0 口连接着 3 台路由器 Router B、Router C、Router D。在 Router A 的串口 S0 上分别映射 3 个 DLCI 到 3 台路由器，此时，Router B 的路由信息需要先传递给 Router A，然后由 Router A 再传递给 Router C。在采用距离矢量算法的路由协议中，如果路由器把从一个接口接收进来的更新信息再从这个端口转发出去，有可能会在两台路由器之间形成路由环路。因此，在距离矢量算法中，不允许 Router A 将串口 S0 上的路由更新信息再从该串口转发出去，该原则称为水平分割。

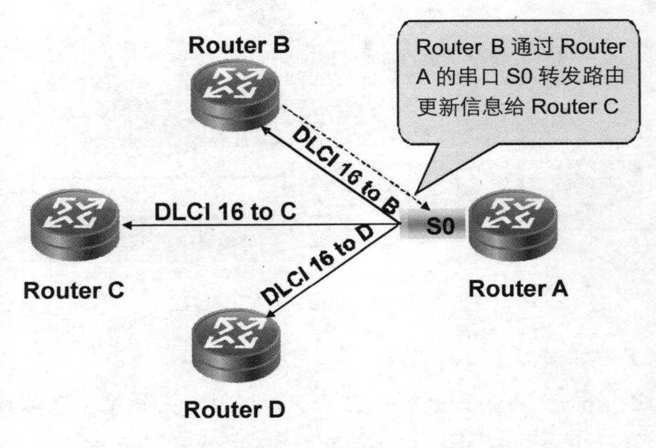

图 1–60 水平分割与帧中继

解决这个问题有几个办法：一个方法是使用多个物理接口连接多个邻节点，这样就需要路由器具备多个物理接口，从而增加了用户的成本；另外一个办法是使用子接口，如图 1–61 所示，在一个物理接口上配置多个逻辑接口，每个子接口都有自己的网络地址，就像独立的物理接口一样。或者是关闭水平分割功能，但这样会增加产生路由环路的概率，同时也需要路由协议支持。

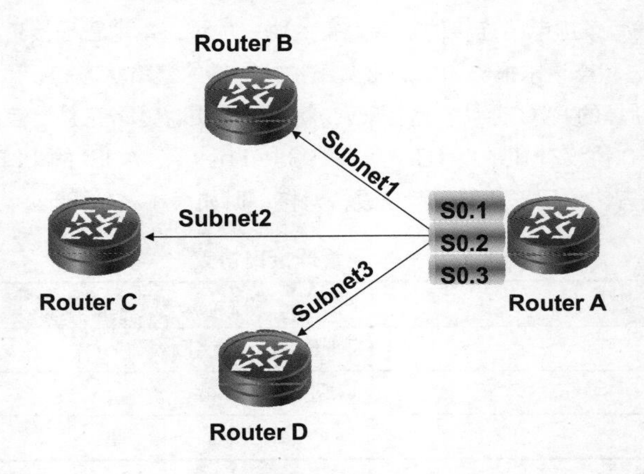

图 1–61 帧中继子接口

配置帧中继子接口可以解决水平分割的问题，一个物理接口可以包含多个逻辑子接口。每一个子接口使用一个或多个 DLCI 连接到对端的路由器。路由器之间需要经过帧中继的网络相连接。

在串口线路上定义这些逻辑子接口，每一个子接口使用一个或多个 DLCI 连接到对端的路由器。在子接口上配置了 DLCI 后，还需要建立目的端协议和该 DLCI 的映射。

图 1-61 中，虽然 Router A 上仅有一个物理串口 S0，但是在物理串口 S0 上定义了 S0.1 子接口上的 DLCI 到 Router B，S0.2 子接口上的 DLCI 到 RouterC，S0.3 子接口上的 DLCI 到 RouterD。

帧中继的子接口分为两种类型。

点到点（Point-to-Point）子接口：用于连接单个远端目标。一个子接口只配一条 PVC，不用配置静态地址映射就可唯一地确定对端设备。所以，在给子接口配置 PVC 时已经隐含地确定了对端地址。

点到多点（Point-to-Multipoint）子接口：用于连接多个远端目标。一个子接口上配置多条 PVC，每条 PVC 都和它相连的远端协议地址建立地址映射，这样，不同的 PVC 就可以到达不同的远端，而不会混淆。必须要通过手工配置地址映射，或者通过逆向地址解析协议来动态建立地址映射。

FR 原理与配置——
基本概念

FR 原理与配置——
基本配置

在创建帧中继子接口前，应先配置主接口使用帧中继作为链路层协议。帧中继子接口的类型默认是点到多点。

帧中继的配置实现并不复杂，如图 1-62 所示，RTA 和 RTB 通过帧中继互联，IP 地址和 DLCI 通过静态配置的方式进行映射，从而实现两端 IP 地址的互通。

```
[RTA-Serial0]link-protocol fr ietf
[RTA-Serial0]fr interface-type dce
[RTA-Serial0]fr dlci 100
[RTA-Serial0]ip address 10.1.1.1 30
[RTA-Serial0]fr inarp
```

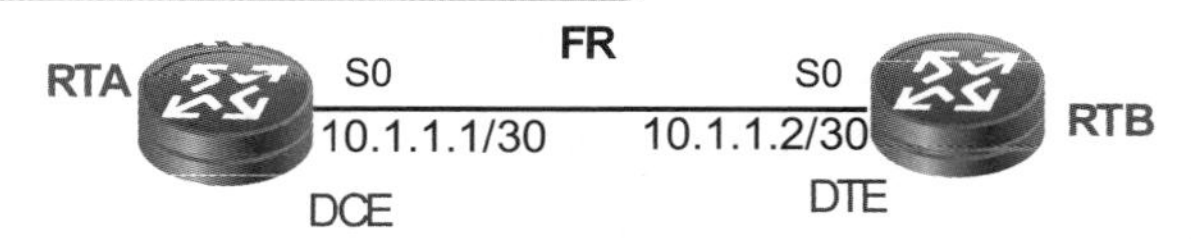


```
[RTA-Serial0]link-protocol fr ietf
[RTB-Serial0]fr interface-type dte
[RTB-Serial0]ip address 10.1.1.2 30
[RTB-Serial0]fr inarp
```

图 1-62 帧中继的静态解析配置实现

1.5 IP

IP 是网络之间互联协议的缩写，是 TCP/IP 协议族中最为核心的协议，是为计算机网络相互连接进行通信而设计的协议。IP 协议可以说是学习网络技术的基础，目前的 IP 可分为 IPv4 和 IPv6 两个版本，本节将介绍 IPv4，IPv6 将在后续章节介绍。具体内容包括以下 3 项。

（1）IP 编址。

（2）IP 子网划分。

（3）IP 网络层的常用排错方法。

1.5.1 IP 编址

IP 地址用于唯一标识一台网络设备，由 32 个二进制位组成，这些二进制数字被分为 4 个八位数组（octets），又称为 4 个字节。IP 地址表示方式如下。

点分十进制形式：10.110.128.111；

二进制形式：00001010.01101110.10000000.01101111；

十六进制形式：0a.6e.80.6f。

通常 IP 地址用点分十进制形式表示，很少表示成十六进制形式。IP 地址采用分层设计，可以分为两部分：网络地址部分和主机地址部分，如图 1-63 所示。

IP地址 | 网络地址 | 主机地址

图 1-63　IP 地址结构

IP 地址的分层方案类似于常用的电话号码。电话号码也是全球唯一的。例如对于电话号码 010-12345678，前面的字段 010 代表北京的区号，后面的字段 12345678 代表北京地区的一部电话。IP 地址也是一样，前面的网络地址部分代表一个网段，后面的主机地址部分代表这个网段的一台设备。

IP 地址采用分层设计，方便了 3 层网络设备网络信息的维护，譬如路由器设备，在标识网络的时候，可以以网段的方式来进行标识（网络地址代表了该网段内所有主机组成的网络），而不必储存每一台主机的 IP 地址，大大减少了路由表条目，增加了路由的灵活性。

IP 地址的网络地址部分用于唯一地标识一个网段，或者若干网段的聚合。同一网段中的网络设备有同样的网络地址。IP 地址的主机地址部分用于唯一地标识同一网段内的网络设备，在网络设备拥有多个接口的情况下，则拥有标识某一特定的三层接口。如 A 类 IP 地址 10.110.192.111，网络地址为 10，主机地址为 110.192.111。

如何区分 IP 地址的网络地址和主机地址呢？最初互联网络设计者根据网络规模大小规定了地址类，把 IP 地址分为 A、B、C、D、E 这 5 类，如图 1-64 所示。

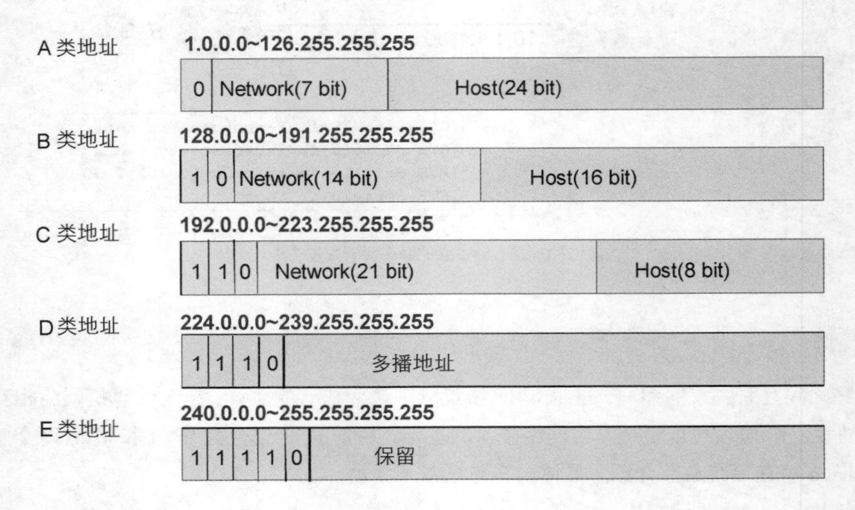

图 1-64　IP 地址分类

A 类 IP 地址的网络地址为第一个 8 位数组（Octet），第一个字节以“0”开始。因此，A 类网络地址的有效位数为 8-1=7 位，A 类地址的第一个字节在 1～126 之间（0 和 127 留作他用）。例如，10.1.1.1、126.2.4.78 等为 A 类地址。A 类地址的主机地址位数为后面的 3 个字节 24 位。A 类地址的范围为 1.0.0.0～126.255.255.255，每一个 A 类网络共有 2^{24} 个 A 类 IP 地址。

B 类 IP 地址的网络地址为前两个 8 位数组（Octet），第一个字节以“10”开始。因此，B 类网络地址的有效位数为 16−2=14 位，B 类地址的第一个字节在 128～191 之间。例如，128.1.1.1、168.2.4.78 等为 B 类地址。B 类地址的主机地址位数为后面的两个字节 16 位。B 类地址的范围为 128.0.0.0～191.255.255.255，每一个 B 类网络共有 2^{16} 个 B 类 IP 地址。

C 类 IP 地址的网络地址为前 3 个八位数组（Octet），第一个字节以“110”开始。因此，C 类网络地址的有效位数为 24−3=21 位，C 类地址的第一个字节在 192～223 之间。例如，192.1.1.1、220.2.4.78 等为 C 类地址。C 类地址的主机地址部分为后面的一个字节 8 位。C 类地址的范围为 192.0.0.0～223.255.255.255，每一个 C 类网络共有 2^8=256 个 C 类 IP 地址。

D 类地址的第一个 8 位数组以“1110”开头，因此，D 类地址的第一个字节在 224～239 之间。D 类地址通常作为多播地址。关于多播地址，在 HCDP 路由课程中会有讨论。

E 类地址的第一个字节在 240～255 之间，保留，用于科学研究。

现网中经常用到的是 A、B、C 这 3 类地址。IP 地址由国际网络信息中心组织（International Network Information Center，InterNIC）根据公司大小进行分配。过去通常把 A 类地址保留给政府机构，或者分配给谷歌之类的大公司，B 类地址分配给中等规模的公司，C 类地址分配给小单位。然而，随着互联网络的飞速发展，再加上 IP 地址的浪费，IP 地址已经非常紧张，目前国际上的 IP 地址段已经分配完毕，运营商使用的 IP 地址都是之前申请的存量 IP 地址。鉴于此，IETF 组织设计推出了 IPv6 协议。其中，对 IPv6 地址的定义，很重要的一个意义在于扩充了地址空间，由现在的 32 位扩充到了 128 位，能够用于替代现行越来越短缺的 IPv4 地址。

IP 地址用于唯一地标识一台网络设备，但并不是每一个 IP 地址都是可用的。一些特殊的 IP 地址有特殊的用途，不能用于标识网络设备，如表 1−12 所示。

表 1-12 特殊 IP 地址

网络部分	主机部分	地址类型	用　　途
Any	全“0”	网络地址	代表一个网段
Any	全“1”	广播地址	特定网段的所有节点
127	Any	环回地址	环回测试
全“0”		所有网络	用于指定默认路由或者作为 IP 地址请求时的临时 IP
全“1”		广播地址	广播报文填充，指向本网段所有节点

对于主机部分全为“0”的 IP 地址，称为网络地址。网络地址用来标识一个网段。例如，A 类地址 1.0.0.0，私有地址 10.0.0.0、192.168.1.0 等。

对于主机部分全为“1”的 IP 地址，称为网段广播地址。广播地址用于标识一个网络的所有主机。例如 10.255.255.255、192.168.1.255 等。广播地址用于向本网段的所有节点发送数据包，这样的广播不能被路由器转发。

对于网络部分为 127 的 IP 地址，代表的是环回地址，往往用于环回测试。例如 127.0.0.1。

全“0”的 IP 地址 0.0.0.0 代表所有的主机，华为实现中用 0.0.0.0 地址指定默认路由，同时，在终端配置自动获取 IP 地址的时候，以 0.0.0.0 作为临时填充地址。

全“1”的 IP 地址 255.255.255.255 也是广播地址，但 255.255.255.255 代表本地链路上的所有主机，用于向本地链路上的所有节点发送数据包。这样的广播不能被路由器转发。

如上所述，每一个网段会有一些 IP 地址不能用作主机 IP 地址。下面计算一下可用的 IP 地址。

如 B 类网段 172.16.0.0，有 16 个主机位，因此有 2^{16} 个 IP 地址，除了一个网络地址 172.16.0.0 和一个广播地址 172.16.255.255 不能用作标识主机，那么共有 $2^{16}-2$ 个可用地址。C 类网段 192.168.1.0，有 8 个主机位，共有 $2^8=256$ 个 IP 地址，去掉一个网络地址 192.168.1.0 和一个广播地址 192.168.1.255，共有 254 个可用主机地址。

每一个网段的可用主机地址可以用这样一个公式表示：假定这个网段的主机部分位数为 n，则可用的主机地址个数为 2^n-2 个。

IP 地址除了可以分为 A 类、B 类等，同样还区分定义了私网地址和公网地址，通常情况下会在公司内部网络使用私有 IP 地址。

私有 IP 地址是由 InterNIC 预留的由各个企业内部网自由支配的 IP 地址。使用私有 IP 地址不能直接访问 Internet。因为公网上没有针对私有地址的路由。当访问 Internet 时，需要利用 NAT 或者代理等技术把私有 IP 地址对公网的访问转换为对非私有地址的访问。InterNIC 预留了以下网段作为私有 IP 地址。

IP 编址与路由——IP 地址介绍

- A 类地址 10.0.0.0 ~ 10.255.255.255。
- B 类地址 172.16.0.0 ~ 172.31.255.255。
- C 类地址 192.168.0.0 ~ 192.168.255.255 等。

使用私有 IP 地址，不仅减少了用于购买公有 IP 地址的投资，而且节省了 IP 地址资源。

1.5.2 子网划分

上文中提到了 IP 地址的分层结构，IP 地址可以分为网络地址部分和主机地址部分，网络地址部分用于表示网段，主机地址部分用于唯一标识同一网段内的网络设备。网络地址和主机地址的区分则通过掩码实现。

掩码与 IP 地址的表示法相同。掩码中用 1 表示该位为网络位，用 0 表示主机部分。一个 255 则表示有 8 个 1。

默认状态下，A 类地址的网络掩码为 255.0.0.0，B 类地址的网络掩码为 255.255.0.0，C 类地址的网络掩码为 255.255.255.0。

图 1-65 所示的 192.168.1.100 是一个标准 C 类地址，子网掩码为 255.255.255.0，该地址的网络地址为 192.168.1.0。

如果一个 IP 地址在表示的时候没有带上掩码，则被称为无子网编址。无掩码编址使用自然掩码，不对网段进行细分。比如 B 类网段 172.16.0.0，使用自然掩码 255.255.0.0。

IP地址	192.168.1	100
子网掩码	255.255.255	0
网络地址	192.168.1	0

图 1-65 网络地址和掩码

对于没有子网的 IP 地址组织，外部将该组织看作单一网络，不需要知道内部结构。例如，所有到地址 172.16.X.X 的路由被认为同一方向，不考虑地址的第三和第四个 8 位分组，这种方案的好处是减少路由表的项目。

但这种方案没法区分一个大的网络内不同的子网网段，这使网络内的所有主机都能收到该大的网络内的广播，从而降低网络的性能，另外也不利于管理。

比如，一个 B 类网可容纳 65 534 个主机。假设申请 B 类地址的用户只需要 100 个 IP 地址，那么剩余的地址无法被别的用户使用，这就造成了极大的浪费。于是需要一种方法将这种网络分为不同的网段，按照各个子网段进行管理。

从地址分配的角度来看，子网是网段地址的扩充。网络管理员根据组织增长的需要决定子网的大小。

网络设备使用子网掩码（Subnet Masking）决定 IP 地址中哪部分为网络部分，哪部分为主机部分。

子网掩码也是掩码，其表示方式与掩码是一样的。如图 1-66 所示，IP 地址 192.168.1.7 对应的子网掩码是 255.255.255.240，将十进制转化为二进制，子网掩码的二进制表示为 11111111.11111111.11111111.11110000。根据掩码的定义，掩码位为 1 的代表网络地址，那么代表 IP 地址 192.168.1.7 的网络地址位共有 8+8+8+4=28 位。因此 IP 地址也可以表示为 192.168.1.7/28。

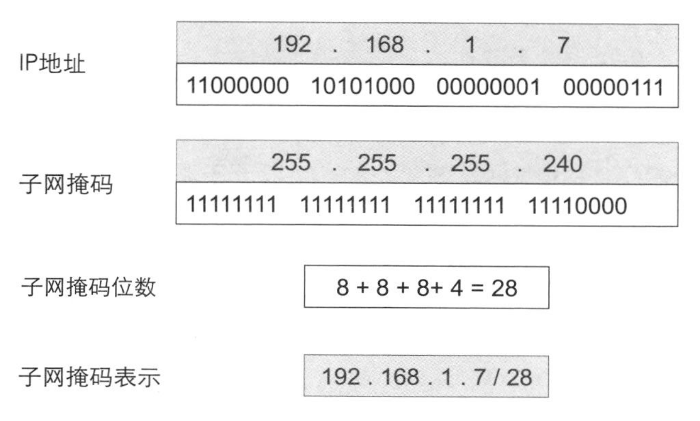

图 1-66　子网掩码的表示方法

在默认状态下，如果没有进行子网划分，A 类网络的子网掩码为 255.0.0.0，B 类网络的子网掩码为 255.255.0.0，C 类网络子网掩码为 255.255.255.0。利用子网，网络地址的使用会更有效。对外仍为一个网络，对内部而言，则分为不同的子网。例如，某公司的财务部使用 172.16.4.0 子网段，工程部使用 172.16.8.0 子网段。这样可使路由器根据目的子网地址进行路由，从而限制一个子网的广播报文发送到其他网段，不对网络的效率产生影响。

通过子网掩码，可以进行 IP 地址的网络地址位和主机地址位的区分，那么如何计算网络地址呢？如图 1-67 所示，IP 地址为 192.168.1.167/28，将 IP 地址和掩码分别表示为二进制，按位进行"与"的计算，得到结果 11000000.10101000.00000001.10100000，转换为十进制，即为网络地址 192.168.1.160。

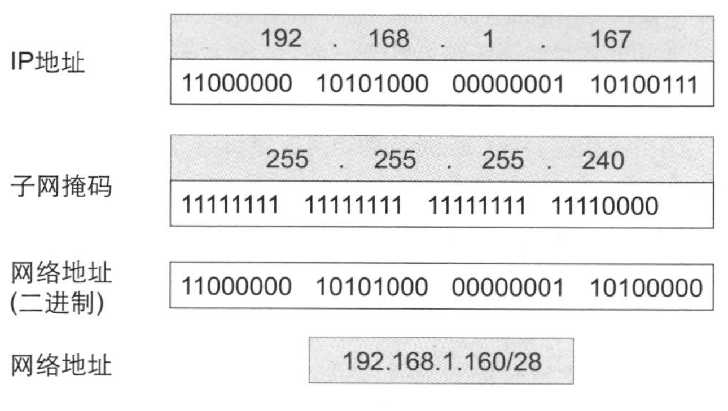

图 1-67　网络地址的计算

那么网段 192.168.1.160/28 中能容纳多少台主机呢？主机数同样是通过子网掩码来计算的。在掩码的规定中，值为 0 的比特位即为主机位，所以要看的就是子网掩码中最后有多少位是 0。如图 1-68 所示，假设子网掩码中最后有 n 位为 0，那么总的主机数为 2^n 个，可用主机的个数要减去全 0 的网络地址和全 1 的广播地址，所以可用的主机数为 2^n-2 个。按照该计算方式，192.168.1.160/28 网段中可用的主机 IP 地址为 14 个。

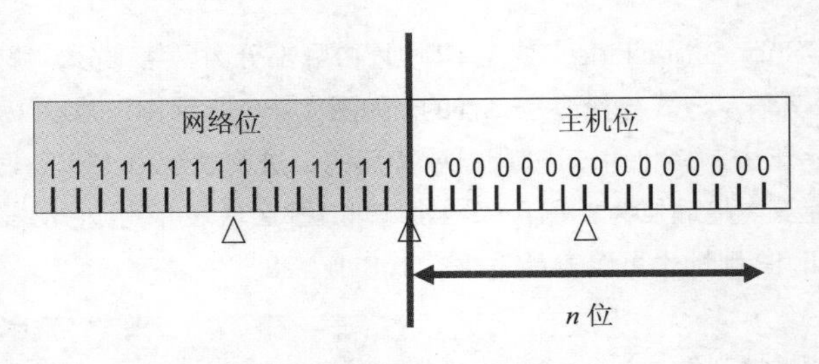

图 1-68 主机数的计算

在了解了子网掩码的基本概念后，可以尝试着进行以下网络的子网划分。

某公司分配到了一个 C 类的地址网段 201.222.5.0/24。出于业务需要，需要将公司的网络划分成 20 个子网，每个子网有 5 台主机，该如何划分?

在这个例子中，因为是 C 类地址，所以子网部分和主机部分总共是 8 位。假设取其中的 n 位作为子网网络地址，那么剩下的主机位为 8-n 位。根据前面的主机数目的计算公式可以得出每个子网中的可用 IP 地址数为 $2^{(8-n)}-2$。由于还需要分配一个 IP 地址作为网关使用，所以可以得出不等式：$2^{(8-n)}-2-1\geqslant 5$。而由于作为子网网络地址的比特位为 n 位，因此能够划分的子网网段为 2^n 个，如此可以得到另一个不等式：$2^n\geqslant 20$。

从不等式 $2^n\geqslant 20$ 中可以得出 n 的取值为 5、6、7、8。从不等式 $2^{(8-n)}-2-1\geqslant 5$ 中，可以得出 n 的取值为 0、1、2、3、4、5。综合考虑两个条件，n 的取值为 5。也就是说，可以将 C 类地址网段 201.222.5.0/24 划分为 32 个 29 位掩码的子网网段。每个网段分别如下。

```
201.222.5.0～201.222.5.7
201.222.5.8～201.222.5.15
…
201.222.5.240～201.222.5.247
201.222.5.248～201.222.5.255
```

划分子网的时候，每个子网网段的掩码位数不一定要相同，可以根据实际情况调整子网掩码的长度。如图 1-69 所示，某公司准备用 C 类网络地址 192.168.1.0 进行 IP 地址的子网规划。公司共购置了 5 台路由器，一台路由器作为企业网的网关路由器接入当地 ISP，其他 4 台路由器连接 4 个办公点，每个办公点 20 台 PC。从图中可以看出，需要划分 8 个子网，4 个办公点各网段需要 21 个 IP 地址（包括一个路由器接口，作为网关），与网关路由器相连的 4 个网段各需要两个 IP 地址。最终子网掩码的规划是，4 个办公点网段采用子网掩码 255.255.255.224，预留 5 位作为主机位，可以容纳最多 $2^5-2=30$ 台主机。对于 4 个办公点路由器和网关路由器相连的网段，预留 2 位作为主机位，可用主机地址为 $2^2-2=2$ 个，链路两端各一个。

对于图 1-69 中的子网划分，每一个子网使用不同的网络标识 ID，不同子网的主机数不一定相同，所以在划分子网的时候，没有采用固定长度的子网掩码。这种子网掩码的划分方式称为可变长子网掩码（Variable Length Subnet Mask，VLSM）技术。对主机数目比较多的子网采用较短的子网掩码，对主机数目比较少的子网采用较长的子网掩码，这种方案能节省大量的地址，节省的这些地址可以用于其他子网上。

VLSM 技术将一个网段划分成了多个网段，那么网络在通告路由的时候会导致路由条目的大量增加。为了减少网络中的路由条目，对应于 VLSM 技术，还有无类域间路由技术（Classless Inter Domain Routing，CIDR）。

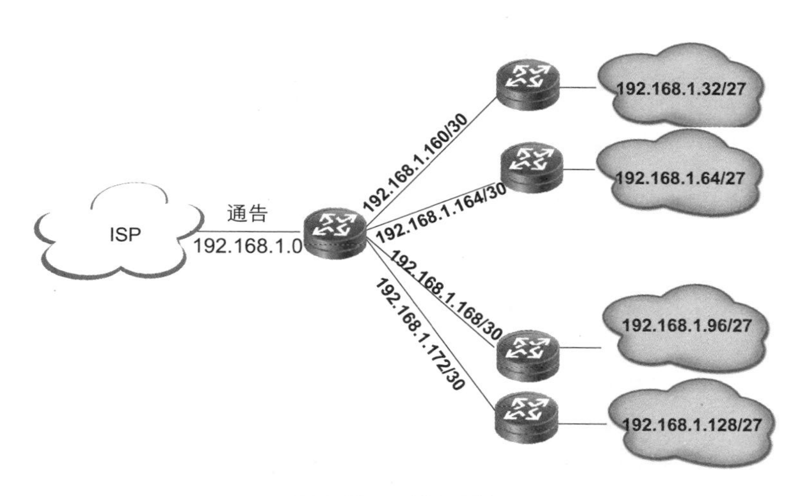

图 1-69 可变长子网掩码

CIDR 由 RFC1817 定义。CIDR 突破了传统 IP 地址分类边界，可以将路由表中的若干条路由汇聚为一条路由，极大地减少了路由表的规模，提高了路由器的可扩展性。

如图 1-70 所示，一个 ISP 被分配了一些 C 类网络，198.168.0.0 ~ 198.168.255.0。该 ISP 准备把这些 C 类网络分配给各个用户群，目前已经分配了 3 个 C 类网段给用户。如果没有实施 CIDR 技术，ISP 的路由器的路由表中会有 3 条下连网段的路由条目，并且会把它通告给 Internet 上的路由器。通过实施 CIDR 技术，可以在 ISP 的路由器上把这 3 条网段 198.168.1.0、198.168.2.0、198.168.3.0 汇聚成一条路由 198.168.0.0/16，这样 ISP 路由器只向 Internet 通告 198.168.0.0/16 这一条路由，大大减少了路由表的数目。

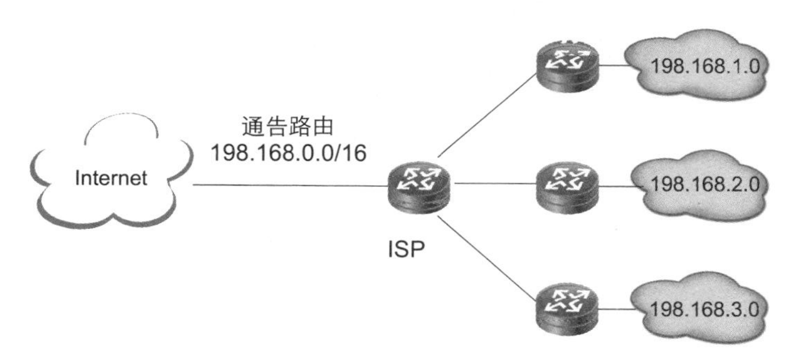

图 1-70 无类域间路由（CIDR）

值得注意的是，使用 CIDR 技术汇聚的网络地址的比特位必须是一致的，如上例所示。如果上图所示的 ISP 连接了一个 172.178.1.0 网段，那么这个网段路由将无法被汇聚。

1.5.3 IP 网络排错

网络搭建完毕后，如何对网络进行验证，确保能够正常工作？或者网络出了故障后，如何进行故障的判断和定位？下面对几种常见的应用进行了介绍。

1. ping

ping 是用来检查 IP 网络连接及主机是否可达的常用方法。如路由器之间、主机与路由器之间的连通性问题都可以使用 ping 来判断。ping 使用一系列 ICMP 的消息来确定目的地址是否可达，以及通信是否延时和丢包情况。ping 实际上是一个发出请求并等待响应的过程。发起 ping 命令的源端首先向目的地址发送“Echo”消息并等待回应。如果“Echo”包到达目的地址，并且在确定时间周期内从目的地成功返回“Echo Reply”包给源端，则 ping 成功。一旦超过时间周期则会显现“Request timed out”请求超时的消息。

如图 1-71 所示，在 RTA 上使用 ping 命令测试与 RTB 互联的 IP 地址的连通性，收到了 RTB 接口 1.1.1.2 发回的应答报文。

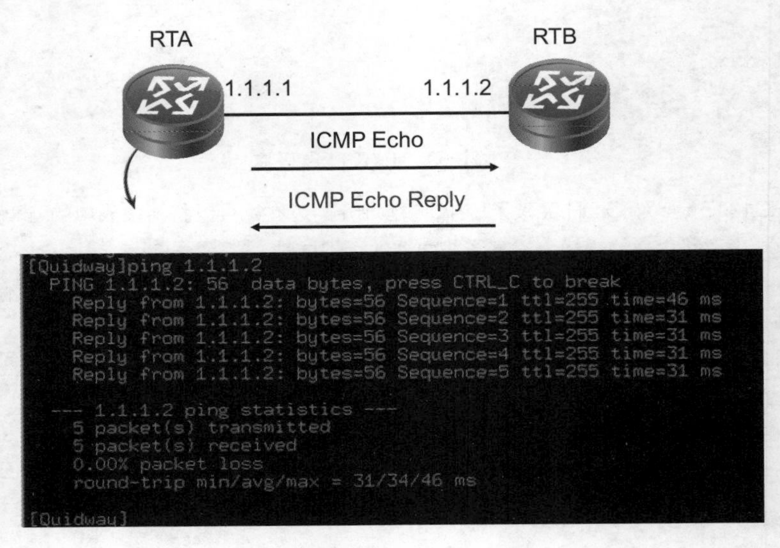

图 1-71　ping 检测

ping 命令除了基本命令外，还提供许多可选参数供使用，这里列举-a 和-i 两个参数。

-a source-ip-address：设置发送 ICMP ECHO-REQUEST 报文的源 IP 地址。

-i interface-type interface-number：设置发送 ICMP ECHO-REQUEST 报文的接口。

图 1-71 中的测试，也可以执行命令 ping　a 1.1.1.1 1.1.1.2 来代表报文从 1.1.1.1 发送到 1.1.1.2。

2. ICMP

ICMP 是网络层的一个重要组成部分。IP 协议并不提供连接的可靠性保证，所以无法获取到网络故障的信息，利用 ICMP 可以获取网络中问题的反馈。前面提到的 ping 测试，以及稍后提到的 Tracert，实际上都用到了 ICMP 的协议报文封装。

ICMP 的作用为传递差错、控制、查询报文等信息，其报文被封装在基本的 IP 报头（即 20 字节）中，协议字段值为 1，如图 1-72 所示。ICMP 的报文结构则如图 1-73 所示。

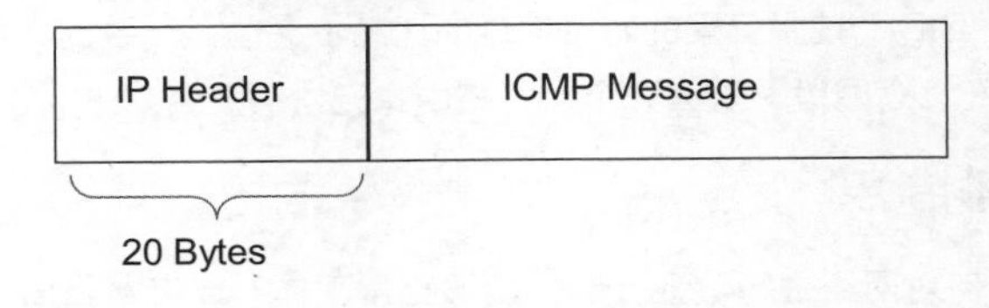

图 1-72　ICMP 报文封装

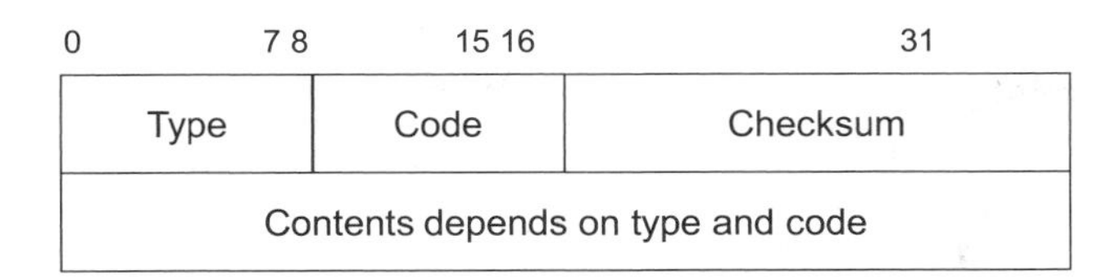

图 1-73　ICMP 报文结构

ICMP 报文由 Type、Code、Checksum 和 unused 字段组成。不同的消息报文其格式略有些不同，这里对几个常用的参数做介绍。

（1）类型（Type）。

Type 表示 ICMP 消息类型，以下为常用的几种消息类型，如表 1-13 所示。

表 1-13　ICMP 消息类型

类　　型	消息名称	描　　述
0	Echo Reply	响应回应消息
3	Destination Unreachable	目的不可达消息
4	Source Quench	源抑制消息
5	Redirect	重定向消息
8	Echo	响应消息
11	Time Exceeded	超时消息
12	Parameter Problem	参数问题消息
13	Timestamp	时间戳消息

（2）代码（Code）。

同一个 ICMP 消息类型中通过不同的代码表示不同的信息。例如 Type 为 3 的目的不可达消息（Destination Unreachable），其 Code 代码就细分了几类，以下列举了 4 个代码的含义，如表 1-14 所示。

表 1-14　ICMP 代码类型

类　　型	代　　码	描　　述
3	0	net unreachable，网络不可达
	1	host unreachable，主机不可达
	2	protocol unreachable，协议不可达
	3	port unreachable，端口不可达

（3）校验和（Checksum）。

该字段占 16 位，目前没有使用，值为 0。

3. Tracert

Tracert 可探测源节点到目的节点之间数据报文所经过的路径。IP 报文的 TTL 值在每经过一个路由器转发后减 1，当 TTL=0 时则向源节点报告 TTL 超时。

如图 1-74 所示，Tracert 首先发送一个 TTL 为 1 的 UDP 报文，因此第一跳发送回一个 ICMP 错误消息以指明此数据报不能被发送（因为 TTL 超时）。之后 Tracert 再发送一个 TTL 为 2 的 UDP 报文，同样第二跳返回 TTL 超时。这个过程不断进行，直到到达目的地，由于数据报中使用了无效的端口号（默认从 33 434 开始使用，后续 UDP 报文目的端口号自动加 1），此时目的主机会返回一个 ICMP 的目的不可达消息，表明该 Tracert 操作结束。Tracert 记录下每一个 ICMP TTL 超时消息的源地址，从而给用户报文提供到达目的地所经过的网关 IP 地址。

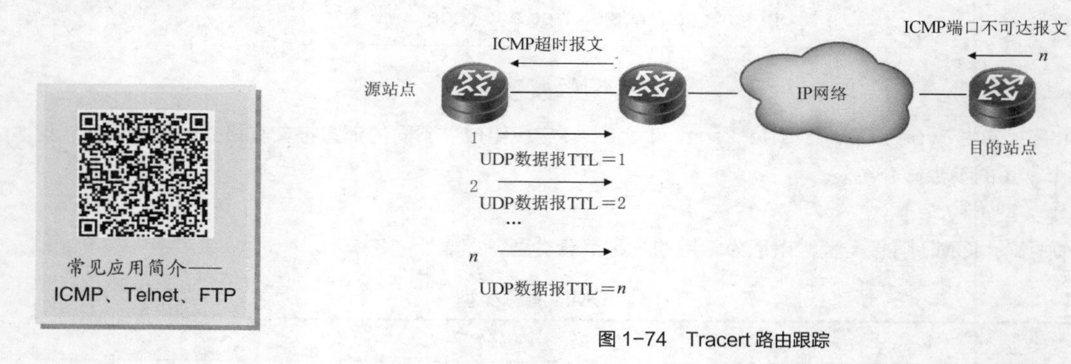

图 1-74　Tracert 路由跟踪

Tracert 同样可以提供测试连通性的功能，当 Tracert 某一目的地址时，从显示的路径信息可以判断出故障点在什么地方。图 1-75 所示是 Tracert 的简单应用示例。

```
[RTA]tracert 3.3.3.3
 traceroute to   3.3.3.3(3.3.3.3) 30 hops max,40 bytes packet
 1 10.1.1.2 31 ms   31 ms   32 ms
 2 10.2.2.2 62 ms   63 ms   62 ms
```

图 1-75　Tracert 应用示例

1.6 上机练习

练习任务一：以太网接口配置

作为公司的网络管理员，现在公司购买了两台华为 S5700 系列交换机，需要先进行调试。组建图 1-76 所示的拓扑，对设备进行双工和速度方面的技术测试。

实验拓扑

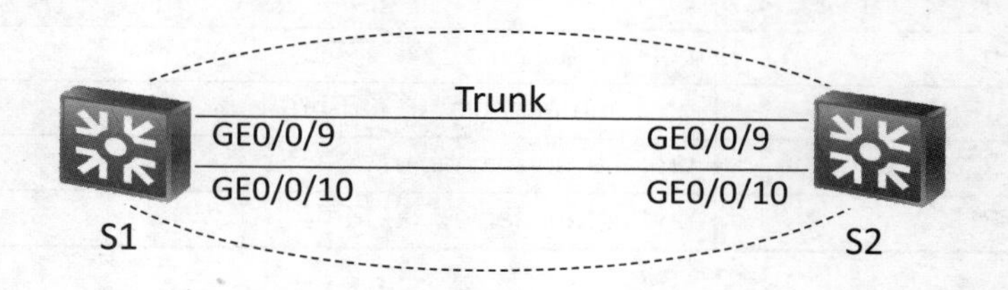

图 1-76　以太网拓扑

实验目的

（1）了解以太网接口的各种统计信息。

（2）理解速度和双工的意义。

（3）掌握以太网接口速度和双工的配置。

实验步骤

（1）配置以太网接口地址。

```
[HUAWEI]interface gigabitethernet 0/0/9
[HUAWEI-GigabitEthernet0/0/9]ip address 192.168.1.1 255.255.255.0
```

（2）配置以太网接口速率及双工模式。

```
[HUAWEI-GigabitEthernet0/0/10] speed 100
[HUAWEI-GigabitEthernet0/0/10] duplex full
```

命令参考

interface interface-type interface-number	进入已经存在的接口，或创建并进入逻辑接口
ip address ip-address { mask | mask-length } [sub]	配置接口的 IP 地址
speed { 10 | 100 | 1000 | negotiation }	设置快速以太网电接口或吉以太网电接口的工作速率
duplex { full | half | negotiation }	设置以太网接口的双工模式

问题思考

配置接口的双工模式能否在自协商模式下进行?

练习任务二：HDLC 基本配置

作为公司的网络管理员，公司总部有一台路由器 R1，R2 和 R3 分别是其他两个分部的路由器。现在需要将总部和分部连接到同一个网络。在广域网链路上尝试使用 HDLC 协议进行数据封装。公司的网络组网拓扑如图 1-77 所示。

实验拓扑

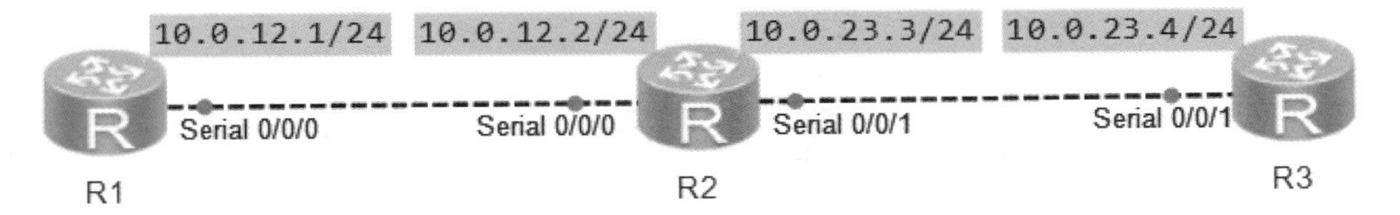

图 1-77　HDLC 配置的网络组网拓扑

实验目的

（1）了解常见的广域网技术。

（2）掌握在串行链路上配置 HDLC 的方法。

实验步骤

（1）接口视图下配置链路封装 HDLC。

```
[HUAWEI- Serial0/0/0]link-protocol hdlc
```

（2）接口视图下配置 IP 地址。

参考练习一的 IP 地址配置。

命令参考

link-protocol hdlc	配置接口封装 HDLC 协议

问题思考

一条链路上的两个端口的封装类型必须要一致吗?

练习任务三：PPP 基本配置

作为公司的网络管理员，公司总部有一台路由器 R1，R2 和 R3 分别是其他两个分部的路由器。现在需要将总部和分部连接到同一个网络。广域网链路上尝试使用 PPP 进行数据封装，公司的网络组网拓扑如图 1-78 所示。

实验拓扑

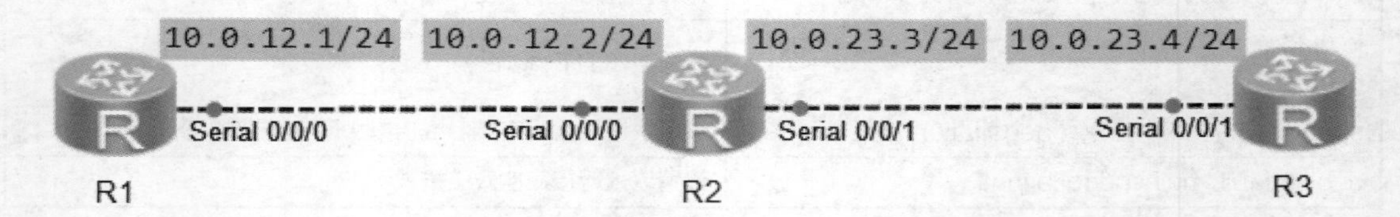

图 1-78 PPP 配置的网络拓扑

实验目的

（1）理解 PPP 的工作原理。

（2）掌握在串行链路上配置 PPP 的方法。

实验步骤

（1）接口视图下配置链路封装 PPP。

```
[HUAWEI- Serial0/0/0]link-protocol ppp
```

（2）接口视图下配置 IP 地址。

参考练习一的 IP 地址配置。

命令参考

Link-protocol ppp	配置接口封装的链路层协议为 PPP

问题思考

在一条链路上，一端配置 PPP 封装，一端配置 HDLC 封装，那么可以 ping 通吗？

练习任务四：帧中继配置

作为公司的网络管理员，公司总部有一台路由器 R1，R2 和 R3 分别是其他两个分部的路由器。现在需要将总部和分部连接到同一个网络。在广域网链路上尝试使用帧中继协议，在定义 FR 的 DLCI 与 IP 地址对应关系时采用了不同的二层和三层地址映射方式。组网拓扑如图 1-79 所示。

实验拓扑

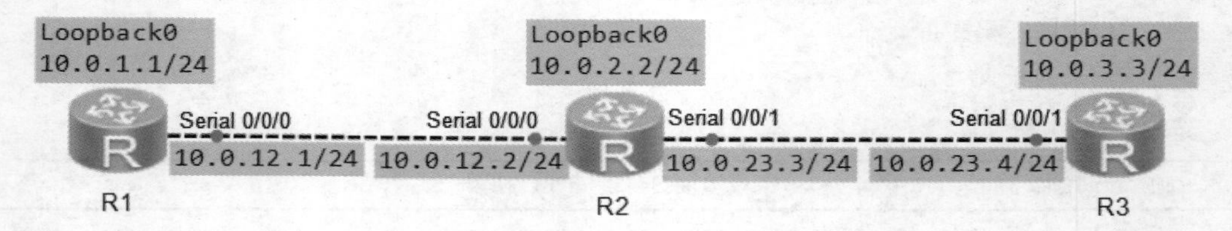

图 1-79 帧中继（背靠背）配置的网络拓扑

实验目的

（1）了解帧中继中 PVC 的功能和作用。

（2）理解帧中继协议的工作原理。

（3）掌握在串行链路上配置 Frame Relay 的方法。

（4）掌握在帧中继网络上手动定义 IP 与 DLCI 号码映射的方法。

实验步骤

（1）接口视图下配置链路封装帧中继协议。

```
[RTA-Serial0/0/0]link-protocol fr ietf。
```

（2）配置帧中继接口类型。

```
[RTA-Serial0/0/0] fr interface-type dce
```

（3）配置帧中继 DLCI 号。

```
[RTA-Serial0/0/0]fr dlci 100
```

（4）配置帧中继地址与 DLCI 的映射。

```
[RTA-Serial0/0/0]fr map ip 10.0.12.2 100
```

命令参考

link-protocol fr	指定接口链路层协议为帧中继协议的封装格式
fr interface-type { dce | dte | nni }	配置帧中继接口类型
fr dlci dlci-number	为帧中继接口配置虚电路
fr map ip { destination-address [mask] | default } dlci-number	配置一个目的 IP 地址和指定 DLCI 的静态映射

问题思考

帧中继网络是高速率网络还是低速率网络?

1.7 原理练习题

问答题 1：一个完整的数据通信系统由五元组构成，其中五元组由哪些组成?

问答题 2：数据链路层由 MAC 和 LLC 两个子层构成，这两个子层分别实现什么功能?

问答题 3：当分组在源端从高层传递到低层时，将会做什么操作?

问答题 4：TCP 通过什么机制来保证传输的可靠性?

问答题 5：在以太网技术发展过程中，早期共享式以太网相比以太网交换机有哪些缺陷?

问答题 6：ARP 的作用是什么?

问答题 7：某公司被分配了一个 C 类网段 192.168.100.0/24，根据公司需求将每个部门的 IP 规划在一个广播域内，共分设计部、研发部、市场部、行政部 4 个部门，每个部门要求有 50 个以上可用 IP，请根据需求规划网段。

Communication

Chapter

2

第2章 数据链路层技术及应用

本章节将在以太网工作原理的基础之上对以太网的用户隔离、链路保护、网关节点的冗余备份保护等技术进行介绍。

课堂学习目标

- 掌握 VLAN 相关技术
- 了解 STP 相关协议原理
- 掌握链路聚合相关技术
- 掌握 VRRP 协议相关技术原理

2.1 移动承载网络中的数据链路层技术

作为承载无线基站业务的承载网络，首先要考虑的是基站业务的连通性，要保证基站的数据能够上送到核心网服务器，上网数据能够去往因特网（Internet）；然后，需要考虑的是基站业务的可靠性，在网络中的链路、节点等出现故障或者性能出现劣化的情况下，具备业务自我恢复的能力。

在移动承载网络的部署中用到了多种协议和保护技术，不同的方案使用的技术稍有区别，综合而言，工作于数据链路层的技术基本上在以下几种技术范围中。

虚拟局域网技术：虚拟局域网（Virtual Local Area Networks，VLAN）技术可用于基站之间或者专线用户之间的业务隔离。每个基站或者每个业务属于一个独立的局域网。

链路聚合技术：链路聚合（Link Aggregation，LAG）技术可以将多条链路进行捆绑，当一条链路出现故障的时候，其余链路能够继续工作，保证业务的正常转发，实现链路的保护。

虚拟路由器冗余技术：虚拟路由器冗余（Virtual Router Redundancy Protocol，VRRP）技术用于基站网关的备份保护，基站的网关节点出现故障的时候，可以使用原先的备用节点进行替换工作，保证业务的正常工作。

生成树技术：生成树协议（Spanning Tree Protocol，STP）主要用于二层网络中的环路防范。在纯二层网络组网中，可以使用 STP 构建无环的二层拓扑，实现业务的正常转发。

2.2 VLAN 技术

传统的以太网交换机在转发数据时，采用基于源 MAC 地址的学习方式，自动学习各个端口连接的主机 MAC 地址，形成转发表，然后依据此表进行以太网帧的转发，整个转发的过程自动完成，所有端口都可以互访，维护人员无法控制端口之间的转发。例如，要控制 B 主机不能访问 A 主机，这在传统的以太网交换机中无法实现。这也导致了传统的以太网络存在以下缺陷。

（1）网络的安全性差。由于各个端口之间可以直接互访，增加了网络攻击的可能性。

（2）网络效率低。用户可能收到大量不需要的报文，这些报文同时消耗网络带宽资源和客户主机 CPU 资源，例如不必要的广播报文。

（3）业务扩展能力差。网络设备平等地对待每台主机的报文，无法实现有差别的服务。例如，无法优先转发用于网络管理的以太网帧。

鉴于这些缺陷，在以太网中引入了 VLAN 技术来解决这些问题。本节将对 VLAN 的基本工作过程进行介绍，包括以下几个方面内容。

（1）VLAN 的基本概念。

（2）VLAN 内部通信原理。

（3）VLAN 间通信实现。

（4）通用 VLAN 属性注册协议（Generic VLAN Registration Protocol ，GVRP）。

2.2.1 VLAN 简介

虚拟局域网（VLAN）技术把用户划分成多个逻辑的网络，每个逻辑网络内的用户形成一个组（Group）。组内可以通信，组间不允许通信。二层转发的单播、多播、广播报文只能在组内转发，并且很容易实现组成员的添加或删除。

VLAN 技术提供了一种管理手段，能够控制终端之间的互通。如图 2-1 所示，将不同的终端分别加入不同的 VLAN 中，不同 VLAN 之间的用户无法通过二层实现通信，实现了组和组之间的隔离。

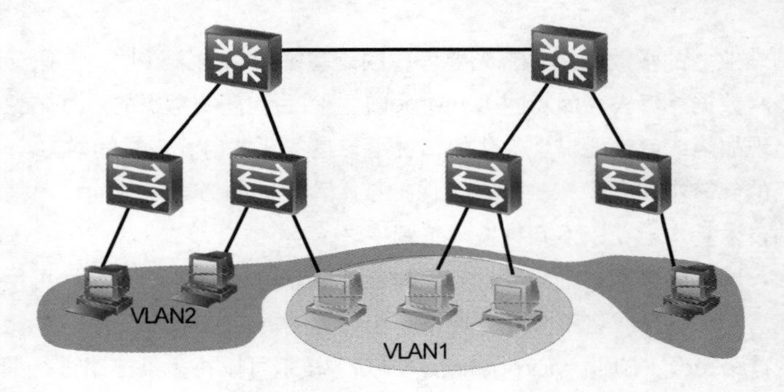

图 2-1 VLAN 技术的目标

为了实现转发控制，VLAN 技术在待转发的以太网帧中添加了 VLAN 标签，然后设定交换机端口对该标签和帧的处理方式。处理方式包括丢弃帧、转发帧、添加标签、移除标签。

转发帧时，通过检查以太网报文中携带的 VLAN 标签是否为该端口允许通过的标签，可判断出该以太网帧是否能够从端口转发。如图 2-2 所示，通过 VLAN 技术将 A 发出的所有以太网帧都加上了标签 VLAN5，此后查询二层转发表，根据目的 MAC 地址将该帧转发到 B 连接的端口。由于将该端口配置为仅允许 VLAN 1 通过，所以 A 发出的帧将被丢弃。

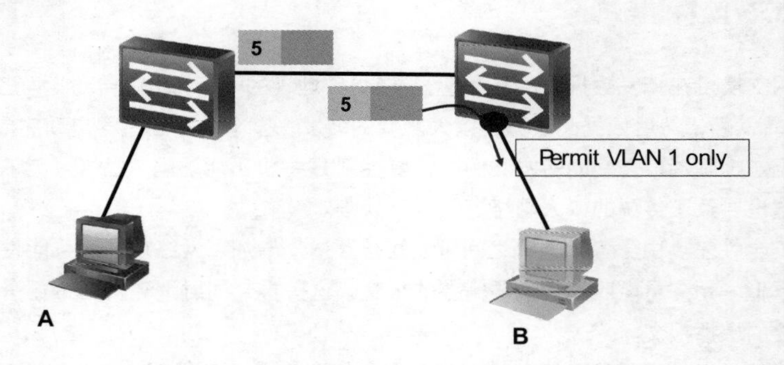

图 2-2 通过标签管理实现 VLAN 隔离

支持 VLAN 技术的交换机，转发以太网帧时不再仅仅依据目的 MAC 地址，同时还要考虑该端口的 VLAN 配置情况，从而实现了对二层转发的控制。

1. VLAN 的帧格式

在以太帧中添加的 VLAN 标签长度为 32 位（bit），将其直接添加在以太网帧头中，IEEE 802.1Q 文档对 VLAN 标签做出了说明。图 2-3 所示为 VLAN 帧的格式。

VLAN 标签由 TPID 和 TCI 两部分构成，其中 TCI 中包含了 3 个字段：PRI、CFI、VLAN ID。下面列出具体说明。

（1）标签协议标识（Tag Protocol Identifier，TPI）：16 位，固定取值，0x8100，是 IEEE 定义的新类型，表明这是一个携带 802.1Q 标签的帧。

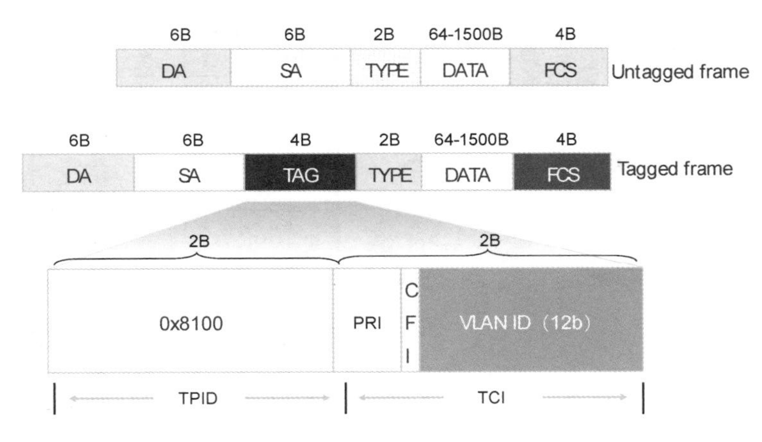

图 2-3 VLAN 帧格式

（2）优先级（Priority）：3 位，指示以太网帧的优先级。一共有 8 种优先级，0～7，用于提供有差别的转发服务。

（3）标准格式指示（Canonical Format Indicator，CFI）：1 位，用于令牌环/源路由 FDDI 介质访问中指示地址信息的位次序信息，即先传送的是低位还是高位。

（4）VLAN 标识（VLAN Identifier，VLAN ID）：12 位，取值为 0～4 095，就是 VLAN 标签。结合交换机端口的 VLAN 配置，能够控制以太网帧的转发。

VLAN 技术的出现，使得现在的交换网络环境中存在两种报文：没有加上 VLAN 标记的标准以太网帧（Untagged frame）和有 VLAN 标记的以太网帧（Tagged frame）。

2. VLAN 的划分方式

所有以太网帧在交换机内都是以 Tagged frame 的形式流动的，即某端口从本交换机其他端口收到的帧一定是 Tagged 的。某端口从对端设备收到的帧，可能是 Untagged 或者是 Tagged 的。如果收到的是 Tagged frame，则进入转发过程；如果该端口收到的是 Untagged frame，则必须加上标签。

给数据帧加上标签可以通过以下 5 种方法。

（1）基于端口（Port）。网络管理员给交换机的每个端口配置端口默认 VLAN（Port VLAN ID，PVID），如果收到的是 Untagged 帧，则 VLAN ID 的取值为 PVID。

（2）基于 MAC 地址。网络管理员配置好 MAC 地址和 VLAN ID 的映射关系表，如果收到的是 Untagged 帧，则依据该表添加 VLAN ID。

（3）基于协议。网络管理员配置好以太网帧中的协议域和 VLAN ID 的映射关系表，如果收到的是 Untagged 帧，则依据该表添加 VLAN ID。

（4）基于子网。根据报文中的 IP 地址信息，确定添加的 VLAN ID。

（5）基于策略。安全性非常高，可基于 MAC 地址+IP 地址、MAC 地址+IP 地址+接口。成功划分 VLAN 后，可以达到禁止用户改变 IP 地址或 MAC 地址的目的。

设备在同时支持多种方式时，一般情况下，会按照优先级顺序选择给数据帧添加 VLAN 的方式：基于策略→基于 MAC 地址→基于子网→基于协议→基于端口。

基于端口划分 VLAN 的优先级最低，但却是最常用的 VLAN 划分方式。图 2-4 所示为基于端口给数据帧分配标签。

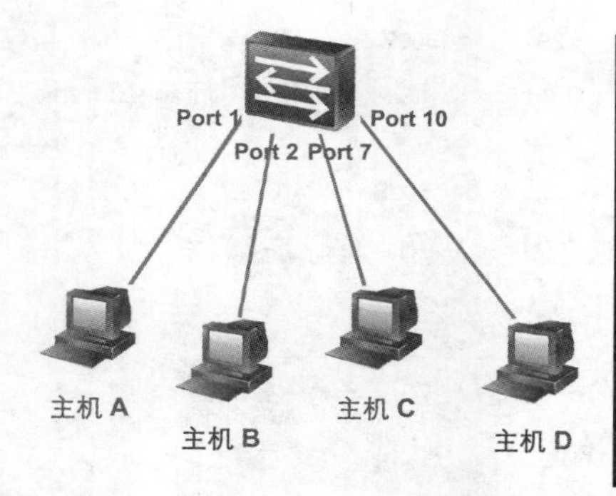

端口	PVID
Port 1	5
Port 2	10
……	……
Port 7	5
……	……
Port 10	10

图 2-4　基于端口分配 VLAN 标签

3. VLAN 的基本概念

VLAN 技术的出现，使得交换网络中存在了带 VLAN 的以太网帧和不带 VLAN 的以太网帧。因此，相应地也对链路做了区分，分为接入链路和干道链路。

（1）接入链路（Access Link）。连接用户主机和交换机的链路为接入链路。接入链路上通过的帧为不带 Tag 的以太网帧。

（2）干道链路（Trunk Link）。连接交换机和交换机的链路称为干道链路。干道链路上通过的帧一般为带 Tag 的 VLAN 帧，也允许通过不带 Tag 的以太网帧。

同样的，基于对 VLAN 标签不同的处理方式，也对以太网交换机的端口做了区分，大致分为 3 类。

（1）接入端口（Access Port）。Access 端口是交换机上用来连接用户主机的端口，它只能连接接入链路。在同一时刻，Access 端口只能归属于一个 VLAN，即只允许一个 VLAN 的帧通过。Access 端口接收到的都是 Untagged 帧，接收帧时，给帧加上 Tag 标记，发送帧时，将帧中的 Tag 标记剥掉。

（2）干道端口（Trunk Port）。干道端口是交换机上用来和其他交换机连接的端口。干道端口允许多个 VLAN 的帧（带 Tag 标记）通过。

在接收帧时，如果没有 Tag，则标记上该端口的默认 VLAN ID；如果有 Tag，则判断该干道端口是否允许该 VLAN 帧进入，如果不允许进入，则丢弃该帧。

在发送帧时，如果 VLAN ID 跟默认 VLAN ID 相同，则剥离 VLAN；如果跟默认 VLAN ID 不同，则直接发送。

（3）混合端口（Hybrid Port）。混合端口是交换机上既可以连接用户主机，又可以连接其他交换机的端口。混合端口既可以连接接入链路，又可以连接干道链路。混合端口允许多个 VLAN 的帧通过。

在接收帧时，如果没有 Tag，则标记上混合端口的默认 VLAN ID；如果有 Tag，则判断该混合端口是否允许该 VLAN 帧进入，允许则进行下一步处理，否则丢弃帧。

在发送帧时，交换机会判断 VLAN 在本端口的属性是 Untag 还是 Tag。如果是 Untag，则先剥离帧的 VLAN Tag，再发送；如果是 Tag，直接发送帧。

4. 默认 VLAN

在交换机上，每个端口都可以配置一个默认 VLAN。

（1）接入端口只允许一个 VLAN 的帧通过，该 VLAN 即为接入端口的默认 VLAN。

（2）干道端口允许多个 VLAN 通过，可以指定其中一个 VLAN 作为默认 VLAN，如果接收到了不带 VLAN 的数据帧，则给数据帧加上默认 VLAN 标签。在往外发送时，如果 VLAN ID 和默认 VLAN ID 相同，则剥离标签。

（3）混合端口也允许多个 VLAN 通过，指定其中一个 VLAN 作为默认 VLAN，在接收到不带 VLAN 的数据帧时，给数据帧加上默认 VLAN 标签。对外发送时，根据端口的 Untag/Tag 方式进行判断处理。

2.2.2　VLAN 内通信

以太网帧中的标签，结合交换机端口的 VLAN 配置，实现对报文转发的控制。从某端口 A 收到以太网帧，如果转发表显示目的 MAC 地址存在于 B 端口下，则该以太网帧从 B 端口转发出去。但在引入 VLAN 后，该帧是否能从 B 端口转发出去，有以下两个关键点。

（1）该帧携带的 VLAN ID 是否被交换机创建?

（2）目的端口是否允许携带该 VLAN ID 的帧通过?

转发过程中，标签操作类型有以下两种。

（1）添加标签：如前所述，对 Untagged frame 添加 PVID，在端口收到对端设备的帧后进行。

（2）移除标签：删除帧中的 VLAN 信息，以 Untagged frame 的形式发送给对端设备。

注意，正常情况下，交换机不会更改 Tagged frame 中的 VLAN ID 的值（某些设备支持的特殊业务，可能提供更改 VLAN ID 的功能）。交换机对于 VLAN 的常规处理流程如图 2-5 所示。

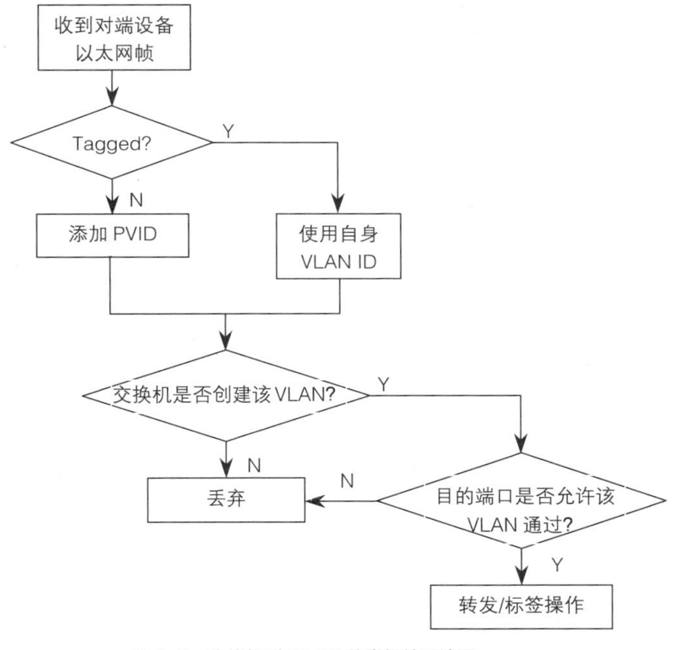

图 2-5　交换机对 VLAN 的常规处理流程

在多个交换机组成的网络中，如何实现 VLAN 内的数据互通，主要依据的就是交换机对于 VLAN 的处理。如图 2-6 所示，为了让交换机 SWA 和 SWB 之间的链路既支持 VLAN2 内的用户通信，又支持 VLAN3 内的用户通信，需要配置连接端口同时属于两个 VLAN。即应配置 SWA 的以太网端口 GE0/0/2 和 SWB 的以太网端口 GE0/0/1 既属于 VLAN2 又属于 VLAN3。

当用户主机 Host A 发送数据给用户主机 Host B 时，数据帧的发送过程有以下 6 步。

（1）数据帧首先到达 SWA 的端口 GE0/0/4。

（2）端口 GE0/0/4 给数据帧加上 Tag，Tag 的 VID 字段填入该端口所属的 VLAN 的编号 2。

（3）SWA 查找 MAC 地址表，将该帧转发到相应的出端口 GE0/0/2（如果是广播报文，则将数据帧发送到本交换机上除 GE0/0/4 外的所有属于 VLAN2 的端口）。

（4）端口 GE0/0/2 将帧向外转发，一直发送到 SWB。

（5）SWB 收到帧后，会根据帧中的 Tag 识别出该帧属于 VLAN2，查找 MAC 地址表，将该帧转发到相应的出接口（如果是广播报文，则将该帧发给本交换机上除 GE0/0/1 外所有属于 VLAN2 的端口）。

（6）端口 GE0/0/3 将数据帧发送给主机 Host B。

VLAN3 内的主机通信同理。

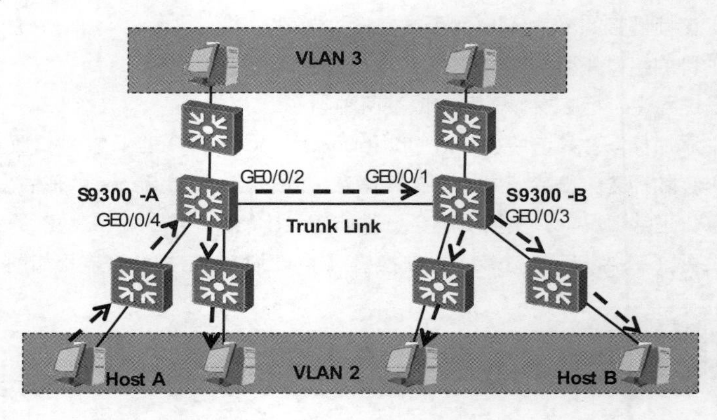

图 2-6 VLAN 内跨交换机通信

2.2.3 VLAN 间通信

VLAN 隔离了二层广播域，也就严格地隔离了各个 VLAN 之间的任何流量，分属于不同 VLAN 的用户不能互相通信。

不同 VLAN 之间的流量不能直接跨越 VLAN 的边界，需要使用路由，通过路由将报文从一个 VLAN 转发到另外一个 VLAN。路由的内容将在第 3 章详细介绍。

如图 2-7 所示，VLAN100 的主机和 VLAN200 的主机分别属于网段 192.168.100.0/24 和 192.168.200.0/24，主机之间不能直接通过交换机进行通信。VLAN200 的主机会将数据转发给网关 192.168.200.1，网关路由器进行三层路由查找，将数据从 VLAN100 的网关接口 Ethernet1 发出。VLAN100 的网关再将数据转发给 VLAN100 的主机。

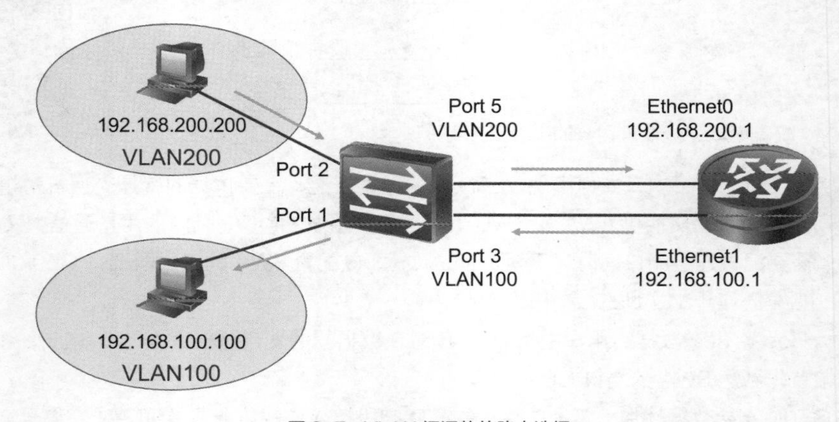

图 2-7 VLAN 间通信的路由选择

解决 VLAN 间互通的方法有以下 3 种。

1. 为每个 VLAN 分配一个单独的路由器接口

在二层交换机上配置 VLAN，每一个 VLAN 使用一条独占的物理连接，连接到路由器的一个接口上，如图 2-8 所示，VLAN100 接入路由器的接口 Ethernet2，VLAN200 接入路由器的接口 Ethernet1，VLAN300 接入路由器的接口 Ethernet0。不同 VLAN 之间的数据通信，都通过路由器进行三层的路由转发，从而实现 VLAN 之间相互通信。

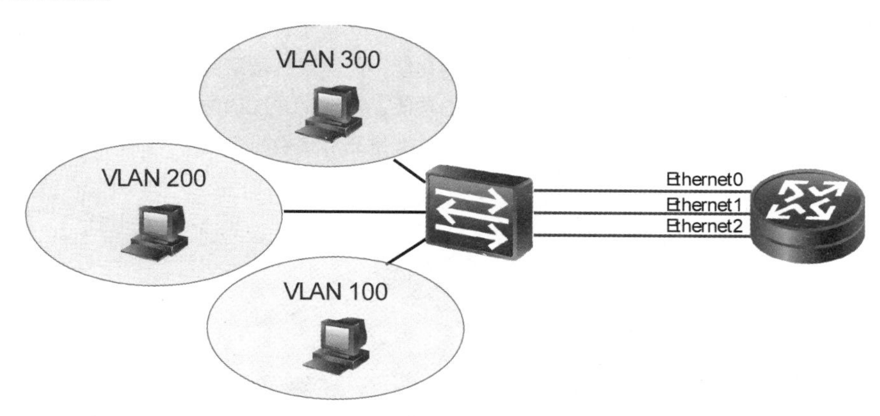

图 2-8 为每个 VLAN 分配单独的路由器接口

但是，随着每个交换机上 VLAN 数量的增加，这样做必然需要大量的路由器接口。出于成本的考虑，一般不用这种方案来解决 VLAN 间路由选择问题。此外，某些 VLAN 之间可能不需要经常进行通信，这样导致路由器的接口没被充分利用。

2. 多个 VLAN 共用一条物理连接

二层交换机上和路由器上配置它们之间相连的端口使用 VLAN Trunking，使多个 VLAN 共享同一条物理连接到路由器，如图 2-9 所示。路由器仅仅提供一个以太网接口，而在该接口下提供 3 个子接口，分别作为 3 个 VLAN 用户的默认网关。当 VLAN100 的用户需要与其他 VLAN 的用户进行通信时，该用户只需将数据包发送给默认网关，默认网关修改数据帧的 VLAN 标签后再发送至目的主机所在 VLAN，即完成了 VLAN 间的通信。

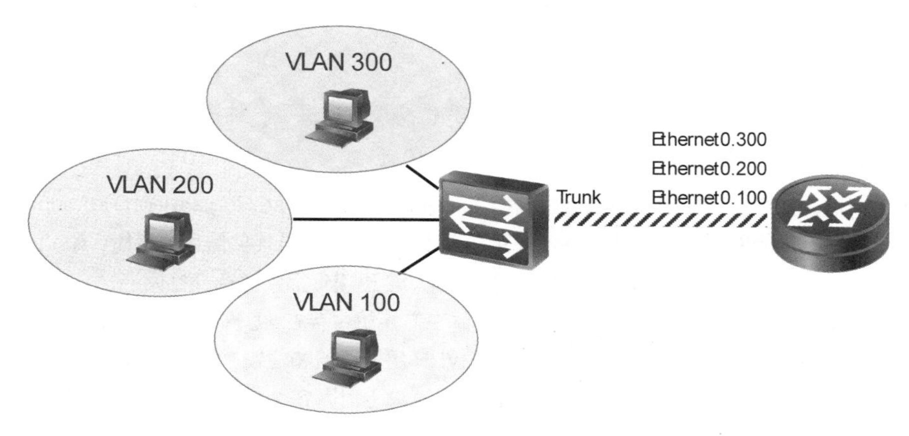

图 2-9 多个 VLAN 共用一条物理连接

这种方式也称为独臂路由或者单臂路由，它只需要一个以太网接口，通过创建子接口可以承担所有VLAN的网关，从而在不同的VLAN间转发数据。

3. 三层交换机

VLAN路由——工作原理

VLAN路由——基本配置

三层交换机集成了路由器和交换机的功能，融合了路由器和交换机各自的优势，在功能上实现了 VLAN 的划分、VLAN内部的二层交换和VLAN间路由的功能。

如图 2-10 所示，三层交换机中的路由软件模块具有路由器的功能，能实现三层路由转发；二层交换模块则具有交换机的功能，实现VLAN内的二层快速转发。其用户设置的默认网关就是三层交换机中虚拟VLAN接口的IP地址。

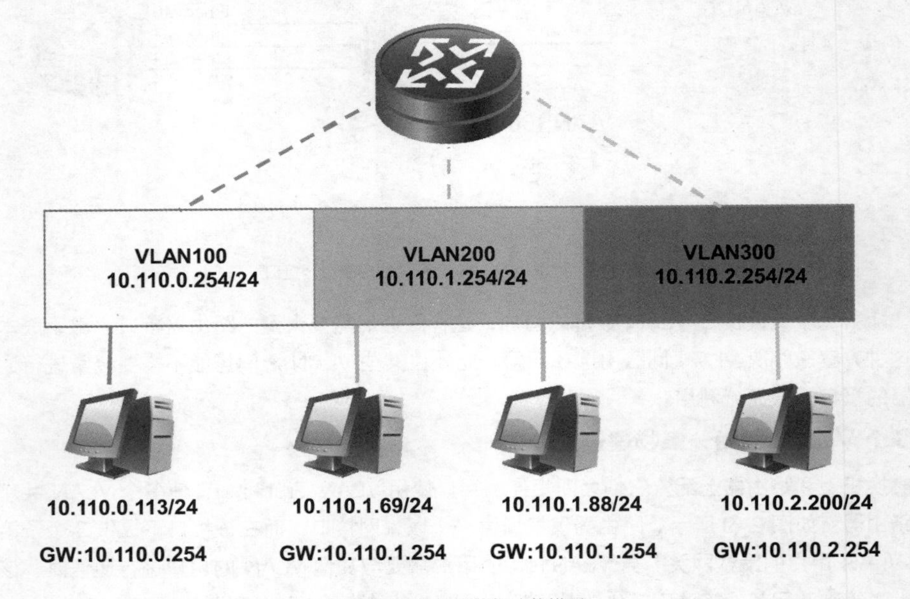

图 2-10 三层交换机功能模型

相较于前两种方案，对于三层交换机的应用，可以不用在部署中增加路由器，简化了整个网络的结构。

2.2.4 GVRP

GVRP为维护动态VLAN注册信息、传递信息到其他交换机提供了一种机制。

1. GARP的工作原理

要了解GVRP，就不得不提到通用属性注册协议（Generic Attribute Registration Protocol，GARP）。GARP为处于同一个交换网内的交换成员之间提供了分发、传播、注册某种信息的手段，如VLAN、多播组地址等。通过GARP机制，一个GARP成员上的配置信息会迅速传播到整个交换网。

GARP本身仅仅是一个协议规范，不作为一个实体在交换机中存在。遵循GARP的应用实体称为GARP应用，目前主要的GARP应用为GVRP和GMRP。GVRP用于注册和注销VLAN属性，GMRP用于注册和注销多播属性。当GARP应用实体存在于交换机的某个端口上时，每个端口对应一个GARP应用实体。

通过 GARP 机制，一个 GARP 成员上的配置信息会迅速传播到整个交换网。GARP 成员可以是终端工作站或交换机，GARP 成员通过声明或回收声明通知其他的 GARP 成员注册或注销自己的属性信息，并根据其他 GARP 成员的声明或回收声明注册或注销对方的属性信息。

GARP 成员之间的信息交换借助于消息完成，GARP 的消息类型有 5 种，分别为 Join In、Leave、Empty、Join Empty 和 Leave All。当一个 GARP 应用实体希望注册某属性信息时，将对外发送 Join In 消息。当一个 GARP 应用实体希望注销某属性信息时，将对外发送 Leave 消息。每个 GARP 应用实体启动后，将同时启动 Leave All 定时器，当超时后将对外发送 Leave All 消息。Join Empty 消息与 Leave 消息配合来确保消息的注销或重新注册。Empty 消息则用于发送者未注册该属性但希望接收到该属性的声明。通过消息交互，所有待注册的属性信息传播到同一交换网的所有交换机上。

GARP 应用实体的协议数据报文都有特定的目的 MAC 地址，在支持 GARP 特性的交换机中，接收到 GARP 应用实体的报文时，根据 MAC 地址加以区分后交由不同的应用处理（如 GVRP 或 GMRP）。

为了实现上述提到的协议功能，必须有一个 GARP 框架来保证属性的正确注册和传递。IEEE 802.1D 中提出的 GARP 框架被广泛地采用。

某个终端站点产生声明信息，并将声明信息传播到交换网的交换机上，接收到该声明信息的交换机端口先进行注册，然后将产生的新的声明信息从其他端口传播出去（注意图 2-11 中的箭头方向）。交换机重复这个过程，声明中的属性值会被传播到整个交换网，但单方向的属性声明，最终只能让交换机端口的属性注册方向指向一个方向，即接收声明的对端。单站点的属性传播过程如图 2-11 所示。

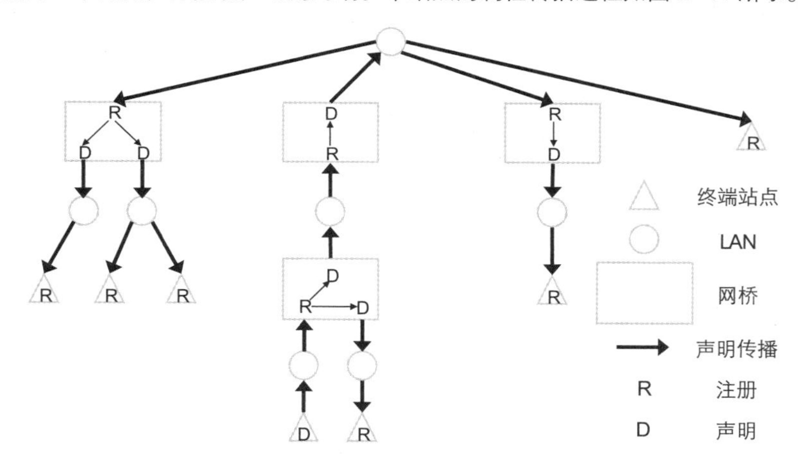

图 2-11　属性传播过程——单站点

如果在不同地点的多个站点上声明相同的属性，参照单站点的属性注册过程，所有站点都会注册该属性，并且属性也会在交换机的一个或多个端口上注册。属性注册的方向也会在两个或多个声明的站点之间。如图 2-12 所示，左边和中间两个站点的属性声明，可以让交换机的多个端口注册该属性，并且，左边和中间交换机之间的属性注册也是双向的。

GARP 只是一个属性注册协议的载体，通过协议来配置什么属性，只要将报文的内容映射成不同的属性即可，这就衍生出了 GARP 多播注册协议（GARP Multicast Registration Portocol，GMRP）和 GVRP 通用 VLAN 注册协议。

（1）GMRP：实现多播地址注册、注销等操作，影响交换机对组播报文的过滤。

（2）GVRP：实现 VLAN 的动态注册、注销等操作，影响交换机 VLAN 的动态配置。

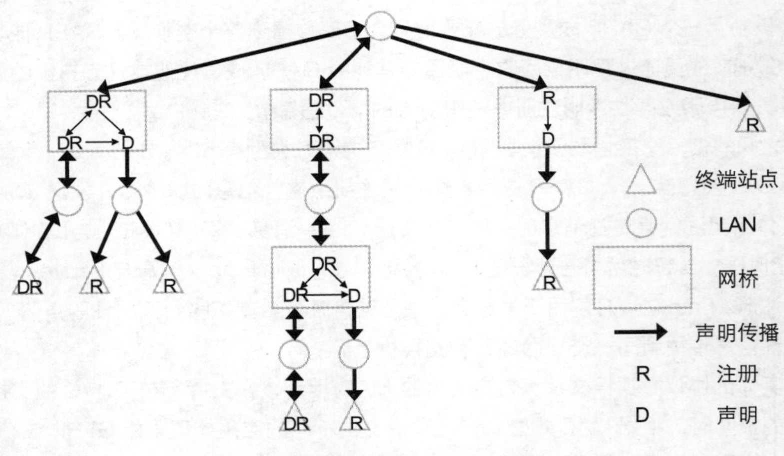

图 2-12 属性传播过程——多站点

2. GVRP 的实现机制

GVRP 用于实现 VLAN 的动态注册。在多交换机组网场景中位于交换机之间，承担数据中转功能的过渡交换机必须知道全局 VLAN 信息，否则无法实现 VLAN 间的通信。

如图 2-13 所示，SWA 上有 VLAN2，SWB 上只有 VLAN1，SWC 上也有 VLAN2。3 台交换机通过 Trunk 链路连接在一起。为了使 SWA 和 SWC 上 VLAN2 的端口能够实现二层互通，就必须在 SWB 上添加 VLAN2。

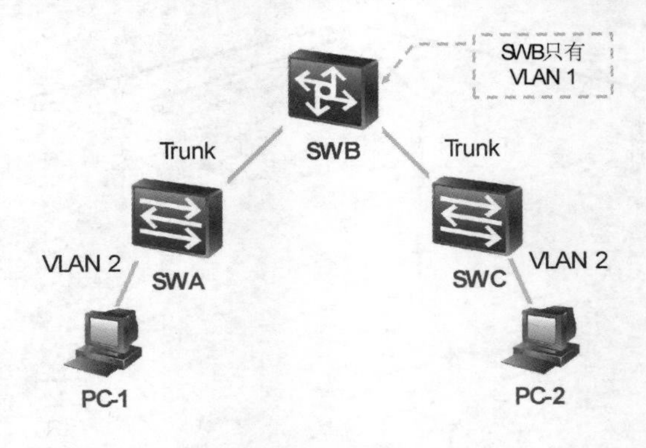

图 2-13 GVRP 的产生

配置 SWB 上的 VLAN 有两种方法，一种是系统管理员手动添加，另一种是交换机自动根据网络结构添加。显然，对于上面的组网情况，手动添加是很简单的一件事情，但是如果组网情况复杂到系统管理员也无法短时间内完全了解网络的拓扑结构，或者是整个网络的 VLAN 太多，手动添加就会比较复杂。而通过交换机自身的机制来完成动态注册，就能够节省大量的配置工作。动态注册的实现需要通过 GVRP 来完成。

GVRP 基于 GARP 的工作机制，是 GARP 的一种应用，负责维护交换机中的 VLAN 动态注册信息并传播该信息到其他的交换机中。所有支持 GVRP 特性的交换机能够接收来自其他交换机的 VLAN 注册信息，并动态更新本地的 VLAN 注册信息，包括当前的 VLAN 成员、这些 VLAN 成员可以通过哪个端口到达等。而且所有支持 GVRP 特性的交换机能够将本地的 VLAN 注册信息向其他交换机传播，以便使同一交换网内所有支持 GVRP 特性设备的 VLAN 信息达成一致。GVRP 传播的 VLAN 注册信息包括本地手工配置的静态注册信息和来自其他 Switch 的动态注册信息。

对 GVRP 特性的支持使得不同的交换机上的 VLAN 信息可以由协议动态维护和更新，用户只需要对少数交换机进行 VLAN 配置即可应用到整个交换网络，无须耗费大量时间进行拓扑分析和配置管理。GVRP 会自动根据网络中 VLAN 的配置情况，动态地传播 VLAN 信息并配置在相应的端口上。

根据 VLAN 注册信息，交换机了解到干道链路对端有哪些 VLAN，自动配置干道链路，只允许对端交换机需要的 VLAN 在干道链路上传输。

当 GVRP 在交换机上启动的时候，每个启动 GVRP 的干道端口对应一个 GVRP 应用实体，如图 2-14 所示。

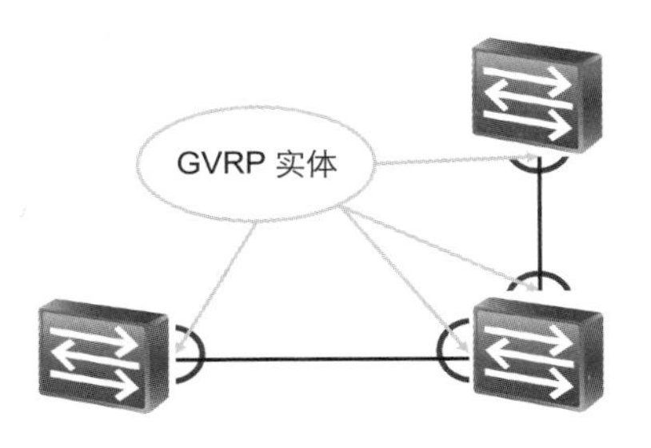

图 2-14　GVRP 实现

GVRP 实体之间的 VLAN 信息的注册、注销通过具有特定 MAC 地址(即组播 MAC 地址 01-80-C2-00-00-21)的报文交互来实现。

如图 2-15 所示，所有交换机上都启动 GVRP，各交换机之间相连的端口均为干道端口，并配置为允许所有 VLAN 通过。

SWC 上创建 VLAN10，SWC 的 Port 1 注册此 VLAN 并向外发送声明给 SWA；SWA 的 Port 1 接收由 SWC 发来的声明并在此端口注册 VLAN10，然后从 Port 3 和 Port 2 发送声明；SWD 的 Port 1 收到 SWA 的声明后注册 VLAN10。SWB 的 Port 2 收到声明后注册 VLAN10，并从 Port 1 和 Port 3 发送声明给 SWE 和 SWF，SWE 的 Port 1 和 SWF 的 Port 1 收到声明后注册 VLAN10。

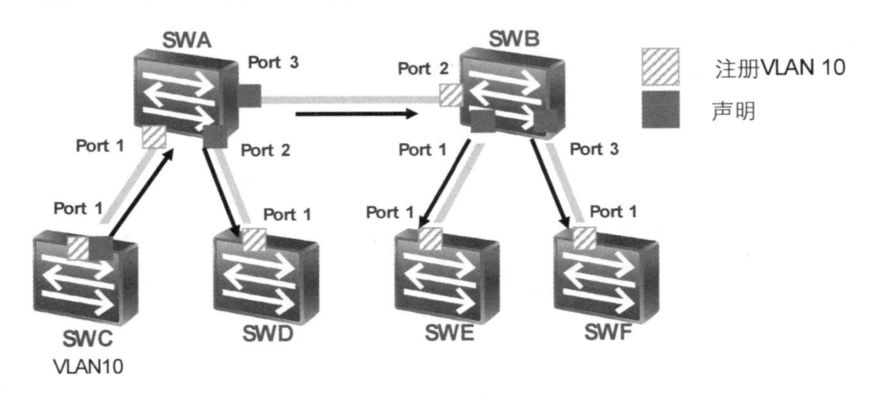

图 2-15　VLAN 的单向注册

上述过程完成了 VLAN10 从 SWC 向其他交换的单向注册。只有注册了 VLAN10 的端口才可以接收 VLAN10 的报文，没有注册 VLAN10 的端口会丢弃 VLAN10 的报文。因此，SWA 的 Port 2 和 Port 3、SWB 的 Port 1 和 Port 3 都会丢弃 VLAN10 的报文。

为了使 VLAN10 的报文能够双向互通，例如 SWF 和 SWC 能够互通，需要在 SWF 上创建 VLAN10。

在 SWF 上创建 VLAN10，SWF 的 Port 1 注册 VLAN10 并发送声明给 SWB；SWB 的 Port 3 收到声明并注册此 VLAN，同时从 Port 2 和 Port 1 发送声明。以此类推，各个交换机相应的端口依次完成声明及注册过程。VLAN 的双向注册过程如图 2-16 所示。

之后，SWC Port 1—SWA Port 1—SWA Port 3—SWB Port 2—SWB Port 3—SWF Port 1 都注册了 VLAN10，从 SWC 到 SWF 之间形成一个 VLAN10 的二层通道，从而使 SWC 和 SWF 的 VLAN10 成员之间可以正常通信。

如果需要注销某个 VLAN，可以在交换机上删除 VLAN，然后借助 GVRP 的回收声明完成整个网络上的 VLAN 注销。如图 2-17 所示，在 SWC 上删除 VLAN10，则 GVRP 通过“回收声明—注销—回收声明”过程注销相应启动 GVRP 端口上的 VLAN10。

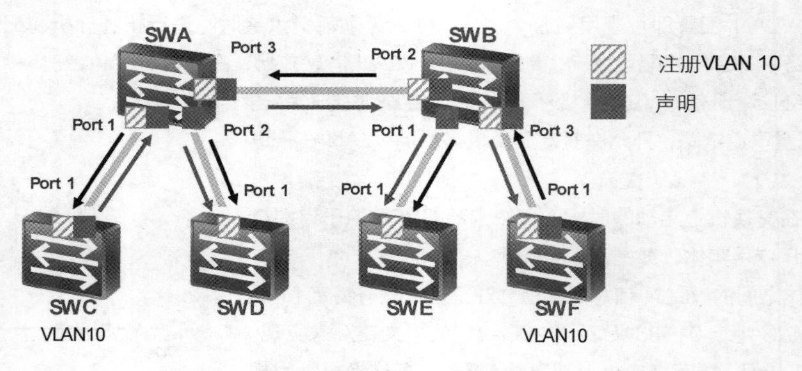

图 2-16 VLAN 的双向注册

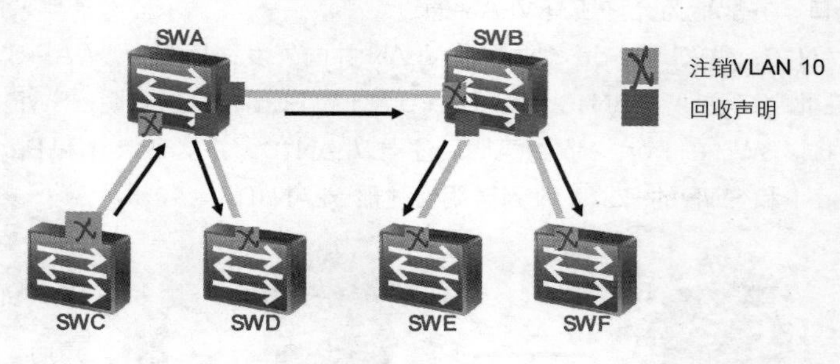

图 2-17 VLAN 的注销

3. GVRP 的注册模式

通过 GVRP 创建的 VLAN 称为动态 VLAN。GVRP 的注册类型有 3 种，不同类型对静态 VLAN 和动态 VLAN 的处理方式也不同。GVRP 的 3 种注册类型包括 Normal、Fixed 和 Forbidden。

当一个干道端口被配置为 Normal 注册模式时，允许在该端口动态或手工创建、注册和注销 VLAN。

当一个干道端口被设置为 Fixed 注册模式时，如果在交换机上创建一个静态 VLAN 且该干道端口允许这个 VLAN 通过，系统就会将这个端口加入到这个 VLAN 中，同时 GVRP 会在本地 GVRP 数据库中（GVRP 维护的一个链表）添加这个 VLAN 的表项，并且可以向外声明该静态 VLAN。但是 GVRP 不能通过这个端口学习动态 VLAN，同时从本交换机其他端口学习到的动态 VLAN 也不能从这个端口向外发送相关的声明。

当一个干道端口被配置为 Forbidden 注册模式时，在该端口将注销除 VLAN1（端口默认 VLAN）之外的所有 VLAN，并且禁止在该端口创建和注册任何其他 VLAN。

在默认情况下，注册类型为 Normal。可以通过命令设置接口的 GVRP 注册类型，但只能在干道接口操作。

2.2.5 VLAN 故障案例分析

VLAN 技术在现网中的应用非常广泛，下面通过一个典型案例来加深对 VLAN 的理解。

案例 1：VLAN 接口不能互通的故障，如图 2-18 所示。

两台交换机 SWA 和 SWB 互联。将 Switch A 的 GE0/0/1 接口配置为接入链路类型，配置端口的默认 VLAN 为 2。将 Switch B 的 GE0/0/1 接口配置为干道链路类型，允许端口透传 VLAN 2，但干道接口的默认 VLAN 使用默认值 VLAN1。交换机 A 和交换机 B 上分别配置 VLAN2 的 IP 地址 10.1.1.1/24 和 10.1.1.2/24。

从 Switch A 上 ping Switch B 的 VLAN 接口 IP 地址，报文不通。

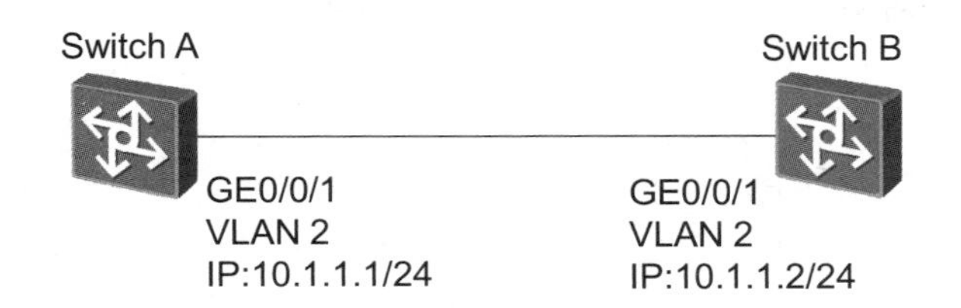

图 2-18　VLAN 接口无法互通

故障原因分析：

Switch A 的端口 GE0/0/1 被设置为接入模式，根据接入接口的工作原理，在发送时会将数据帧上携带的 VLAN 剥离，因此从 Switch A 的 GE0/0/1 端口出来的数据帧是一个 Untagged 帧，不携带 VLAN 信息。

当数据帧到达 Switch B 时，因为 Switch B 的接口 GE0/0/1 被设置成了干道接口，根据干道接口的工作原理，对于不带 VLAN 的数据帧，会给数据帧打上一个标签，但这个标签是干道接口的默认 VLAN。在本例中，Switch B 的 GE0/0/1 接口的默认 VLAN 是 VLAN1，并不是 VLAN2。因此，从 Switch A 出来的数据帧，在进入 Switch B 时，被打上的是 VLAN1 的标签。

因此，Switch A 的 VLAN2 的数据并不能被 Switch B 的 VLAN2 接收，而是被 Switch B 上的 VLAN1 接收了，双方无法 ping 通。

故障解决方法：

（1）将 Switch A 的接口 VLAN 改成 VLAN1。

（2）将 Switch B 的接口的 VLAN2 设置为 PVID。

案例 2：VLAN 透传错误造成环路，如图 2-19 所示。

两台交换机的 GE0/0/10 端口互联，并透传 VLAN1000。在两台交换机上分别配置 VLAN1000 的三层地址作为交换机的网管地址。把交换机的 GE0/0/11 端口互联，作为两台交换机的数据交换接口，并透传所有 VLAN（除了 VLAN1）。

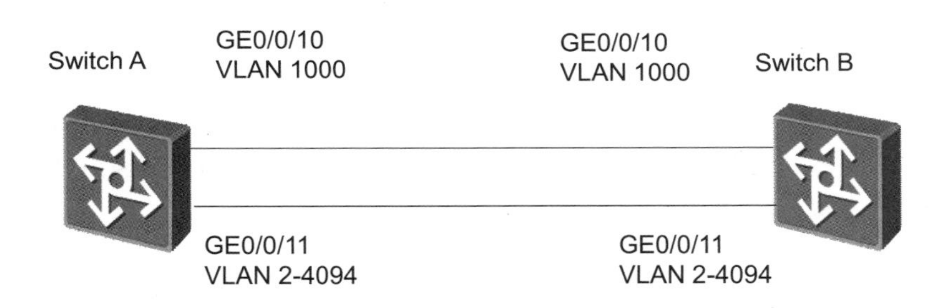

图 2-19　VLAN 透传错误造成环路

GE0/0/11 端口互联之前，网管能够正常工作，当连接 GE0/0/11 端口并透传 VLAN 后，网管数据经常丢包，管理界面响应缓慢。

故障原因分析：

在上述的组网配置中，GE0/0/10 端口允许 VLAN1000 通过；同样的，GE0/0/11 端口也允许 VLAN1000 通过。

假设此时，Switch A 发送一个 VLAN1000 的 ARP 广播帧，请求某个 IP 的 MAC 地址。根据交换机对于广播帧的处理方式，Switch A 会将该广播帧分别从端口 GE0/0/10 和 GE0/0/11 发出。

Switch B 收到 GE0/0/10 的广播帧后，依据广播帧处理原则，会将该广播帧从其余允许 VLAN 1000 通过的端口广播出去，如会从 GE0/0/11 端口发出。同样的，Switch B 从 GE0/0/11 端口接收的广播帧也会从 GE0/0/10 端口发出。

经过 Switch B 的处理，Switch A 发出的广播帧又回到了 Switch A，整个数据转发形成了一个二层的环路。这就导致了网络中的二层广播数据越来越多，从而挤占链路的带宽资源，导致正常的业务数据的转发越来越慢，甚至最终导致链路带宽被全部占用，无法进行业务数据的正常转发。

故障解决方法：

（1）在 Switch A 和 Switch B 的 GE0/0/11 接口上禁止 VLAN1000 通过。

（2）部署 STP 等防环协议（STP 将在下一节进行介绍）。

2.3 STP 技术

以太网交换网络上为了进行链路备份，通常会使用冗余链路，但是使用冗余链路会在交换网络上形成环路，并导致广播风暴以及 MAC 地址表不稳定等故障现象。生成树协议（STP）运行于以太网交换机上，为解决网络中的环路问题在网络上修剪出一棵无环的树，并在主链路出现故障后自动启用备份链路，使网络工作正常。最新的 STP 标准由 1998 年发布的 IEEE 802.1D 标准文档定义。本节将针对 STP 的基本工作过程进行详细介绍，具体可概括为以下 5 点内容。

（1）STP 产生的背景。

（2）STP 的工作原理。

（3）STP 的协议报文。

（4）RSTP 的工作机制。

（5）MSTP 的工作机制。

2.3.1 二层环路

首先回顾一下交换机的工作过程，了解网络中的环路会引起哪些问题，这样易于理解为什么要使用 STP。

交换机基于 MAC 地址表进行转发，MAC 地址表说明了目的 MAC 地址和目的端口的对应关系。如图 2-20 所示，假设 PCA 向 PCB 发送一个数据帧，此数据帧的目的 MAC 地址设置为 PCB 的 MAC 地址 00-0D-56-BF-88-20。交换机会执行以下动作。

（1）交换机 SWA 接收到此数据帧之后需要查找 MAC 地址表，根据 MAC 地址表中的记录将数据帧从 E0/1 口向外转发。交换机在转发数据帧的时候，对数据帧不做任何修改。如果交换机接收到的是一个广播数据帧或者是目标地址不在 MAC 地址表中的数据帧，则向所有端口转发（源端口除外）。

（2）交换机 SWB 接收到了此数据帧之后查找 MAC 地址表，根据 MAC 地址表中的记录，将数据从 E0/3 端口上转发出去。此次转发仍然不会对数据帧做任何修改。

（3）PCB 接收到数据帧之后查看目的 MAC 地址，由于目的 MAC 地址为接收者本身，所以 PCB 处理此数据帧并上送上层协议处理数据帧所携带的数据。

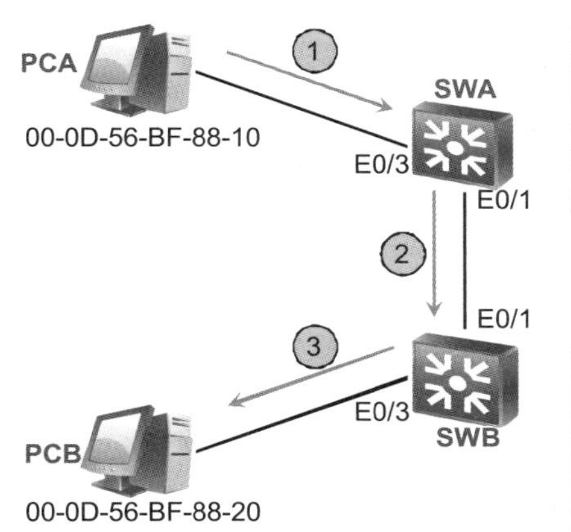

目的 MAC 地址	目的端口
00-0D-56-BF-88-10	E0/3
00-0D-56-BF-88-20	E0/1
.....	.....
.....	.....

目的 MAC 地址	目的端口
00-0D-56-BF-88-10	E0/1
00-0D-56-BF-88-20	E0/3
.....	.....
.....	.....

图 2–20　交换机转发流程回顾

如果为了保证网络运行的稳定性，在以太网交换网络上使用冗余链路进行了链路备份，如图 2–21 所示。

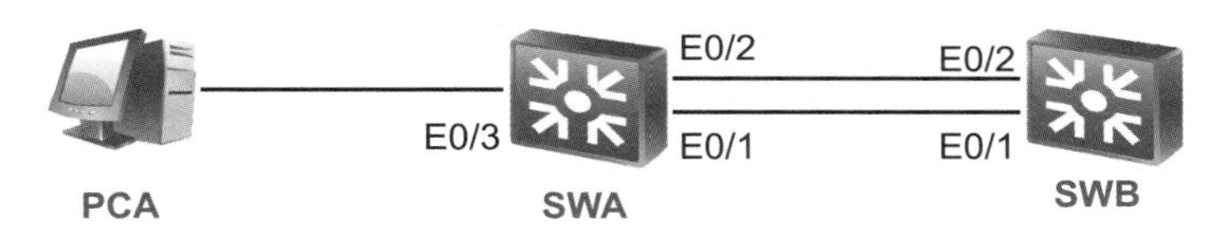

图 2–21　交换机二层环路结构

在使用了冗余链路后，出现了二层交换网络的环路，引发了广播风暴、MAC 地址表不稳定等问题。

1. 广播风暴

如图 2–22 所示，交换机 SWA 的 E0/1 和 SWB 的 E0/1 相连，SWA 的 E0/2 和 SWB 的 E0/2 相连。

根据交换机的转发原则，如果交换机从一个端口上接收到的是一个广播数据帧，则向所有其他端口转发，而且交换机在转发数据帧的时候，对数据帧不做任何修改。

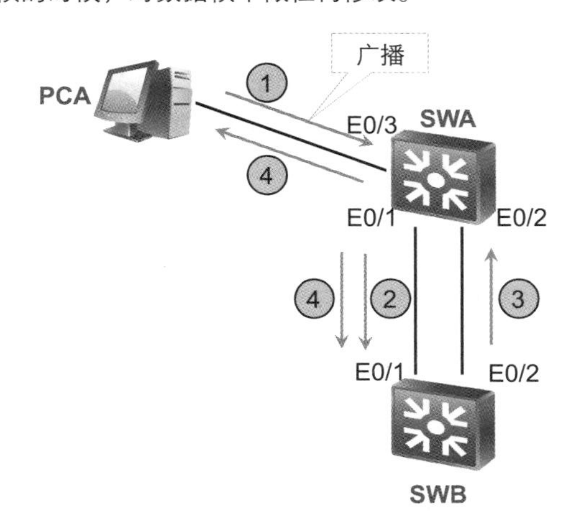

图 2–22　二层环路中的广播风暴

假设 SWA 从 E0/3 接口接收到一个广播帧，根据交换机的转发原则，应该向除 E0/3 外的所有端口转发该广播帧，包括 E0/1 和 E0/2 接口（在本例中，只考虑从 E0/2 接口发出的广播报文）。当该广播帧从 SWA 的 E0/2 转发到交换机 SWB 后，SWB 会通过 E0/1 向 SWA 继续转发该广播帧。这样该广播帧就会沿着 SWA-E0/2—SWB-E0/2—SWB-E0/1—SWA-E0/1—SWA-E0/2…无限转发下去。反方向 SWA-E0/1—SWB-E0/1—SWB-E0/2—SWA-E0/2—SWA-E0/1…也是一样的。

因此，如果交换网络中存在环路，尽管 PCA 发送的广播报文是有限的几个广播报文，但这些广播帧会在二层网络中被无限期地转发。而且广播帧在经过交换机转发时会进行复制，从而导致广播帧数量越来越多，造成链路堵塞，这就是所谓的广播风暴。

2. MAC 地址表不稳定

交换机是根据 MAC 地址表进行转发的，MAC 地址表在交换机启动时是空的，交换机有一个学习 MAC 地址表的过程，根据接收到的数据帧的源地址和接收端口的对应关系来进行学习。

在存在环路的二层网络中，MAC 地址表也会变得不稳定，如图 2-23 所示。

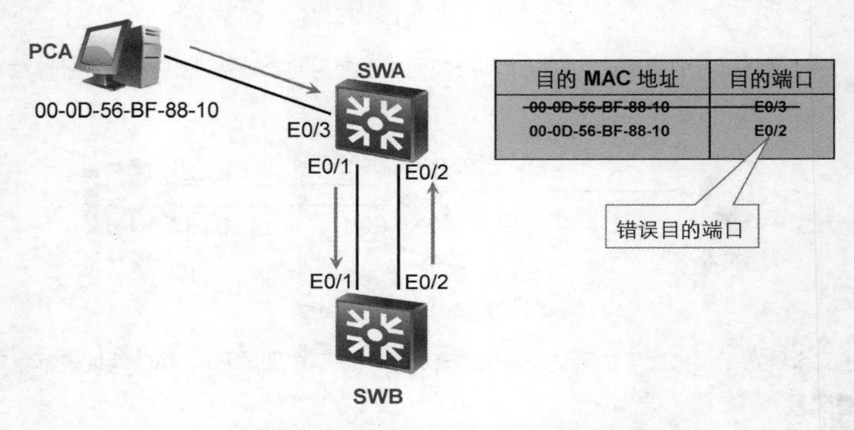

图 2-23　二层环路导致 MAC 地址表不稳定

PCA 向外发送了一个数据帧，假设此数据帧的源 MAC 地址在网络中所有交换机的 MAC 地址表中都暂时不存在。SWA 收到此数据帧之后，在 MAC 地址表中生成一个 MAC 地址表项，00-0D-56-BF-88-10，对应端口为 E0/3。

由于 SWA 的 MAC 地址表中没有对应此数据帧目的 MAC 地址的表项，则 SWA 将此数据帧同时从 E0/1 和 E0/2 端口转发出去。此时数据包被发送到 SWB，由于 SWB 的 MAC 地址表中也没有对应此数据帧目的 MAC 地址的表项，则从 E0/1 接口接收到的数据帧会被从 E0/2 接口发送回 SWA。

SWA 从 E0/4 接收到此数据帧之后，会在 MAC 地址表中删除原有的相关表项，生成一个新的表项，00-0D-56-BF-88-10，对应端口为 E0/2。如果此时 PCA 再次发送一个数据帧，则 SWA 在接收到该数据帧后又会将 MAC 地址的表项改回 E0/3 接口。

在整个数据转发流程中，交换机上的 MAC 地址表会一直重复这个过程，MAC 地址表也会一直处于动荡学习的过程中。

因此，二层环路造成了 MAC 地址表不稳定，在重复的学习中还会导致错误的 MAC 地址表项，如图 2-23 所示。在某些时候，MAC 地址表中 00-0D-56-BF-88-10 对应的接口会是 E0/1 或者 E0/2。

如上所述，存在环路结构的二层网络会导致广播风暴、MAC 地址表不稳定等问题，这些都会导致网络运行异常。那么是否意味着应该尽力去避免二层环路的结构呢？或者，反过来说，二层的环路结构，对于二层网络的组网结构能否提供一些正面的作用呢？

从网络的可靠性方面考虑，存在冗余链路的环路结构更能满足客户业务的可靠性需求。如上述的组网中，即使 E0/1 接口链路中断，仍然能通过 E0/2 接口进行数据的转发，从而实现对用户业务的保护。

环路结构能够提供二层业务的保护，但环路结构的存在也可造成广播风暴等问题。那么，能不能做到在网络正常的时候，冗余链路不处于工作状态，整个网络中不存在环路结构，而当网络出现链路或者端口故障的时候，冗余链路恢复工作来保证网络的正常运行呢？如图 2-24 所示，在正常情况下，SWB 的端口 E0/20 处于阻塞状态，整个网络是无环的网络。当 SWA 的 E0/20 端口出现故障的时候，协议检测到故障，把 SWB 的 E0/20 端口状态转为正常工作状态，从而保证整个网络业务的正常运行。

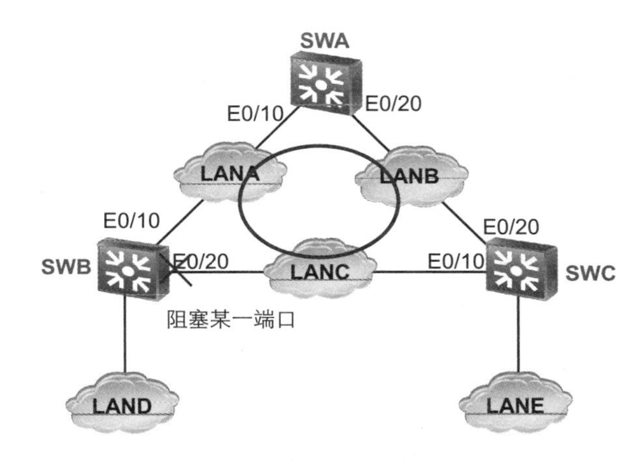

图 2-24 环路结构拓扑

为了要实现链路的冗余备份，又不引起二层链路的环路，在此引入了生成树协议（STP）。

2.3.2 STP 工作原理

STP 主要用于在存在环路结构的二层网络中构建一个无环的树形的二层拓扑，协议由 IEEE 802.1D 定义。

1. 基本术语

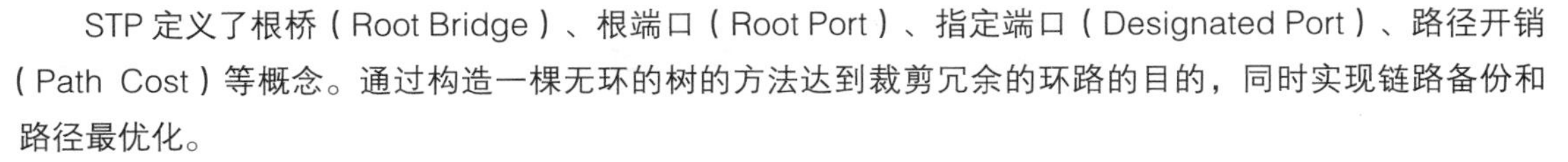
STP 定义了根桥（Root Bridge）、根端口（Root Port）、指定端口（Designated Port）、路径开销（Path Cost）等概念。通过构造一棵无环的树的方法达到裁剪冗余的环路的目的，同时实现链路备份和路径最优化。

（1）桥 ID（Bridge ID）

由于早期用于连接不同终端的二层网络设备只有两个端口，功能类似“桥”的概念，因此被称为“网桥”。后来，网桥被具有更多端口、同时也可隔离冲突域的交换机所取代。但在部分场景的描述中，有时仍然用“网桥”的概念来进行描述，但实际指的是交换机设备。本章节中，涉及“桥”的概念描述，都可以描述为“交换机”，譬如“桥 ID”，也可描述为“交换机 ID”，“根桥”也可描述为“根交换机”。

在二层网络中用“桥 ID”来描述网络中的交换机。一个“桥 ID”由两部分组成，前 16 位表示的是交换机的优先级，后 48 位表示的是交换机的 MAC 地址，如图 2-25 所示。桥 ID 的优先级可以人为设定，默认取值 32 768。

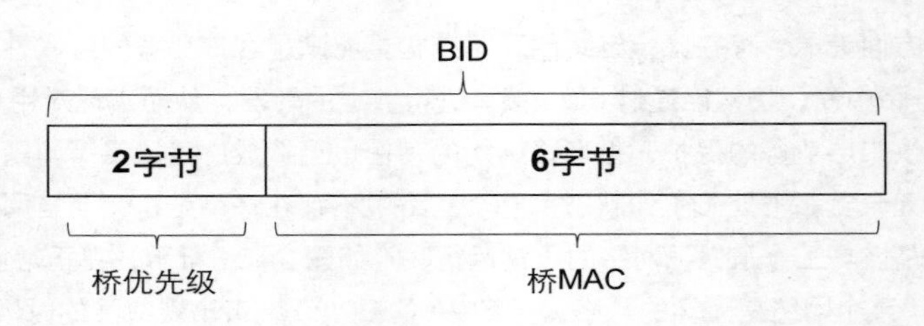

图 2-25 桥 ID 的组成

（2）根桥

根桥（Root Bridge）是桥 ID 最小的交换机，可以认为是树形二层拓扑的根。对于 STP 来说，网络中所有的交换机选举出一个根交换机，然后，其他交换机角色和端口角色的选举，都会参考根桥的判断来进行选择。

除了根桥外，网络中其余所有的交换机都称为非根交换机（Nonroot Bridge）。

（3）端口开销

端口开销（Port Cost）表示数据从该端口发送时的开销值，也即出端口的开销。STP 认为从一个端口接收数据是没有开销的。交换机的每个端口都有一个端口开销值。端口的开销和端口的带宽有关，带宽越高，开销越小。华为平台中，百兆端口的开销值为 200。

路径的开销，即为该路径经过的所有端口的开销总和。

（4）根端口

根端口（Root Port）是指从一个非根交换机到根交换机总开销最小的路径所经过的本地端口。这个最小的总开销值也称为交换机的根路径开销（Root Path Cost）。

（5）端口 ID

端口 ID（Port Identifier）是用于区分描述交换机上不同端口的。

端口 ID 的定义方法有多种，图 2-26 给出了其中的两种常见定义。第一种定义中，高 4 位是端口优先级，低 12 位是端口号。第二种定义中，高 8 位是端口优先级，低 8 位是端口编号，端口优先级默认取值为 128。

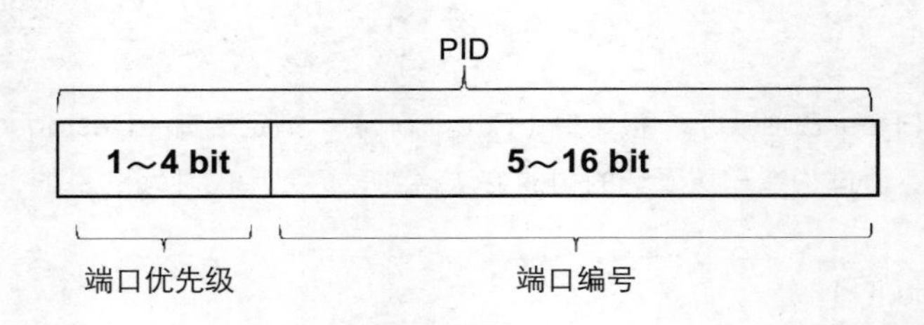

图 2-26 端口 ID 的组成

（6）指定端口

STP 为每个网段选出一个指定端口（Designated Port）。指定端口为每个网段转发发往根交换机方向的数据，并且转发由根交换机方向发往该网段的数据。

（7）预备端口

既不是根端口也不是指定端口的交换机端口称为预备端口（Alternate Port）。预备端口不转发数据，处于阻塞状态。但被阻塞的端口仍会监听 STP 帧，以便链路出现故障后快速恢复被阻塞端口，将流量引导到保护路径上。

（8）网桥协议数据单元

在STP计算中，交换机之间需要交换信息，并利用这些信息进行STP的根交换机、根端口等选举。承载STP信息交换的报文被称为网桥协议数据单元（Bridge Protocol Data Unit，BPDU）报文。

2. 生成树的工作原理

在了解了STP中的基本概念后，再来详细介绍STP的工作过程，了解如何实现对于端口的冗余保护。当网络正常的时候，关闭冗余的链路接口，防止环路；当网络出现故障的时候，开放冗余端口，形成保护。

为达到这个目的，STP 首先选举出了一个根交换机，然后在其余的非根交换机上选择出一个根端口。接着在每一段链路上选举出一个指定端口，最后既不是根端口也不是指定端口的端口，就成为预备端口，被置为阻塞状态。

（1）根桥选举

根桥是整个 STP 树形拓扑的根节点。要进行 STP 生成树的计算，首先要确定的就是根桥。运行 STP 的交换机之间的根桥选举，是借助了 BPDU 报文进行的信息交互。在 BPDU 报文中，包含了 BID 的信息。

每台交换机初始启动后，都认为自己是根桥，并且，会在发送给别的交换机的 BPDU 报文中宣告自己是根桥。当交换机接收到从其他交换机发送过来的 BPDU 报文时，会将自己的桥 ID 和 BPDU 中的根桥 ID 进行比较，拥有较小桥 ID 的交换机被选举为根桥。

交换机之间不断交互 BPDU 报文，同时也不断对桥 ID 进行比较，最终整个交换机网络会选举出一台拥有最小桥 ID 的交换机作为整个网络的根桥。如图 2-27 所示，交换机 SWA、SWB、SWC 都使用了默认优先级 32 768。按照之前的描述，根桥的选举，是对不同交换机的桥 ID 进行比较，而桥 ID 又是由优先级和交换机的 MAC 地址组成的。所以，在交换机优先级相同的情况下，就需要使用 MAC 地址进行比较了。图示中，SWA 拥有最小的 MAC 地址，因此被选举为根桥。

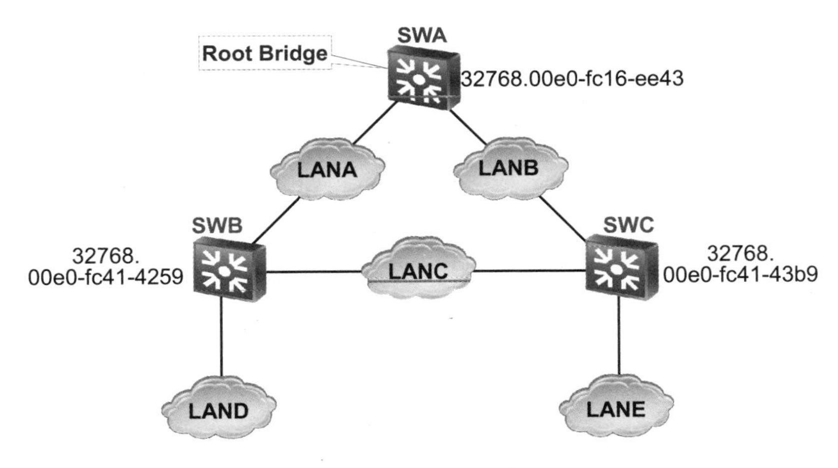

图 2-27　根桥的选举

（2）根端口选举

在选定了根桥后，其余交换机都被称为非根桥。在部署了冗余链路的网络中，一台非根桥交换机上可能存在多条去往根交换机的路径。在这些路径中，STP 会选出一条最优的路径，负责转发该非根交换机到根交换机的数据。该路径在非根交换机上的本地端口，称为根端口。

根端口作为非根交换机与根交换机之间进行报文交互的端口，在一台非根交换机上是唯一的。

根端口所在的路径是去往根交换机的最优路径。衡量路径是否最优，一个重要的依据是路径开销。在之前描述 STP 术语的时候，提过路径开销和端口开销两个概念，而路径开销即为该路径上所有出端口的端口开销的总和。端口的开销和端口的带宽有关，带宽越高，开销越小，如表 2-1 所示。

表 2-1　VRP 中接口速率与 cost 值对应表

链路速率	默认值	推荐取值范围
10 Mbit/s	2 000	200～20 000
100 Mbit/s	200	20～2 000
1 Gbit/s	20	2～200
10 Gbit/s	2	2～20
10 Gbit/s 以上	1	1～2

根端口的选举，首先比较端口去往根交换机的路径开销，最小的路径开销所在的端口即为根端口，根端口的路径开销，称为根路径开销（Root Path Cost）；如果多个端口的路径开销相同，则比较端口上行交换机的桥 ID，上行设备桥 ID 较小的端口作为根端口；如果上行交换机的桥 ID 相同，再比较上行交换机的端口 ID，上行交换机端口 ID 较小的端口作为根端口。

图 2-28 中，SWA 为根交换机，其余交换机为非根交换机，图中交换机所涉及的 STP 选举参数都为默认参数。SWB 和 SWC 去往根交换机的路径分别有两条，在使用相同链路带宽的情况，譬如都是 GE 链路（1 Gbit/s），那么 SWB 和 SWC 的去往根交换机的两个方向的路径开销分别为 20 和 40，SWB 和 SWC 的根端口通过比较路径开销就能够得到。

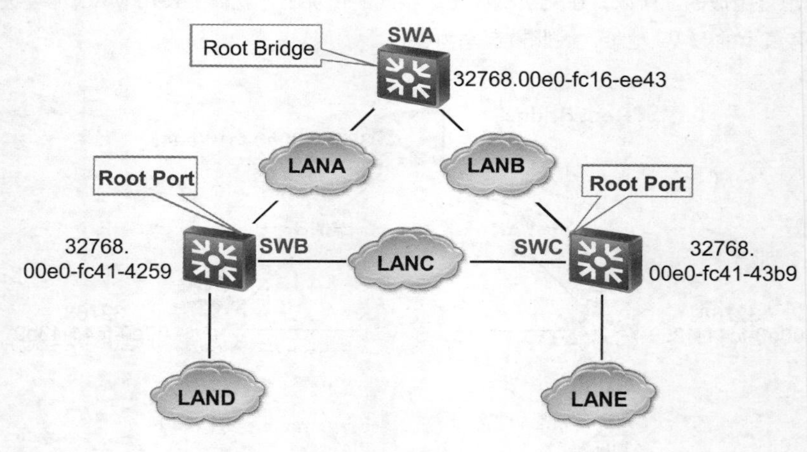

图 2-28　根端口的选举

在某些情况下，无法通过路径开销的方式得出根端口，那么遵循根端口的选举原则，继续比较上行交换机的桥 ID 和上行交换机的端口 ID。

（3）指定端口选举

根端口的选举确定了非根交换机和根交换机通信路径的唯一性，但对于交换机之间的互联网段来说，去往根交换机的路径也存在有多条。如图 2-28 所示，LANC 上的数据可以通过 SWB 去往根交换机，也可以通过 SWC 去往根交换机。指定端口的选举，即是为了确定每个网段唯一的一个负责转发该网段数据的接口，该指定端口所在的交换机也被称为该网段的指定交换机。

指定端口的选举，首先比较该网段连接端口所属交换机的根路径开销，越小越优先；如果根路径开销相同，则比较所连接端口所属交换机的交换机标识，越小越优先；如果根路径开销相同，交换机标识也相同，则比较所连接的端口的端口标识，越小越优先。

图 2-29 中，STP 为每个网段选出一个指定端口（Designated Port）。

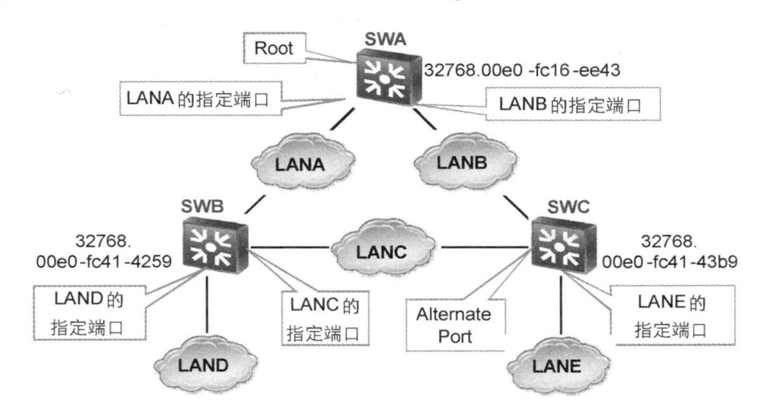

图 2-29　指定端口的选举

对于根交换机来说，所有端口都是所连接网段的指定端口。因此 LANA 和 LANB 的指定端口都在 SWA 上。LAND 和 LANE 都只连接了一个交换机端口，此端口即为指定端口。

对于 LANC 来说，同时连接到两个交换机端口，并且两个交换机的根路径开销相同，因此需要比较两个端口所在交换机的交换机标识。由于 SWB 的交换机标识比 SWC 小（MAC 地址更小），因此 LANC 的指定端口在 SWB 上。

（4）阻塞预备端口

在完成根端口和指定端口的选举后，交换机上所有的既非根端口，也非指定端口的端口，统称为预备端口。

为防止环路，STP 会将交换机上的预备端口进行逻辑阻塞。被逻辑阻塞的端口，无法转发用户数据帧，但可以接收并处理 STP 的 BPDU 报文。一旦网络出现故障，借助 STP 的重新收敛，能够放开部分阻塞端口，实现业务的保护。

如图 2-29 所示，SWC 连接 LANC 的端口既非根端口，也非指定端口，因此，该端口被称为预备端口，STP 会将该端口的数据转发阻塞，从而构建出树形的拓扑。最终的逻辑拓扑结构如图 2-30 所示。

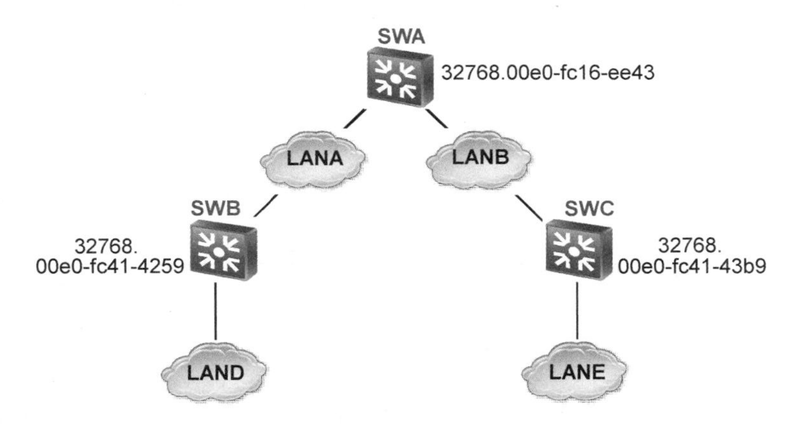

图 2-30　STP 选举后的树形拓扑

当网络发生故障时，譬如 SWA 和 SWC 之间链路发生故障时，STP 重新进行选举，SWC 的预备端口会被选举为根端口，恢复数据转发的能力，从而实现对网络的保护。此时的逻辑拓扑结构如图 2-31 所示。

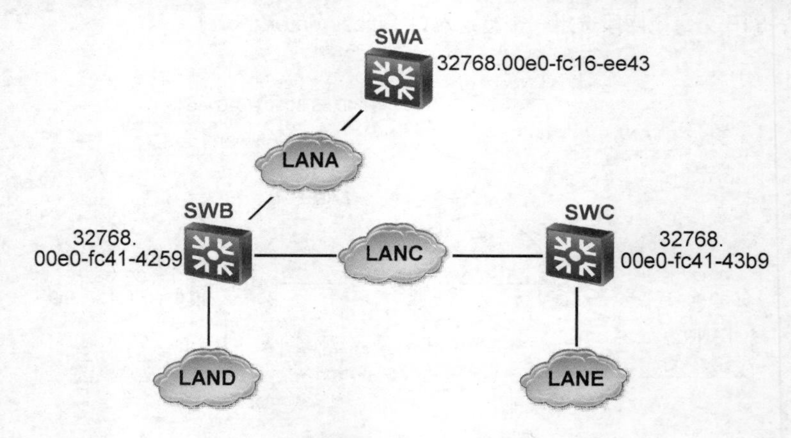

图 2-31　故障发生后的 STP 新生成的树形拓扑

3. 生成树的端口状态

STP 通过根端口、指定端口、预备端口的选举，构建了无环的树形拓扑。各端口的状态描述总结如表 2-2 所示。

表 2-2　交换机端口角色

端口角色	描　　述
Root Port	根端口：所在交换机上离根交换机最近的端口，处于转发状态
Designated Port	指定端口：转发所连接的网段发往根交换机方向的数据和从交换机方向发往所连接的网段的数据
Alternate Port	预备端口：不向所连接网段转发任何数据

根端口（Root Port）：去往根桥路径最近的端口，这个最近的衡量是靠 Root Path Cost 来判定的。有关 Path Cost 的计算，是每当一个端口收到一个 BPDU 后，会在该 BPDU 所指示的 Path Cost 上加上该端口的 Port Path Cost（这是可以人为配置的）。比较 Root Path Cost 最小的端口就是根端口，如果有两条开销相同的路径，那么就选择上行交换机 BID 较小的。如果上行交换机 BID 相同，那么就选择上行交换机 PID 较小的。

指定端口（Designated Port）：一个 LAN 里面负责转发 BPDU 的端口。

预备端口（Alternate Port）：被对方的指定端口抑制的端口。预备端口不转发任何报文，但接收 BPDU，监听网络变化。

除了端口角色之外，STP 同样对于端口的状态进行了定义，如表 2-3 所示。

表 2-3　端口状态描述

端口状态	描　　述
Disabled 端口没有启用	此状态下，端口不转发数据帧，不学习 MAC 地址表，不参与生成树计算
Blocking 阻塞状态	此状态下，端口不转发数据帧，不学习 MAC 地址表，接收并处理 BPDU，但是不向外发送 BPDU

续表

端口状态	描　　述
Listening 侦听状态	此状态下，端口不转发数据帧，不学习 MAC 地址表，只参与生成树计算，接收并发送 BPDU
Learning 学习状态	此状态下，端口不转发数据帧，但是学习 MAC 地址表，参与计算生成树，接收并发送 BPDU
Forwarding 转发状态	此状态下，端口正常转发数据帧，学习 MAC 地址表，参与计算生成树，接收并发送 BPDU

当端口正常启用之后，端口首先进入 Listening 状态，开始生成树的计算过程。如果经过计算，端口角色需要设置为预备端口（Alternate Port），则端口状态立即进入 Blocking 状态。

如果经过计算，端口角色需要设置为根端口（Root Port）或指定端口（Designated Port），则端口状态在等待一个时间周期之后从 Listening 状态进入 Learning 状态，然后继续等待一个时间周期之后，从 Learning 状态进入 Forwarding 状态，正常转发数据帧。端口状态的迁移过程如图 2-32 所示。

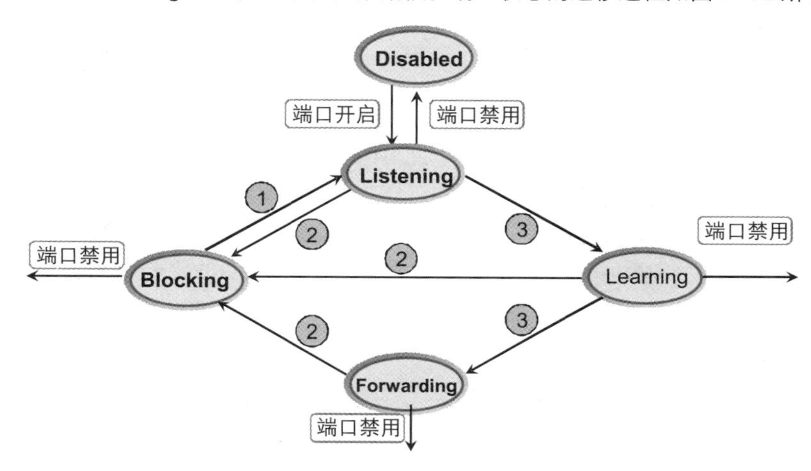

图 2-32　端口状态迁移过程

图 2-32 中的状态变换，以下为其数字代表含义。

① 端口被选为指定端口（Designated Port）或根端口（Root Port）。

② 端口被选为预备端口（Alternate Port）。

③ 端口从学习过渡到转发所经过时间周期。此时间周期称为转发时延（Forward Delay），默认为 15 s。

在图 2-32 的端口状态迁移中，如果端口是被禁用，则端口立即进入 Disabled 状态；如果端口被选举为预备端口，端口也立即进入 Blocking 状态；但如果端口是被选举为根端口或者指定端口，即端口是从不转发状态进入转发状态，那么在进入转发状态之前，端口需要等待两次 Forward Delay 的间隔。Forward Delay 的设置，主要是为了防止临时环路。

如图 2-33 所示，在初始时候，SWA 为根交换机，SWD 的 E0/2 接口为备用接口，被逻辑阻塞。但网络变化，需要让 SWC 成为新的根交换机。经过重新选举，SWB 的 E0/2 接口成为新的备用接口，而 SWD

的 E0/2 成为了新了根端口。如果 Forward Delay 为 0，那么一旦 SWD 的 E0/2 接口被选举为新的根端口，将马上恢复数据转发的能力。而此时，SWB 的 E0/2 接口不一定来得及进入 Blocking 状态，这时候网络中会出现临时环路。为了防止临时环路的出现，定义了 Forward Delay，端口在被选举为根端口或者指定端口时，并不立即进入转发状态。

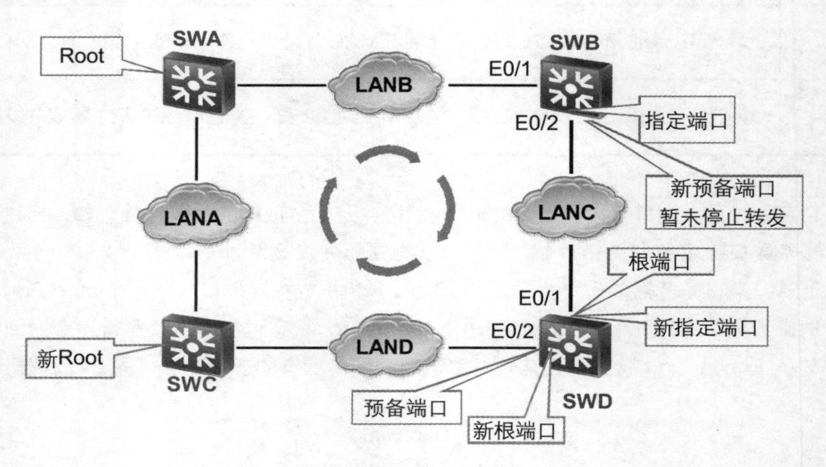

图 2-33 STP 中的临时环路

在 STP 中，定义的 Forward Delay 的时间间隔是 15 s，再加上 STP 自身的收敛时间，网络从阻塞状态变成可转发状态，花费的时间估计会达到 50 s 左右。在某些场景中，50 s 的收敛时间不能满足业务的要求，为了尽量加快 STP 的收敛时间，IEEE 另外定义了 802.1w 快速生成树协议（Rapid Spanning Tree Protocol，RSTP），用于实现 STP 的快速收敛。

2.3.3 BPDU 报文

STP 生成树的计算，根端口、指定端口的选举，都是借助于 BPDU 报文来进行信息的传递和交换的。在向整网泛洪 STP 拓扑信息的过程中，会涉及两种 BPDU：配置 BPDU 和 TCN BPDU。

BPDU 报文采用 IEEE 802.3 的封装格式，以多播的方式发送，多播地址为 01-80-c2-00-00-00。默认每 2 s 发送一个 BPDU 报文。

1. 配置 BPDU 的报文格式

用于计算生成树的各种信息和参数被封装在配置 BPDU 中，在交换机之间发送。报文使用标准逻辑链路控制（Logical Link Control，LLC）格式封装在以太网数据帧中，如图 2-34 所示。

BPDU 报文的目的 MAC 地址使用保留的组 MAC 地址 01-80-C2-00-00-00，此地址标识所有交换机，但是不能被交换机转发，也即只在本地链路有效；LLC Header 中目的服务访问点（Destination Service Access Point，DSAP）和源服务访问点（Source Service Access Point，SSAP）的值都设为二进制 01000010，Control 字段的值设为 3。

在 STP 初始计算的时候，各 STP 交换机都会主动生成并发送配置 BPDU 报文。但在 STP 收敛后，只有根交换机才会生成并发送配置 BPDU 报文，非根交换机只有在自己的根端口收到配置 BPDU 报文的时候，才会根据收到的配置 BPDU 报文生成配置 BPDU 报文，然后将该配置 BPDU 报文从自己的指定端口发送出去。配置 BPDU 报文就以这种方式在全网进行泛洪。

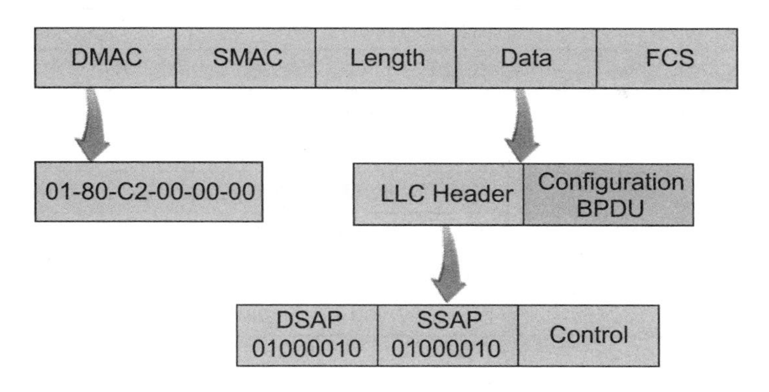

图 2-34　配置 BPDU 报文格式

配置 BPDU 报文中包含的具体参数如图 2-35 所示。

2 Bytes	Protocol Identifier	0x0000
1 Bytes	Protocol Version Identifier	0x00
1 Bytes	BPDU Type	0x00
1 Bytes	Flags	0x00
8 Bytes	Root Identifier	用于检测最优配置 BPDU
4 Bytes	Root Path Cost	
8 Bytes	Bridge Identifier	
2 Bytes	Port Identifier	
2 Bytes	Message Age	
2 Bytes	Max Age	
2 Bytes	HelloTime	
2 Bytes	Forward Delay	

图 2-35　配置 BPDU 报文的内容

其中各字段的具体含义如表 2-4 所示。

表 2-4　BPDU 参数含义

参　数	位　数	描　述
Protocol Identifier	16 位	取值 0x0000
Protocol Version Identifier	8 位	取值 0x00
BPDU Type	8 位	配置 BPDU 报文取值 0x00 拓扑改变通知 BPDU 报文取值 0x80
Flags	8 位	配置 BPDU 报文取值 0x00 拓扑改变配置 BPDU 报文取值 0x01 拓扑改变确认配置 BPDU 报文取值 0x80

续表

参 数	位 数	描 述
Root Identifier	64 位	当前根交换机的桥 ID
Root Path Cost	32 位	发送该 BPDU 报文的交换机的根路径开销
Bridge Identifier	64 位	发送该 BPDU 报文的交换机的桥 ID
Port Identifier	16 位	发送该 BPDU 报文的端口 ID
Message Age	16 位	该 BPDU 报文从根桥发送到当前交换机的总时间
Max Age	16 位	BPDU 报文的最大生命周期，默认取值为 20 s
Hello Time	16 位	交换机发送配置 BPDU 的报文周期，默认取值为 2 s
Forward Delay	16 位	端口 Listening 和 Learning 状态的持续时间，默认取值为 15 s

在上述的 BPDU 报文的参数中，可以分为 3 类，前 4 个参数主要是对 BPDU 报文的标识，包括版本号、报文类型、标志位等。中间 4 个参数，主要是对 STP 计算中用到的参数的描述，如端口开销、桥 ID、端口 ID 等。后 4 个参数，主要是对时间参数的描述，包括 BPDU 的发送间隔、老化时间、Forward Delay 等。

2. 拓扑改变 BPDU

如果网络拓扑发生了变化，会触发 STP 的重新计算，新的生成树拓扑可能会跟原先的网络拓扑存在一定的差异。但是，在交换机上，指导报文转发的是 MAC 地址表，默认的动态表项的生存时间是 300 s，此时，数据转发如果仍然按照原有的 MAC 地址表，会导致数据转发错误。为防止拓扑变更情况下的数据发送错误，STP 中定义了拓扑改变消息泛洪机制，当网络拓扑发生变化的时候，除了在整网泛洪拓扑改变信息外，同时修改 MAC 地址表的生存期为一个较短的数值，等拓扑结构稳定之后，再恢复 MAC 地址表的生存期。STP 规定这个较短的 MAC 地址表生存期使用交换机的 Forward Delay 参数，默认为 15 s。

STP 在向整网泛洪网络拓扑改变信息的过程中，共涉及以下 3 种 BPDU。

（1）拓扑改变通知 BPDU（Topology Change Notification BPDU）：用于非根交换机在根端口上向上行交换机通告拓扑改变信息，并且每隔 Hello Time（2 s）发送一次，直到收到上行交换机的拓扑改变确认配置 BPDU 或者拓扑改变配置 BPDU。

（2）拓扑改变确认配置 BPDU（Topology Change Acknowledgment Configuration BPDU）：配置 BPDU 的一种。和普通配置 BPDU 不同的是，此配置 BPDU 设置了一个 Flag 位，用于非根交换机在接收到拓扑改变通知 BPDU 的指定接口上向下行交换机发送拓扑改变通知的确认信息。

（3）拓扑改变配置 BPDU（Topology Change Configuration BPDU）：此配置 BPDU 设置了另外一个 Flag 位，用于从根交换机向整网泛洪拓扑改变信息，所有交换机都在自己所有的指定端口上泛洪此 BPDU。

3 种 BPDU 报文的工作如图 2-36 所示，SWC 连接 LAND 的接口故障，SWC 发起一个拓扑改变通知 BPDU 报文，从根端口发往上游交换机。SWB 在接收到拓扑改变通知 BPDU 报文后，向 SWC 发出一个拓扑改变确认配置 BPDU 报文，同时，从根端口发出一个拓扑改变通知 BPDU 报文。根交换机 SWA 收到拓扑改变通知 BPDU 报文后，周期性地向网络中发送拓扑改变配置 BPDU，使网络中所有的交换机都把 MAC 地址表的生存期修改为 Forward Delay（15 s），经过一段时间（Max Age 加上 Forward Delay，默认为 35 s）之后，SWA（根交换机）在自己发送的配置 BPDU 中清除 Flag 位，表示网络拓扑已经稳定，网络中的交换机恢复 MAC 地址生存期。

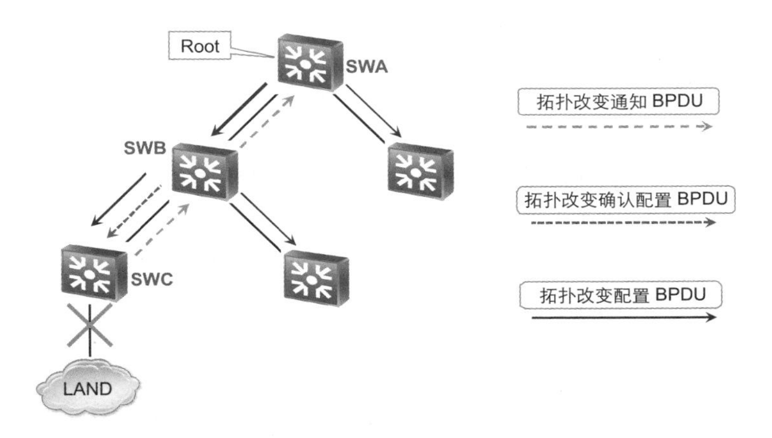

图 2-36　3 种 BPDU 报文的工作

拓扑改变信息泛洪中涉及的 BPDU 报文，报文封装和配置 BPDU 基本相同，拓扑改变通知 BPDU 报文格式比较简单，不携带具体的参数。将封装报文中 Protocol Identifier 字段设置为全 0，将 Protocol Version Identifier 设置为全 0，将 BPDU Type 设置为 0x80。具体报文格式如图 2-37 所示。

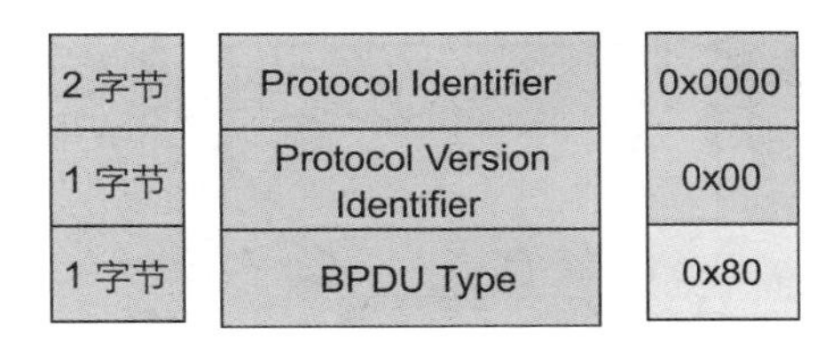

2 字节	Protocol Identifier	0x0000
1 字节	Protocol Version Identifier	0x00
1 字节	BPDU Type	0x80

图 2-37　拓扑改变通知 BPDU 格式

拓扑改变配置 BPDU 报文和拓扑改变配置确认 BPDU 报文都是配置 BPDU 的一种，和普通的配置 BPDU 有以下 3 点不同。

（1）普通的配置 BPDU 中 Flag 字段全部为 0。

（2）拓扑改变确认配置 BPDU 将 Flag 字段的最高位设置为 1。

（3）拓扑改变配置 BPDU 将 Flag 字段的最低位设置为 1。

具体的报文封装和 Flag 位设置如图 2-38 所示。

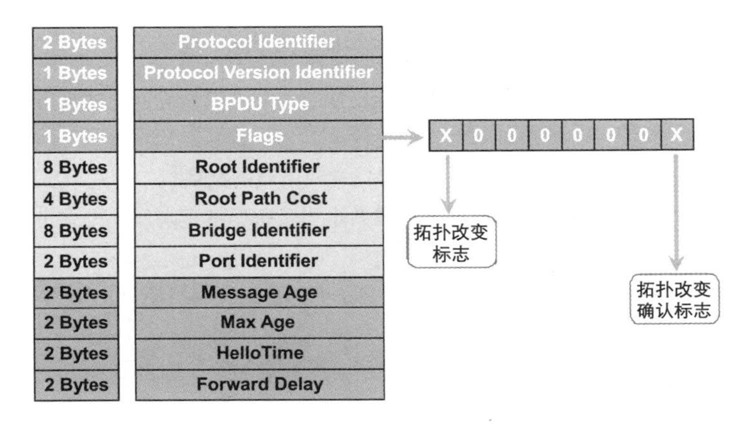

图 2-38　具体的报文封装和配置 BPDU 中的 Flag 位设置

2.3.4 RSTP

快速生成树协议（RSTP）是 STP 的升级版本，与 STP 相比，最显著的特点就是通过新的机制，加快了收敛速度。

STP 运行于交换机上，通过在交换网络中修剪出一棵无环的树，解决了交换网络中的环路问题。但是 STP 在网络拓扑变化之后的收敛速度非常慢，已经无法适应现行网络的要求。因此，为了尽量加快 STP 的收敛时间，IEEE 另外定义了 802.1w 规范来描述 RSTP，用于实现 STP 的快速收敛。

1. RSTP 的基本计算过程

RSTP 的计算过程和 STP 的基本计算过程一样，同样是选举根交换机、选举根端口和选举指定端口，按照这样的流程进行无环路二层拓扑的构建。

如图 2-39 所示，在交换机组网中选举出了根交换机，非根交换机的根端口、指定端口。有别于 STP 计算过程的是，对于既不是根端口，也不是指定端口的交换机端口，RSTP 中定义了两种端口角色备份端口（Backup Port）和预备端口（Alternate Port）。相比 STP 的基本计算过程，RSTP 采用相同的网络结构，解决了之前存在的问题。

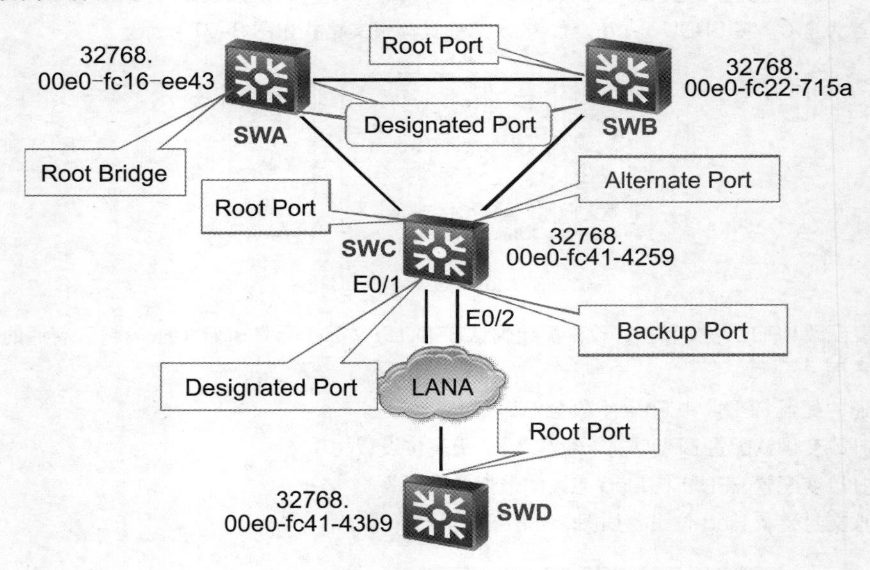

图 2-39　RSTP 的基本计算过程

（1）备份端口：如果该端口所连接的网段的指定交换机为此端口所属的交换机，则端口状态设置为备份端口。

（2）如果该端口所连接的网段的指定交换机不是此端口所属的交换机，则端口状态设置为预备端口。

预备端口主要是为了备份根端口，而备份端口主要是为了备份指定端口。无论是备份端口还是预备端口，都不处于转发状态。

对于物理层和数据链路层可以正常工作，并且开启了 RSTP 的交换机端口，RSTP 共定义了 4 种端口角色，如表 2-5 所示。

稳定时处于转发状态的为根端口和指定端口，底层没有开启的端口称为 Disabled 端口。

表 2-5　RSTP 中的端口角色

端口角色	描　　述
Root Port	根端口，是所在交换机上离根交换机最近的端口，稳定时处于转发状态
Designated Port	指定端口，转发所连接的网段发往根交换机方向的数据和从交换机方向发往所连接的网段的数据，稳定时处于转发状态
Backup Port	备份端口，不处于转发状态，所属交换机为端口所连接网段的指定交换机
Alternate Port	预备端口，不处于转发状态，所属交换机不是端口所连接网段的指定交换机

2. RSTP 的端口状态迁移

相对于 STP，RSTP 对端口状态的迁移过程有了较大的进步，加快了收敛速度。与 STP 不同，RSTP 只定义了 3 种端口状态：丢弃（Discarding）状态、学习（Learning）状态、转发（Forwarding）状态，如表 2–6 所示。

表 2-6　RSTP 的端口状态

端口状态	描　　述
Discarding 丢弃状态	此状态下，端口对接收到的数据做丢弃处理，端口不转发数据帧，不学习 MAC 地址表 预备端口和备份端口处于这种状态
Learning 学习状态	此状态下，端口不转发数据帧，但是学习 MAC 地址表，参与计算生成树，接收并发送 BPDU
Forwarding 转发状态	此状态下，端口正常转发数据帧，学习 MAC 地址表，参与计算生成树，接收并发送 BPDU

预备端口和备份端口处于 Discarding 状态。

指定端口和根端口稳定情况下处于 Forwarding 状态。

Learning 状态是某些指定端口和根端口在进入转发状态之前的一种临时状态。

根据选举规则，确定端口角色之后，需要根据端口角色设置端口状态。

将端口状态从 Forwarding 状态迁移到 Discarding 状态（从根端口或者指定端口变成预备端口或者备份端口）是不会出现环路风险的，可以不经过等待立即转换。

将端口状态从 Forwarding 状态迁移到 Forwarding 状态（从根端口变成指定端口或者从指定端口变成根端口）也不会引起环路风险，也可以不经过等待立即转换。

端口状态迁移时能引起环路风险的是从 Discarding 状态迁移到 Forwarding 状态（从预备端口或者备份端口变成根端口或者指定端口）。在 STP 中，从不转发状态迁移到 Forwarding 状态需要等待两次 Forward Delay 间隔，以保证网络中需要进入不转发状态的端口有足够的时间完成计算。但是 RSTP 对此做了改进。

RSTP 的主要设计原则是，在没有临时环路风险的情况下，使原本处于不转发状态下的端口在成为指定端口或根端口之后，尽可能快地进入 Forwarding 状态，加快收敛速度。因此，如何确认网络中有没有环路风险是 RSTP 的重要内容。由此对以下几种场景进行分别描述。

（1）原根端口故障，预备端口成为新的根端口，直接进入转发状态。

一个非根交换机选举出一个新的根端口之后，如果以前的根端口已经不处于 Forwarding 状态，则新的根端口立即进入转发状态。

如图 2-40 所示，SWC 上与 LANB 相连的端口为根端口，假设此端口断开，即不再处于转发状态，则 SWC 需要重新选择一个根端口，与 LANC 相连的端口于是从预备端口成为新的根端口。由于旧的根端口已经不再处于转发状态，因此网络中没有环路风险，因此新的根端口可以立即进入转发状态。

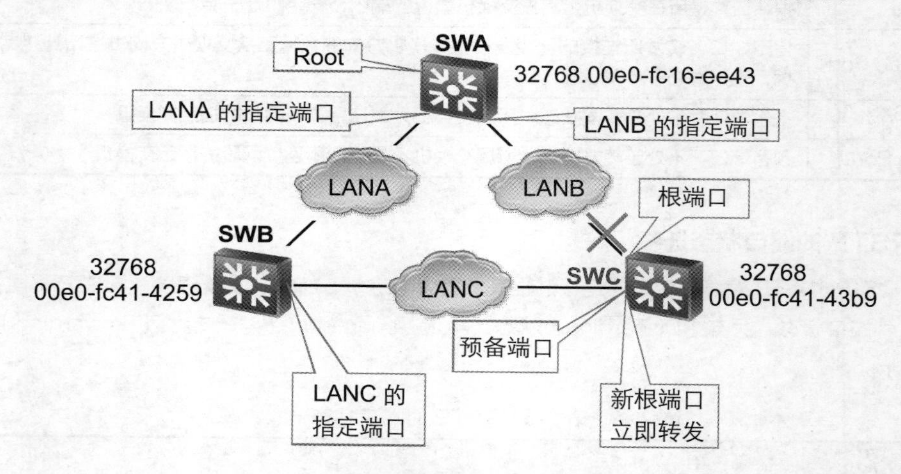

图 2-40 无环路风险的新根端口选举

（2）边缘端口直接成为指定端口，进入转发状态。

边缘端口（Edge Port）是指不连接任何交换机的端口。当把一个交换机端口配置成为边缘端口之后，一旦端口被启用，则端口立即成为指定端口（Designated Port），并进入转发状态。如图 2-41 所示，SWB 及 SWC 连接 LAND 和 LANE 的端口直接连接了用户，不存在环路风险，被指定为边缘端口，直接被选举为指定端口，进入转发状态。

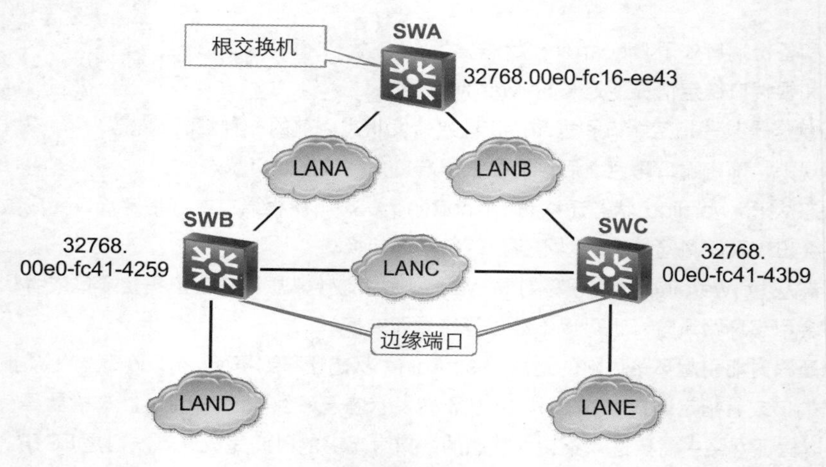

图 2-41 边缘端口选举成为指定端口

（3）通过“Proposal – Agreement”机制加快端口状态迁移。

对于非边缘端口的指定端口选举，RSTP 通过使用“Proposal – Agreement”协商机制加快从 Discarding 状态进入 Forwarding 状态的速度。

如图 2-42 所示，最初网络中各交换机的优先级优先次序为 SWA→SWB→SWC→SWD；因此 SWA 为根交换机，SWD 的 E0/1 为 Alternate Port，处于 Discarding 状态。此时修改 SWD 的交换机优先级使优先级次序为 SWD→SWA→SWB→SWC，“Proposal－Agreement”协商机制的工作过程有以下 5 步。

① SWD 立即成为根交换机，E0/1 和 E0/2 立即成为指定端口，E0/2 保持转发状态不变，在 E0/1 向外发送一个建议（Proposal）。Proposal 是设置了一个标志位的 RST BPDU，此 BPDU 中同时包含计算生成树的参数。

② SWC 收到 Proposal 之后，计算生成树，设置 E0/1 为根端口，保持转发状态，E0/2 为指定端口。如果收到 Proposal 的端口是新的根端口，则设置所有非边缘指定端口为 Discarding 状态，并向外发送新的 Proposal，如果其余接口在计算后需要进入 Discarding 状态或者成为边缘端口，则直接在接收到 Proposal 的根端口上，向外发送 Agreement。本例中，SWC 设置 E0/2 为 Discarding 状态并向外发送新的 Proposal。

③ SWA 收到 Proposal 之后，计算生成树，设置 E0/1 为预备端口，设置 E0/2 为根端口，如果收到 Proposal 的端口需要进入 Discarding 状态，则在该端口进入 Discarding 之后，向外发送一个 Agreement（同意）。

④ SWC 的 E0/2 收到 Agreement 之后，立即进入转发状态，在所有非边缘指定端口收到 Agreement 之后，SWC 在根端口上向外发送 Agreement。

⑤ SWD 在指定端口上收到 Agreement 之后，立即进入转发状态。

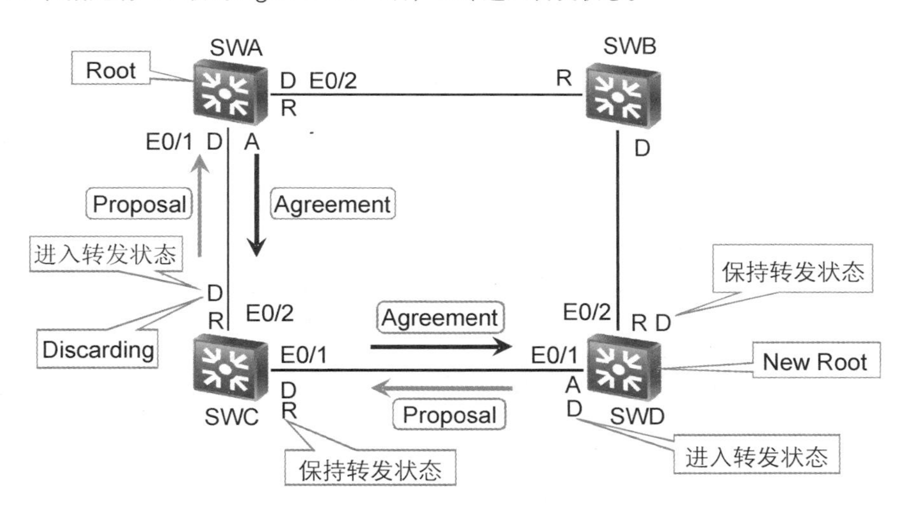

图 2-42　指定端口的“Proposal－Agreement”机制

使用“Proposal－Agreement”的前提是泛洪这两种消息的链路均为点到点链路。点到点链路是指两个交换机直接相连的链路。

之所以必须使用点到点链路是因为点到多点链路有环路风险。如图 2-43 所示，SWA 向外发出一个 Proposal 之后，由于 SWC 是网络边缘，因此迅速返回一个 Agreement，使 SWA 的新指定端口进入转发状态。但是此时 SWB、SWD 和 SWE 等尚未完成 Proposal－Agreement 的泛洪过程，因此，网络中存在环路风险。所以使用此“Proposal－Agreement”，要求交换机间链路必须为点到点链路。

“Proposal－Agreement”机制是一种在点到点链路上的“触发计算－确认”机制，这种“触发计算－确认”过程在点到点链路上泛洪，一直到达网络末端（边缘交换机，即非根端口均为边缘端口）或者预备端口（处于 Discarding 状态，表示环路已被打断）。如果交换机间的链路没有被配置为点到点链路，泛洪过程会自动停止，需要从 Discarding 状态进入 Forwarding 状态的端口要等足够长的时间（两倍 Forward Delay）。

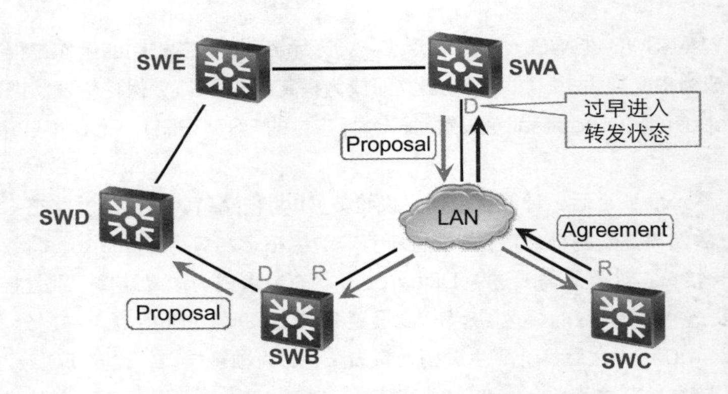

图 2-43 协商机制的前提——点到点链路

2.3.5 MSTP

不同于 RSTP 的快速收敛，多生成树协议（Multiple Spanning Tree Protocol，MSTP）用于解决启用了 VLAN 的交换网络中的环路问题。2005 年版本的 IEEE 802.1Q 为 MSTP 当前的标准文档。

1. 单生成树的弊端

如果在二层网络上部署 STP 的同时也启用了 VLAN，那么就有可能导致部分 VLAN 路径不通、无法使用流量分担、次优二层路径等问题。

（1）部分 VLAN 路径不通

如图 2-44 所示，SWC 连接终端网段，上行使用两条链路连接 SWA 和 SWB。配置 VLAN2 通过两条链路上行，配置 VLAN3 只通过一条链路上行。

为了解决 VLAN2 的环路，需要运行生成树，在运行单个生成树的情况下，假设 SWC 与 SWB 相连的端口成为预备端口，进入 Discarding 状态。此时，VLAN3 的路径被断开，无法上行到 SWB。

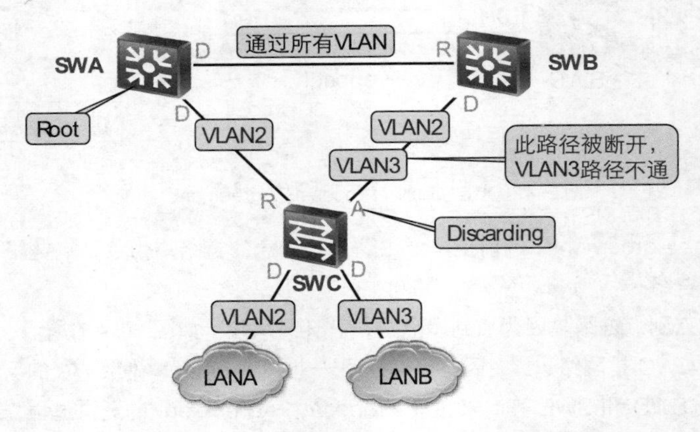

图 2-44 单个生成树的弊端——部分 VLAN 路径不通

（2）无法使用流量分担

如图 2-45 所示，SWC 连接终端网段，上行使用两条链路分别连接 SWA 和 SWB 来实现流量分担。

为了实现流量分担，在 SWC 上配置的两条上行链路为 Trunk 链路，配置的两条链路上都通过所有 VLAN，SWA 和 SWB 之间的链路也配置为 Trunk 链路，并通过所有 VLAN。将 VLAN2 的三层接口配置在 SWA 上，将 VLAN3 的三层接口配置在 SWB 上。

理想情况下，VLAN2 和 VLAN3 使用不同的链路上行到相应的三层接口，可是如果网络中只有一个生成树，SWC 和 SWA/SWB 所形成的环路会被打开，例如，SWC 连接到 SWB 的接口成为预备端口（Alternate Port），并处于 Discarding 状态，则 VLAN2 和 VLAN3 的数据都只能通过一条上行链路上行到 SWA，不能实现流量分担。

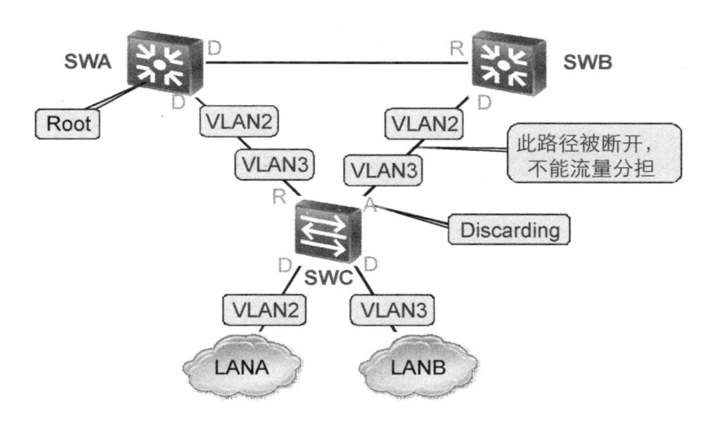

图 2-45　单个生成树的弊端——无法使用流量分担

（3）次优二层路径

如图 2-45 所示，STP 的运行除了无法使用流量分担以外，还导致了另外一个问题，就是次优二层路径。

VLAN3 的三层接口被配置在 SWB 上，但由于 SWC 上行 SWB 的端口被阻塞，导致 VLAN3 的访问数据必须走 SWC—SWA—SWB。所以，VLAN3 到达三层接口的路径就是次优的，最优的路径应当是直接上行到 SWB。

2. MSTP 的基本概念

MSTP 允许将一个或多个 VLAN 映射到一个多生成树实例（MST Instance）上，MSTP 为每个 MST Instance 单独计算根交换机，单独设置端口状态，即在网络中计算多个生成树。

每个 MST Instance 都使用单独的 RSTP 算法，计算单独的生成树。

如图 2-46 所示，在网络中配置两个 MST Instance，VLAN2 映射到 MST Instance 1，VLAN3 映射到 MST Instance 2。

通过修改交换机上不同 MST Instance 的交换机优先级，可以将不同的交换机设置成不同 MST Instance 的根交换机。在图 2-46 中，SWA 为 MST Instance 1 的根交换机；SWB 为 MST Instance 2 的根交换机。

启用了多生成树之后，可以看出，VLAN2 的数据直接上行到 SWA，VLAN3 的数据直接上行到 SWB。如此，流量分担就可以实现了，某些 VLAN 路径不可达的问题也可以解决了，二层路径次优的问题也可以得以解决。

每个 MST Intance 都有一个标识（MSTID），MSTID 是一个 16 位（bit）的整数。华为设备支持 16 个 MST Instance，MSTID 取值范围是 0 ~ 15，默认所有的 VLAN 映射到 MST Instance 0。为了在交换机上标识 VLAN 和 MST Instance 的映射关系，交换机需要维护一个 MST 配置表（MST Configuration Table）。

MST 配置表的结构是 4 096 个连续的 16 位元素组，代表 4 096 个 VLAN，将第一个元素和最后一个元素设置为全 0；第二个元素表示 VLAN1 映射到的 MST Instance 的 MSTID，第三个元素表示 VLAN2 映射到的 MST Instance 的 MSTID，以此类推，倒数第二个元素（第 4 095 个元素）表示 VLAN4094 映射到的 MST Instance 的 MSTID，如图 2-47 所示。

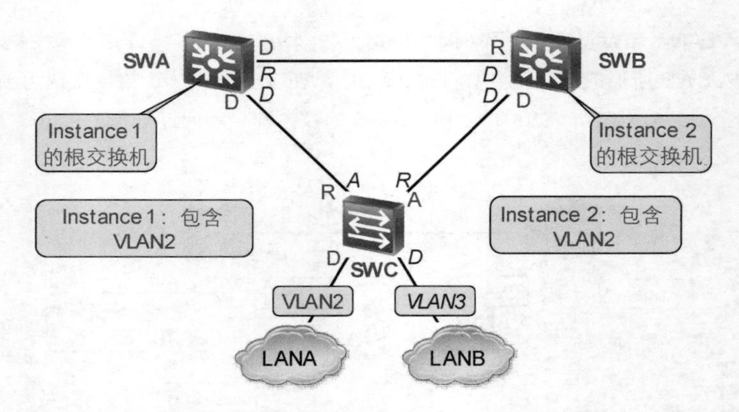

图 2-46 MSTP 基本概念——多生成树实例（MST Instance）

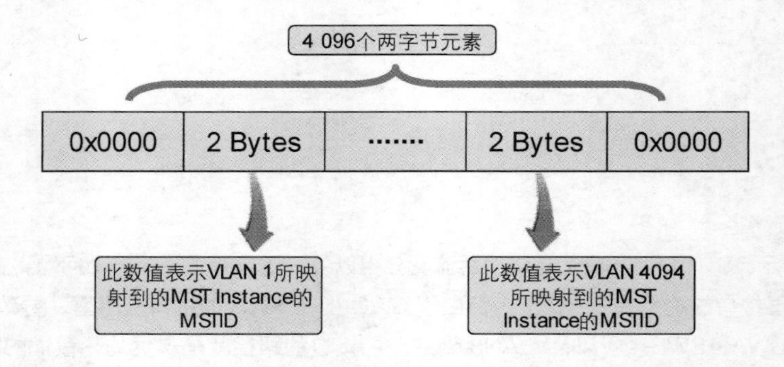

图 2-47 MST 配置表（MST Configuration Table）的结构

交换机初始化时，将此表格的所有字段设置为全 0，表示所有 VLAN 映射到 Instance 0。

MST 配置表中维护了 VLAN 和 MST instance 之间的映射关系，但如果是两个网络互联，那么这两个网络上的映射关系可能会不同。因此，MSTP 中定义了另外一个概念——MST 区域（MST Region）。MSTP 中，有相同 VLAN 到 MST Instance 的映射关系的一组相邻的交换机组成了一个 MST 区域。

除了 Instance 0 之外，每个区域的 MST Instance 都独立计算生成树，不管是否包含相同的 VLAN，不管 VLAN 是否通过区域间链路，区域内的生成树计算相互之间互不影响。如图 2-48 所示，区域 B 和区域 C 上的实例 1 的计算互不影响，独立计算根交换机、根端口等。

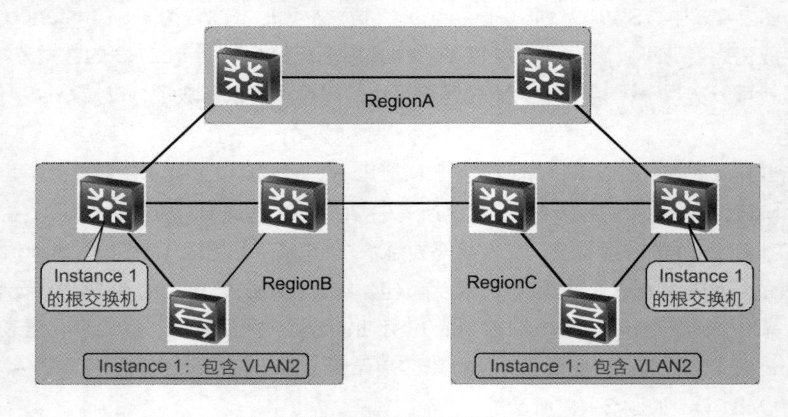

图 2-48 MSTP 基本概念——MST 区域（MST Region）

不同交换机之间的识别是否在同一个区域，还是在不同区域，是通过 MST 配置标识(MST Configuration Identifier) 来实现的。

MST 配置标识被封装在交换机相互发送的 BPDU 中，如图 2-49 所示。MST 配置标识包括 4 部分字段，只有 4 部分设置都相同的相邻交换机才被认为是在同一个区域中。

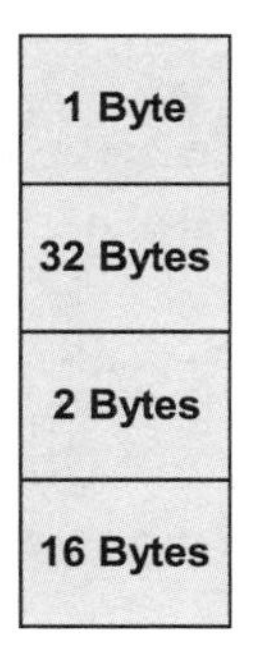

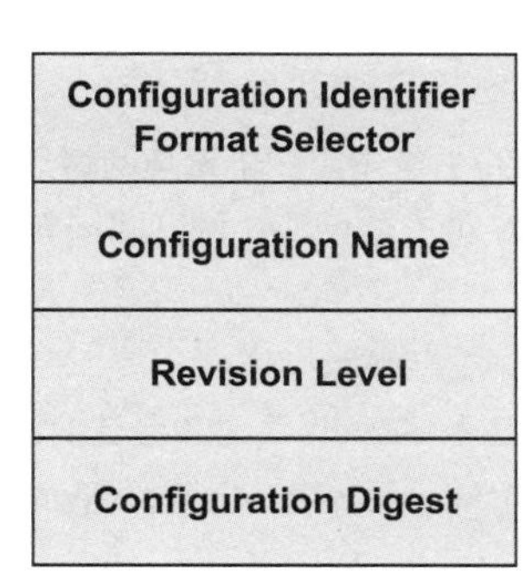

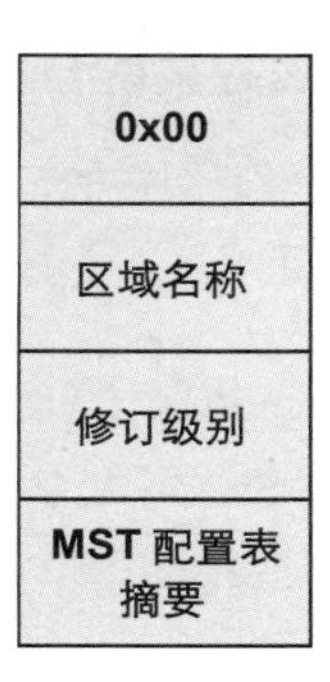

图 2-49　MST 配置标识（MST Configuration Identifier）

MST 配置标识中 4 部分字段的功能描述如表 2-7 所示。

表 2-7　MST 配置标识中的字段含义

参　数	位　数	描　述
Configuration Identifier Format Selector	8 位	配置标识格式选择符，固定设置为 0
Configuration Name	256 位	配置名称，也就是给交换机的 MST 域名。每个交换机都配置一个 MST 域名，默认为交换机的 MAC 地址
Configuration Digest	128 位	配置摘要。相同区域的交换机应当维护相同的 VLAN 到 MST Instance 的映射表，可是 MST 配置表太大（8192 字节），不适合在交换机之间相互发送。此字段是使用 MD5 算法从 MST 配置表中算出的摘要信息
Revision Level	16 位	修订级别，默认取值为全 0。由于 Configuration Digest 是 MST 配置表的摘要信息，因此 MST 配置表不同但摘要信息却相同的情况有很小的可能，这会导致本来不在同一区域的交换机认为在同一区域中。此字段是一个额外的标识字段，建议不同的区域使用不同的数值，以消除上述可能的错误情况

3. MSTP 的基本计算过程

在 MSTP 中，每个 MST Instance 的基本计算过程也就是 RSTP 的计算过程，只是在术语上有些差别。本书中先介绍非 0 的 MST Instance 的概念和相关计算，对于 Instance 0 的计算过程，有兴趣的读者可以自行学习。

（1）计算过程首先选择此 MST Instance 的 MSTI 区域根交换机（MSTI Regional Root），相当于 RSTP 中的根交换机。选举的依据是各交换机配置在该 MST Instance 中的交换机标识，如同 RSTP，此交换机标识由交换机优先级和 MAC 地址两部分组成，数值越小越优先。

（2）此 MST Instance 的非根交换机选举一个根端口，根端口为该交换机提供到达此 MST Instance 的 MSTI Regional Root 的最优路径。选举的依据为 Internal Root Path Cost（内部根路径开销），表示一个交换机到达相关 MSTI Regional Root 的 MST 区域内部开销，如果多个端口提供的路径开销相同，则按顺序比较上行交换机标识、所连接上行交换机端口的端口标识以及接收端口的端口标识，选举最优的路径。

（3）每个网段的指定端口为所连接网段提供到达相关 MSTI Regional Root 的最优路径。

（4）预备端口和备份端口的选择依据和 RSTP 相同。

2.3.6 STP 故障案例分析

STP 协议，在存在环路结构的二层网络中构建了一个无环的树形的二层拓扑，RSTP 加快了 STP 的协议收敛速度，MSTP 解决了启用了多 VLAN 的交换网络中的环路问题。下面通过一个现网的 STP 案例，加深对 STP 的理解。

案例：未配置 STP 边缘端口导致终端业务中断。

如图 2-50 所示，在 Switch A、Switch B 和 Switch C 这 3 台交换设备上使能 STP。当拓扑稳定后，Switch A 为根交换机，Switch C 接口 GE0/0/2 为 Alternate 接口阻塞。Switch A 主备倒换后，发现交换网络上的部分终端出现业务流量中断现象。

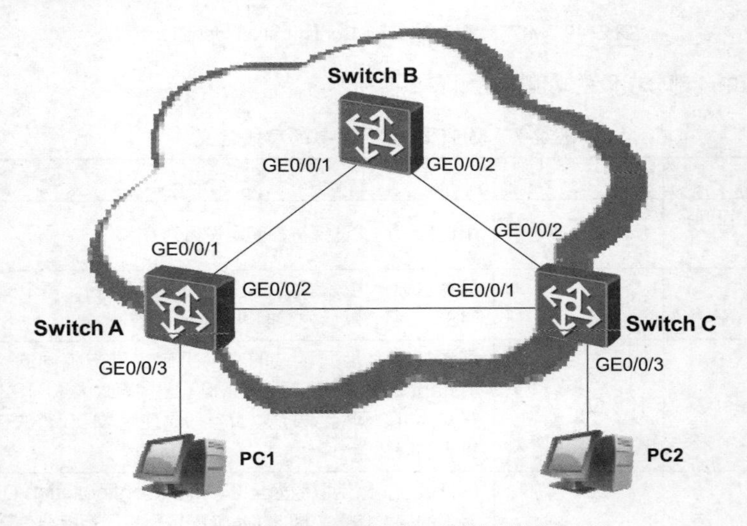

图 2-50 未配置 STP 边缘端口导致的终端业务中断

故障原因分析：

Switch A 设备在主备倒换的时候，为了防止环路的出现，设备会重新进行 STP 计算。而连接 PC 的接口也参与了 STP 计算，在主备倒换后，连接 PC 的接口仍然是指定接口，但是需要经过一段学习时间才能转发业务报文。

某些终端设备在自动获取 IP 地址的时候，只发送有限的几个（通常情况下是 4 个）请求分配 IP 的消息，而此时，交换机端口未设置成边缘端口，网络重新收敛需要 30 s 的时间，期间端口不转发数据，因此把终端发送的 IP 地址请求消息都丢弃了。在发送 4 个请求分配 IP 的消息没有收到回应后，终端获取 IP 地址失败，无法上网，导致了故障的发生。

故障解决方法：

解决该类型故障的思路可以从以下两个方面考虑。

（1）加快交换机的收敛速度，譬如部署 RSTP，配置边缘端口。

（2）从终端的角度解决，重启终端设备的网卡，重新发起 IP 地址请求。

2.4 链路聚合技术

链路聚合是指将一组物理端口捆绑在一起作为一个逻辑接口来增加带宽的一种方法，又称为多端口负载均衡组。通过在两台设备之间建立链路聚合组（Link Aggregation Group，LAG），可以提供更高的通信带宽和更高的可靠性，而这种提高不需要硬件的升级，并且还为两台设备的通信提供了冗余保护。本节将对链路聚合的实现进行介绍，包括以下 3 点。

（1）链路聚合的基本概念。

（2）LACP 协议。

（3）链路聚合的实现方式。

2.4.1 链路聚合的基本概念

链路聚合（Link Aggregation），也称为端口捆绑、端口聚集或链路聚集。链路聚合是将多个端口聚合在一起形成一个汇聚组。使用链路汇聚服务的上层实体把同一聚合组内多条物理链路视为一条逻辑链路，一个汇聚组好像就是一个端口，如图 2-51 所示。

图 2-51　链路聚合组

链路聚合在数据链路层上实现，部署链路聚合组的目的主要在于以下两点。

（1）增加网络带宽：通过将多个连接的端口捆绑成为一个逻辑连接，捆绑后逻辑端口的带宽是每个独立端口的带宽总和。当端口上的流量增加而成为限制网络性能的瓶颈时，采用支持该特性的交换机可以轻而易举地增加网络的带宽。例如，可以将 4 个 GE 端口连接在一起，组成一个 4 Gbit/s 的连接。业务流量能够以负载分担的方式运行在这 4 条 GE 链路上。

（2）提高网络连接的可靠性：当主干网络以很高的速率连接时，一旦出现网络连接故障，后果是不堪设想的。高速服务器以及主干网络连接必须保证绝对的可靠。采用端口聚合的一个良好的设计可以对这种故障进行保护，例如，聚合组中的一条链路出现故障或者维护人员由于误操作将一根电缆错误地拔下来，不会导致聚合组上的业务中断。也就是说，组成端口聚合的一个端口连接失败，网络数据将自动重定向到那些好的连接上。这个过程非常快，交换机内部只需要将数据调整到另一个端口进行传送就可以了，从而保证了网络无间断地继续正常工作。

在创建链路聚合组，将物理链路加入链路聚合组时需确保以下参数保持一致，其中的逻辑参数指的是同一汇聚组中端口的基本配置。

（1）物理参数。

- 进行聚合的链路的数目。
- 进行聚合的链路的速率。
- 进行聚合的链路的双工方式。

（2）逻辑参数。

- STP 配置一致，包括端口的 STP 使能/关闭、与端口相连的链路属性（如点对点或非点对点）、

STP 优先级、路径开销、报文发送速率限制、是否环路保护、是否根保护、是否为边缘端口。

- QoS 配置一致，包括流量限速、优先级标记、默认的 802.1p 优先级、带宽保证、拥塞避免、流重定向、流量统计等。
- VLAN 配置一致，包括端口上允许通过的 VLAN、端口默认 VLAN ID。
- 端口配置一致，包括端口的链路类型，如 Trunk、Hybrid、Access 属性。

另外，使能了某些功能的端口无法加入到链路聚合组中，例如配置了镜像的监控端口和目的端口、配置了静态 MAC 地址的端口、配置了静态 ARP 的端口、使能 802.1x 的端口、VPN 端口等。

2.4.2 LACP 协议

链路聚合控制协议（Link Aggregation Control Protocol，LACP）是基于 IEEE 802.3ad 标准的用于实现链路动态汇聚的协议。LACP 协议通过链路汇聚控制协议数据单元（Link Aggregation Control Protocol Data Unit，LACPDU）与对端交互信息。

LACP 为交换数据的设备提供了一种标准的协商方式，供系统根据自身配置自动形成聚合链路，并启动聚合链路收发数据。聚合链路形成后，负责维护链路状态，在聚合条件发生变化时，自动调整或解散链路聚合。

LACP 协议的报文结构如图 2-52 所示，总共长度为 1 024 位（bit），合计 128 字节。各字段的含义如表 2-8 所示。

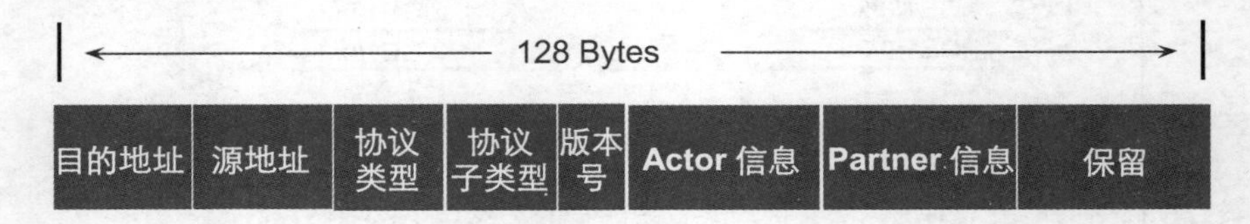

图 2-52 LACP 报文结构

表 2-8 LACP 报文字段含义

参　数	描　述
目的地址	固定组播地址 0x0180-c200-0002
源地址	发送方交换机的 MAC 地址
协议类型	取值 0x8809
协议子类型	取值 0x01，表示为 LACP 报文
版本号	取值 0x01
Actor 信息	携带本系统和端口的信息，如系统 ID、端口优先级、Key 等
Partner 信息	本系统中目前保存的对端系统信息
保留	保留字段

2.4.3 链路聚合的方式

链路聚合根据是否启用链路聚合控制协议可以分为 3 种方式：手工聚合、静态聚合、动态聚合。

（1）手工聚合。

手工聚合是一种最基本的链路聚合方式，在该模式下，链路聚合组的建立、成员接口的加入，以及哪些接口作为活动接口完全由手工来配置，没有链路聚合控制协议的参与。

手工主备模式通常应用在两端或其中一端设备不支持 LACP 协议的情况下。

（2）静态聚合。

静态聚合模式下，链路聚合组的建立、成员接口的加入都是由手工配置完成的。但与手工负载分担模式链路聚合不同的是，该模式下 LACP 协议为使能状态，负责活动接口的选择。也就是说，当把一组接口加入链路聚合组后，这些成员接口中哪些接口作为活动接口，哪些接口作为非活动接口还需要经过 LACP 协议报文的协商确定。

（3）动态聚合。

动态聚合模式下，链路聚合组根据协议自动创建，聚合端口也是根据 KEY 值自动匹配添加（KEY 值是根据数据包的 MAC 地址或 IP 地址，经 HASH 算法计算得出），不允许用户增加或删除动态 LACP 汇聚中的成员端口。只有速率和双工属性相同、连接到同一个设备、有相同基本配置的端口才能被动态汇聚在一起。

链路聚合组的实现如图 2-53 所示，SWA 和 SWB 之间采用静态聚合的方式进行链路捆绑，实现三条链路的聚合。

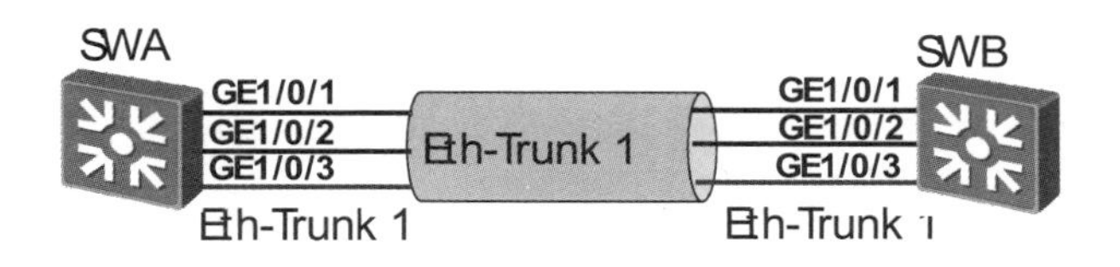


```
[SWA] interface eth-trunk 1
[SWA-Eth-Trunk1] mode lacp
[SWA] interface gigabitethernet 1/0/1
[SWA-GigabitEthernet1/0/1] eth-trunk 1
[SWA-GigabitEthernet1/0/1] quit
[SWA] interface gigabitethernet 1/0/2
[SWA-GigabitEthernet1/0/2] eth-trunk 1
[SWA-GigabitEthernet1/0/2] quit
[SWA] interface gigabitethernet 1/0/3
[SWA-GigabitEthernet1/0/3] eth-trunk 1
[SWA-GigabitEthernet1/0/3] quit
```

图 2-53　链路聚合组的配置实现

在链路聚合组的配置中，除了实现模式外，还可以配置活动链路上限阈值和活动链路下限阈值。如图 2-53 中所示，可以配置活动链路上限阈值为 2，那么就意味着，在 GE1/0/1、GE1/0/2、GE1/0/3 这 3 条被聚合的链路中，LACP 会协商出两条链路作为活动链路，而剩下的链路则作为备用链路，当聚合组中的其中一条链路出现故障的时候，备用链路才会成为活动链路进行数据转发。

活动链路下限阈值的配置则主要是为了能够保证带宽满足业务需求。如图 2-53 所示，如果 SWA 和 SWB 之间需要转发 1.5 Gbit/s 的流量，那么在配置链路聚合组的时候就可以选择配置活动链路的下限阈值为 2。在默认情况下，活动链路下限阈值为 1，那么如果聚合组中的两条链路出现故障，聚合组仍能正常工作，但此时带宽只有 1 Gbit/s，会导致业务丢包。配置了活动链路下限阈值后，如果活动链路数小于阈值，那么链路聚合组会置为 DOWN 状态，不再转发业务。所以，在存在其他业务保护路径的情况下，若 SWA

的业务也可以通过 SWC 到达 SWB，那么就可以在 SWA 和 SWB 之间的链路聚合组上配置活动链路下限阈值，在聚合组链路带宽小于 1.5 Gbit/s 的时候，让聚合组状态置 DOWN，业务倒换到另外的路径上进行传递。如果没有另外的业务保护路径，就没必要配置活动链路下限阈值。

2.4.4 链路聚合故障案例分析

链路聚合可以提供更高的通信带宽和更高的可靠性，而且这种提高不需要硬件的升级，因此，链路聚合在现网的很多场景中都有使用，用来对两台设备间的通信提供冗余保护。下面通过学习一个现网案例，对链路聚合的原理进行深入理解。

案例：配置静态链路聚合后业务不通。

网络连接组网图如图 2-54 所示，S-switch-A 与 S-switch-B 之间通过静态链路聚合模式进行链路捆绑，增加链路带宽。在 S-switch-A 与 S-switch-B 上分别创建聚合端口 Eth-Trunk，同时将物理 GE 接口加入到了 Eth-Trunk。配置后发现两台 S-switch 设备不能互通。

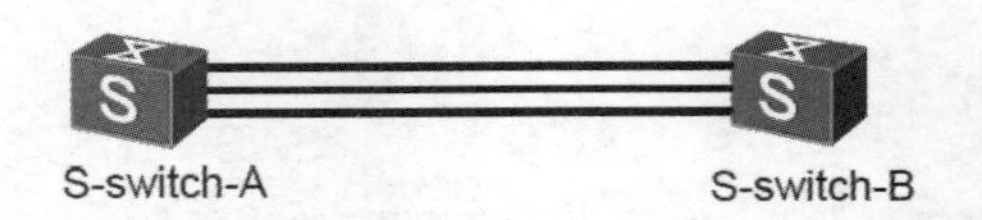

图 2-54 配置链路聚合后业务不通的组网图

故障可能原因分析：

根据之前讲述的链路聚合组的原理可知，静态聚合模式的链路聚合组，端口是手工加入链路聚合组的，但活动接口是通过 LACP 进行协商的。根据故障现象的描述，交换机双方业务不通，那么在排查故障原因的时候，需要对以下 4 点信息进行确认。

（1）交换机是否都设置了工作模式为静态 LACP。

（2）交换机的物理接口状态工作是否正常，双工模式等参数设置是否正确。

（3）加入 Eth-Trunk 的物理接口是否正确。

（4）是否配置了活动链路下限阈。

经过检查发现链路两端设备上的工作模式均为静态 LACP 模式，接口参数配置正确，都加入到了链路聚合组中，但交换机上配置了活动链路的下限阈值为 4，导致了链路聚合组工作状态异常，无法进行数据转发。

故障解决方法：

取消活动链路数的下限阈值配置，或者配置接口成员数量大于下限阈值。

故障案例总结：

在配置链路聚合组的时候，需注意以下参数设置。

（1）链路两端设备的工作模式相同。

（2）加入聚合组的接口工作正常且端口参数配置正确。

（3）聚合组中处于 Up 状态的以太网接口成员个数大于下限阈值。

2.5 VRRP 技术

虚拟路由冗余协议（Virtual Router Redundancy Protocol，VRRP）是一种容错协议，是由 Internet 工程任务组（Internet Engineering Task Force，IETF）提出的解决局域网中静态网关单点失效问题的一种冗余协议。1998 年推出正式的 RFC2338 协议标准，2004 年更新为 RFC3768。

VRRP 广泛应用在边缘网络中，它的设计目标是支持特定情况下 IP 数据流量失败转移不会引起混乱，它保证当主机的下一跳路由器坏掉时，可以及时地由另一台路由器来代替，从而保持通信的连续性和可靠性。

本节将对 VRRP 的工作原理进行介绍，包括如下内容。

（1）VRRP 的实现原理。

（2）VRRP 基本概念。

（3）VRRP 协议报文。

（4）VRRP 状态机。

2.5.1 VRRP 的实现原理

通常情况下，在局域网中，为了实现与外部网络的通信，会在每个主机上设置一个网关 IP，或者在终端上配置一条默认路由，下一跳指向网关路由器。

如图 2-55 所示，RTA 作为网关路由器负责和外网进行通信，内网端口的 IP 地址配置为 10.1.1.254/24。终端 PC 上配置网关 IP 地址，指向网关路由器的内网接口，从而实现内网终端和外部网络的通信。

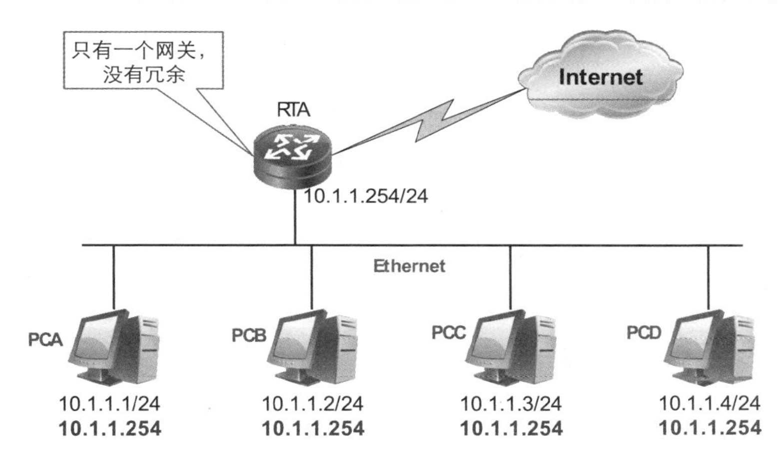

图 2-55 局域网常规组网

1. 使用 VRRP 的原因

在如图 2-55 所示的组网中，负责外网通信的路由器只有 RTA，没有冗余，一旦 RTA 出现故障，或者 RTA 的内网接口出现故障，那么局域网内所有以 RTA 为默认路由下一跳的主机将断掉与外部的通信。

为了防止局域网和外部网络的通信中断，可以选择对网关路由器进行冗余备份。如图 2-56 所示，RTA 和 RTB 同时承担局域网网关的功能，在 RTA 出现故障的情况下，可以将局域网内终端的路由下一跳指向 RTB，从而实现业务的切换。

但是在图 2-56 所示的组网中，网关路由器仅仅实现了硬件的冗余备份，承担网关功能的两台路由器 RTA 和 RTB 不能使用相同的 IP 地址，否则会引起 IP 地址的冲突，因此，RTA 和 RTB 的网关 IP 地址分别配置为 10.1.1.251/24 和 10.1.1.252/24。

同时，局域网中的主机并不具备自动切换网关功能，即使在网络中部署了 RTA 和 RTB 两个网关，一旦 RTA 出现故障，以 RTA 作为网关的终端业务仍然会中断，直至维护人员手工将网关 IP 切换到 RTB。

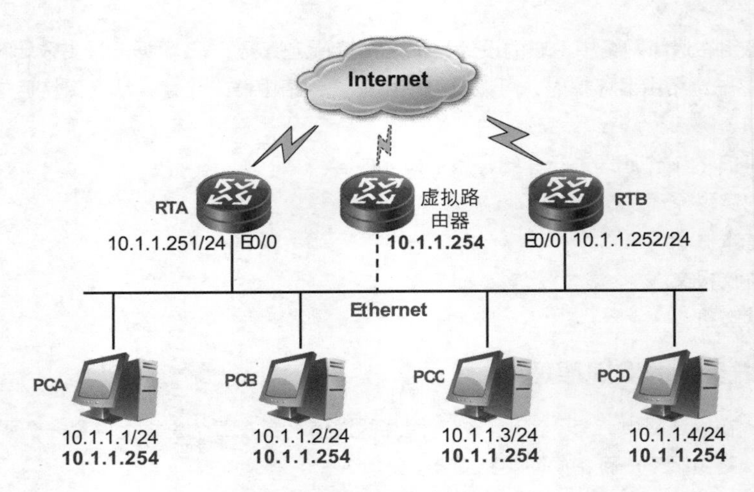

图 2-56 网关冗余备份

VRRP 通过将一组路由设备联合组成一台虚拟路由设备的方式，将网络内主机的默认网关设置为该虚拟路由设备的 IP 地址。实现了互相隔离的物理设备在逻辑上的统一，能够使得终端设备在发送给逻辑网关 IP 地址的时候自动在多个物理网关接口之间选路，很好地解决了上述问题。

图 2-56 中，RTA 和 RTB 两台物理设备联合组成了一台虚拟的逻辑路由器，并且配置了虚拟 IP 地址 10.1.1.254/24。局域网内的主机只需要将默认网关设置为该虚拟路由器的 IP 地址，就可以利用该虚拟网关与外部网络进行通信，并不需知道具体某台设备的 IP 地址。当 RTA 出现故障的时候，RTB 会直接接替 RTA 的工作，而虚拟路由器并不会出现故障，业务的倒换由路由器直接完成，终端主机并不感知，从而保证了通信的连续性和可靠性。

2. VRRP 的主备选举

在 VRRP 的实际运行中，虚拟路由器是一个逻辑上的概念，并不具备处理数据的能力。终端用户的数据仍然要借助物理路由器进行处理。那么到底哪台路由器负责处理到达虚拟路由器的数据呢?

VRRP 协议中定义了一个主备网关路由器选举的概念。运行 VRRP 协议的物理路由器之间会进行选举，最终选举出一个 Master，其余路由器全部都处于 Backup 的状态。所有发往虚拟路由器的数据报文都由 Master 负责转发。如果 Master 出现故障，VRRP 会从其他运行 VRRP 的路由器中重新选举出一个新的 Master。

VRRP 中主备选举的依据主要是优先级，具体的选举原则有以下 3 点。

（1）比较优先级的大小，优先级高者当选为 Master 设备。

（2）当两台优先级相同的设备，如果已经存在 Master，则 Backup 设备不进行抢占。如果同时竞争 Master，则比较接口 IP 地址大小，IP 地址较大的接口所在设备当选为 Master 设备。

（3）其他设备作为备份设备，随时监听 Master 设备的状态。

在图 2-57 中，RTA 和 RTB 属于同一个 VRRP 备份组，组成了一个虚拟路由器。其中，RTB 的 Priority 是 200 大于 RTA 的 Priority，RTB 便成为这个 VRRP 备份组的 Master，RTA 成为 Backup，作为 RTB 的备份。所有发往虚拟 IP 地址 10.1.1.254 的数据都将由 RTB 处理。

主设备在正常工作时，会每隔一段时间（消息通告间隔，Advertisement_Interval）发送一个 VRRP 组播报文，以通知组内的备份设备，主设备处于正常工作状态。

当组内的备份设备一段时间（Master 故障间隔，Master_Down_Interval）内没有接收到来自主设备的报文，则将自己转为主设备。一个 VRRP 组里有多台备份设备时，短时间内可能产生多个 Master 设备，此时，设备将会将收到的 VRRP 报文中的优先级与本地优先级做比较，从而选取优先级高的设备做 Master。设备的状态变为 Master 之后，会立刻发送免费 ARP 报文来刷新交换机上的 Mac 表项，从而把用户的流量引到此台设备上来，整个过程对用户完全透明。

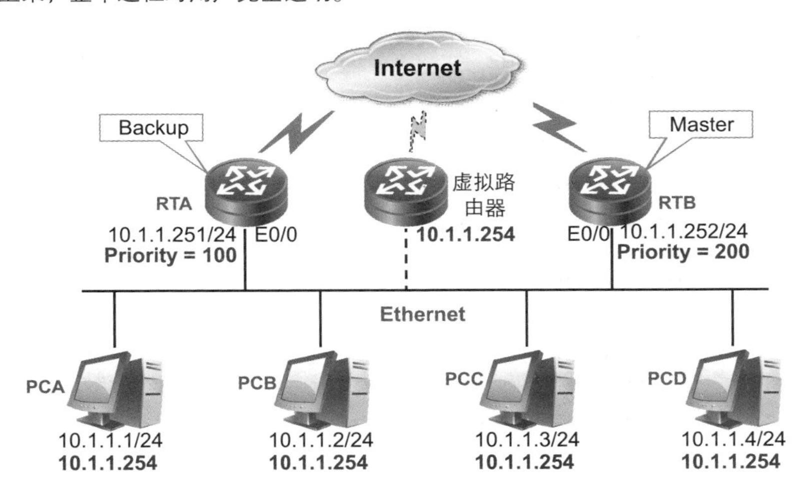

图 2-57 VRRP 的主备选举

VRRP 的选举基于 Priority，如果希望某一台性能更优的路由器成为 Master，可以通过配置 Priority 来影响最终的选举结果，但也并不是所有的 Priority 都可配置，有些特殊的 Priority 有着特别的用途。

Priority 的取值范围是 0～255，但可用的范围是 1～254，默认情况下取值是 100。其中 0 和 255 的取值为特殊优先级值，以下为 0 和 255 取值的对应含义。

（1）特殊优先级值 255。

Priority 为 255 是保留给 IP 地址拥有者使用的。VRRP 路由器的物理端口 IP 地址和虚拟路由器的虚拟 IP 地址相同，这种路由器称为虚拟 IP 地址拥有者。如图 2-58 所示，RTA 的接口配置的 IP 地址和虚拟 IP 地址一样，因此 RTA 就是虚拟 IP 地址拥有者。

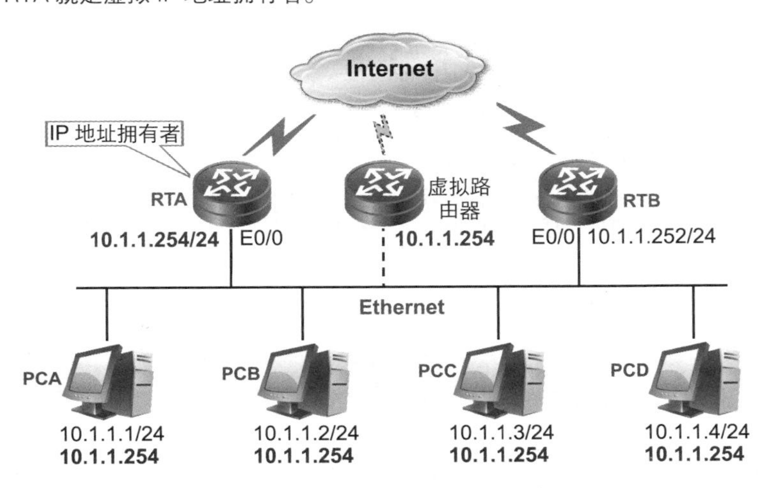

图 2-58 特殊的优先级值（255）

虚拟 IP 地址拥有者不管配置的 Priority 值（Config Priority，配置优先级）是多少，在进行选举的时候都以优先级 255（Run Priority，运行优先级）进行选举，也即是，只要虚拟 IP 地址拥有者能够正常工作，IP 地址拥有者始终为 Master。如图 2-59 所示，RTA 虽然配置的优先级是 100，但以优先级 255 运行，因此虽然 RTB 配置的优先级是 200，RTA 仍然被选举为 Master。

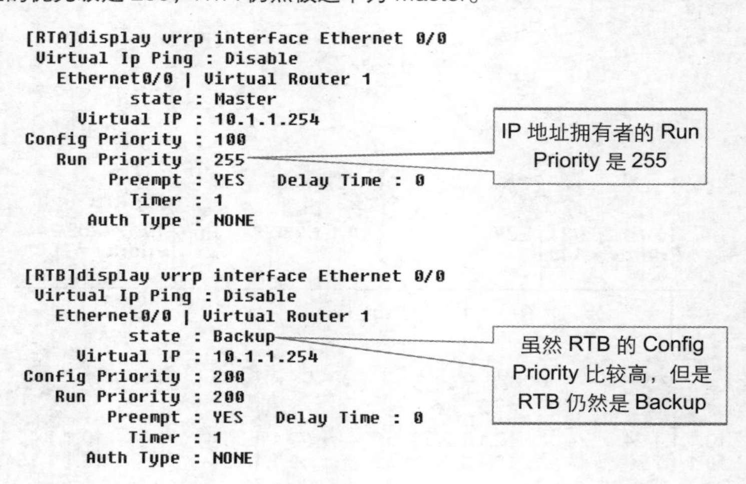

图 2-59 VRRP 运行结果

（2）特殊优先级值 0。

Priority 为 0 的 VRRP 报文用于触发 Backup，立即成为 Master。当 Master 停止运行 VRRP 的时候，Master 会立刻发出一个 VRRP 通告消息，在该消息中，Priority 字段为 0。当 Backup 收到该消息后，立刻从 Backup 状态转为 Master 状态。如图 2-60 所示，当 Master RTA 停止运行 VRRP 的时候，RTA 会立刻发出一个 VRRP 通告消息，在该消息中，Priority 字段为 0。当 Backup 收到该消息后，立刻从 Backup 状态转为 Master 状态。

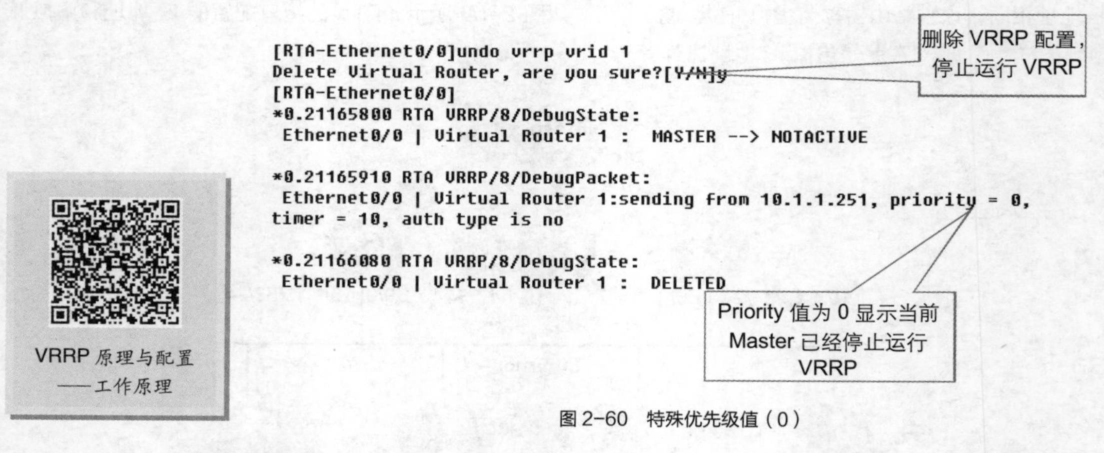

图 2-60 特殊优先级值（0）

2.5.2 VRRP 基本概念

VRRP 在不改变组网的情况下，将多台路由设备组成一个虚拟路由器，通过配置虚拟路由器的 IP 地址为默认网关，实现了默认网关的备份。当网关设备发生故障时，VRRP 机制能够选举新的网关设备承担数据流量，从而保障了网络的可靠通信。

在 VRRP 的实现中，除了优先级和主备状态以外，VRRP 中还定义了一些其他的概念。结合图 2-53 中显示的运行结果，来对 VRRP 中的一些概念进行介绍。

（1）虚拟路由器。

VRRP 将多台物理设备看成逻辑上的一台虚拟路由器。一台虚拟路由器由两部分信息进行标识：虚拟路由器 ID（VRID）和所关联的虚拟 IP 地址。

VRID 的配置范围为 1～255，配置在同一备份组中的 VRID 必须一致。一个虚拟路由器的虚拟 IP 地址允许配置多个，但不同的物理路由器上配置的同一虚拟路由器的虚拟 IP 地址组必须一致。如果 VRID 一致，但是虚拟 IP 地址不同，或者虚拟 IP 地址相同，但是 VRID 不一致，VRRP 都会认为这是不同的虚拟路由器。

一个虚拟路由器拥有一个虚拟 MAC 地址。根据 RFC2338 的规定，虚拟 MAC 地址的格式为 00-00-5E-00-01-{VRID}。当虚拟路由器回应 ARP 请求时，使用虚拟 MAC 地址，而不是接口的真实 MAC 地址。

在路由器的一个接口上允许配置多个虚拟路由器。

（2）消息通告间隔（Advertisement_Interval）。

消息通告间隔指的是 Master 发送两个 VRRP 通告消息中间的间隔，默认为 1 s。关联到同一虚拟路由器的 VRRP 路由器上配置的消息通告间隔必须一致，如果不一致，VRRP 认为是关联到不同的虚拟路由器。

（3）抢占模式（Preemption Mode）。

在 VRRP 中，只有 Master 才能发送 VRRP 通告消息。Backup 路由器在接收到 Master 发送的 VRRP 通告消息后，会比较自身的优先级和 Master 通告消息中的优先级大小。

如果抢占模式开启，而且自己的优先级比当前 Master 路由器的优先级要高，就会将自己的状态修改为 Master，并向外通告 VRRP 通告消息。如果抢占模式关闭，Backup 路由器即使发现自己的优先级比当前 Master 路由器的优先级高，也不会将自己的状态修改为 Master。

默认情况下，抢占模式是开启的。

（4）延迟时间（Delay Time）。

在开启了 VRRP 抢占功能的网络中，如果网络非常繁忙，会出现 Master 正常工作但是 Backup 却收不到通告消息的情况。这种情况下可以配置抢占延迟时间，使 Backup 不会立即成为 Master，减少网络振荡。

默认情况下，延迟时间的值为 0。

（5）Master 故障间隔（Master_Down_Interval）。

路由器处于 Backup 状态时，如果在 Master 故障间隔时间内收不到 Master 发送的 VRRP 通告报文，则认为 Master 出现故障，Backup 切换状态为 Master，向外发布 VRRP 通告消息报文。

Master 故障间隔的时间是 3 倍的消息通告间隔再加上延迟时间：（3×Advertisement_Interval）+Delay Time。

（6）报文验证。

VRRP 支持 3 种验证方式：不验证、纯文本密码验证和 MD5 验证。

- 不验证：此验证方式表示 VRRP 报文不需要验证。Authentication Data 字段为 0，接收时不检查该字段。
- 纯文本密码验证：此验证方式表示 VRRP 报文需要进行验证，验证时使用纯文本密码。VRRP 报文中的 Authentication Data 字段为端口上配置的密码。
- MD5 验证：此验证方式表示 VRRP 报文使用 MD5 加密数据进行验证。

VRRP 原理与配置
——基本配置

如果收到的 VRRP 报文中验证方式和本地接口上配置的不一致，则该 VRRP 报文将被丢弃。

2.5.3 VRRP 协议报文

在 VRRP 的主备选举，以及选举完成后的 VRRP 状态维持中，都需要进行虚拟路由器组的信息传递，目前常规的 VRRP 主备选举用到的报文只有一种——VRRP 通告报文。VRRP 报文负责将 Master 设备的优先级和状态通告给同一虚拟路由器的所有 VRRP 设备，报文被封装在 IP 报文中，以多播的方式进行发送。

在封装 VRRP 报文的 IP 报文头中，源地址为发送报文的主接口地址（不是虚拟地址或辅助地址），目的地址使用多播 IP 地址 224.0.0.18，TTL 是 255，协议号是 112。VRRP 报文的格式如图 2-61 所示。

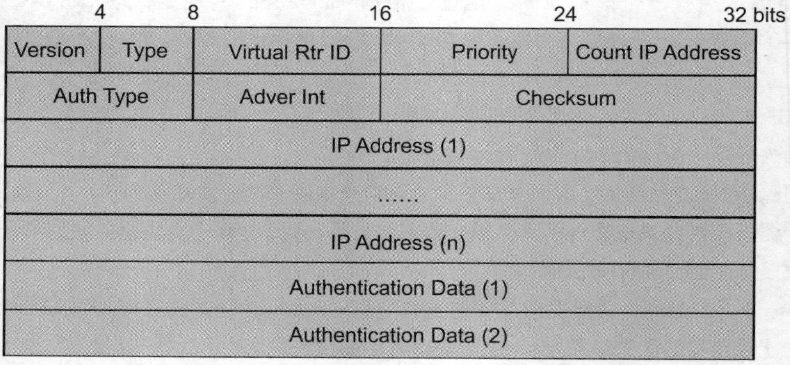

4 8 16 24 32 bits

Version	Type	Virtual Rtr ID	Priority	Count IP Address
Auth Type		Adver Int	Checksum	
IP Address (1)				
……				
IP Address (n)				
Authentication Data (1)				
Authentication Data (2)				

图 2-61 VRRP 报文格式

VRRP 通告报文中各字段的含义如表 2-9 所示。

表 2-9 VRRP 通告报文中各字段含义

参 数	描 述
Version	版本号，取值为 2
Type	类型，目前 VRRP 只定义了一种报文类型：VRRP 通告（Advertisement）。该字段值为 1
Virtual Rtr ID	该报文所关联的虚拟路由器的标识
Priority	发送该报文的 VRRP 路由器的优先级
Count IP Addrs	该 VRRP 报文中所包含的虚拟 IP 地址的数量
Auth Type	发送该报文的 VRRP 路由器所使用的验证方法
Adver Int	发送 VRRP 通告消息的间隔，默认为 1 s
IP Address	所关联的虚拟路由器的虚拟 IP 地址，可以为多个
Authentication Data	验证所需要的密码信息

借助于 VRRP 通告报文，VRRP 可以完成主备选举，从而确定负责转发数据的 Master。那么 VRRP 协议的状态又是如何切换的呢?

2.5.4 VRRP 的状态机

在 VRRP 的工作原理介绍中提到了 VRRP 协议的两种状态：Master 和 Backup。实际上，VRRP 中定义的状态是 3 种：初始状态（Initialize）、活动状态（Master）、备份状态（Backup）。其中，只有处于活动状态（Master）的设备才可以转发那些发送到虚拟 IP 地址的报文。

VRRP 的 3 种状态之间的转换关系如图 2-62 所示。

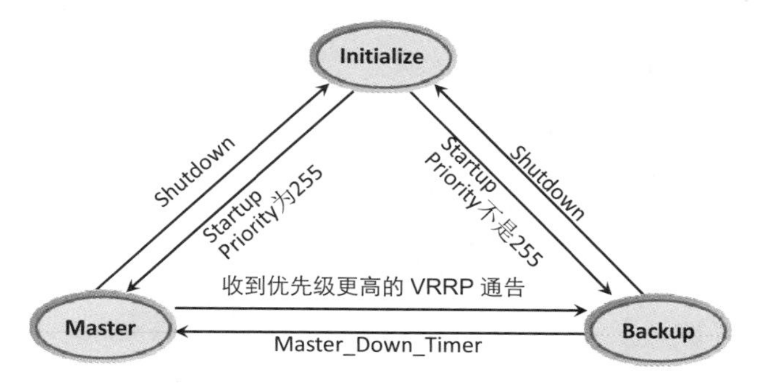

图 2-62 VRRP 状态转换关系

（1）Initialize 状态。

设备启动时进入此状态，当收到接口 Startup 的消息后，将转入 Backup 或 Master 状态（IP 地址拥有者的接口优先级为 255，直接转为 Master）。在此状态时，不会对 VRRP 通告报文做任何处理。

（2）Master 状态。

当路由器处于 Master 状态时，它将会做下列工作。

- 定期发送 VRRP 通告报文。
- 以虚拟 MAC 地址响应对虚拟 IP 地址的 ARP 请求。
- 转发目的 MAC 地址为虚拟 MAC 地址的 IP 报文。
- 如果它是这个虚拟 IP 地址的拥有者，则接收目的 IP 地址为这个虚拟 IP 地址的 IP 报文。否则，丢弃这个 IP 报文。
- 如果收到比自己优先级大的报文则转为 Backup 状态。
- 当接收到接口的 Shutdown 事件时，转为 Initialize 状态。

（3）Backup 状态。

当路由器处于 Backup 状态时，它将会做下列工作。

- 接收 Master 发送的 VRRP 通告报文，判断 Master 的状态是否正常。
- 对虚拟 IP 地址的 ARP 请求不做响应。
- 丢弃目的 MAC 地址为虚拟 MAC 地址的 IP 报文。
- 丢弃目的 IP 地址为虚拟 IP 地址的 IP 报文。
- 如果收到比自己优先级小的报文，默认立刻升主；如果配置了不抢占，则重置定时器；如果配置了抢占延迟，则重置定时器，待抢占延迟到期再升主；如果收到比自己优先级高的报文，则重置定时器。如果收到优先级和自己相同的报文，则重置定时器，不进一步比较 IP 地址。
- 当接收到 MASTER_DOWN_TIMER 定时器超时的事件时，才会转为 Master 状态。
- 当接收到接口的 Shutdown 事件时转为 Initialize 状态。

2.5.5 VRRP 故障案例分析

VRRP 协议的设计目标是通过主备状态路由器的切换来实现通信的连续性和可靠性。下面学习一个现网的 VRRP 案例，加深对 VRRP 的理解。

案例：同一个备份组内出现多个 Master 路由器。

如图 2-63 所示，在 S-switch-A 的 VlanIf10 接口下创建备份组 1，并配置 S-switch-A 在该备份组中具有高优先级，确保 S-switch-A 为 Master，采用抢占方式，以便在 Master 出现故障时，Backup 能迅速抢占成为 Master。在 S-switch-B 的 VlanIf10 接口下创建备份组 1，使用默认优先级。配置完成后，发现组内的多台设备状态都为 Master。

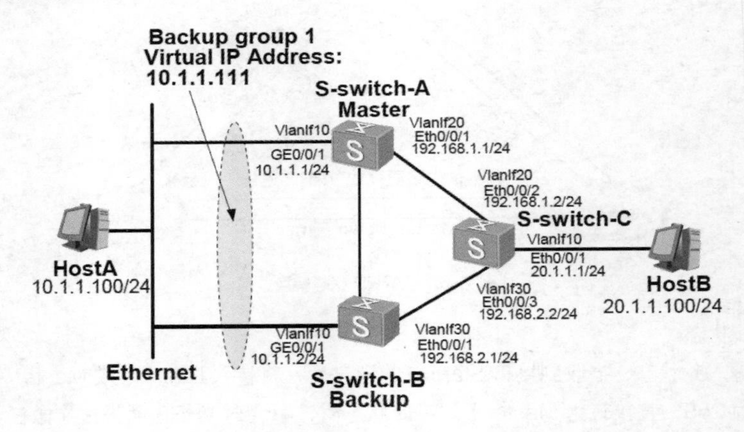

图 2-63　VRRP 备份组中出现多个 Master

故障可能原因分析：

多个 Master 长时间共存，这很有可能是由于 Master 之间收不到 VRRP 报文，或者收到的报文不合法造成的。在故障检查中需对以下信息进行确认。

（1）检测备份组内各 Master 设备之间是否在网络层互通。

（2）检查配置了 VRRP 的接口状态是否为 UP，IP 地址是否在同一网段。

（3）检查 VRRP 备份组内各设备上发送 VRRP 报文的时间间隔、认证方式是否一致。

经过检查发现设备上配置的认证方式不一致，从而导致了多个 Master 的出现。

故障解决方法：

更改 VRRP 配置中的认证方式，确保同一 VRRP 组中的认证方式一致。

故障案例总结：

接收到 VRRP 报文后，接收方必须校验的内容如下。

（1）VRRP 报文声明的认证方式是否与本地配置相同。

（2）VRRP 报文所携带的 VRID 在接收方的接口配置上是否有效。

（3）VRRP 报文中的 adv-interval 与接收方本地配置相同。

如果以上校验失败，接收方将丢弃报文。此时就会出现多个 Master 的现象。因此，配置 VRRP 备份组时，应确保备份组内以上参数的一致性。

2.6 上机练习

练习任务一：VLAN 基础及 Access 接口实验

假设作为公司的网络管理员，当前公司网络中需要部署 VLAN。公司新购置了两台交换机 S1 和 S2，原有网络中已经存在 S3、R1、R3、S4 设备，用来对接用户。需要在这些设备上完成 VLAN 的基本配置。图 2-64 为网络的组网拓扑。

实验拓扑

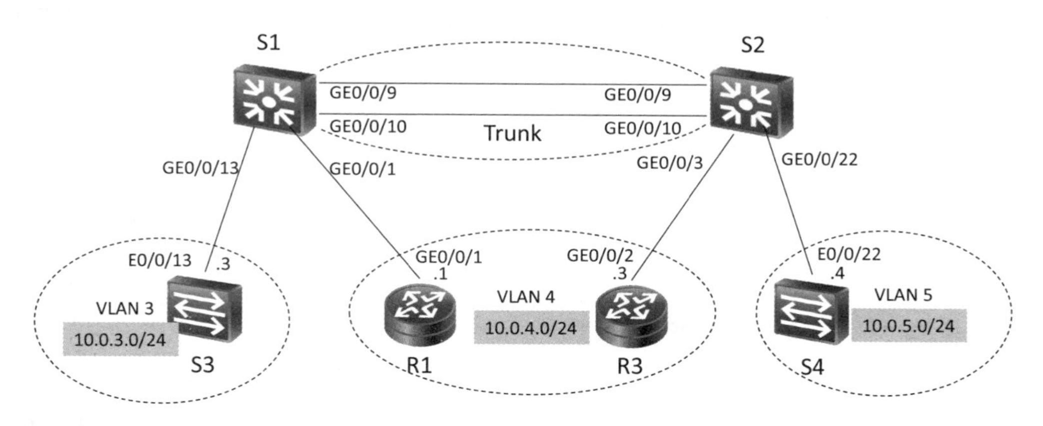

图 2-64　VLAN 基础配置实验网络拓扑

实验数据规划如表 2-10 所示。

表 2-10　VLAN 基础配置实验数据规划

设　　备	接　　口	接口类型	所属 VALN	IP 地址
S1	Eth-Trunk 1	Trunk	N/A	N/A
	GigabitEthernet0/0/13	Access	VLAN 3	N/A
	GigabitEthernet0/0/1	Access	VLAN 4	N/A
S2	Eth-Trunk 1	Trunk	N/A	N/A
	GigabitEthernet0/0/3	Access	VLAN 4	N/A
	GigabitEthernet0/0/22	Access	VLAN 5	N/A
S3	Vlanif 1	N/A	N/A	10.0.3.3/24
R1	GigabitEthernet0/0/1	N/A	N/A	10.0.4.1/24
R3	GigabitEthernet0/0/2	N/A	N/A	10.0.4.3/24
S4	Vlanif 1	N/A	N/A	10.0.5.4/24

实验目的

（1）理解 VLAN 的应用场景。

（2）掌握 VLAN 的基本配置。

（3）掌握 Access 接口的配置方法。

（4）掌握 Access 接口加入相应 VLAN 的方法。

实验步骤

（1）创建 VLAN。

```
[S1]vlan 3
```

（2）配置设备端口为 Access 类型。

```
[S1- GigabitEthernet0/0/13]port link-type access
```

（3）配置端口加入相应 VLAN。

```
[S1- GigabitEthernet0/0/13]port default vlan 3
```

命令参考

vlan vlan-id	创建 VLAN 并进入 VLAN 视图，如果 VLAN 已存在，直接进入该 VLAN 的视图
port link-type { access | hybrid | trunk | dot1q-tunnel }	设置以太接口的链路类型
port default vlan vlan-id	配置接口的默认 VLAN 并同时加入这个 VLAN

问题思考

VLAN 只隔离了广播报文，没有隔离普通用户的单播报文，对吗?

练习任务二：VLAN 用户通信实验

作为公司的网络管理员，当前公司网络中需要部署 VLAN。S3、R1、R3、S4 模拟为主机进行测试。其中 S3 属于 VLAN3，R1、R3 属于 VLAN4，S4 属于 VLAN5。通过配置来实现 R1 和 R3 之间的互访，拓扑信息如图 2-65 所示。

实验拓扑

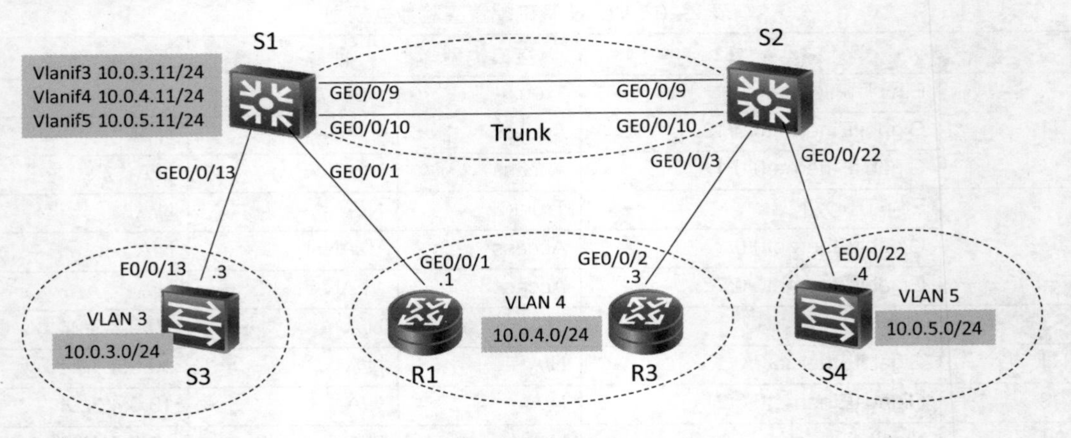

图 2-65　VLAN 用户通信配置拓扑

实验数据规划如表 2-11 所示。

表 2-11　VLAN 通信配置实验数据规划

设　　备	接　　口	接口类型	所属 VALN	IP 地址
S1	Eth-Trunk 1	Trunk	N/A	N/A
	GigabitEthernet0/0/13	Access	VLAN3	N/A
	GigabitEthernet0/0/1	Access	VLAN4	N/A
S2	Eth-Trunk 1	Trunk	N/A	N/A
	GigabitEthernet0/0/3	Access	VLAN4	N/A
	GigabitEthernet0/0/22	Access	VLAN5	N/A
S3	Vlanif 1	N/A	N/A	10.0.3.3/24
R1	GigabitEthernet0/0/1	N/A	N/A	10.0.4.1/24
R3	GigabitEthernet0/0/2	N/A	N/A	10.0.4.3/24
S4	Vlanif 1	N/A	N/A	10.0.5.4/24

实验目的

（1）理解干道链路的应用场景。

（2）掌握 Trunk 端口的配置。

（3）掌握 Trunk 端口允许所有 VLAN 通过的配置方法。

实验步骤

（1）创建 VLAN。

配置命令参考本章练习任务一步骤（1）。

（2）配置设备端口为 Trunk 类型。

配置命令参考本章练习任务一步骤（2），类型参数从 Access 更改为 Trunk。

（3）配置端口加入相应 VLAN。

```
[S1- GigabitEthernet0/0/10]Port trunk allow-pass vlan all
```

命令参考

port trunk allow-pass vlan { { vlan-id1 [to vlan-id2] } & <1-10> | all }	配置 Trunk 类型接口加入的 VLAN

问题思考

思考题一：连接 PC 的交换机接口也可以配置成 Trunk 接口吗？为什么？

思考题二：Trunk 端口发往对端设备的一定是 Tagged frame 吗？

练习任务三：VLAN 路由实验

作为公司的网络管理员，当前的网络中有 4 个用户，用 S3、R1、R3 与 S4 模拟公司用户，分属于不同的 VLAN，定义 S3 属于 VLAN3，R1 属于 VLAN4，R3 属于 VLAN6，S4 属于 VLAN7，实现 VLAN 之间的互通。同时由于 S1 与 S2 之间使用三层链路实现互通，所以需要使用路由协议实现路由信息的相互学习。实验拓扑信息如图 2-66 所示。

实验拓扑

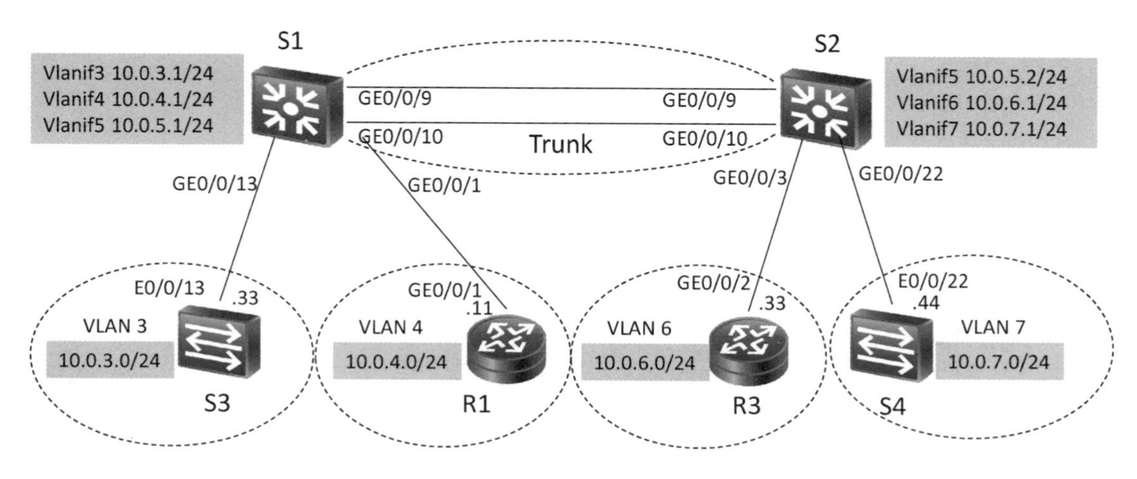

图 2-66 三层交换实验拓扑

实验数据规划如表 2-12 所示。

表 2-12　三层交换实验数据规划

设　　备	接　　口	接口类型	所属 VALN	IP 地址
S1	Eth-Trunk 1	Access	VLAN5	N/A
	GigabitEthernet0/0/13	Access	VLAN3	N/A
	GigabitEthernet0/0/1	Access	VLAN4	N/A
	VLANIF3	N/A	N/A	10.0.3.1/24
	VLANIF4	N/A	N/A	10.0.4.1/24
	VLANIF5	N/A	N/A	10.0.5.1/24
S2	Eth-Trunk 1	Trunk	N/A	N/A
	GigabitEthernet0/0/3	Access	VLAN4	N/A
	GigabitEthernet0/0/22	Access	VLAN5	N/A
	VLANIF5	N/A	N/A	10.0.5.2/24
	VLANIF6	N/A	N/A	10.0.6.1/24
	VLANIF7	N/A	N/A	10.0.7.1/24
S3	Vlanif 1	N/A	N/A	10.0.3.33/24
R1	GigabitEthernet0/0/1	N/A	N/A	10.0.4.11/24
R3	GigabitEthernet0/0/2	N/A	N/A	10.0.6.33/24
S4	Vlanif 1	N/A	N/A	10.0.7.44/24

实验目的

（1）了解三层交换的意义。

（2）理解三层交换与路由的异同点。

（3）掌握 VLANIF 的配置方法。

（4）掌握 VLAN 之间实现通信的配置方法。

实验步骤

（1）创建 VLAN。

命令参考本章练习任务一步骤（1）。

（2）配置设备端口类型。

命令参考本章练习任务一步骤（2）。

（3）配置端口加入相应 VLAN。

命令参考本章练习任务一步骤（3）。

（4）配置设备 VLANIF 接口地址。

```
[S1]interface vlanif 3
[S1-vlanif3]ip address 10.0.3.1 24
```

命令参考

interface vlanif vlan-id	创建 VLANIF 接口并进入 VLANIF 接口视图，如果 VLANIF 接口已存在，直接进入该 VLANIF 接口视图

问题思考

试问三层交换机与路由器实现三层功能的方式是否相同?

VLAN 基础及 Access 接口实验

VLAN 用户通信实验

Hybrid 端口实验

VLAN 路由实验

练习任务四：STP 基本实验

作为公司的网络管理员，公司的网络使用了两层网络结构，核心层和接入层，采用了冗余网络，为避免存在的环路问题，决定使用 STP 来进行环路控制。拓扑信息如图 2-67 所示。

实验拓扑

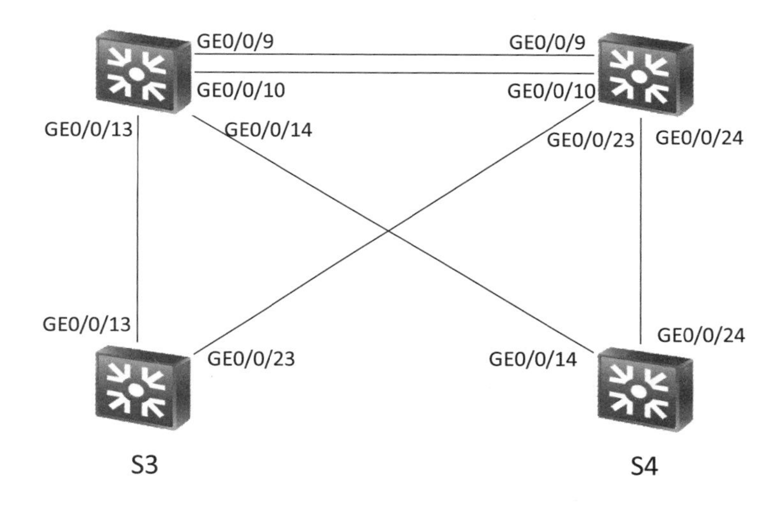

图 2-67　STP 基本配置实验拓扑

实验目的

（1）了解生成树的基本原理和定义。

（2）了解生成树的应用场景。

（3）掌握启用和关闭 STP 的方法。

（4）了解生成树的选举过程。

实验步骤

（1）配置生成树的工作模式。

```
[S1]stp mode stp/rstp/mstp
```

（2）开启生成树的功能。

```
[S1]stp enable
```

命令参考

stp mode { mstp | rstp | stp }	配置交换设备的生成树协议工作模式
stp enable	使能交换设备或端口上的生成树协议

问题思考

如果交换网络的物理链路冗余，但是并没有开启生成树，会产生什么样的后果呢?

练习任务五：链路聚合实验

作为公司的网络管理员，现在公司购买了两台华为的 S5700 系列的交换机，需要先进行调试。公司决定把两条链路聚合起来以增加带宽，提高利用率。拓扑信息如图 2-68 所示。

实验拓扑

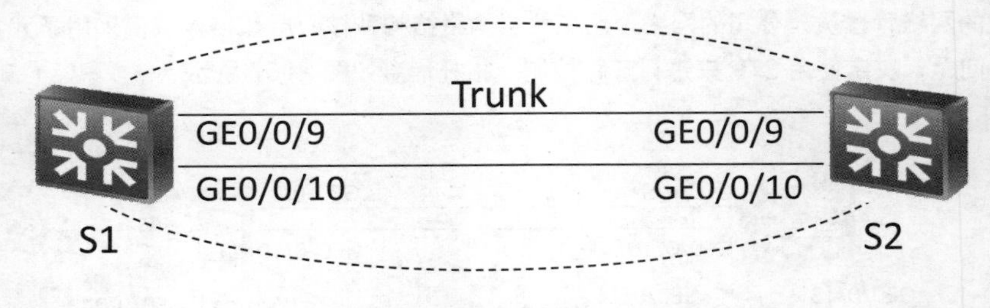

图 2-68 链路聚合配置实验拓扑

实验目的

掌握交换机之间手动链路聚合的方法。

实验步骤

（1）创建 Eth-Trunk。

```
[S1] interface eth-trunk 1
```

（2）将成员端口加入 Eth-trunk。

```
[S1- GigabitEthernet0/0/9]eth-trunk 1
```

（3）配置 Eth-trunk 接口链路类型。

命令参考本章练习任务一步骤（2）。

（4）配置 Eth-trunk 接口允许通过的 VLAN。

命令参考本章练习任务二步骤（3）。

命令参考

interface eth-trunk trunk-id	创建一个 Eth-Trunk 接口
eth-trunk trunk-id	将当前以太网接口加入 Eth-Trunk 接口

问题思考

本实验中，Eth-Trunk 是手工配置的，请问是否还有别的方法进行链路聚合?

练习任务六：VRRP 基础实验

作为公司的网络管理员，当前的网络中有两个用户，R2、R3 模拟为公司用户。R1 使用环回口模拟 Internet 服务器。此时网络中有两个网关，为实现冗余选择使用 VRRP 协议。拓扑信息如图 2-69 所示。

实验拓扑

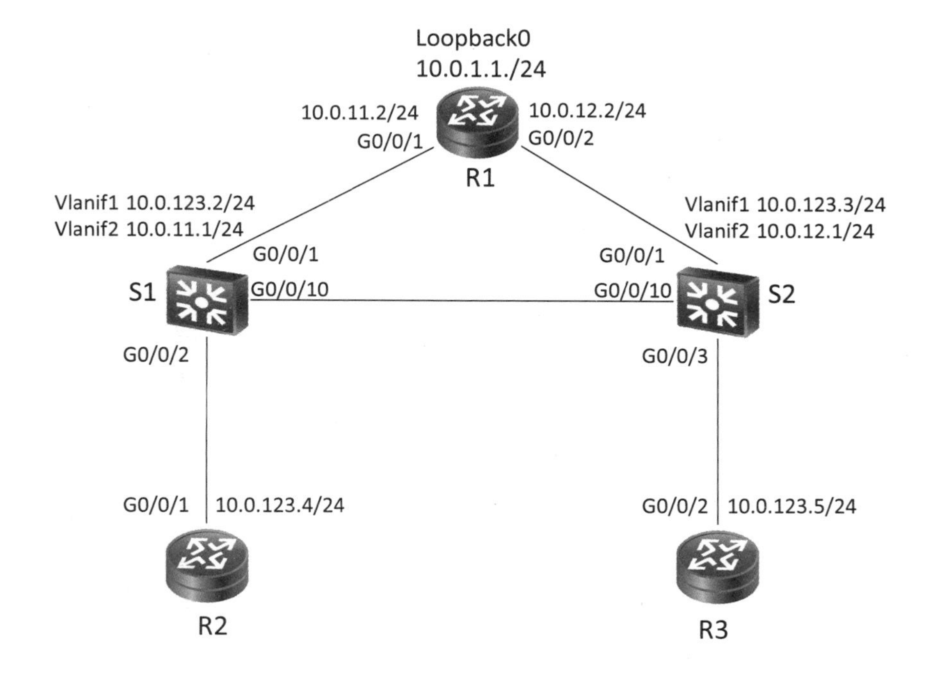

图 2-69　VRRP 基本配置实验拓扑

实验数据规划如表 2-13 所示。

表 2-13　VRRP 基本配置实验数据规划

设　备　名	端　　口	IP 地址	掩　　码	所属 VLAN
R1	G0/0/1	10.0.11.2	255.255.255.0	N/A
	G0/0/2	10.0.12.2	255.255.255.0	N/A
	Loopback0	10.0.1.1	255.255.255.0	N/A
S1	G0/0/1	N/A	N/A	VLAN2

续表

设　备　名	端　　口	IP 地址	掩　　码	所属 VLAN
S1	G0/0/2	N/A	N/A	VLAN1
	G0/0/10	N/A	N/A	VLAN1
	Vlanif 1	10.0.123.2	255.255.255.0	N/A
	Vlanif 2	10.0.11.1	255.255.255.0	N/A
S2	G0/0/1	N/A	N/A	VLAN2
	G0/0/3	N/A	N/A	VLAN1
	G0/0/10	N/A	N/A	VLAN1
	Vlanif 1	10.0.123.3	255.255.255.0	N/A
	Vlanif 2	10.0.12.1	255.255.255.0	N/A
R2	G0/0/1	10.0.123.4	255.255.255.0	N/A
R3	G0/0/2	10.0.123.5	255.255.255.0	N/A

实验目的

（1）了解网络负载均衡的功能和作用。

（2）理解 VRRP 协议的工作原理。

（3）掌握三层交换环境单组 VRRP 的配置方法。

实验步骤

VRRP 基础实验

VRRP 接口跟踪实验

（1）在端口模式下设置虚拟组。

```
[S1-vlanif1]vrrp vrid 1 virtual-ip 10.0.123.1
```

（2）在端口模式下设置虚拟组的优先级。

```
[S1-vlanif1]vrrp vrid 1 priority 100
```

（3）在端口模式下设置抢占方式。

```
[S1-vlanif1]vrrp vrid 1 preempt-mode time delay 0
```

命令参考

命令	说明
vrrp vrid virtual-router-id virtual-ip virtual-address	创建 VRRP 备份组并为备份组指定虚拟 IP 地址
vrrp vrid virtual-router-id priority priority-value	设置路由器在 VRRP 备份组中的优先级
vrrp vrid virtual-router-id preempt-mode timer delay delay-value	设置 VRRP 备份组中设备的抢占延迟时间，默认情况下，抢占延时为 0，即立即抢占

问题思考

一台路由器可以配置多组 VRRP 吗？如果可以的话，如何区分不同的 VRRP 组呢？

2.7 原理练习题

问答题 1：VLAN TAG 是在 ISO/OSI 参考模型的哪一层实现的？

问答题 2：请简单描述 GVRP 所实现的功能。

问答题 3：为了实现 VLAN 间路由的功能，需要在三层交换机 VLAN 接口上配置哪些参数?

问答题 4：生成树协议的产生主要是为了解决何种技术问题?

问答题 5：请描述在运行 STP 的设备上端口状态变化的过程。

问答题 6：启用了 STP 的交换机，它的一个端口从 Learning 状态转到 Forwarding 状态要经历一个 Forward Delay，默认这个 Forward Delay 的间隔时间是多少?

问答题 7：简述 VRRP 协议的工作原理及工作场景。

问答题 8：VRRP 协议的主备关系是如何选举出来的?

Communication

Chapter 3

第 3 章 网络层路由技术

本章节将介绍如何实现跨网段的数据互访，主要包括数据路由转发的原理、路由信息来源、常见路由协议的工作原理等内容。

课堂学习目标

- 了解路由协议在数据通信网络中的功能作用
- 掌握 RIP 路由协议的工作原理
- 掌握 OSPF 路由协议的工作原理
- 掌握 IS-IS 路由协议的工作原理
- 掌握 BGP 路由协议的工作原理
- 掌握路由选择与控制的功能及相关路由选择工具

3.1 移动承载网络中的网络层协议应用

在无线业务的承载中，2G/3G 的业务模型更多的是点到点的模式，直接实现基站和基站控制器之间的数据传送。

而在 4G LTE 的业务模型中，业务模式发生了变化，一为核心网侧的服务器集中化部署，基站允许在某一业务服务器出现故障的情况下同另一业务服务器进行通信；二为基站和基站之间的业务转发需求出现。在这两种业务的实现中，都需要基站能够实现一对多的业务通信。为满足基站的一对多通信需求，在无线回传网络中引入了三层路由技术。

路由技术工作在 TCP/IP 模型中的第三层，为网络中设备提供了基于 IP 通信的功能，实现不同网段设备之间的互联互通。为满足无线基站的访问需求，在移动承载的方案中部署了 OSPF、IS-IS、BGP 等路由协议。

3.2 路由基础

路由技术是 Internet 得以持续运转的关键所在，是一个极其有趣而又复杂的课题，一个永远的话题。本节内容作为基础课程对于读者对不同路由协议的了解有着极其重要的意义，在之前课程的基础之上，本节将会介绍 IP 路由选路过程、路由的来源及路由协议的分类。

3.2.1 IP 路由选路

如图 3-1 所示，路由器 RTA 有一个数据包需要发送到目标网络 N，路由器 RTA 根据目的地址查找路由表，找到去往目标网络 N 的出接口为 E0/0，下一跳路由器为 RTB，于是数据包从 E0/0 接口发出、送往路由器 RTB，路由器 RTB 采用同样的方法将数据包转发到路由器 RTC，网络中的最后一个路由器 RTC 将数据包发送给目标网络 N。数据包在网络中转发的路径是路由器 RTA→路由器 RTB→路由器 RTC→目标网络 N。

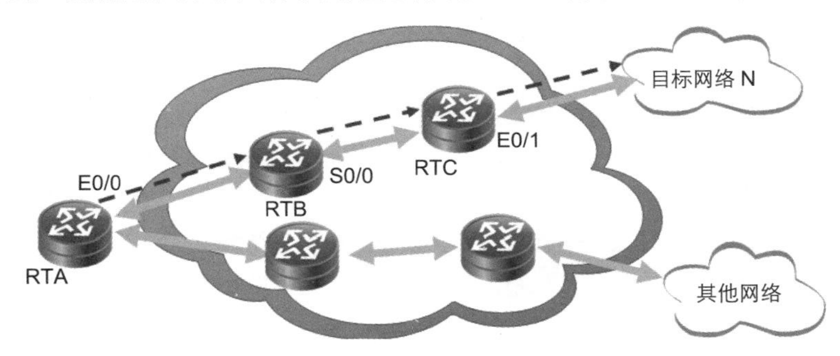

图 3-1　数据包转发过程

通过这个例子可以发现，路由器提供了将不同网络互联的机制，实现将一个数据包从一个网络发送到另一个网络。数据包在网络上的传输就好像是体育运动中的接力赛跑一样，每一个路由器负责将数据包按照最优的路径向下一跳路由器进行转发，通过多个路由器一站一站的接力将数据包通过最优路径转发到目的地。当然有时候由于实施一些路由策略，数据包通过的路径可能并不一定是最佳路径。存放在路由器上的这些指导 IP 数据包转发的路径信息称为路由。

接下来通过图中的 RTA、RTB、RTC 这 3 台路由器上的路由信息来说明 IP 路由的过程。如图 3-2 所示，RTA 左侧连接网络 10.3.1.0，RTC 右侧连接网络 10.4.1.0。当 10.3.1.0 网络有一个数据包要发送到 10.4.1.0 网络时，IP 路由的过程有以下 3 步。

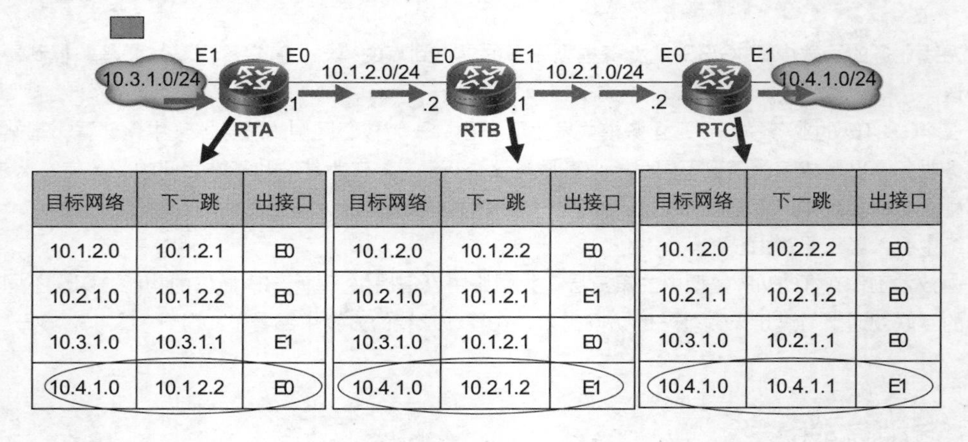

目标网络	下一跳	出接口
10.1.2.0	10.1.2.1	E0
10.2.1.0	10.1.2.2	E0
10.3.1.0	10.3.1.1	E1
10.4.1.0	10.1.2.2	E0

目标网络	下一跳	出接口
10.1.2.0	10.1.2.2	E0
10.2.1.0	10.2.1.1	E1
10.3.1.0	10.1.2.1	E0
10.4.1.0	10.2.1.2	E1

目标网络	下一跳	出接口
10.1.2.0	10.2.2.2	E0
10.2.1.1	10.2.1.2	E0
10.3.1.0	10.2.1.1	E0
10.4.1.0	10.4.1.1	E1

图 3-2　IP 路由过程

（1）10.3.1.0 网络的数据包被发送到与网络直接相连的 RTA 的 E1 端口，E1 端口收到数据包后查找自己的路由表，找到去往目的地址的下一跳为 10.1.2.2，出接口为 E0，于是数据包从 E0 接口发出，交给下一跳 10.1.2.2。

（2）RTB 的 E0 接口地址为 10.1.2.2，收到数据包后，同样根据数据包的目的地址查找自己的路由表，查找到去往目的地址的下一跳为 10.2.1.2，出接口为 E1，同样，数据包被 RTB 从 E1 接口发出，交给下一跳 10.2.1.2。

（3）RTC 的 E0 接口地址为 10.2.1.2，收到数据包后，依旧根据数据包的目的地址查找自己的路由表，查找目的地址是自己的直连网段，并且去往目的地址的下一跳为 10.4.1.1，接口是 E1。最后数据包从 E1 接口发出，发送到目的地址。

IP 路由过程清晰地表明了路由器转发数据包依赖于路由表。路由器要想很好地完成路由的功能，则要做以下相关的工作。

（1）检查数据包的目的地。该功能主要用于确定路由器是否了解目的地信息。

路由协议基础——路由实现原理

（2）确定信息源。路由器从哪里获得给定目的地的路径？由管理员静态指定的，还是动态地从其他路由器那里得到的？

（3）发现可能的路由。到目的地的可能路由有哪些？

（4）选择最佳路由。到目的地的最佳路径是哪条？路由器是否应在多条路径之间均衡负载？

（5）验证和维护路由信息。到目的地的路径是否有效？是否是最新的？路由器除了生成路由表外还会定期地验证和维护路由信息，确保路由表中的条目有效。

3.2.2　路由的来源

路由器转发数据包的关键是路由。每个路由器中都保存着一张由路由表项形成的路由表，表中的每条路由项都指明数据包到某子网或某主机应通过本路由器的哪个物理端口发送，以及可通过该路径到达哪个下一跳路由器，或者不再经过别的路由器而传送到直接相连的网络中的目的主机。本小节将会介绍路由器中用来指导数据包转发的路由是如何形成的。根据路由来源不同，路由表中的路由通常可分为以下 3 类。

（1）链路层协议发现的路由（也称为接口路由或直连路由）。

（2）由网络管理员手工配置的静态路由。

（3）动态路由协议发现的路由。

接下来通过不同的例子分别介绍路由的 3 种不同来源。

1. 路由的来源——链路层发现的路由

```
Destination/Mask    Proto   Pre  Cost      Flags NextHop         Interface
      10.1.1.0/30   Direct  0    0           D   10.1.1.1        Ethernet0/0/1
      10.1.1.1/32   Direct  0    0           D   127.0.0.1       Ethernet0/0/1
      20.1.1.0/30   Direct  0    0           D   20.1.1.1        Ethernet0/0/0
      20.1.1.1/32   Direct  0    0           D   127.0.0.1       Ethernet0/0/0
```

路由表的第三项 Proto 字段表明了路由的起源，路由有 3 种来源，其中 Proto 字段的值为 Direct 的是链路层发现的路由，当链路层协议 UP 后，就会产生这种类型的路由。

路由协议基础——路由表介绍

链路层发现的路由不需要维护，减少了维护的工作。而不足之处是，链路层只能发现接口所在的直连网段的路由，无法发现跨网段的路由。跨网段的路由需要用其他的方法获得。

2. 路由的来源——静态路由

```
Destination/Mask    Proto    Pre    Cost    Flags    NextHop       Interface
      2.2.2.2/32    Static   60     0       RD       10.1.1.2      Ethernet0/0/1
     10.1.1.0/30    Direct   0      0       D        10.1.1.1      Ethernet0/0/1
     10.1.1.1/32    Direct   0      0       D        127.0.0.1     Ethernet0/0/1
     20.1.1.0/30    Direct   0      0       D        20.1.1.1      Ethernet0/0/0
     20.1.1.1/32    Direct   0      0       D        127.0.0.1     Ethernet0/0/0
```

路由表中 Proto 字段的值为 Static 的就是路由的第二种来源——静态路由。它是由管理员手工配置的，通过配置静态路由同样可以达到网络互通的目的。

如图 3-3 所示，两台路由器之间采用串口相连，两台路由器上各自配置了一个环回（Loopback）地址，分别为 10.1.1.1/32 和 20.1.1.1/32。

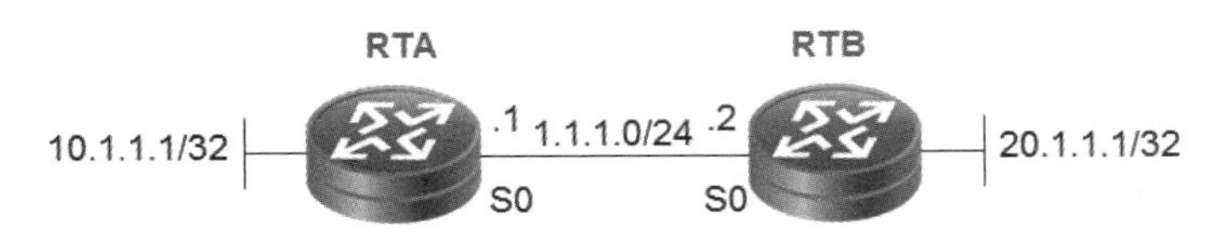

图 3-3　静态路由配置方式

静态路由

在路由器 RTB 上配置到达路由器 RTA 的环回接口网段的静态路由，可以有以下 3 种形式：

```
[RTB] ip route-static 10.1.1.1 255.255.255.255 1.1.1.1
[RTB] ip route-static 10.1.1.1 32  1.1.1.1
[RTB] ip route-static 10.1.1.1 32  Serial 0
```

第一种形式的掩码用点分十进制表示，第二种形式的掩码用网络位长度表示，第三种形式用出接口（Interface_name）代替下一跳地址（Gateway_address）。

配置了静态路由后，可以使用“display ip routing-table”命令查看路由表。在路由表中可以看到一条静态路由有以下信息。

```
Destination/Mask    Proto    Pre    Cost    Flags NextHop      Interface
       1.1.1.0/30   Direct   0      0       D    1.1.1.2       Serial0/0/0
```

```
1.1.1.1/32   Direct   0    0    D   1.1.1.1      Serial0/0/0
1.1.1.2/32   Direct   0    0    D   127.0.0.1    Serial0/0/0
10.1.1.1/32  Static   60   0    RD  1.1.1.1      Serial0/0/0
```

静态路由实验

上文中已经提到在配置到达网络目的地的路由时，如有多条路径，可指定相同优先级，实现负载分担，也可指定不同优先级，实现路由备份。如图 3-4 所示，在路由器 RTB 上配置 3 条到达同一目的网络 10.1.1.1/32 的路由，这 3 条静态路由的优先级相同，采用默认值 60。并且没有其他到达 10.1.1.1/32 网络的路由优先级比这 3 条高。这个时候，这 3 条路由是等价路由，可以实现负载分担，数据报文会在这 3 条链路上轮流发送。

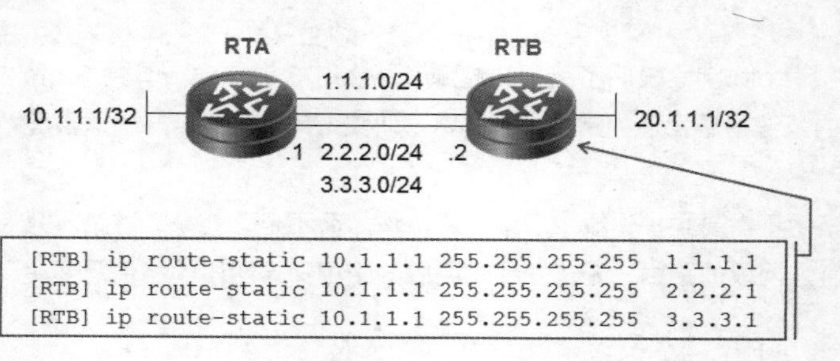

图 3-4　静态路由负载分担

当到达同一目的地存在多条路径时，其中一条路由优先级最高的为主路由，其余路由优先级较低的就成了备份路由。

如图 3-5 所示，路由器 RTB 上配置两条静态路由到达网络 10.1.1.1/32，其中一条静态路由的优先级采用默认值 60，另外一条静态路由的优先级配置为 100。

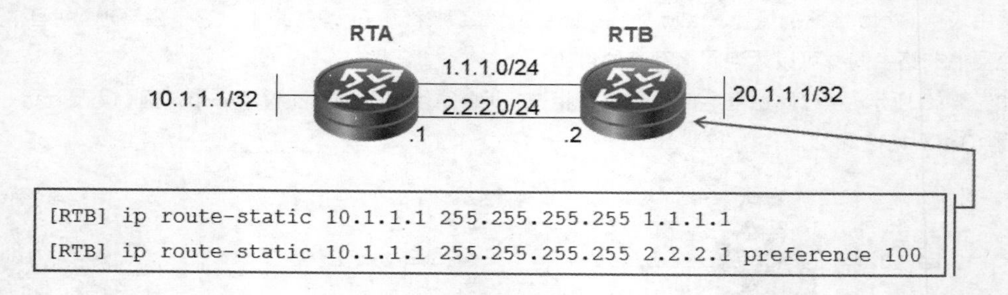

图 3-5　静态路由备份

查看路由表时就可以发现路由表中到达 10.1.1.1/32 的路由只有一条，优先级为 60。这条路由作为主用路由（路由协议优先级越小越优），优先级为 100 的路由没有加入到路由表中。只有当优先级为 60 的路由失效后，优先级为 100 的路由才会被加入到路由表中。

使用命令查看静态路由的信息后，发现优先级为 60 的到达网络 10.1.1.1/32 的路由状态为激活（Active），表示这条路由为主用，会被加入到路由表中；优先级为 100 的路由的状态为非激活（Inactive），表示这条路由为备用，暂时不会被加入到路由表中，也不会用来指导数据包的转发。

通常情况下，管理员可以通过手工方式配置一种特殊的路由——默认路由。有些时候，也可以使动态路由协议生成默认路由，如 OSPF 和 IS-IS 等。使用查询路由表命令可以查看当前路由器是否设置了默认路由。在路由表中，默认路由在路由表中以目的网络 0.0.0.0（掩码为 0.0.0.0）的形式出现。

如果报文的目的地址不能与路由表中的路由条目严格匹配，那么该报文将选取默认路由转发。如果没有默认路由且报文的目的地不在路由表中，那么该报文将被丢弃，并向源端返回一个 ICMP 报文，报告该目的地址或网络不可达。

如图 3-6 所示，在使用命令配置静态路由时，如果将目的地址与掩码配置为全零（0.0.0.0 0.0.0.0），则表示配置的是默认路由。查看路由表时，默认路由的目的地址为 0.0.0.0，掩码长度为 0，以下为手工配置的默认路由的相关信息。

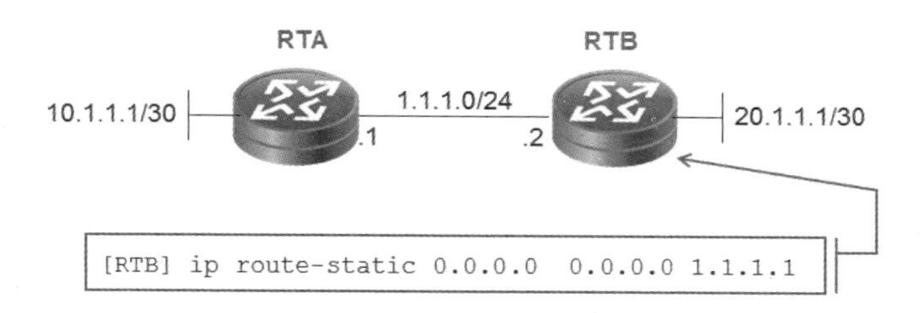

图 3-6 默认路由配置

```
Destination/Mask     Proto    Pre  Cost     Flags    NextHop     Interface
        0.0.0.0/0    Static   60   0        RD       1.1.1.1     Serial0/0/0
       1.1.1.0/30    Direct   0    0        D        1.1.1.2     Serial0/0/0
       1.1.1.1/32    Direct   0    0        D        1.1.1.1     Serial0/0/0
       1.1.1.2/32    Direct   0    0        D        127.0.0.1   Serial0/0/0
```

默认路由也支持路由的负载分担与路由备份。当配置多条优先级相同的默认路由时，这些路由实现负载分担。当路由优先级不同时，这些路由实现路由备份，优先使用优先级最优的路由（路由优先级越小越优），其他为备份路由。

静态路由因其配置简单、开销小而广泛应用于网络中。但静态路由不足的地方是，当一个网络发生故障后，静态路由不会自动发生改变，必须由管理员手工去改变配置。因此静态路由适合于网络拓扑结构比较简单、网络拓扑变动不频繁的网络，当网络比较复杂或经常发生变动时，配置静态路由是一件很麻烦的事情，而且也不便于维护。

默认路由实验

3. 路由的来源——动态路由协议发现的路由

动态路由协议发现的路由是第三种来源。当网络拓扑结构十分复杂时，手工配置静态路由工作量大，而且容易出现错误，这时就可用动态路由协议，让其自动发现和修改路由，无须人工维护。但动态路由协议对设备性能的要求相对较高，配置相对复杂。

如图 3-7 所示，路由表中的 Proto 字段为 RIP 的路由，表示该路由是由 RIP 动态路由协议发现的。Proto 字段为 OSPF 的路由，表示该路由是由 OSPF 动态路由协议发现的。RIP 和 OSPF 以及其他动态路由协议将在后面详细介绍。

在前文中已经详细介绍了静态路由，接下来将把静态路由与动态路由做一下对比。

（1）静态路由必须由管理员手工指定。当网络拓扑发生变化时，需要管理员手工更新配置。同时静态路由只适合简单、小型的网络，当网络结构复杂、路由条目繁多的时候，静态路由将难以胜任。

（2）动态路由通过网络中运行的路由协议收集网络信息。当网络拓扑发生变化时，路由器会通过路由更新报文自动更新路由信息，不必管理员手工去更新。

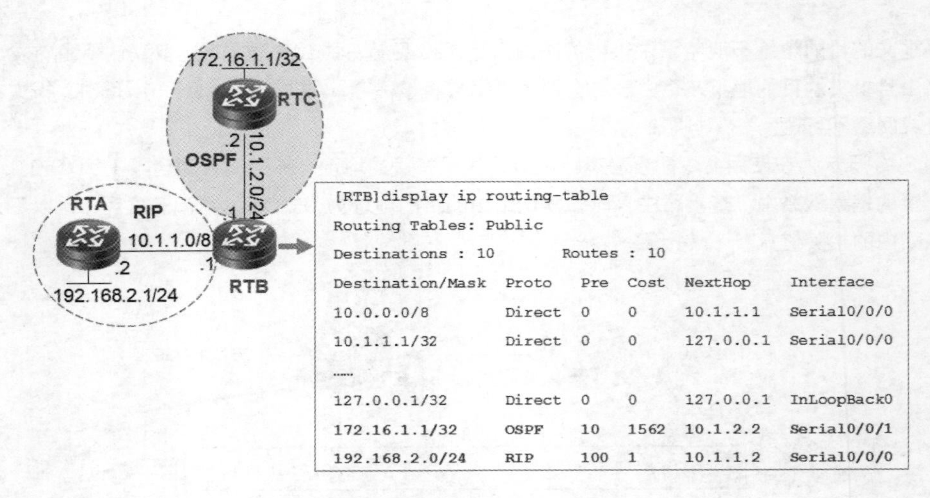


```
[RTB]display ip routing-table
Routing Tables: Public
Destinations : 10        Routes : 10
Destination/Mask    Proto    Pre   Cost   NextHop      Interface
10.0.0.0/8          Direct   0     0      10.1.1.1     Serial0/0/0
10.1.1.1/32         Direct   0     0      127.0.0.1    Serial0/0/0
......
127.0.0.1/32        Direct   0     0      127.0.0.1    InLoopBack0
172.16.1.1/32       OSPF     10    1562   10.1.2.2     Serial0/0/1
192.168.2.0/24      RIP      100   1      10.1.1.2     Serial0/0/0
```

图 3-7　动态路由协议发现的路由

通过对比后可以发现，动态路由协议更适用于大规模的网络部署。

那么，什么是路由协议呢？路由协议是路由器之间交互信息的一种语言。路由器之间通过该协议可以共享网络状态和网络中的一些可达路由的信息。并且只有使用同种语言的路由器才可以交互信息。当然不同种语言的路由器也可以通过某些方式来获取其他路由器的信息。路由协议定义了一套路由器之间通信时使用的规则，通信的双方共同遵守该规则。同时路由器也通过路由协议维护路由表，提供最佳转发路径。

3.2.3　路由协议的分类

目前，常见的动态路由协议有以下几种。

- 路由信息协议（Routing Information Protocol，RIP）；
- 开放式最短路径优先协议（Open Shortest Path Fisrt，OSPF）；
- 中间系统到中间系统协议（Intermediate System to Intermediate System，IS-IS）；
- 边界网关协议（Border Gateway Protocol，BGP）。

其中，RIP（路由信息协议）配置简单，收敛速度慢，常用于中小型网络。OSPF 由 IETF 开发，协议原理本身比较复杂，使用非常广泛。IS-IS 设计思想简单，扩展性好，目前在 ISP 的网络中被广泛配置。BGP 用于 AS 之间交换路由信息。动态路由协议基于不同的标准有以下不同的分类。

（1）按照作用范围，路由协议可以分为 IGP 和 EGP。

内部网关协议（Interior Gateway Protocols，IGP），是在同一个自治系统内部运行的路由协议。如 RIP、OSPF 和 IS-IS 都属于 IGP。IGP 的主要目的是发现和计算自治域内的路由信息。

外部网关协议（Exterior Gateway Protocols，EGP），用于连接不同的自治系统。在不同的自治系统之间交换路由信息，主要使用路由策略和路由过滤等控制路由信息在自治域间传播，例如 BGP。

（2）按照路由的寻径算法和交换路由信息的方式，路由协议可以分为距离矢量协议（Distant-Vector，D-V）和链路状态（Link-State）协议。

距离矢量协议包括 RIP 和 BGP，链路状态协议包括 OSPF、IS-IS。BGP 也被称为路径矢量协议（Path-Vector）。

距离矢量路由协议基于贝尔曼－福特算法，使用D-V算法的路由器通常以一定的时间间隔向相邻的路由器发送它们完整的路由表。

距离矢量路由器关心的是到目的网段的距离（Metric）和矢量（方向，从哪个接口转发数据）。距离矢量路由协议的优点是配置简单，占用较少的内存和CPU处理时间。它的缺点在于扩展性较差，比如，RIP最大跳数不能超过15。

链路状态路由协议基于Dijkstra算法，有时被称为最短路径优先算法；D-V算法关心网络中链路或接口的状态（UP或DOWN、IP地址、掩码），每个路由器将自己已知的链路状态向该区域的其他路由器通告，通过这种方式，区域内的每台路由器都建立了一个本区域的完整的链路状态数据库。然后路由器根据收集到的链路状态信息来创建它自己的网络拓扑图，形成一个到各个目的网段的带权有向图。

链路状态算法使用增量更新的机制，只有当链路的状态发生了变化时才发送路由更新信息，这种方式节省了相邻路由器之间的链路带宽。部分更新只包含改变了的链路状态信息，而不是包含整个的路由表。

（3）按照业务应用，路由协议可分为单播路由协议和多播路由协议。

单播是一种数据包传输方式。数据包的目的地址是唯一的一台主机或设备，包括RIP、OSPF、BGP和IS-IS等。

多播是另一种数据包传输方式。数据包的目的地址为多播地址，即一组主机或设备可以同时接收到数据包，包括距离向量多点广播路由选择协议（Distance Vector Multicast Routing Protocol，DVMRP）、协议无关多播-稀疏模式（Protocol Independent Multicast－Sparse Mode，PIM-SM）、协议无关多播-密集模式（Protocol Independent Multicast－Dense Mode，PIM-DM）等。多播路由协议部分请参考多播部分课程。

上文已经提到，在某些情况下，需要在不同的路由协议中共享路由信息，例如从RIP学到的路由信息可能需要引入到OSPF协议中去。这种在不同路由协议中间交换路由信息的过程被称为路由引入。路由引入可以是单向的（例如将RIP引入OSPF），也可以是双向的（例如RIP和OSPF互相引入）。不同路由协议之间的花销不存在可比性，也不存在换算关系，所以在引入路由时需要重新设置引入路由的Metric值（某些协议可以使用系统默认的数值）。华为VRP平台支持将一种路由协议发现的路由引入到另一种路由协议中。

不恰当的路由引入可能会加重路由器的工作负担，并可能导致路由环路的产生，所以在进行路由引入相关操作时应该谨慎使用。

不同的路由协议有各自不同的特点，那么如何衡量什么是好的动态路由协议呢？一个好的动态路由协议要求具备以下几点。

（1）正确性，路由协议能够正确找到最优的路由，并且是无路由自环。

（2）快收敛，当网络的拓扑结构发生变化时，路由协议能够迅速更新路由，以适应新的网络拓扑。

（3）低开销，要求协议自身的开销（内存、CPU、网络带宽）最小。

（4）安全性，协议自身不易受攻击，有安全机制。

（5）普适性，能适应各种网络拓扑结构和各种规模的网络，扩展性好。

路由协议基础——
路由协议分类

3.3 RIP路由协议

上文已经提到按照路由协议算法划分，RIP属于距离矢量路由协议，在小规模网络中应用较多，本节将对RIP的两个版本RIPv1和RIPv2以及环路避免做详细介绍。

3.3.1 RIP 基本原理

路由信息协议（Routing Information Protocol，RIP）是一种相对简单的动态路由协议，但有着广泛的应用。RIP 是一种基于 D-V 算法的路由协议，它通过 UDP 交换路由信息，每隔 30 s 向外发送一次更新报文。如果路由器经过 180 s 没有收到来自对端的路由更新报文，则将所有来自此路由器的路由信息标志为不可达，若在其后的 120 s 内仍未收到更新报文，就将该条路由从路由表中删除。

RIP 使用跳数（Hop Count）来衡量到达目的网络的距离。在 RIP 中，路由器到与它直接相连网络的跳数为 0，每经过一个路由器跳数加 1，其余以此类推。为限制收敛时间，RIP 规定 metric 取值为 0～15 之间的整数，大于或等于 16 的跳数被定义为无穷大，即目的网络或主机不可达。

RIP 处于 UDP 的上层，RIP 所接收的路由信息都封装在 UDP 的数据报文中，RIP 在 520 号端口上接收来自远程路由器的路由修改信息，并对本地的路由表做相应的修改，同时通知其他路由器。通过这种方式，达到全局路由的同步。

为提高性能，防止产生路由环路，RIP 支持水平分割、毒性逆转和触发更新。另外，RIP 还允许引入其他路由协议所得到的路由。RIP 路由表初始化过程如图 3-8 所示。

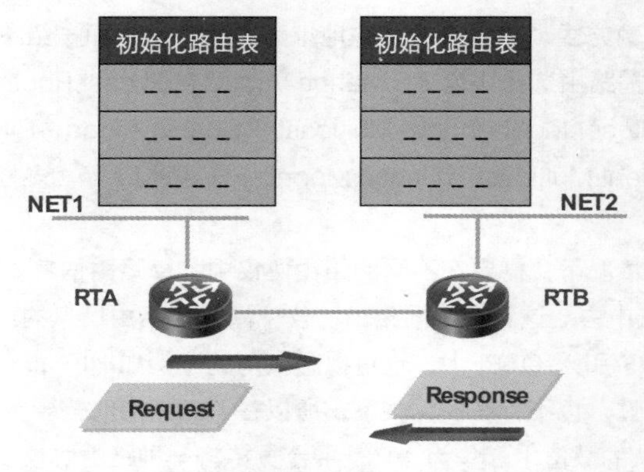

图 3-8　RIP 路由表初始化过程

具体过程如下：

（1）RIP 启动时的初始路由表仅包含本路由器的一些直连接口路由。

（2）RIP 启动后向各接口广播一个请求（Request）报文。

（3）邻居路由器的 RIP 从某接口收到 Request 报文后，根据自己的路由表形成响应（Response）报文，向该接口对应的网络广播。

（4）RIP 接收邻居路由器回复的包含邻居路由器路由表的 Response 报文，形成自己的路由表。

（5）RIP 根据 D-V 算法的特点，将协议的参加者分为主动机和被动机两种。主动机主动向外广播路由刷新报文，被动机被动地接收路由刷新报文。一般情况下，PC 端作为被动机，路由器则既是主动机又是被动机，即在向外广播路由刷新报文的同时，接收来自其他主动机的 D-V 报文，并进行路由刷新。

图 3-9 所示展示了 RIP 路由表的更新过程。

（1）RIP 以 30 s 为周期用 Response 报文广播自己的路由表。

（2）收到邻居路由器发送而来的 Response 报文后，RIP 计算报文中的路由项的度量值，比较其与本地路由表中路由项度量值的差别，更新自己的路由表。

（3）报文中路由项度量值的计算：metric=MIN（metric+cost,16），metric 为报文中携带的度量值信息，cost 为接收报文的网络的度量值开销，默认为 1（1 跳），16 代表不可达。

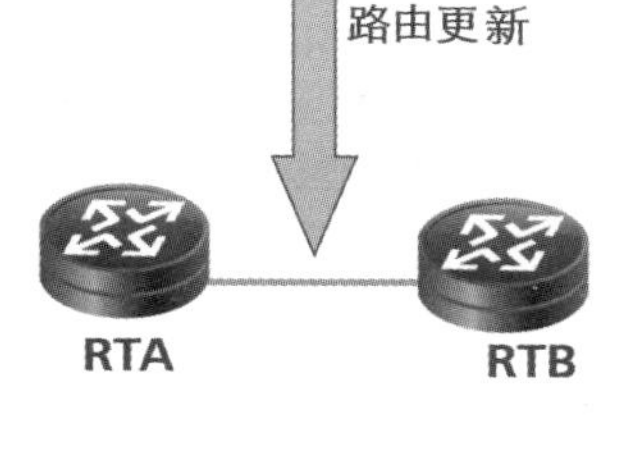

图 3-9　RIP 路由表的更新过程

当本路由器从邻居路由器收到路由更新报文时，根据以下原则更新本路由器的 RIP 路由表。

（1）对本路由表中已有的路由项，当该路由项的下一跳是该邻居路由器时，不论度量值增大或是减少，都更新该路由项（度量值相同时只将其老化定时器清零）。当该路由项的下一跳不是邻居路由器时，只在度量值减少时更新该路由项。

（2）对本路由表中不存在的路由项，在度量值小于 16 时，在路由表中增加该路由项。

（3）路由表中的每一路由项都对应一个老化定时器，当路由项在 180s 内没有任何更新时，定时器超时，该路由项的度量值变为不可达（16）。

（4）某路由项的度量值变为不可达后，该度量值在 Response 报文中发布 4 次（120s），之后从路由表中清除。

RIP 路由协议——协议概述

3.3.2　RIP 报文格式

RIP 包括 RIPv1 和 RIPv2 两个版本，RIPv1 不支持可变长子网掩码(VLSM)，RIPv2 支持可变长子网掩码，支持路由聚合与无类域间路由（CIDR），同时 RIPv2 支持明文验证和 MD5 密文验证。

RIPv1 使用广播发送报文，RIPv2 则有两种传送方式，分别为广播方式和多播方式，默认采用多播发送报文，RIPv2 的多播地址为 224.0.0.9。多播发送报文的好处是，在同一网络中那些没有运行 RIP 的网段可以避免接收 RIP 的广播报文。另外，多播发送报文还可以使运行 RIPv1 的网段避免错误地接收和处理 RIPv2 中带有子网掩码的路由。

RIPv1 的报文格式如图 3-10 所示，每个报文包括一个命令标识（Command）、一个版本号（Version）和路由条目（最大 25 条），每个路由条目包括地址族标识（Address Family Identifier）、路由可达的 IP 地址和路由跳数（Metric）。如果某台路由器必须发送大于 25 条路由的更新消息，那么必须产生多条 RIPv1 报文。

从图中可以看出，RIP 报文的头部占用 4 个字节，而每个路由条目占用 20 个字节，因此，RIP 报文的大小最大 4 + 25×20 = 504 字节，再加上 8 个字节的 UDP 头部，RIP 数据报文（不含 IP 包的头部）的大小最大为 512 字节。

每个字段的值和作用的详细介绍如下。

Command——只能取 1 或者 2，1 表示该消息是请求消息，2 表示该消息是响应消息。路由器或者主机通过发送请求消息向另一个路由器请求路由信息，对端路由器使用响应消息回答。但是，大多数情况下路由器不经请求就会周期性地广播响应报文。

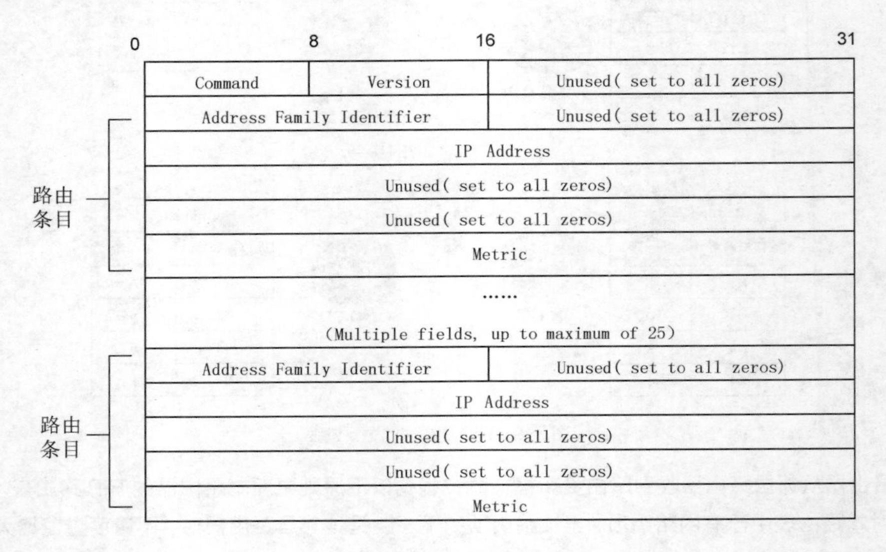

图 3-10　RIPv1 报文格式

Version——对于 RIPv1，该字段的值为 1。

Address Family Identifier（AFI）——对于 IP，该项为 2。

IP Address——路由的目的地址。这一项可以是网络地址、主机地址。

Metric——1～16 之间的跳数。

RIPv2 的报文格式如图 3-11 所示，相对于 RIPv1 的报文格式，RIPv2 增加了几个字段。

Route Tag——16 位，用于标记外部路由，或者标记路由引入到 RIPv2 协议中的路由。

Subnet Mask——32 位，确认 IP 地址的网络和子网部分的 32 位的掩码。

Next Hop——32 位，下一跳，为 32 位的 IP 地址。

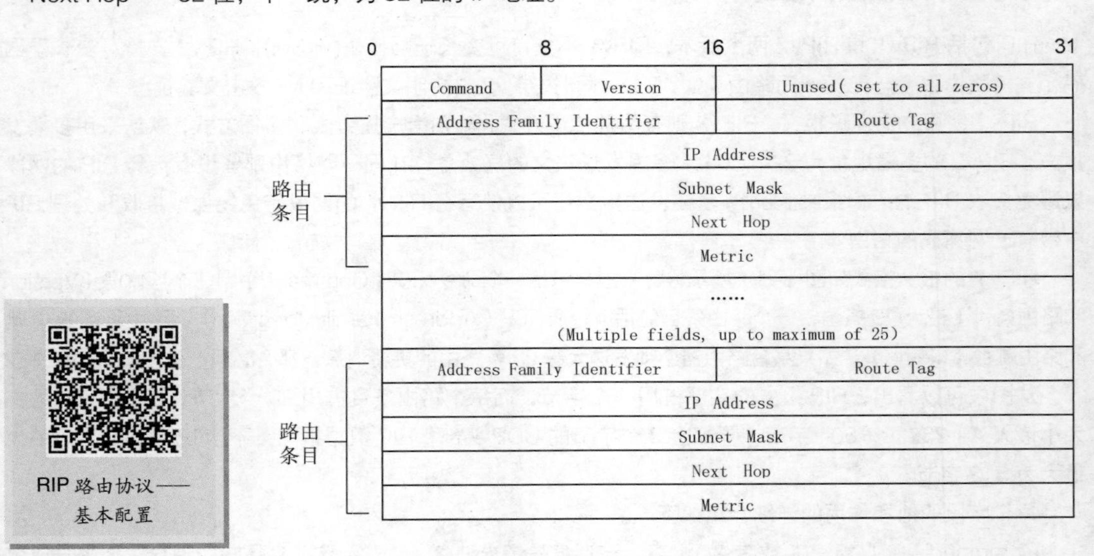

图 3-11　RIPv2 报文格式

3.3.3 RIP 防环路机制

RIP 作为距离矢量路由协议有一个很重要的概念——环路避免机制。前面的章节已经提到，为提高性能，防止产生路由环路，RIP 支持水平分割、毒性逆转和触发更新。本小节主要介绍环路产生的原因以及防止环路机制。

网络故障可能会使路径与实际网络拓扑结构不一致，导致网络不能快速完成收敛，这时，就可能会发生路由环路现象，图 3-12 用了一个简单的网络结构来说明路由环路的产生。

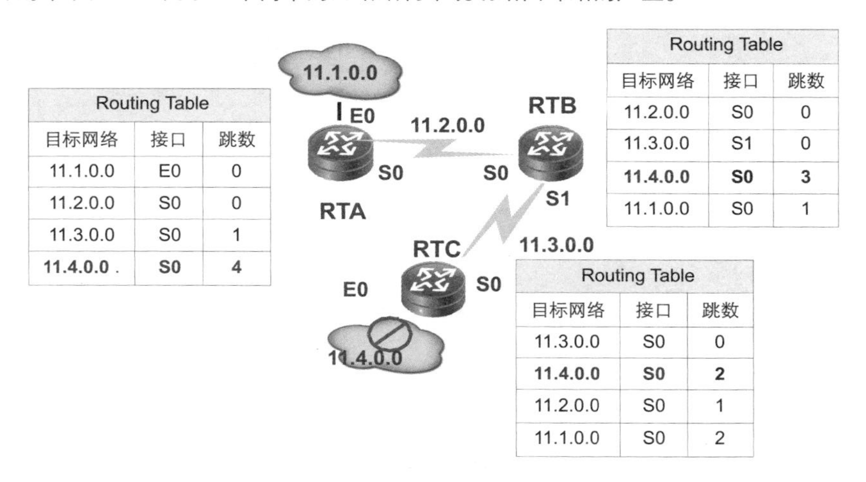

Routing Table		
目标网络	接口	跳数
11.1.0.0	E0	0
11.2.0.0	S0	0
11.3.0.0	S0	1
11.4.0.0	**S0**	**4**

Routing Table		
目标网络	接口	跳数
11.2.0.0	S0	0
11.3.0.0	S1	0
11.4.0.0	**S0**	**3**
11.1.0.0	S0	1

Routing Table		
目标网络	接口	跳数
11.3.0.0	S0	0
11.4.0.0	**S0**	**2**
11.2.0.0	S0	1
11.1.0.0	S0	2

图 3-12　路由环路

如图 3-12 所示，在网络 11.4.0.0 发生故障之前，所有的路由器都具有正确一致的路由表，网络是收敛的。在本例中，路径开销用跳数来计算，所以，每条链路的开销是 1。路由器 RTC 与网络 11.4.0.0 直连，跳数为 0。路由器 RTB 经过路由器 RTC 到达网络 11.4.0.0，跳数为 1。路由器 RTA 经过路由器 RTB 到达网络 11.4.0.0，跳数为 2。

如果网络 11.4.0.0 发生故障，就可能会在路由器之间产生路由环路，下面是产生路由环路的步骤。

（1）当网络 11.4.0.0 发生故障，路由器 RTC 最先收到故障信息，路由器 RTC 把网络 11.4.0.0 设置为不可达，并等待更新周期到来，通告这一路由变化给相邻路由器。如果，路由器 RTB 的路由更新周期在路由器 RTC 之前到来，那么路由器 RTC 就会从路由器 RTB 那里学习到去往 11.4.0.0 的新路由（实际上，这一路由已经是错误路由了）。这样路由器 RTC 的路由表中就记录了一条错误路由（经过路由器 RTB，可去往网络 11.4.0.0，跳数增加到 2）。

（2）路由器 RTC 学习了一条错误信息后，它会把这样的路由信息再次通告给路由器 RTB，根据通告原则，路由器 RTB 也会更新这样一条错误路由信息，认为可以通过路由器 RTC 去往网络 11.4.0.0，跳数增加到 3。这样，路由器 RTB 认为可以通过路由器 RTC 去往网络 11.4.0.0，路由器 RTC 认为可以通过路由器 RTB 去往网络 11.4.0.0，就形成了环路。

如上所述，发生路由环路时，路由器去往网络 11.4.0.0 的跳数会不断地增大，网络无法收敛。为解决这个问题，会给跳数定义一个最大值。在 RIP 中，允许的跳数最大值为 16。在图中，当跳数到达最大值时，网络 11.4.0.0 被认为是不可达的。路由器会在路由表中显示网络不可达信息，并不再更新到达网络 11.4.0.0 的路由。

通过定义最大值，距离矢量路由协议可以解决发生环路时路由权值无限增大的问题，同时也校正了错误的路由信息。但是，在最大权值到达之前，路由环路还是会存在的。也就是说，以上解决方案只是补救措施，不能避免环路产生，只能减轻路由环路产生的危害。因此路由协议的设计者又提供了诸如水平分割、触发更新等多种降低环路产生概率的方案。

1. 解除环路方法——水平分割

水平分割是在距离矢量路由协议中最常用的避免环路发生的解决方案之一。分析产生路由环路的原因，其中一条就是路由器将从某个邻居学到的路由信息又告诉了这个邻居。水平分割的思想就是在路由信息传送过程中，不再把路由信息发送到接收此路由信息的接口上，如图 3-13 所示。

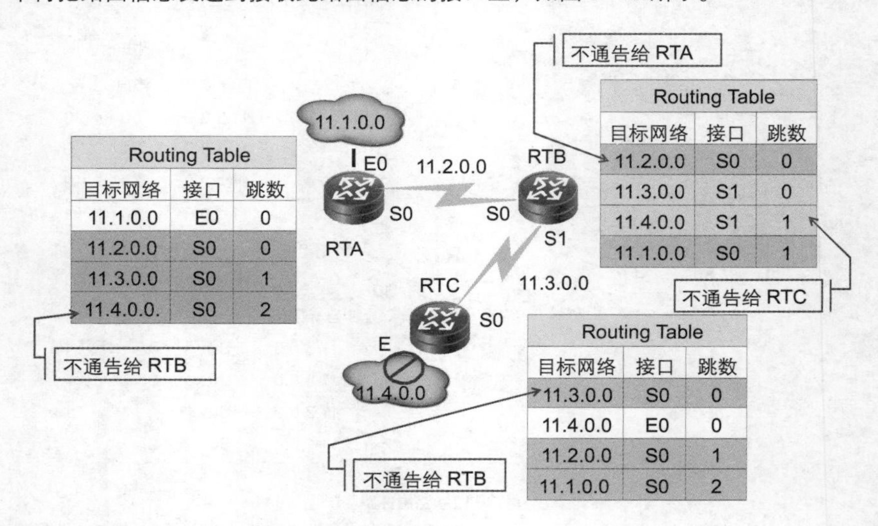

图 3-13 水平分割

图 3-13 中，路由器 RTC 通告给路由器 RTB 去往网络 11.4.0.0 的路由，路由器 RTB 会把此路由信息传递给路由器 RTA。同时，在没有水平分割的情况下也会再传回给路由器 RTC。

在网络 11.4.0.0 没有崩溃时，路由器 RTC 不会接收路由器 RTB 传递来的去往网络 11.4.0.0 的路由信息。因为，路由器 RTC 有度量更小的路由。

但如果路由器 RTC 到达网络 11.4.0.0 的路由崩溃了，路由器 RTC 上维护的直连路由会失效，此时接收到路由器 RTB 传递来的去往网络 11.4.0.0 的路由信息，会误以为可以通过 RTB 到达网络 11.4.0.0，从而学习 11.4.0.0 的网段路由。这样路由器 RTB 认为可以通过路由器 RTC 去往网络 11.4.0.0，路由器 RTC 认为可以通过路由器 RTB 去往网络 11.4.0.0，就形成了环路。

使能水平分割后，路由器不允许把从一个接口进来的更新再从这个接口转发出去。图 3-13 中，路由器 RTB 从路由器 RTC 那里学习到了去往网络 11.4.0.0 的路由。基于水平分割原则，路由器 RTB 不再把去往网络 11.4.0.0 的路由信息传回给路由器 RTC，从而在一定程度上避免了环路的产生。

2. 解除环路方法——路由抑制

路由抑制（Route Poisoning）是对水平分割的补充，可以在一定程度上避免路由环路产生，同时也可以抑制因复位接口等原因引起的网络动荡。这种方法在网络故障或接口复位时抑制相应的路由，同时启动抑制时间，控制路由器在抑制时间内不要轻易更新自己的路由表，从而避免环路产生，抑制网络动荡，如图 3-14 所示。

当网络 11.4.0.0 发生故障时，路由器 RTC 将其路由选择表中到该网络的路径开销设为 16(即不可达)，以抑制该路由。这样路由器 RTC 将不会接收该网络邻接路由器通告的关于网络 11.4.0.0 的更新。路由器

RTB 收到路由器 RTC 发送的关于到网络 11.4.0.0 的路径开销为无穷大的通告后，向路由器 RTC 发送一个被称为毒性逆转（Poison Reverse）的更新，指出网络 11.4.0.0 是不可达的。这一消息违反了水平分割的规则，但却是旨在确认网段上的所有路由器都已经收到有关路由被抑制的信息。

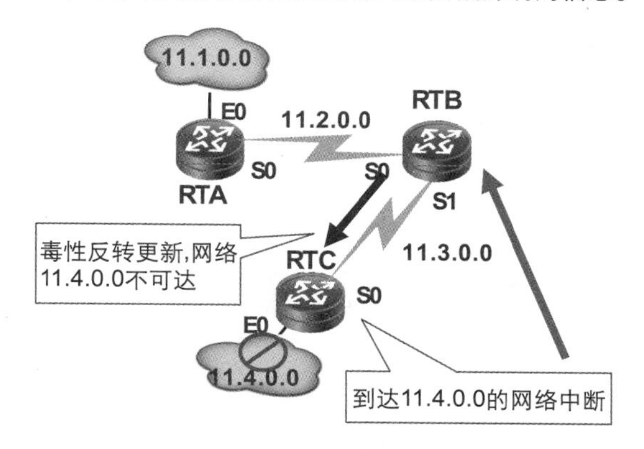

图 3-14　路由抑制

3. 解除环路方法——抑制时间

路由抑制可以在一定程度上避免路由环路产生，同时也可以抑制因复位接口等原因引起的网络动荡。这种方法在网络故障或接口复位时抑制相应的路由，同时启动抑制时间，可以控制路由器在抑制时间内不要轻易更新自己的路由表，从而避免环路产生、抑制网络动荡，如图 3-15 所示。

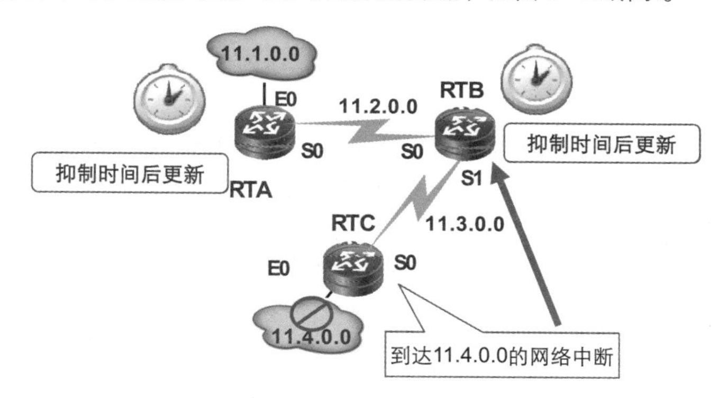

图 3-15　抑制时间

（1）当网络 11.4.0.0 发生故障时，路由器 RTC 抑制自己路由表中相应的路由项，也就是在路由表中使到达网络 11.4.0.0 的路径开销是无穷大（也就是不可达），同时启动抑制时间。在抑制时间结束之前的任何时刻，如果从同一相邻路由器（或同一方向）又接收到此路由可达的更新信息，路由器就将网络标识为可达，并删除抑制时间。

（2）如果接收到其他的相邻路由器的更新信息，且新的权值比以前的权值好，则路由器就将更新路由表，接收这一更优的路由，并删除抑制时间。

（3）在抑制时间结束之前的任何时刻，如果从其他的相邻路由器接收到路径可用的更新信息，但新的权值没有以前的权值好，则不接收此更新路由。如果在抑制时间过后，路由器仍能收到该更新路由信息，则路由器将更新路由表。

4. 解除环路方法——触发更新

触发更新机制是在路由信息产生某些改变时立即发送给相邻路由器称为触发更新的信息。路由器检测到网络拓扑变化后，立即依次发送触发更新信息给相邻路由器，如果每个路由器都这样做，这个更新会很快传播到整个网络。如图 3-16 所示，网络 11.4.0.0 不可达了，路由器 RTC 最先得到这一信息，于是路由器 RTC 立即通告网络 11.4.0.0 不可达信息，路由器 RTB 接收到这个信息，就从 S0 口发出网络 11.4.0.0 不可达信息，路由器 RTA 从 E0 口通告此信息，环路问题也就避免了。

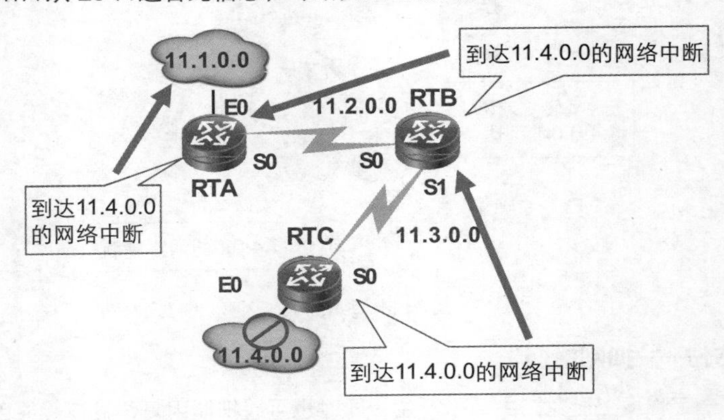

图 3-16 触发更新

使用触发更新方法能够在一定程度上避免路由环路发生。但是，仍然存在以下两个问题。

（1）包含有更新信息的数据包可能会被丢掉或损坏。

（2）如果触发更新信息还没有来得及发送，路由器就接收到相邻路由器的周期性路由更新信息，使路由器更新了错误的路由信息。

为解决以上的问题，通常将抑制时间和触发更新相结合。抑制时间有一个规则就是，当到某一目的网络的路径出现故障时，在一定时间内，路由器不轻易接收到这一目的网络的路径信息。因此，将抑制时间和触发更新相结合就确保了触发信息有足够的时间在网络中传播。

如图 3-17 所示，路由器 RTC 发现网络 11.4.0.0 出现故障后，立刻将其到该网络的路由删除，然后向路由器 RTB 发送一条触发更新，指出到网络 11.4.0.0 的路由开销值为无穷大，以抑制该路由。路由器 RTB 收到触发更新后启动自己的抑制定时器，将网络 11.4.0.0 标记为“可能已出现故障”，同时向路由器 RTC 发送一条反向抑制更新，然后向路由器 RTA 发送一条触发更新，指出网络 11.4.0.0 不可达。路由器 RTA 也将网络 11.4.0.0 的路由置为抑制状态，并向路由器 RTB 发送一条反向抑制更新。

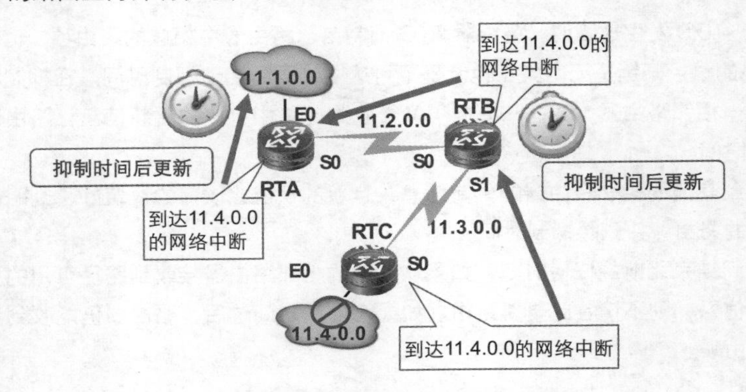

图 3-17 抑制时间结合触发更新

当然上述这些措施都不能保证 RIP 不存在无限计数问题，因此 RIP 依然需要设置一个最大跳数。

3.3.4 RIP 故障案例分析

路由协议故障处理一般分为两个方向，接收方向和发送方向。针对 RIP，在进行故障处理时，也需要考虑这两个方面的原因。RIP 故障案例的典型组网如图 3-18 所示。

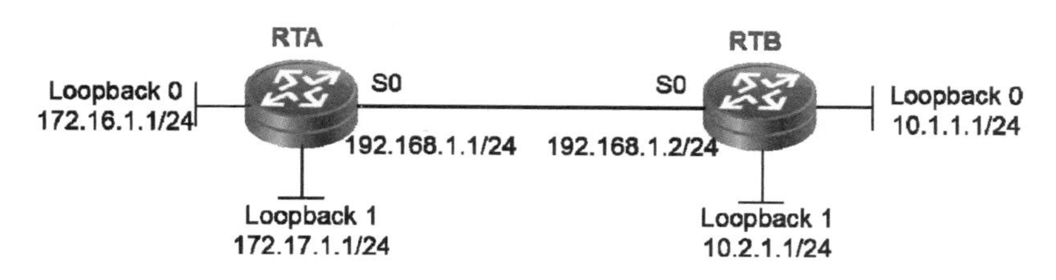

图 3-18　RIP 故障案例的典型组网

在图 3-18 中，RTA 与 RTB 通过 Serial 接口连接，RTA 和 RTB 上分别配置了两个 Loopback 接口，IP 地址规划见图。完成配置后，发现路由器之间无法正常学习到路由。

针对此类故障有以下处理思路。

（1）RIP 路由接收故障处理的思路。

① 检查入接口网段是否在 RIP 中宣告。

② 检查入接口工作是否正常。

③ 检查对方的发送版本号和本地接口的接收版本号是否匹配。

④ 检查入接口是否配置了 undo rip input 命令。

⑤ 检查在 RIP 中是否配置了策略来过滤掉收到的 RIP 路由。

⑥ 检查入接口是否配置了 rip metricin 命令，使得接收到的路由的度量值大于 15。

⑦ 检查接收到的路由度量值是否大于 15。

⑧ 检查在路由表中是否有从其他协议学到的相同路由。

（2）RIP 路由发送故障处理的思路。

① 检查出接口网段是否在 RIP 中宣告。

② 检查出接口工作是否正常。

③ 检查出接口是否配置了 silent-interface 命令。

④ 检查出接口是否配置了 undo rip output 命令。

⑤ 检查出接口是否配置了水平分割命令。

RIP 目前的应用场景较少，路由无法正常学习是 RIP 非常典型的一种故障现象。在处理此类故障的时候，可以采用上述思路对路由的接收和发送进行逐一排查和定位。

3.4 OSPF 路由协议

前面章节中介绍了路由协议根据算法可以分为距离矢量协议和链路状态协议。其中，RIP 属于距离矢量路由协议的一种，由于 RIP 是基于距离矢量算法的，协议本身具有一定的局限性。如协议规定路由跳数超过 15 跳则认为网络不可达，RIP 会存在路由环路、路由收敛速度慢等问题，所以 RIP 只能满足小规模网络的需求，不能适应大规模网络的发展。

OSPF 是基于链路状态算法的常用的 IGP 路由协议之一。在 OSPF 域内，路由器之间交换的是链路状态信息，所有的链路状态信息（Link State Advertisement，LSA）集合成链路状态信息库（Link State Database，LSDB），路由器通过最短路径优先算法（Shortest Path First，SPF）计算出到达目的地的最短路由。由于通过 SPF 算法可以生成一棵无环的最短路径树，因此 OSPF 路由协议没有环路问题。同 RIP 相比，OSPF 协议更适合大规模网络应用。本节将主要介绍 OSPF 协议的基本特点和基本原理。

3.4.1 OSPF 基础概念

OSPF 是基于链路状态算法的 IGP 路由协议，由互联网工程任务组（IETF）开发。OSPF 发展经过了几个版本。OSPFv1 在 RFC1131 中定义，该版本一直处于实验阶段，没有公开使用，目前 IPv4 使用的是 OSPFv2。OSPFv2 最早在 RFC1247 中定义，RFC2328 是其最新标准文档。OSPFv3 是针对 IPv6 技术的版本。若没有特别说明，下文中所提到的 OSPF 均指 OSPFv2。

OSPF 直接运行于 IP 之上，使用的 IP 号 89。OSPF 报文结构为报文头部+报文体的格式，如图 3-19 所示。

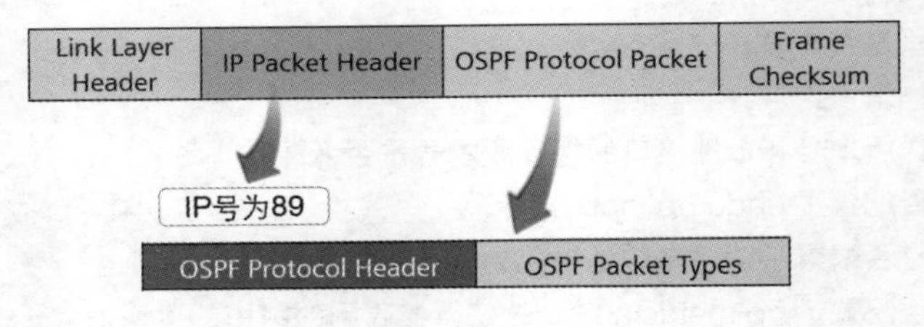

图 3-19 OSPF 报文结构

OSPF 由于具有以下很多显著的特点，因此得到了广泛应用。

（1）支持 CIDR。早期的路由协议如（RIPv1）并不支持 CIDR，而 OSPF 可以支持 CIDR，同时在发布路由信息时携带了子网掩码信息，使得路由信息不再局限于有类网络。

（2）支持区域划分。OSPF 协议允许自治系统内的网络被划分成区域来管理。通过划分区域来实现更加灵活的分级管理。

（3）无路由自环。OSPF 从设计上保证了无路由环路。OSPF 支持区域的划分，区域内部的路由器都使用 SPF 算法，保证了区域内部的无环路。在区域之间，OSPF 利用区域的连接规则保证了区域之间无路由自环。

OSPF 路由协议基础
——基本概念

（4）路由变化收敛速度快。OSPF 被设计为触发式更新方式。当网络拓扑结构发生变化，新的链路状态信息会立刻泛洪。OSPF 对拓扑变化敏感，因此路由收敛速度快。

（5）使用 IP 多播收发协议数据。OSPF 路由器使用多播和单播收发协议数据，因此占用的网络流量很小。

（6）支持多条等值路由。在路由方面，OSPF 还支持多条等值路由。当目的地有多条等值开销路径时，流量被均衡地分担在这些等值开销路径上，实现了负载分担，更好地利用了链路带宽资源。

（7）支持协议报文的认证。在某些安全级别较高的网络中，OSPF 路由器可以提供认证功能。OSPF 路由器之间的报文可以配置成必须经过验证才能交换。通过验证可以提高网络的安全性。

3.4.2　OSPF 协议工作原理

OSPF 最显著的特点是使用链路状态算法，区别于早先的路由协议使用的距离矢量算法。本小节从 3 个方面对 OSPF 的工作原理进行介绍。

1. 链路状态算法的路由计算过程

图 3-20 所示为 OSPF 的路由计算过程，大致可以分为 4 个步骤。

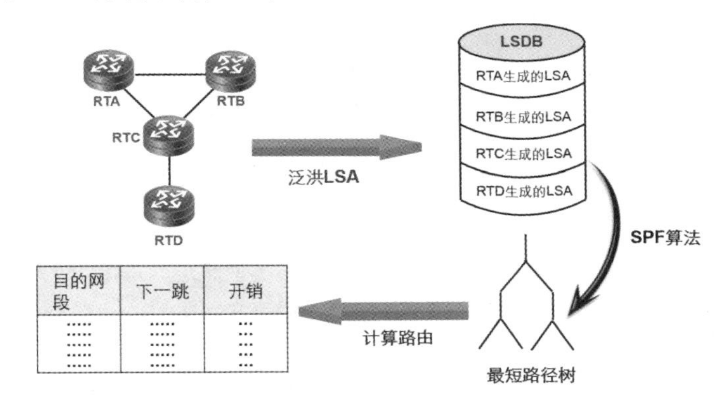

图 3-20　OSPF 路由计算过程

（1）邻接关系建立。相邻的路由器会形成 OSPF 邻接关系。只有邻接关系建立好后，路由器之间才会交互各自知道的 LSA。

（2）LSDB 同步。邻接关系建立好后，每个 OSPF 路由器会把自己的 LSA 通告给自己的邻居，同时接收邻居通告给自己的 LSA，也会把自己知道的其他路由器的 LSA 通告给邻居。每个路由器会保存自己收到的 LSA。所有 LSA 的集合叫作 LSDB。

（3）SPF 路由计算。LSDB 同步后，每个 OSPF 路由器以自己为根运行 SPF 算法。运算的结果是以自己为根的一棵最短路径树。

（4）路由表生成。根据 SPF 树，每台路由器都能计算出各自的路由信息，并添加到路由表。

2. OSPF 常见报文类型

上文已经介绍到 OSPF 在进行路由计算时首先要完成邻接关系的建立，那什么是邻接关系呢？邻接关系建立的过程又是怎么样的呢？在解答这两个问题之前，先来了解下 OSPF 报文。OSPF 有 5 种报文类型，每种报文都使用相同的 OSPF 报文头。OSPF 路由器通过这几种报文来发现和维护邻居关系，实现 LSDB 的同步和交互路由信息。以下分别介绍 5 种报文。

（1）Hello 报文。最常用的一种报文，用于发现、维护邻居关系，并在广播和 NBMA 类型的网络中选举指定路由器（Designated Router，DR）和备份指定路由器（Backup Designated Router，BDR）。

（2）数据库描述（Database Description，DD）报文。两台路由器进行 LSDB 数据库同步时，用 DD 报文来描述自己的 LSDB。内容包括 LSDB 中每一条 LSA 的 Header 头部（LSA 的 Header 可以唯一标识一条 LSA）。LSA Header 只占 LSA 的整个数据量的一小部分，这样可以减少路由器之间的协议报文流量，对端路由器根据 LSA Header 就可以判断出是否已有这条 LSA。

（3）链路状态请求（LSA Request，LSR）报文。两台路由器互相交换过 DD 报文之后，知道对端的路由器有哪些 LSA 是本地的 LSDB 所缺少的，这时需要发送 LSR 报文向对方请求缺少的 LSA。内容包括所需要的 LSA 的摘要。

（4）链路状态更新（LSA Update，LSU）报文。用来向对端路由器发送所需要的 LSA，内容是多条 LSA（全部内容）的集合。

（5）链路状态确认（Link State Acknowledgment，LSACK）报文。用来对接收到的 LSU 报文进行确认。

OSPF 的 5 种报文中，Hello 报文用来发现和维护邻居关系，只有在邻接关系建立完成后才会交互 DD、LSR、LSU 以及 LSAck 报文。这时第三个问题产生了，什么是邻居关系呢？通过下文的介绍，大家会找到答案。

3. OSPF 的邻居和邻接关系

（1）邻居（Neighbor）路由器。OSPF 路由器启动后，便会通过 OSPF 接口向外发送 Hello 报文，用于发现邻居。收到 Hello 报文的 OSPF 路由器会检查报文中所定义的一些参数，如果双方一致就会形成邻居关系。Hello 报文是使用多播方式发送的，并且 IP 头的 TTL 值为 1，也就表明了 OSPF 的邻居关系都是物理链路上直接相连的路由器。

（2）邻接（Adjacency）路由器。邻接路由器是在路由器形成邻居关系的基础之上进一步建立的，但形成邻居关系的双方不一定都能形成邻接关系，这要根据网络类型而定。只有当双方成功交换 DD 报文，并能交换 LSA 之后，才形成真正意义上的邻接关系。但是路由器在发送 LSA 之前必须先发现邻居并建立邻居关系，即建立邻居关系是建立邻接关系的前提。

如图 3-21 所示，RTA 通过以太网连接了 3 个路由器，所以 RTA 有 3 个邻居，但不能说 RTA 有 3 个邻接关系。那么谁来决定邻居关系路由器是否形成邻接关系呢？答案是 OSPF 的网络类型。所谓网络类型，是指运行 OSPF 网段的二层链路类型。OSPF 根据链路层协议类型将网络分为 4 种类型：点到点网络、广播型网络、非广播多路访问（Non-Broadcast Multiple Access，NBMA）网络和点到多点网络（Point-to-MultiPoint，P2MP）。

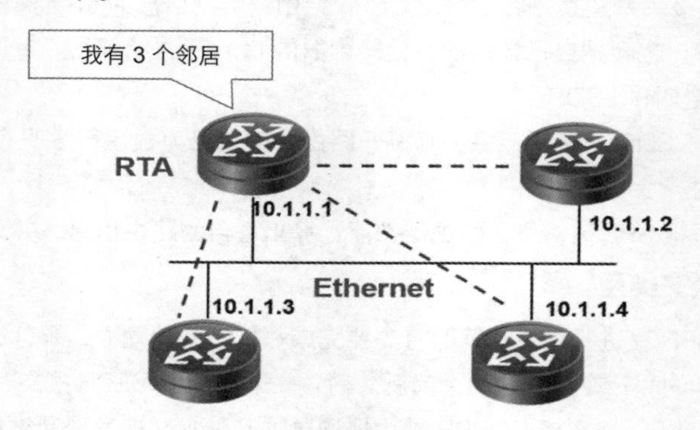

图 3-21 OSPF 路由计算过程

一个运行点到点协议（Point-to-Point Protocol，PPP）的 64 Kb/s 串行线路就是一个点到点网络的例子。点到点网络常见的链路层协议有 PPP、链路访问过程平衡（Link Access Procedure Balanced for x.25，LAPB）、HDLC。广播型网络（Broadcast）则是当链路层协议是 Ethernet、FDDI 时，OSPF 默认的网络类型。

非广播网络是指不具有广播能力的网络。在非广播网络上，OSPF 有两种运行方式，非广播多路访问和点到多点。非广播多路访问要求网络中的路由器组成全连接。例如，使用全连接的 ATM 网络。在 NBMA

网络上，OSPF 模拟在广播型网络上的操作，但是每个路由器的邻居需要手动配置。对于不能组成全连接的网络，应当使用点到多点方式，例如不完全连接的帧中继网络，将整个非广播网络看成是一组点到点网络。每个路由器的邻居可以使用底层协议〔例如反向地址解析协议（Reverse ARP，RARP）〕来发现。点到多点网络类型不是 OSPF 在非广播网络中默认的网络类型，OSPF 在非广播网络中默认的网络类型是 NBMA。

通过上文的介绍，刚才 3 个问题的答案全部水落石出了，但是大家可能会有一个困惑，为什么网络类型会决定邻居关系路由器是否建立邻接关系呢。再回到图 3-21 中的例子，对于路由器 RTA 而言，它有 3 个邻居。如果图中的 4 台路由器彼此之间都建立邻接关系，会有多少呢？答案是 6。那么如果该网络中的 n 台路由器都属于广播型或者 NBMA 网络，彼此之间会建立的邻接关系是多少呢？答案是 $n*(n-1)/2$。这时大家会发现，网络中（广播型或者 NBMA）随着路由器数量的增加，邻接关系数量也会随之大量增加，邻接关系数量增加意味着网络中需要泛洪大量的报文，而大量的报文交互需要足够的带宽资源以及设备性能的支持。因此在广播型网络或者 NBMA 网络中需要减少邻接关系的数量，那么怎么减少呢？

在全广播型网络和 NBMA 网络中，为了避免两两路由器之间建立邻接关系而导致路由收敛慢，设计了 DR 和 BDR 两种路由器角色，如图 3-22 所示。每一个含有至少两个路由器的广播型网络和 NBMA 网络都有一个指定路由器和一个备份指定路由器。

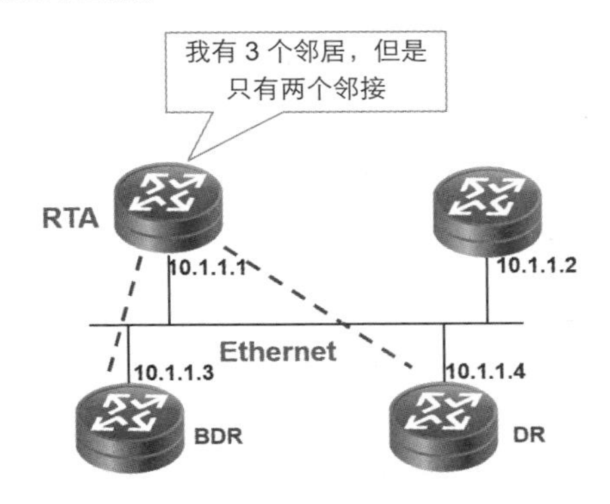

图 3-22 DR 和 BDR

本例中，虽然 RTA 有 3 个邻居，但是只与 DR 和 BDR 形成邻接关系。与另一个路由器只有邻居关系，没有邻接关系，因而不交互路由信息。概括起来就是，邻接关系的建立要针对不同的网络类型。在点到点网络中,路由器之间会建立邻接关系，点对多点网络可以看作多个点对点网络，邻接关系建立在点对点之间。而广播网络和 NBMA 网络中会选举出 DR 和 BDR,DRother 只会与 DR、BDR 建立邻接关系，与其他 DRother 之间不建立邻接关系。

3.4.3 单区域 OSPF 网络

区域是一组路由器和网络的集合，单区域是指所有运行 OSPF 协议的路由器被划分到同一个区域。OSPF 规定同一区域内部 LSDB 是相同的。这时大家需要同另外一个概念进行区别，那就是自治系统（Autonomous System，AS）。自治系统的典型定义是指由同一个技术管理机构使用统一选路策略的一些路由器的集合。在 OSPF 课程中，自治系统是指使用同一种路由协议交换路由信息的一组路由器，简称 AS。OSPF 是基于链路状态算法的 IGP 协议，因此只在 AS 内部运行有效。

如图 3-23 所示，3 台路由器和所连接的网络被划分到同一个区域 Area 0，这 3 台路由器都运行 OSPF 路由协议，所以它们都属于 AS100。上文已经提到，OSPF 规定同一区域内部的 LSDB 是相同的，那么在同一个 Area 内，如何区分 LSDB 中的 LSA 是由哪一台路由器产生的呢？

这时就需要图 3-23 中的 Router ID 来完成这样的工作，一台路由器如果要运行 OSPF 协议，必须存在 Router ID。LSDB 描述的是整个网络的拓扑结构，包括网络内所有的路由器。所以网络内的每个路由器都需要有一个唯一的标识，用于在 LSDB 中标识自己。这个标识 Router ID 是一个 32 位的整数，用于在自治系统中唯一标识一台运行 OSPF 协议的路由器。每个运行 OSPF 的路由器都有一个 Router ID。Router ID 的格式和 IP 地址的格式是一样的，推荐使用路由器 Loopback0 的 IP 地址作为路由器的 Router ID。

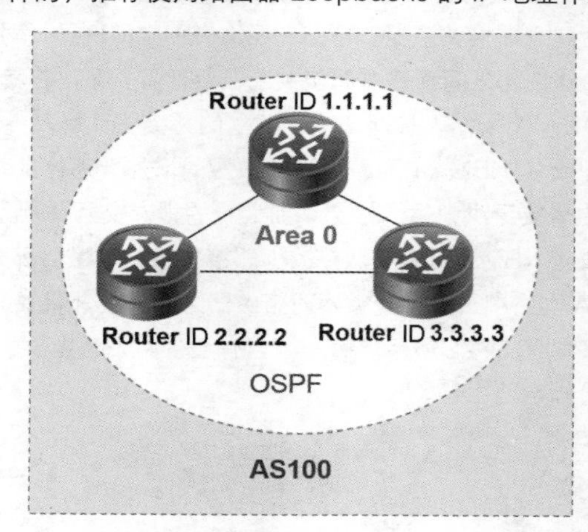

图 3-23 单区域 OSPF 网络

3.4.4 多区域 OSPF 网络

随着网络规模日益扩大，当一个大型网络中的路由器都运行单区域的 OSPF 路由协议时，路由器数量的增多会导致 LSDB 非常庞大，占用大量的存储空间，并使得运行 SPF 算法的复杂度增加，导致 CPU 负担很重。

在网络规模增大之后，拓扑结构发生变化的概率也增大，网络会经常处于“动荡”之中，造成网络中会有大量的 OSPF 协议报文在传递，降低了网络的带宽利用率。更为严重的是，每一次变化都会导致网络中所有的路由器重新进行路由计算。

为了解决上述问题，OSPF 协议支持将自治系统划分成不同的区域（Area）。区域是从逻辑上将路由器划分为不同的组，每个组用区域号（Area ID）来标识。区域是一组网段的集合。OSPF 支持将一组网段组合在一起，这样的一个组合称为一个区域，即区域是一组网段的集合。划分区域后可以缩小 LSDB 规模，减少网络流量。

区域内的详细拓扑信息不向其他区域发送，区域间传递的是抽象的路由信息，而不是详细的描述拓扑结构的链路状态信息。每个区域都有自己的 LSDB，不同区域的 LSDB 是不同的。路由器会为每一个自己所连接到的区域维护一个单独的 LSDB。由于详细链路状态信息不会被发布到区域以外，因此 LSDB 的规模大大缩小了。

多区域 OSPF 网络如图 3-24 所示。

如图 3-24 所示，Area 0 为骨干区域（骨干区域号必须为 0），骨干区域负责在非骨干区域之间发布由区域边界路由器汇总的路由信息（并非详细的链路状态信息）。为了避免区域间路由环路，非骨干区域之间不允许直接相互发布区域间路由信息。因此，所有区域边界路由器都至少有一个接口属于 Area 0，即每个区域都必须连接到骨干区域。

如图 3-25 所示，可以发现路由器处于不同区域，处于区域的不同位置，都会有不同的路由器角色。

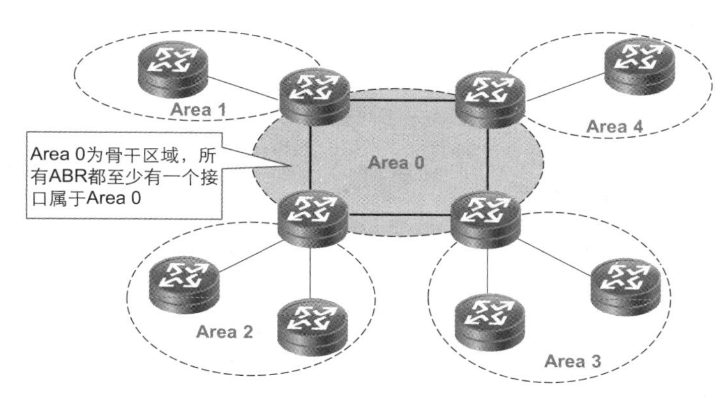

图 3-24　多区域 OSPF 网络

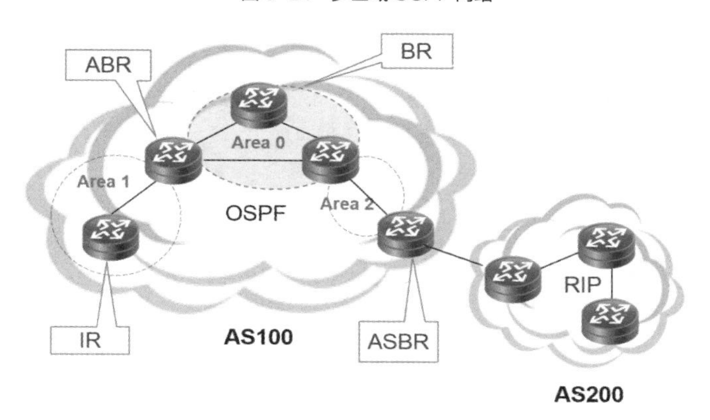

图 3-25　路由器分类

（1）内部路由器（Internal Router，IR）。内部路由器是指所有接口网段都在一个区域的路由器。属于同一个区域的 IR 维护相同的 LSDB。

（2）区域边界路由器（Area Border Router，ABR）。区域边界路由器是指连接到多个区域的路由器。ABR 为每一个所连接的区域维护一个 LSDB。区域之间的路由信息通过 ABR 来交互。

（3）骨干路由器（Backbone Router，BR）。骨干路由器是指至少有一个端口（或者虚连接）连接到骨干区域的路由器，包括所有的 ABR 和所有端口都在骨干区域的路由器。由于非骨干区域必须与骨干区域直接相连，因此骨干区域中的路由器（即骨干路由器）往往会处理多个区域的路由信息。

（4）自治系统边界路由器（AS Boundary Router，ASBR）。AS 边界路由器是指和其他 AS 中的路由器交换路由信息的路由器。这种路由器负责向整个 AS 通告来源于 AS 外部的路由信息。AS 内部路由器通过 ASBR 与 AS 外部进行通信。

自治系统边界路由器可以是内部路由器 IR，或者是 ABR，可以属于骨干区域，也可以不属于骨干区域。

OSPF 路由协议基础
——数据配置

3.4.5　OSPF 故障案例分析

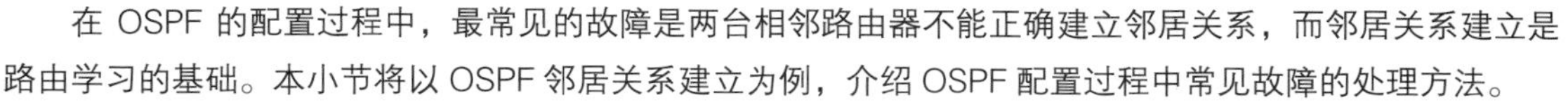

在 OSPF 的配置过程中，最常见的故障是两台相邻路由器不能正确建立邻居关系，而邻居关系建立是路由学习的基础。本小节将以 OSPF 邻居关系建立为例，介绍 OSPF 配置过程中常见故障的处理方法。

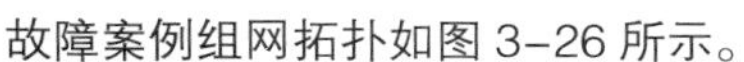

故障案例组网拓扑如图 3-26 所示。

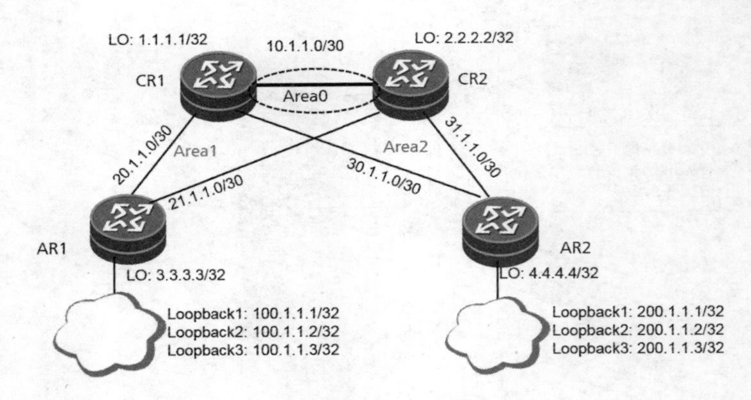

图 3-26　故障案例拓扑

在上述的拓扑中，按要求完成 OSPF 配置。正常状态下，在 CR1 上执行命令 display ospf peer，显示结果应该是 CR1 有 3 个 OSPF 邻居。但在本次配置中，执行查询邻居关系命令后显示 CR1 上只有一个邻居 CR2。OSPF 邻居无法正常建立的故障原因有以下几种可能。

（1）BFD 故障。

（2）对端设备故障。

（3）CPU 利用率过高。

（4）链路故障。

（5）接口没有 UP。

（6）两端 IP 地址不在同一网段。

（7）Router ID 配置冲突。

（8）两端区域类型配置不一致。

（9）两端 OSPF 参数配置不一致。

根据这些故障原因，进行逐一排查定位，发现 AR1 上配置的认证字段同 CR1 不匹配，AR2 则是由于修改了 Hello 报文发送周期而导致无法和 CR1 建立邻居关系。

3.5 IS-IS 路由协议

IS-IS 最早由国际标准化组织设计的用于实现基于无连接网络协议（Connectionless Network Protocol，CLNP）寻址的路由协议。CLNP 是国际标准化组织 ISO 提出的 OSI 协议栈中的第三层协议（相当于 TCP/IP 协议栈中第三层网络层的 IP）。随着 TCP/IP 的流行，IS-IS 在 RFC1195 中也加入了对 IP 的支持，实现了 IP 路由能力，因此 IS-IS 也被称为集成化 IS-IS（Integrated IS-IS）或者 Dual IS-IS。本节将主要介绍 IS-IS 的基本概念与工作原理。

3.5.1 IS-IS 基本概念

IS-IS 与 OSPF 有很多相似的地方。但与 OSPF 对比，主要有以下两个不同。

（1）IS-IS 直接运行于链路层之上，通过传递协议数据单元（Protocol Data Unit，PDU）来传递链路信息，完成链路数据库的同步。

IS-IS 协议报文的格式如图 3-27 所示，分为三大部分。

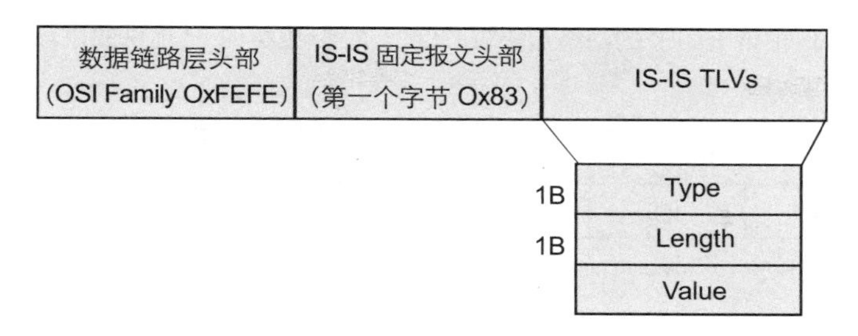

图 3-27　IS-IS 协议报文格式

① 数据链路层头。OSI Family 固定为 0xFEFE，表示封装的是 OSI 的报文结构。

② IS-IS 固定报文头。第一字节为 0x83，表示 IS-IS 的报文。

③ IS-IS TLVs。具体内容因为报文类型的不同而不同，可以包含多个类型长度值（Type-Length-Value，TLV）结构。

（2）IS-IS 协议报文采用 TLV 的格式，很容易扩展支持新的特性。

图 3-27 和图 3-28 所示的 TLV（Type-Length-Value）字段由类型（Type）、长度（Length）、值（Value）构成，也称为 CLV（Code-Length-Value），实际上是一个数据结构，这个结构包括了类型、长度、值 3 个字段。其中类型字段有一个字节，是这个 TLV 结构的代码。长度字段描述的是值字段的字节数。值字段的长度是可变的，是 TLV 结构的具体内容，内容因为 TLV 类型的不同而不同。使用 TLV 结构来构建报文的好处是灵活性和扩展性好。采用 TLV，使得报文的整体结构是固定的。不同的只是 TLV 部分，而且在一个报文里可以使用多个 TLV 结构，TLV 本身也可以嵌套。为了支持一项新的特性，只需要增加 TLV 结构类型即可，不需要改变整个报文结构。正是这种 TLV 的设计，IS-IS 可以很容易地支持 TE、IPv6 等新技术。

	字节数
Code	1字节
Length	1字节
Value	可变长度

图 3-28　IS-IS 报文中的 TLV 字段

OSI 和 IP 中的一些概念的对比如表 3-1 所示，通过该表格可以更好地帮助大家理解 IS-IS 路由协议。

表 3-1　OSI 与 IP 概念对比

缩略语	OSI 中的概念	IP 中对应的概念
IS	Intermediate System 中间系统	Router 路由器
ES	End System 端系统	Host 主机
DIS	Designated Intermediate System 指定中间系统	Designated Router(DR) OSPF 中的选举路由器
System ID	System ID 系统 ID	OSPF 中的 Router ID
PDU	Protocol Data Unit 报文数据单元	IP 报文
LSP	Link State Protocol Data Unit 链路状态协议数据单元	OSPF 中的 LSA 用来描述链路状态
NSAP	Network Service Access Point 网络服务访问点（网络层地址）	IP 地址

在表 3-1 中，NSAP 相当于 OSI 的网络层协议 CLNP 的地址（类似 IP 地址的概念）。地址格式如图 3-29 所示。

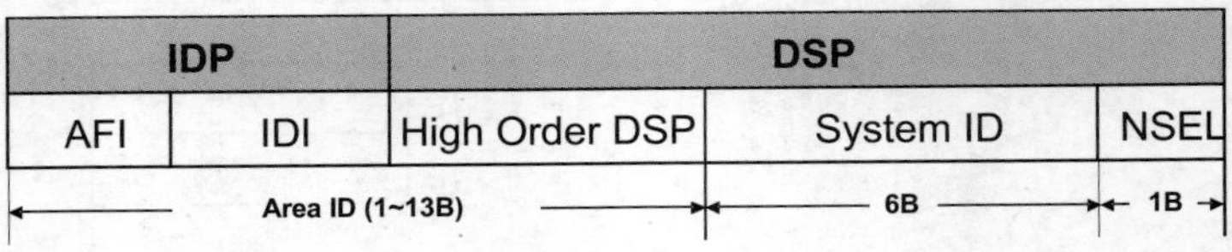

IDP		DSP		
AFI	IDI	High Order DSP	System ID	NSEL
Area ID (1~13B)			6B	1B

图 3-29　NSAP 地址格式

整个 NSAP 地址由两大部分组成，包括域间部分（Inter Domain Part，IDP）和域内服务部分（Domain Specific Part，DSP）。IDP 类似于 TCP/IP 地址中的主网络号，DSP 类似于 TCP/IP 地址中子网络号、主机号和端口号。DSP 又分为路由域细节高序部分（High Order DSP，HODSP）、系统标识（System ID）和地址类型（NSAP Selector，NSEL）3 部分。HODSP 用于分割区域，类似于 TCP/IP 地址中的子网号。System ID 用于区分主机，类似于 TCP/IP 地址中的主机号。NSEL 用于指示选定的服务相当于 TCP/IP 地址中的端口号，不同的传输协议对应不同的 NSEL。在 IP 上，NSEL 均为 00。通常把 IDP 和 DSP 中的 HODSP 统称为区域地址（Area ID），区域地址部分为可变长度，范围为 8～104 位(1～13 个字节)。

在 OSPF 协议中，路由器和区域分别是由 Router ID 和 Area ID 来标识的。在 IS-IS 中，对区域和路由器的标识是由网络实体名称（Network Entity Titles，NET）地址完成的。NET 是一个特殊的 NSAP 地址，它的特殊体现在 NSEL 取值为 00，如图 3-30 所示。

49.0021 . 1921.6800.1001 . 00
AreaID　SystemID　N-SEL

88.0001.0755 . 000f.e225.da08. 00
AreaID　SystemID　N-SEL

图 3-30　NET 地址举例

同 OSPF 一样，IS-IS 也采用分层路由域的设计，支持区域划分，但 IS-IS 区域的定义与 OSPF 有很大的差异。OSPF 区域的边界是路由器，而 IS-IS 中区域的边界是链路。对于一台运行 IS-IS 的路由器而言，它只能属于一个区域。另外处于区域不同的位置也决定了路由器不同的角色分类，如图 3-31 所示，Area49.0002 包含三台路由器，其中两台路由器属于 L1 路由器，RTD 属于 Level-12 路由器，它同时与 Area 49.0001 的 Level-2 路由器 RTC 相连。

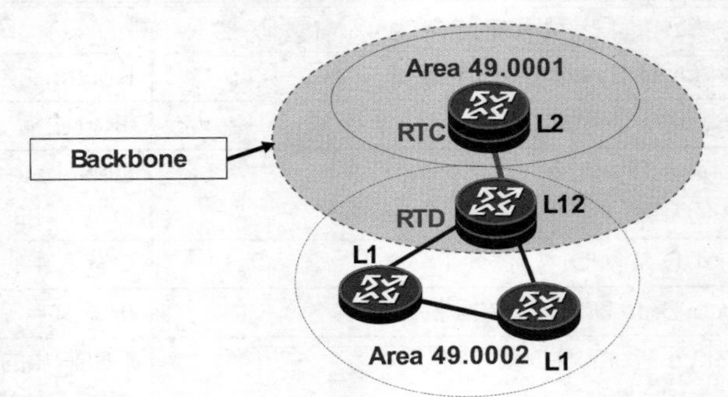

图 3-31　IS-IS 区域划分及路由器角色分类

3.5.2　IS-IS 工作原理

作为基于链路状态算法的路由协议，IS-IS 的路由计算过程与 OSPF 基本类似，也是基于同步的链路状态数据库运行 SPF 算法计算出去往目的地的路由信息，如图 3-32 所示。

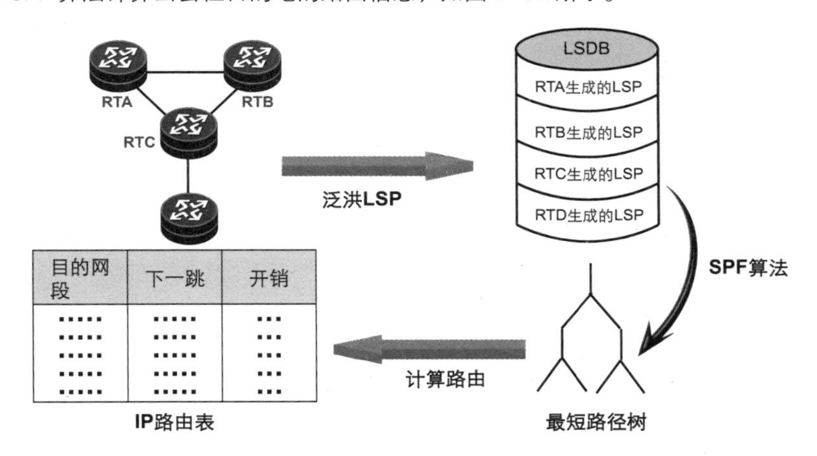

图 3-32　IS-IS 路由计算过程

（1）邻接关系建立。相邻的路由器会形成 IS-IS 邻接关系。只有邻接关系建立好后，路由器之间才会交互各自知道的链路状态信息（IS-IS 协议中的链路状态信息被称为 LSP）。

（2）LSDB 同步。邻接关系建立好后，每个 IS-IS 路由器会把自己的 LSP 通告给自己的邻居，同时接收邻居通告给自己的 LSP，也会把自己知道的其他路由器的 LSP 通告给邻居。每个路由器会保存自己收到的 LSP，所有 LSP 的集合叫作 LSDB（链路状态数据库）。

（3）SPF 路由计算。LSDB 同步后，每个 IS-IS 路由器以自己为根，运行 SPF 算法。运算的结果是以自己为根的一棵最短路径树。

（4）路由表生成。根据 SPF 树，每台路由器就能计算出各自的路由信息，并添加到路由表。

上文已经提到，IS-IS 报文是直接封装在数据链路层的帧结构中的。IS-IS 的 PDU 报文类型包括 Hello 报文、LSP 报文、CSNP 报文、PSNP 报文。表 3-2 详细介绍了每种报文的作用。

表 3-2　IS-IS 报文分类及功能

Type	报文名称	报文功能
1	Hello	建立和维持邻接关系，也称为 IIH（IS-to-IS Hello PDUs）
2	LSP	用于交换链路状态信息（类似 OSPF 的 LSA）
3	CSNP	CSNP 实际上是 LSDB 中所有 LSP 的摘要信息(类似 OSPF 的 DD 报文)，分为 Level-1 CSNP 和 Level-2 CSNP
4	PSNP	用于数据库同步，是某些 LSP 的摘要信息，分为 Level-1 PSNP 和 Level-2 PSNP

通过上表可以发现，Hello 报文用来建立和维护邻居关系，邻接关系是在邻居关系建立的基础上进一步建立的，邻接关系的形成机制因网络类型的不同而不同。两台运行 IS-IS 的路由器在交互协议报文实现路由功能之前必须首先建立邻居关系。在不同类型的网络上，IS-IS 的邻居建立方式并不相同，IS-IS 定义了以下两种网络类型。

（1）点到点网络。是指只把两台路由器直接相连的网络。常见的链路层协议有 PPP、HDLC，建议把

NBMA 网络配置成点到点网络。

（2）广播型网络。是指支持两台以上路由器，并且具有广播能力的网络。常见的链路层协议有 Ethernet、Token Ring 等。

IS-IS 理论上不支持 NBMA 和点到多点网络类型，如果需要在 NBMA 和点到多点的网络上部署 IS-IS 路由协议，可通过划分子接口的方式，把 NBMA 和点到多点转化为多个点到点的网络类型。

在 OSPF 中，在广播网络类型中需要选择 DR 来减少邻接关系数量。在 IS-IS 中的广播网络中也有相应的概念，类似 OSPF DR 的路由器在 IS-IS 中叫指定中间系统（Designated IS，DIS），但是 DIS 并不会减少广播型网络中的邻接关系数量，DIS 的主要作用是通过产生伪节点来简化网络拓扑，进而减少 LSP 报文泛洪的数量。

DIS 选举规则有以下 3 点。

（1）选举基于接口优先级。在一个 LAN 中，路由器根据接口优先级（默认是 64，数值越大，优先级越高）来选举 DIS。

（2）如果所有接口的优先级一样，具有最大的链路层地址(Subnetwork Point of Attachment，SNPA)的路由器将当选 DIS。在 LAN 中，SNPA 指的是 MAC 地址。在帧中继网络中，SNPA 是数据链路连接标识(local data link connection identifier，DLCI)。

（3）如果 SNPA 是一样的，具有最大的 System ID 的路由器将当选为 DIS。

不同层次有不同层次的 DIS，即 L1 级的广播网选举 L1 级的 DIS，L2 级的广播网选举 L2 级的 DIS。DIS 发送的 Hello 报文的时间间隔为普通路由器的 1/3，这样便于其他路由器快速检测到 DIS 的失效，同时快速选举新的 DIS 来接替（因此与 OSPF 中 DR 不同，IS-IS 中 DIS 默认是具有抢占性的）。

3.5.3 IS-IS 故障案例分析

同 OSPF 协议类似，在 IS-IS 的配置过程中，最常见的故障是两台相邻路由器不能正确建立邻居关系，而邻居关系建立是路由学习的基础。本小节以 IS-IS 邻居关系建立故障排除为例，介绍 IS-IS 配置过程中常见故障的处理方法和思路。典型的组网拓扑如图 3-33 所示。

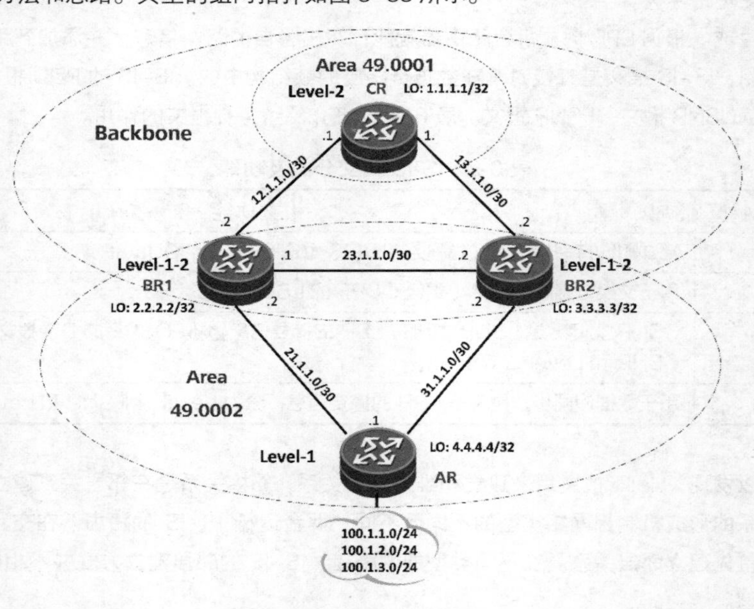

图 3-33　IS-IS 故障案例拓扑

正常情况下，AR 和 CR 会有两个邻居 BR1 和 BR2，但在本案例中却发现 CR 上的邻居建立正常，但是无法学习到 AR 的路由。针对于 IS-IS 邻居无法建立的故障，可以检查以下配置。

① 检查接口状态是否为 UP。

② 检查 System ID 配置是否正确。

③ 检查邻居两端 Level 是否匹配。

④ 检查邻居两端是否在同一 Area。

⑤ 检查邻居两端是否在同一网段。

⑥ 检查路由器上是否配置了相同的接口认证方式和密码。

⑦ 检查邻居两端 Hello 报文是否正常收发。

经过排查，故障原因为 AR 路由器上配置了接口认证，导致无法和 BR1、BR2 建立邻居关系。本章内容主要介绍了 IS-IS 的基本工作原理，其中非常重要的一个前提是形成邻接关系，而邻接关系正常建立的前提是形成邻居关系。更好地理解 IS-IS 工作原理对于处理 IS-IS 相关故障有很大帮助。

3.6 BGP 路由协议

路由协议按照工作范围可以分为 IGP 和 EGP，IGP 工作在同一个自治系统 AS 内部，主要用来发现和计算路由，为 AS 内提供路由信息的交换，以便 AS 内部能够实现互访。而 EGP 是工作在 AS 与 AS 之间，在 AS 间提供无环路的路由信息交换，BGP 则是 EGP 的一种。本节将对 BGP 路由协议的基本概念、工作原理和选路原则做详细讲解。

3.6.1 BGP 概述

BGP 中，通常会通过不同的编号来区分不同的自治系统，当网络管理员不期望自己的数据经过某个自治系统时，比如由于该自治系统可能是由竞争对手在管理，或是缺乏足够的安全机制，一定要回避它，这种情况下，网络管理员就可以通过路由协议、策略和自治系统编号控制数据转发的路径。每个自治系统都有唯一的编号，这个编号是由因特网地址分配组织（Internet Assigned Numbers Authority，IANA）分配的。

自治系统的编号范围为 1~65 535，其中 1~64 511 是注册的因特网编号，64 512~65 535 是私有网络编号。运行在自治系统内部的路由协议就是 IGP，譬如 OSPF、IS-IS 协议；运行在自治系统之间的路由协议就是 EGP，譬如 BGP。

IGP 与 EGP 的区别有以下两点。

（1）IGP 是运行在 AS 内部的路由协议，主要有 RIP、OSPF 及 IS-IS，IGP 着重于发现和计算路由。

（2）EGP 是运行于 AS 之间的路由协议，现通常都是指 BGP，BGP 是实现路由控制和选择最好的路由协议。

如图 3-34 所示，BGP 是一种自治系统间的动态路由协议，它的基本功能是在自治系统间自动交换无环路的路由信息，通过交换带有自治系统号序列属性的路径可达信息，来构造自治系统的拓扑图，从而消除环路并实施用户配置的路由策略。BGP 经常用于 ISP 之间。BGP 从 1989 年就已经开始使用。它最早发布的 3 个版本分别是 RFC1105（BGP-1）、RFC1163（BGP-2）和 RFC1267（BGP-3），当前使用的是 RFC4271/RFC1771（BGP-4）。BGP-4 已经成为事实上的 Internet 边界路由协议标准。

BGP 提供了在不同的自治系统之间无环路的路由信息交换（无环路保证主要通过其 AS-PATH 属性实现，下文中会详细介绍），BGP 是一种基于策略的路由协议，其策略通过丰富的路径属性（Attributes）进行控制。所以 BGP 有丰富的路由过滤和路由策略。BGP 工作在应用层，在传输层采用可靠的 TCP 作为传输协议（BGP 的邻居关系建立在可靠的 TCP 会话基础之上）。在路由传输方式上，BGP 是一种增强的距离矢量路由协议。而 BGP 路由的好坏不是基于距离（多数路由协议选路都是基于带宽的），它的选路基于丰富的路径属性，而这些属性在路由传输路径上携带，所以可以把 BGP 称为路径矢量路由协议。如果把自治系统浓缩成一个路由器来看待，BGP 作为路径矢量路由协议这一特征便不难理解了。除此以外，BGP 又具备很多链路状态（LS）路由协议的特征，比如触发式的增量更新机制，宣告路由时携带掩码，支持 CIDR（无类别域间选路），丰富的 Metric 度量方法等。

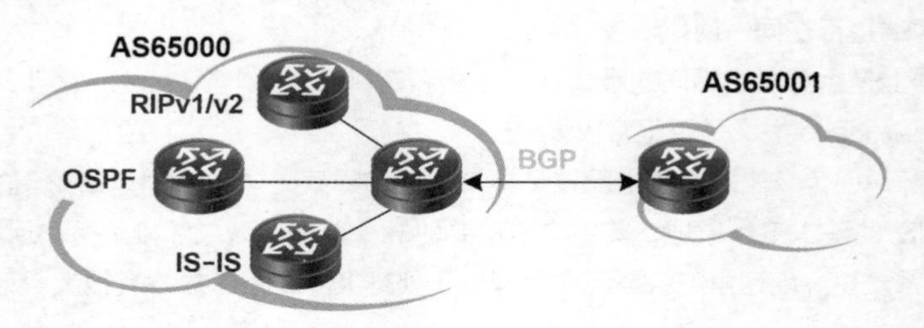

图 3-34 AS 自治系统

BGP 邻居关系如图 3-35 所示。因为 BGP 使用 TCP 作为其承载协议，端口为 179，所以 BGP 的邻居关系建立在可靠的 TCP 会话的基础之上，提高了 BGP 的可靠性。要建立 TCP 连接，两端的路由器必须知道对方的 IP 地址，可以通过直连端口、静态路由或者 IGP 动态路由协议学习。ISP 边界路由器知道对方的 IP 地址后，就可以尝试跟对方建立连接了，如果连接不能建立，说明对方还未激活，于是会等待一段时间再进行连接的建立，这个过程一直重复，直到连接建立。如果 TCP 连接建立起来，两端的设备必须交换某些数据以确认对方的能力或确定自己下一步的行动，即所谓的能力交互。这个过程是必需的，因为任何支持 IP 协议栈的设备都支持 TCP 连接的建立，而不是每个支持 IP 协议栈的设备都支持 BGP，所以必须在该 TCP 连接上进行确认。确认对方支持 BGP 后，就进行路由表的同步。两端路由表同步完成之后，并不是立即拆除这个连接，因为以后如果路由表改变了，需要重新进行同步（注意，这里是增量同步），如果把这个 TCP 连接给拆除了，以后同步的时候必须重新建立，这样需要消耗很多资源，如果利用保持的 TCP 连接，就可以不用重新建立连接而马上进行数据的传输。

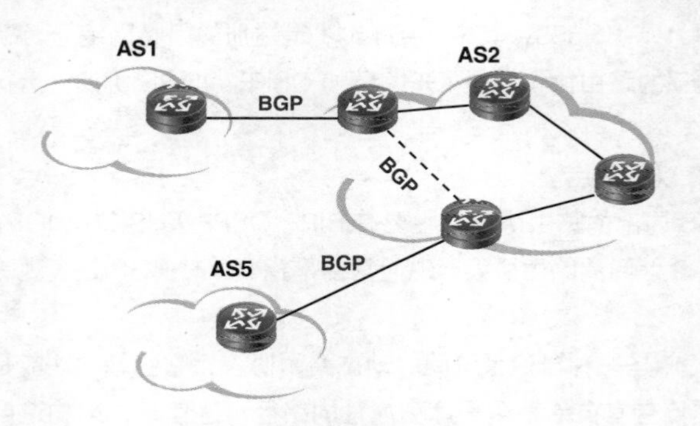

图 3-35 BGP 邻居关系

建立连接的两台设备互为对等体（Peer）。为了确保两边设备的 BGP 进程都在运行，要求两端的设备周期性地通过该 TCP 连接发送存活（KeepAlive）消息，以向对端确认自己还存活。如果一端设备在一个存活超时的时间内没有接收到对方的 KeepAlive 消息，则认为对方已经停止运行 BGP 进程，于是拆除该 TCP 连接，并把从对方接收到的路由全部删除。

运行 BGP 的路由器称为 BGP Speaker，它们之间将会交换 4 种类型的报文，其中 OPEN 报文、

KEEPALIVE 报文以及 NOTIFICATION 报文用于邻居关系的建立和维护。下面介绍 4 种报文。

（1）OPEN 报文。主要包括 BGP 版本、AS 号等信息。试图建立 BGP 邻居关系的两个路由器建立了 TCP 会话后开始交换 OPEN 信息以最终确认能否形成邻居关系。

（2）KEEPALIVE 报文。该报文用于 BGP 邻居关系的维护，为周期性交换的报文，用于判断对等体之间的可达性。

（3）UPDATE 报文。该报文则是邻居之间用于交换路由信息的报文，其中包括撤销路由信息和可达路由信息及其各种路由属性，是 4 个报文中最重要的报文。

（4）NOTIFICATION 报文。BGP 的差错检测机制，一旦检测到任何形式的差错，BGP Speaker 会发送一个 NOTIFICATION 报文，随后与之相关的邻居关系将被关闭。

3.6.2 BGP 工作原理

在介绍 BGP 工作原理之前，首先来介绍下 BGP 的两种邻居。如果两个交换 BGP 报文的对等体属于同一个自治系统，那么这两个对等体就是 IBGP 对等体（Internal BGP），如图 3-36 中的 RTB 和 RTD。如果两个交换 BGP 报文的对等体属于不同的自治系统，那么这两个对等体就是 EBGP 对等体（External BGP），如 RTD 和 RTE。虽然 BGP 是运行于自治系统之间的路由协议，但是 AS 的不同边界路由器之间也要建立 BGP 连接，只有这样才能实现路由信息在全网的传递。如 RTB 和 RTD，为了建立 AS 100 和 AS 300 之间的通信，需要在它们之间建立 IBGP 连接。BGP 工作原理如图 3-36 所示。

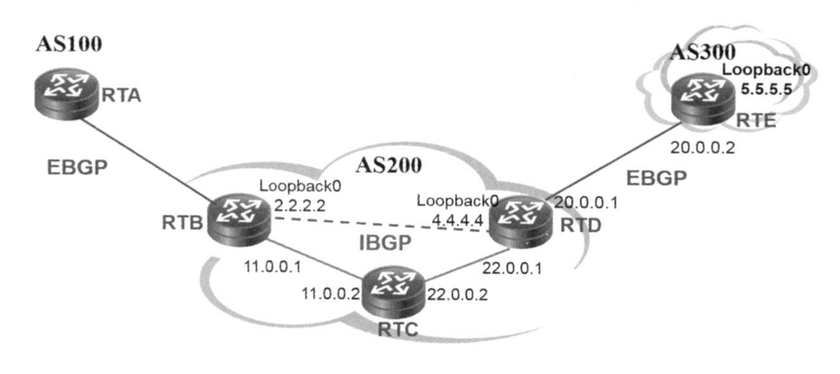

图 3-36　BGP 工作原理

1. BGP 路由通告原则

BGP Speaker 是如何选择性地把路由传递给对端的呢？BGP 对等体接收到对端的路由又是怎么处理的？这就涉及 BGP 路由的五大通告原则。

（1）BGP 路由通告原则一：BGP 连接一建立，BGP Speaker 将把自己所有 BGP 路由通告给新对等体。当某条路由有多条路径时，BGP Speaker 只选最优的给自己使用。

一般情况下，如果 BGP Speaker 学到去往同一网段的路由多于一条时，只会选择一条最优的路由给自己使用，即上送给路由表。但是，由于路由器也会选择最优的路由给自己使用，所以 BGP Speaker 本身选择的最优路由也不一定被路由器使用。例如，一条去往相同网段的 BGP 优选路由与一条静态路由，这时，由于 BGP 路由优先级要低，所以路由器会把静态路由加到路由表中去，而不会选择 BGP 优选的路由。

（2）BGP 路由通告原则二：BGP Speaker 只把自己使用的路由通告给对等体，即那些属于 BGP 路由而且在 IP 路由表中使用的路由。

（3）BGP 路由通告原则三：BGP Speaker 从 EBGP 获得的路由会向它所有 BGP 对等体通告，包括

EBGP 和 IBGP 邻居，如图 3–37 所示。

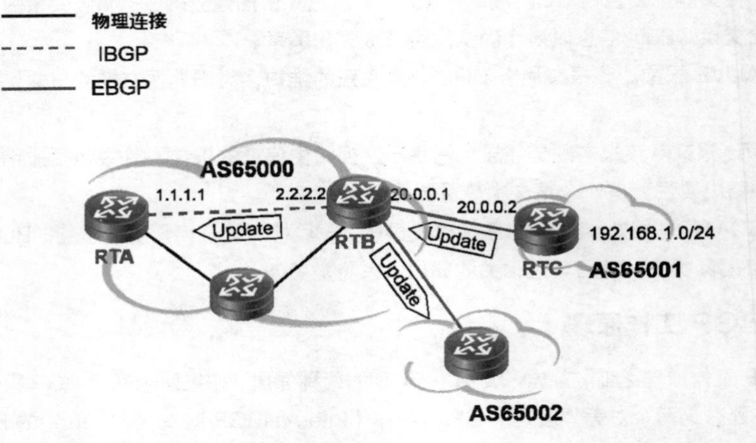

图 3–37　BGP 路由通告原则三

对于 IGP，工作原理是路由器之间交换路由信息，所以任何一个路由的下一跳是宣告此路由的路由器连接接口的 IP 地址，这是很容易理解的。而对于 BGP，则主要是用于 AS 之间传递无环路的路由信息，BGP 就是把 AS 抽象或者浓缩成一个路由器看待，所以 RTB 不会修改任何路由更新里的信息就更新给 RTA，即 RTA 要到达网络 192.168.1.0/24，下一跳为 20.0.0.2。这里又引入一个问题，对于 RTA 来说，很有可能不知道 20.0.0.2 的路由，这样就会导致路由不可达。而 BGP 提供了命令，让某些组网环境中，为保证 IBGP 邻居能够找到正确的下一跳，可以向 IBGP 对等体发布路由时改变下一跳地址为自身地址。在图 3–37 中，RTB 向 RTA 传递 192.168.1.0 路由时，下一跳修改为自身的 2.2.2.2，RTA 有去往 2.2.2.2 的路由，所以 192.168.1.0 这条路由对于 RTA 来说就是有效的。

（4）BGP 路由通告原则四：BGP Speaker 从 IBGP 获得的路由不会通告给它的 IBGP 邻居，如图 3–38 所示。

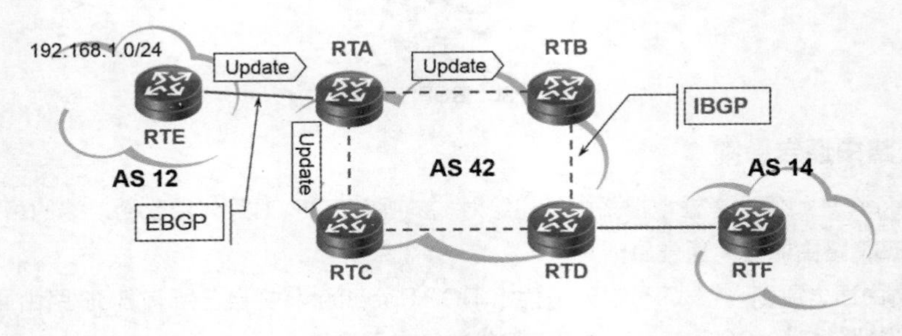

图 3–38　BGP 路由通告原则四

如果没有这条路由通告规则，RTC 从 IBGP 对等体 RTA 学到的路由就会通告给 RTD，RTD 继而会通告给 RTB，RTB 再把这条路由通告回 RTA。这样就在 AS 内形成了路由环路。所以，此原则是在 AS 内避免路由环路的重要手段。但是，这条原则的引入，带来了新的问题：RTD 无法收到来自 AS 12 的 BGP 路由。一般会采用 IBGP 的逻辑全连接来解决这个问题，即在 RTA–RTD、RTB–RTC 之间再建立两条 IBGP 连接。

图 3–39 所示为 IBGP 全连接（FULL–MESH）关系。这是解决由于 IBGP 水平分割带来的路由传递问题的方法之一。这种方法的缺陷是路由器要付出更多的开销去维护网络里的 IBGP 会话。

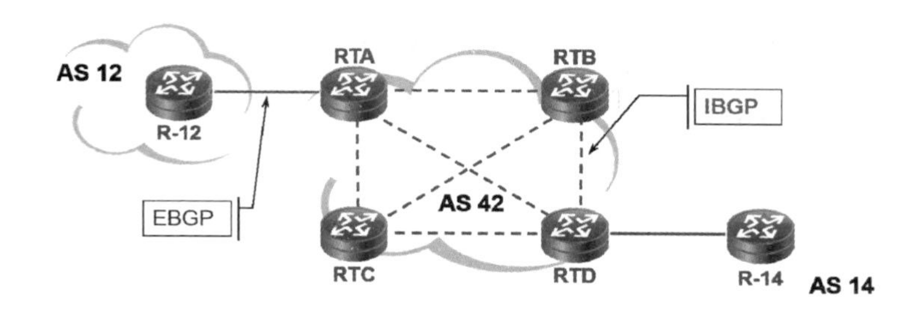

图 3-39　IBGP 全连接

除此以外，BGP 还提供了两种解决 IBGP 水平分割的方案：路由反射器（Route-Reflector，RR）——RFC 2796；联盟（Confederation）——RFC 3065。

（5）BGP 路由通告原则五：BGP Speaker 从 IBGP 获得的路由是否通告给它的 EBGP 对等体，要依据 IGP 和 BGP 同步的情况来决定。

BGP 与 IGP 同步是指 BGP Speaker 不将从 IBGP 对等体得知的路由信息通告给它的 EBGP 对等体，除非该路由信息也能通过 IGP 得知。若一个路由器能通过 IGP 得知该路由信息，则可认为此路由在 AS 中传播的内部路由可达性已有了保证。

BGP 的主要任务之一就是向其他自治系统发布该自治系统的网络可达信息。如图 3-40 所示，RTB 会把去往 10.1.1.0/24 的路由信息封装在 BGP 报文中，通过由 RTB、RTE 建立的 TCP 连接通告给 RTE。如果 RTE 不考虑同步问题，直接接收了这条路由信息并通告给 RTF，那么，如果 RTF 或 RTE 有去往 10.1.1.0/24 的数据报文要发送，这个数据报文要想到达目的地必须经过 RTD 和 RTC。但是，由于先前没有考虑同步问题，RTD 和 RTC 的路由表中没有去往 10.1.1.0/24 的路由信息，数据报文到了 RTD 就会被丢弃。因此，BGP 必须与 IGP（如 RIP、OSPF 等）同步。也就是说，当一个路由器从 IBGP 对等体收到一条路由更新信息，在把它通告给它的 EBGP 对等体之前，要试图验证该目的地能否通过自治系统内部 IGP 路由到达（即验证该目的地是否存在于 IGP 发现的路由表内，非 BGP 路由器是否可以传递报文到该目的地）。若能通过 IGP 知道这个目的地，才会把这样一条路由信息通告给 EBGP 对等体，否则认为 BGP 与 IGP 不同步，不进行通告。

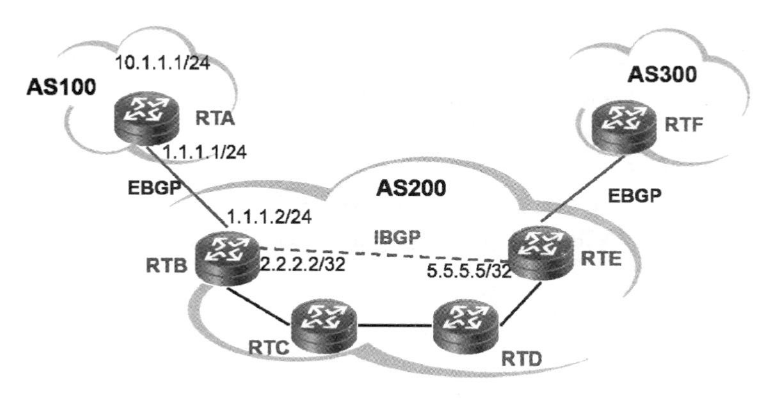

图 3-40　BGP 路由通告原则五

解决同步问题的方法有很多，最简单的办法是 RTB 把 BGP 路由信息引入到 IGP 中，这样就同步了。但是一般不建议这样做，因为 BGP 路由表很大，引入到 IGP 中来会给系统带来很大负担，甚至导致中低端路由设备的瘫痪。其他的解决办法如下：可以在 RTB 上配置一条去往 10.1.1.0/24 的静态路由，再把该静态路由引入到 IGP 中，这样也可以达到同步。但不论何种方法，都不适用于大规模网络。实际上，VRP 平台默认情况下 BGP 与 IGP 是非同步的，并不可改变。

但取消同步是有条件的。当 AS 中所有的 BGP 路由器能组成 IBGP 全闭合网时，才可以取消同步，即 RTB-RTC、RTB-RTD、RTB-RTE、RTC-RTD、RTC-RTE、RTD-RTE 都通过 TCP 连接建立 IBGP 邻居关系。这时可以发现数据到 RTD 后，由于 RTB-RTD 建立了 IBGP 邻居，所以 RTD 上有去往 10.1.1.0/24 的从 RTB 学来的 BGP 路由，这时，通过路由迭代，RTD 将数据发给 RTC。同理，RTC 也会把数据发给 RTB。这样，数据就不会在途中丢失了。

2. BGP 路由的注入

上文中介绍了 BGP 路由的通告原则，那么有一个问题，要想通过 BGP 路由，首先必须存在 BGP 路由。上文提到 BGP 的主要工作目的是在自治系统之间传递路由信息，而不是去发现和计算路由信息。所以，路由信息需要通过配置命令的方式注入到 BGP 中。成为 BGP 路由有两种配置方法，分别是通过 Network 命令以及通过 Import 命令。

第一种方法是通过 Network 命令：路由器将通过 Network 将 IP 路由表里的路由信息注入到 BGP 的路由表中，并通过 BGP 传递给其他对等体。通过 Network 命令注入到 BGP 路由表里的路由信息必须存在于 IP 路由表中。

第二种方法是通过 Import 命令把其他协议的路由信息注入到 BGP 路由表中，通过 Import 注入的路由信息通过组合策略共同使用。

3.6.3 BGP 选路原则

BGP 作为一个策略工具，主要作用是实现 AS 间的路由信息传递。BGP 结合丰富的路径属性，很好地控制路由信息的传递，从而实现路径的选择。

1. BGP 的属性分类

BGP 路径属性可以分为以下四大类。

（1）公认必遵（Well-known mandatory）。

（2）公认任意（Well-known discretionary）。

（3）可选过渡（Optional transitive）。

（4）可选非过渡（Optional non-transitive）。

BGP 必须识别所有公认属性。而一些强制携带的属性必须包含在每一个 UPDATE 消息里，即公认必遵属性。而其他任意属性则可能会被包含在某些具体 UPDATE 消息中。一旦 BGP 对等体更新带有公认属性的 UPDATE 消息时，BGP 对等体必须转发这些公认属性给其他对等体。

除公认属性外，每 UPDATE 消息里都可以包含一个或多个可选属性。并且不是每个 BGP Speaker 都要求支持这些可选属性。而一个新的可选过渡属性可以被发起者或其他一些 BGP Speaker 添加到路径属性上。可选属性不需要都被 BGP 路由器所认识。可选过渡就是可跨越 AS 的属性，可选非过渡就是不可跨越 AS 的属性。

常见的 BGP 路由属性有以下几种。

① Origin。

② AS_PATH。

③ Next hop。

④ MED。

⑤ Local-Preference。

⑥ Atomic-Aggregate。

⑦ Aggregator。

⑧ Community。

⑨ Originator-ID。

⑩ Cluster-List。

⑪ MP_Reach_NLRI。

⑫ MP_Unreach_NLRI。

⑬ Extended_Communities。

表 3-3 中列出了几种常用的属性。

表 3-3　BGP 常用属性

属性名	公认/可选	必遵/任意	过渡/非过渡
Origin	公认	必遵	
AS_PATH	公认	必遵	
Next hop	公认	必遵	
Local-Preference	公认	任意	
MED	可选		非过渡
Community	可选		过渡

Origin（起源属性）。定义路由信息的来源，标记一条路由是怎样成为 BGP 路由的。

AS_PATH（AS 路径属性）。是路由经过的 AS 的序列，即列出此路由在传递过程中经过了哪些 AS。它可以防止路由循环，并用于路由的过滤和选择。

Next hop（下一跳属性）。包含到达更新消息所列网络的下一跳边界路由器的 IP 地址。

MED 属性。当某个 AS 有多个入口时，可以用 MED 属性来帮助其外部的 AS 选择一个较好的入口路径。一条路由的 MED 值越小，其优先级越高，与 Cost 值类似。

Local-Preference（本地优先级属性）。用于在 AS 内优选到达某一目的地的路由。反映了 BGP Speaker 对每条 BGP 路由的偏好程度。属性值越大越优。

Community（团体属性）。团体属性标识了一组具有相同特征的路由信息，与它所在的 IP 子网或自治系统无关。

（1）起源属性。该属性定义了 BGP 路径信息源头，实际上也就是 BGP Speaker 产生 BGP 路由的方式，有以下 3 种起源属性值。

- IGP：在 BGP 路由表中（用 display bgp routing-table 查看）将会看到“i”的标识，通过 network 命令宣告的路由，起点属性为 IGP，此种方式也称为 BGP 信息的半动态注入，network 命令所宣告的网络来自于 IGP 协议（包括静态路由），这些路由是有选择性地通过 network 命令转换为 BGP 路由，所以称为“半动态”。
- EGP：在 BGP 路由表中将会看到“E”的标识，通过将 EGP 转化(import)成的 BGP 路由将具备此属性，这个属性在现实网络中将很难遇到，因为 EGP 基本上已经退出了历史舞台。
- Incomplete：在 BGP 路由表中将会有一个“? ”标识，具备这种属性的路由是通过一些别的方式学到的，属于未知的不明确的状态，一般来说，是通过将 IGP 或者静态路由引入（import）以后产生的。因为无条件地把 IGP 路由信息引入到 BGP 路由表可能会造成副作用，比如不要的或者错误的信息会漏（leak）进 BGP 中，比如 IGP 路由表中可能会包含很多仅仅用于 AS 内部的专用地址或者未经注册的地址。除此以外，这样做还有可能造成 BGP 路由表的动荡（因为 BGP 的路由依赖于 IGP 路由），对此问题 BGP 提供了一个解决方案路由衰减（ROUTE DAMPENING），此处将不再讨论。

在这种情况下，必须要施加特殊的过滤，以确定哪些特定的网络可以从 IGP 注入到 BGP 中。对于能区分开内部和外部路由的协议，比如 OSPF，可以通过配置来保证仅仅将内部路由注入到 BGP 中（VRP5 中默认情况只会引入 OSPF 路由，并不会引入 OSPF 外部路由到 BGP 中）。BGP 的路由还可以通过引入静态路由并下发，这样做可以提高路由的稳定性。起点属性 3 个值的优先顺序为 IGP>EGP>INCOMPLETE，这 3 个值对于 BGP 的选路起着控制作用。

（2）AS 路径属性。所谓 AS_PATH，是指 BGP 路由在传输的路径中所经历的 AS 的列表，是 BGP 中一个非常重要的公认必遵，过渡属性。BGP 不会接收 AS_PATH 属性中包含本 AS Number 的路由，从而避免了 AS 间产生环路的可能。为此，BGP 路由器在向 EBGP 对等体通告一条路由时，要把自己的 AS 号加入到 AS_PATH 属性中，以记录此路由经过 AS 的信息，如果在路由更新消息中发现自己所在的 AS 号已经被包含在 AS_PATH 属性中，则表明该路由之前曾经通过该 AS 或者是源自于该 AS，为避免路由环路，应该将此路由信息丢弃。

另外，AS_PATH 属性在路径选择上也是一个很重要的衡量参数。当路由器中存在两条或者两条以上的到同一目的地的路由时，这些路由可以通过此属性比较相互之间的优劣，AS_PATH 越短的路径越优先。需要注意的是在大多数的实际网络中，多条路径的优劣往往是由 AS_PATH 来决定。

如图 3-41 所示，AS200 内的关于网络 18.0.0.0/8 的 BGP 路由经 AS200、AS300、AS400 到达 AS100 的 AS_PATH 为（400 300 200），经 AS200、AS500 到达 AS100 的 AS_PATH 为（500 200），这时 BGP 优先选择有较短 AS_PATH 的 BGP 路由（500 200）。

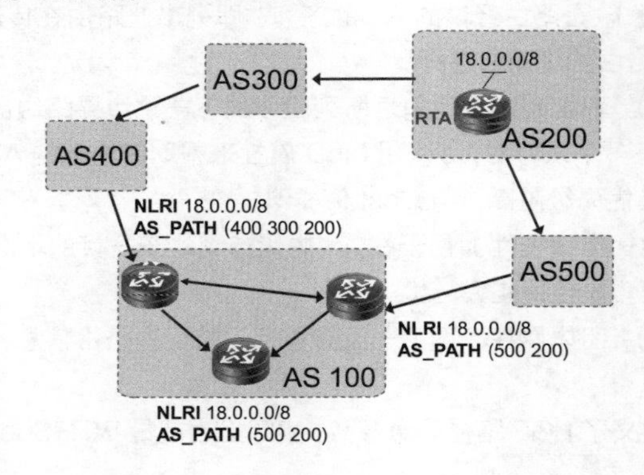

图 3-41　BGP AS-Path 属性

（3）下一跳属性。下一跳属性是一个公认必遵、过渡属性。

在图 3-42 中，路由器 RTA 与路由器 RTC 通过直连以太网接口建立 EBGP 邻居关系，RTA 与 RTB 通过直连接口建立 IBGP 邻居关系，而路由器 RTC 与路由器 RTD 通过直连以太网接口 10.0.0.2 和 10.0.0.3 建立 IBGP 邻居关系。

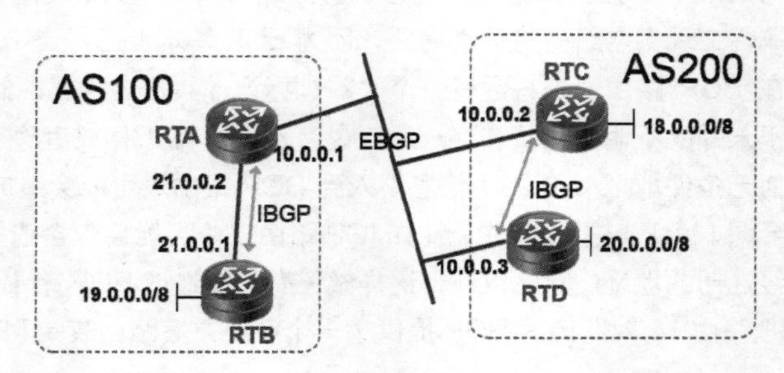

图 3-42　BGP 下一跳属性

借助图3-42的例子，对BGP中的下一跳属性进行介绍，主要有以下3种形式。

① BGP在向EBGP邻居通告路由时，或者将本地发布的BGP路由通告给IBGP邻居时，下一跳属性是本地BGP与对端连接的端口地址。如图3-42所示，RTC在向RTA通告路由18.0.0.0/8时，下一跳属性为10.0.0.2。RTB在向RTA通告路由19.0.0.0/8时，下一跳属性为21.0.0.1。

② 对于多路访问的网络（广播网或NBMA网络），下一跳情况有所不同：如图3-42所示，RTC在向RTA通告路由20.0.0.0/8时，发现本地端口10.0.0.2同此路由的下一跳10.0.0.3（指在RTC路由表中此路由的下一跳）为同一子网，将使用10.0.0.3作为向EBGP通告路由的下一跳，而不是10.0.0.2。

③ BGP在向IBGP邻居通告从其他EBGP得到的路由时，不改变路由的下一跳属性，而直接传递给IBGP邻居。如图3-42所示，RTA通过IBGP向RTB通告路由18.0.0.0时，下一跳属性为10.0.0.2。这样做有时会产生以下问题，如果RTB不知如何去往10.0.0.2，那么此BGP路由将失效。

（4）本地优先级属性。在某些情况下，一个ISP可能通过两条高速链路连接两个大的ISP作为自己到Internet的出口，如图3-43所示，ISP0通过两条链路分别连接到ISP1和ISP2。

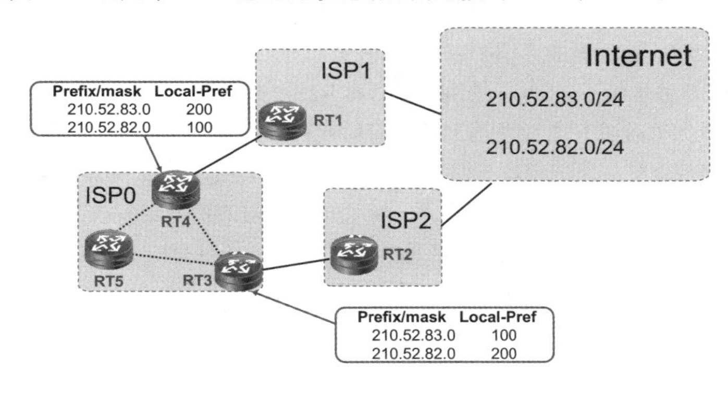

图3-43 BGP本地优先级属性

在这种情况下，ISP0怎样把流量均衡地分布到两条上行链路呢？假设Internet上有这样两条路由：210.52.83.0/24（在后面的介绍中以83代表）和210.52.82.0/24（在后面的介绍中以82代表），而图中的需求是使到网络83的流量分布在到ISP1的链路上，而到网络82的流量分布在到ISP2的链路上。

分析ISP0内部网络结构，RT3、RT4和RT5之间分别两两建立TCP连接来构成IBGP对等体关系，而RT3、RT4分别和位于ISP2、ISP1的路由器建立EBGP对等体关系。这样路由器RT3和RT4都会从自己的EBGP对等体收到82和83这两条路由，而且RT3和RT4也会通过IBGP对等体关系通告82、83这两条路由给自己的IBGP对等体。由此可以看出，RT5分别有两个来源获得82和83路由，这样只需要在RT3和RT4上适当地对来源的属性进行修改，就可以达到目的。

那么怎样做到这一点呢？在这里，BGP可以给路由附加一种称为本地优先级的属性，路由器接收到去往同一目的地的多条路由，可以根据本地优先级属性值的高低进行路由选举（本地优先级的数值越高越好）。本例中，在RT3上，当从ISP2获得路由82和83的时候，给83赋予本地优先级属性100（默认，不需配置），而给82赋予本地优先级属性200。同理，在RT4上，当从ISP1获得路由82和83的时候，给82赋予100，而给83赋予200。这样对等体RT5就会从两个地方接收到了带有不同本地优先级属性值的同一目的地址的两条路由，根据本地优先级数值的高低进行路由选举。最终实现到达83的流量分布在ISP1上，而到达82的流量分布在ISP2上。

（5）MED属性。前面介绍的本地优先级属性用于控制数据流怎样出AS，有些情况下，需要控制数据流怎样进入本AS，图3-44举了这样的一个例子。

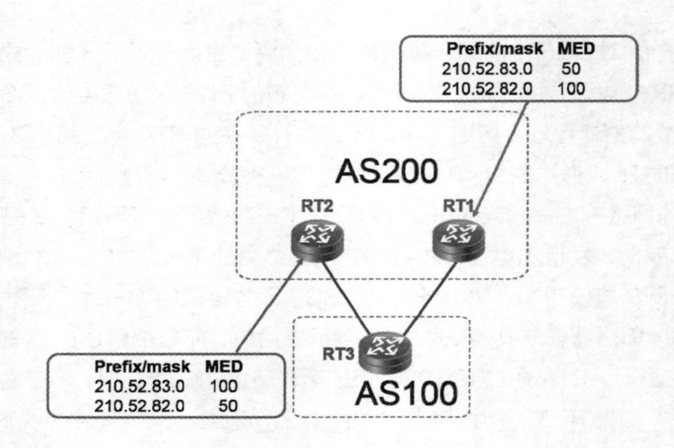

图 3-44 BGP MED 属性

在这个网络中，AS100 通过两条上行链路连接 AS200 的两个不同的路由器，假设在 AS200 中有这样两个网络 210.52.83.0/24（在后面的介绍中以 83 代表）和 210.52.82.0/24（在后面的介绍中以 82 代表），这两个网络都通过 BGP 通告给了 AS100 的边界路由器 RT3。这时候 AS200 的管理者想达到以下目的，从 AS100 来的到 82 的数据流通过 RT2 路由器到达，而从 AS100 来的到 83 的数据流通过 RT1 到达。可以看出，跟前面在 AS 内部控制数据流的出口不同的是，需要在 AS 内部控制数据流怎样流入该 AS。

跟前面的思路相同，还是给通告的路由打上一种标记，当对端接收到多条去往同一网段的路由时，根据该标记决定选择哪条路由。在 AS200 的边界路由器 RT1 上，当向 RT3 发布路由 82 和 83 时，给 83 打上标记 50，而给 82 打上标记 100。在 AS200 的边界路由器 RT2 上，当向 RT3 发布路由 82 和 83 时，给 82 打上标记 50，而给 83 打上标记 100。当 AS100 路由器 RT3 通过 EBGP 对等体分别从 RT1 和 RT2 获得去往相同网段的路由时，会选择 RT1 作为 83 的下一跳，而选择 RT2 作为 82 的下一跳。

这种标记也可用属性的方式实现，在实现中这个标记是一个整数，数值越小，在选择中越有优势，通常称这种标记为 MED。可以看出，跟本地优先级不同的是，MED 控制流量怎样进入 AS，而本地优先级则控制流量怎样流出 AS。

（6）团体属性。团体是一组有相同性质的目的地址路由。目的就是将路由信息编组，通过组的标识决定路由传递的策略。

每个 AS 的管理员都可以自己定义目的地址所属的团体，默认情况下，所有目的路由都属于常规 Internet 团体。一条路由可以具有一个以上的团体属性值。在一条路由中看到多个团体属性值的 BGP 路由器可以根据一个、一些或所有这些属性值来采取相应的策略。路由器在将路由传递给其他对等体之前可以增加或修改团体属性值。

团体属性由一系列以 32 位长度为单位的数值所组成，每 32 位代表一个团体属性。所有路由的团体属性都属于团体属性列表。

团体属性数值范围为 0x00000000~0x0000FFFF，0xFFFF0000~0xFFFFFFFF 被保留。

公认团体属性是公认的，具有全球意义，公认的团体有以下 3 种。

- NO_EXPORT(0xFFFFFFF01)。路由器收到带有这一团体值的路由后，不应把该路由通告给一个联盟之外的对等体。
- NO_ADVERTISE(0xFFFFFFF02)。路由器收到带有这一团体值的路由后，不应把该路由通告给任何的 BGP 对等体。
- NO_EXPORT_SUBCONFED(0xFFFFFF03)。路由器收到带有这一团体值的路由后，可以把该路由通告给它的 IBGP 对等体，但不应通告给任何的 EBGP 对等体（包括联盟内的 EBGP 对等体）。

除了这些公认的团体属性值外，私有的团体属性值也可以被定义用于特殊用途。这些属性值使用一些数字所标示。通常，前两字节由本地 AS 来编码，后两字节是一个 0~65 535 之间的任意数值。例如，AS690 被定义为研发、教育和商务部所使用，团体属性数值应该被定义在 0x02B20000~0x02B2FFFF 之间。

2. BGP 的选路原则

前文已经提到 BGP 的两个作用，控制路由传递和选择最优路径，接下来介绍 BGP 是如何选择出最优的 BGP 路径的。BGP 的路径选择过程有以下步骤。

（1）如果此路由的下一跳不可达，忽略此路由。

（2）评估 Preferred-Value 值，数值高的优先（VRP5 增加的新参数，指定对等体的首选值，数值越高越好）。

（3）Local-Preference 值最高的路由优先。

（4）聚合路由优先于非聚合路由。

（5）评估 AS 路径的长度，最短的路径优先。

（6）比较 Origin 属性，IGP 优于 EGP，EGP 优于 Incomplete。

（7）选择 MED 较小的路由。

（8）EBGP 路由优于 IBGP 路由。

（9）BGP 优先选择到 BGP 下一跳的 IGP 度量最低的路径。

注：当以上全部相同，则为等价路由，可以负载分担，AS_PATH 必须完全一致。当负载分担时，以下 3 条原则无效。

（10）比较 Cluster-List 长度，短者优先。

（11）比较 Originator_ID(如果没有 Originator_ID，则比较 Router ID)，选择数值较小的路径。

（12）比较对等体的 IP 地址，选择 IP 地址数值最小的路径。

3.6.4 BGP 故障案例分析

BGP 作为一个复杂的域间路由协议，经常出现各种各样的故障。定位故障的原因以及准确地排除故障都需要建立在对协议运作非常了解的基础上。前面章节已经提到，BGP 正常运行的前提是建立邻居关系，本小节主要介绍 BGP 邻居无法正常建立时的故障定位思路，故障案例拓扑如图 3-45 所示。

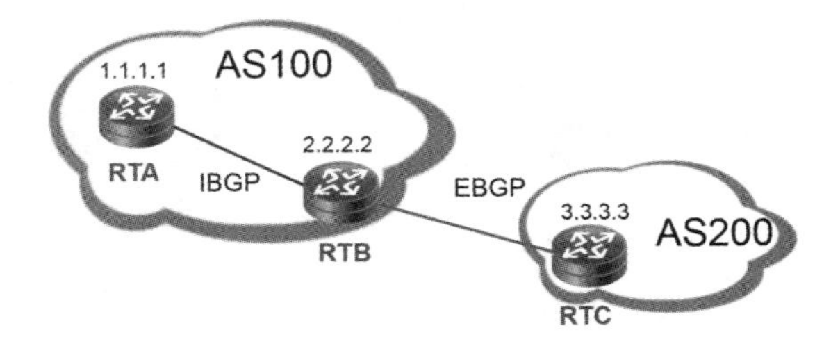

图 3-45 BGP 故障拓扑

如图 3-45 所示，AS100 内的 RTB 希望与 RTA 建立 IBGP 邻居关系，希望与 AS200 的 RTC 建立 EBGP 邻居关系。现故障现象是 RTB 与 RTA 无法建立 IBGP 邻居关系，与 RTC 也无法建立 EBGP 邻居关系。

邻居关系无法建立主要有以下原因。

（1）TCP 179 端口被禁用。

（2）没有 IP 连通性。

（3）OPEN 消息参数不正常。

（4）EBGP/IBGP 配置有误。

（5）物理层以及其他故障。

理解 BGP 的通告原则以及 BGP 的选路过程，对处理 BGP 相关的故障有很大的帮助。本故障案例仅以 BGP 邻居无法建立为例，介绍了常见的原因。本故障案例的排查检查结果主要存在以下几个问题。

（1）TCP 连接，BGP 邻居更新的源地址不匹配。

（2）IP 连通性，RTC 没有到达 RTB 的路由。

（3）配置信息，修改 RTB 以及 RTC 上 EBGP 邻居更新信息的 TTL 值。

（4）配置的 BGP AS 号不匹配。

3.7 路由选择与控制

路由协议的作用是发现网络中到各个目的网段的路由，从而指导路由器转发报文。面对如此众多的路由协议以及网络中数量相当庞大的路由，路由器该如何处理？显然，如果对所有路由不加选择地全部接收是不可取的，路由器必须能够懂得如何学习有用的路由，如何过滤掉不需要的路由，如何选择最佳的路由。本节针对路由控制和路由选择进行综合性的阐述。

3.7.1 路由策略概述

路由策略是为了改变网络流量所经过的途径而对路由信息采用的方法，主要通过改变路由属性（包括可达性）来实现。比如控制路由信息的传播和修改路由属性，从而使网络流量按照预期的路径转发。如图 3-46 所示，从 RTA 到 RTF 共有两条链路，RTA、RTB 和 RTC 是 IBGP 邻居关系，其他路由器之间互为 EBGP 邻居关系。图中到目的网段 D1(19.0.0.0/8)的报文走 RTA-RTB-RTD-RTF 这条路径，到目的网段 D2(18.0.0.0/8)的报文走 RTA-RTC-RTE-RTF 这条路径，如何实现该需求？其中一种解决方案就是使用路由策略。可以使用路由策略过滤路由或者修改路由的某些属性，从而达到控制报文转发路径的目的。

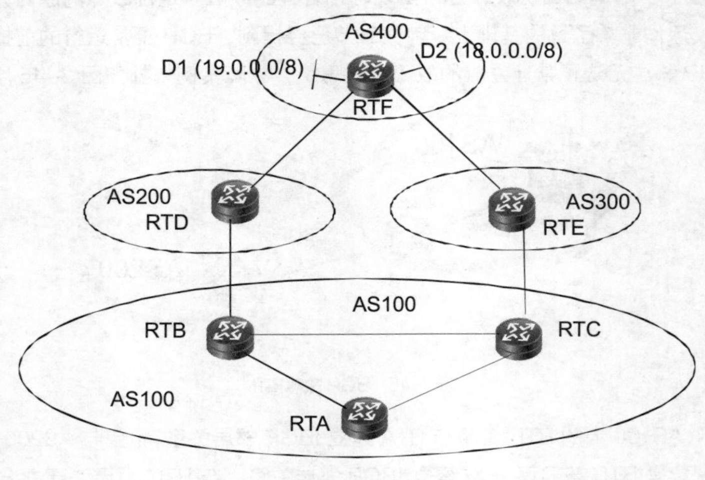

图 3-46 路由策略

此外路由器在发布与接收路由信息时，可能需要实施一些策略，以便对路由信息进行过滤。比如只接收或发布一部分满足条件的路由信息，或者一种路由协议（如 RIPng）可能需要引入其他的路由协议发现的路由信息。但路由器在引入时，可能需要只引入一部分满足条件的路由信息，并对所引入的路由信息的某些属性进行设置，以使其满足本协议的要求。

综上所述，路由策略的应用主要有以下两种。

（1）路由协议在引入其他路由协议发现的路由时，通过路由策略只引入满足条件的路由信息。

（2）路由协议在发布或接收本路由协议发现的路由信息时，通过路由策略对信息进行过滤，只接收或发布满足给定条件的路由信息。

3.7.2 路由选择工具

要执行人为定义的策略，必须先把执行对象筛选出来。这个时候就可以使用路由选择工具。可以根据过滤的对象不同，采用不同的路由选择工具。常见的路由选择工具如表 3-4 所示。

表 3-4　路由选择工具

路由选择工具	功能说明
ACL	用于匹配路由信息或者数据包的地址，过滤不符合条件的路由信息或数据包
Ip-prefix	匹配对象为路由信息的目的地址或直接作用于路由器对象（Gateway）
As-path-filter	仅用于 BGP，匹配 BGP 路由信息的自治系统路径域
Community-filter	仅用于 BGP，匹配 BGP 路由信息的自治系统团体域
Route-policy	设定匹配条件，属性匹配后进行设置，由 if-match 和 apply 子句组成

访问控制列表（Access Control List，ACL）和前缀列表（Ip-prefix List）一般都可以用来匹配 IP 地址。但是前缀列表不能用来过滤数据包，只能用来过滤路由信息。所以首先要清楚要匹配的对象是什么，是路由还是数据，然后才能选择适当的工具。As-path-filter 是用来匹配 BGP 路由信息中的 As-Path 属性的，所以它只能用于过滤 BGP 路由。Community-filter 是用来匹配 BGP 路由信息中的团体属性的，所以，同 As-path-filter 一样，只能用于过滤 BGP 路由。Route-policy 是一个强大的过滤工具，它不但是过滤器，而且还是策略器。作为过滤器，它可以用 if-match 语句来匹配路由和数据包，而且 if-match 语句还可以调用其他过滤器（如访问控制列表和前缀列表）。作为策略器，它可以使用 apply 语句来修改路由属性或者数据包的转发行为。本小节后续篇幅将主要介绍各个路由选择工具。

按照访问控制列表（ACL）的用途，可以分为 3 类：基本的访问控制列表（Basic ACL）、高级的访问控制列表（Advanced ACL）、基于接口的访问控制列表（Interface-based ACL）。Basic ACL 可以用来匹配源 IP 地址。Advanced ACL 可以用来匹配源 IP 地址、目的 IP 地址、源端口号、目的端口号、协议号等。Interface-based ACL 可以用来匹配接口。

ACL 既可以用来匹配数据包，也可以用来匹配路由信息。ACL 是由 permit | deny 语句组成的一系列有顺序的规则。这些规则根据源地址、目的地址、端口号等来描述。故在使用 ACL 匹配路由信息或者数据流时，有一个匹配顺序。一般而言，设备上支持两种匹配顺序，分别是配置顺序和自动排序。配置顺序，是指按照用户配置 ACL 的规则的先后进行匹配。自动排序使用“深度优先”的原则。“深度优先”规则是把指定数据包范围最小的语句排在最前面。这一点可以通过比较地址的通配符来实现，通配符越小，则指定的主机的范围就越小。比如，129.102.1.1 0.0.0.0 指定了一台主机：129.102.1.1，而 129.102.1.1 0.0.0.255 则指定了一个网段：129.102.1.1 ~ 129.102.1.255。显然前者在访问控制规则中排在前面。可以通过一个具体示例，来观察 ACL 的访问匹配。

ACL 在匹配路由信息或数据流时使用通配符，即反掩码。如图 3-47 所示，这个 ACL 的匹配条件是“1.1.0.0 0.0.255.255”，意思是只要路由的前两个字节是“1.1”就能满足匹配条件，后两个字节不影响匹配的结果。因此，“1.1.1.1/32”“1.1.1.0/24”和“1.1.0.0/16”都满足匹配条件。

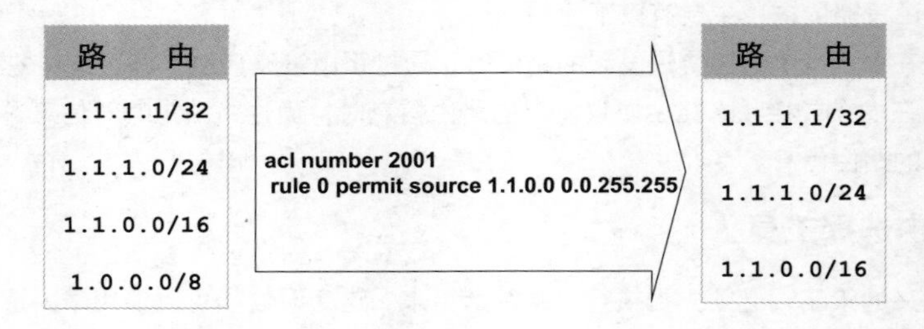

图 3-47　ACL 示例 1

再如图 3-48 所示，这个 ACL 的匹配条件是“1.1.0.0 0.0.0.0”，其中反掩码是“0”。这意味着路由条目的的 32 个位必须是“1.1.0.0”，因此只有“1.1.0.0/16”这个路由条目满足匹配条件。

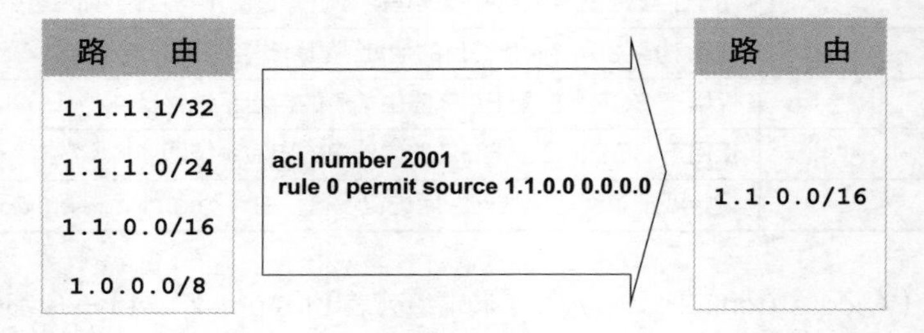

图 3-48　ACL 示例 2

如图 3-49 所示，匹配条件是“1.1.1.0 0.0.254.255”，其中反掩码的二进制表示形式为“00000000.00000000.11111110.11111111”。在反掩码中，0 表示严格匹配，1 表示不关心。所以，这个匹配条件表明，前两个字节必须严格匹配，第三个字节的前 7 位不关心，第 8 位必须严格匹配，第四个字节不关心。将“1.1.1.0”跟反掩码相比较，可以得出结论，这个匹配条件匹配的路由的前两个字节必须是“1.1”，第 3 个字节的最后一位必须是 1（表明这个字节是个奇数）。所以，图 3-49 中满足这个条件的路由有“1.1.1.1/32”“1.1.3.1/32”“1.1.5.1/32”，其他的路由条目都不满足第三个字节是奇数的条件。

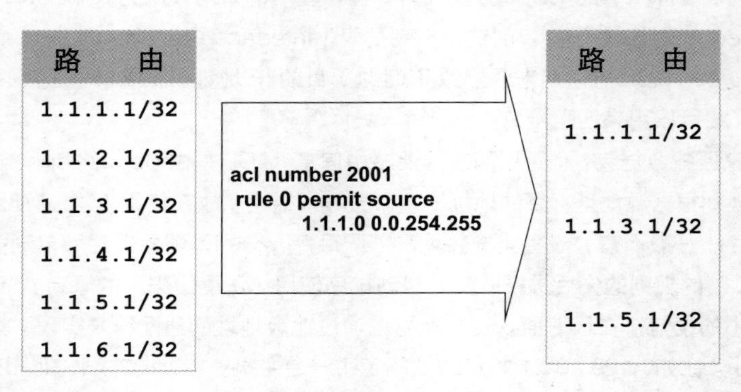

图 3-49　ACL 示例 3

如图 3-50 所示，可见在一个 ACL 中可以同时定义多个过滤条件。在这个示例中，给 ACL 2001 定义了4个过滤条件。“1.1.1.1/32”匹配“rule 0”，“1.1.1.0/24”匹配“rule 1”，因此被过滤掉了。“1.1.0.0/16”满足“rule 2”，“1.0.0.0/8”不满足前3个匹配条件，因此被最后的“rule 3”给过滤掉了。

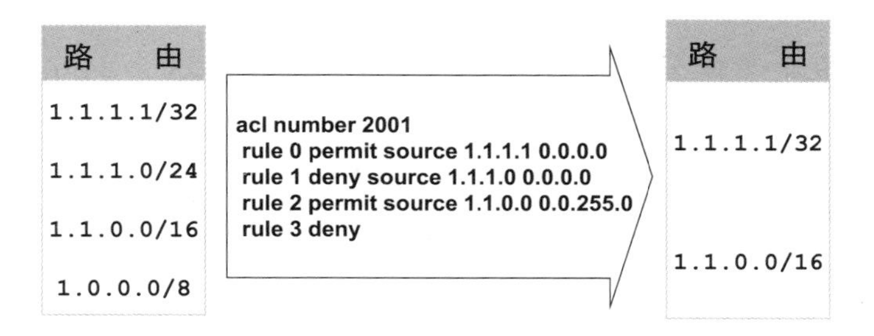

图3-50 ACL示例4

如图3-51所示，怎么把1.1.1.0/25也过滤掉呢？使用ACL可以很好地匹配路由的前缀部分，但是对于前缀相同、掩码不同的路由怎么区分呢？这时候，可以使用前缀列表。

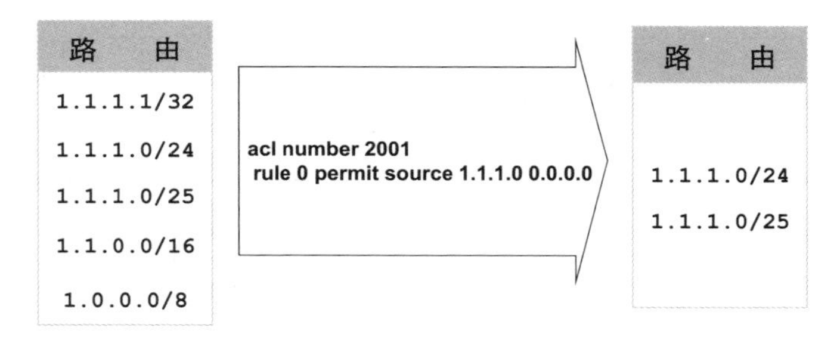

图3-51 ACL示例5

前缀列表用来过滤IP前缀，能同时匹配前缀号和前缀长度。故前缀列表这方面的性能比访问控制列表高。但是前缀列表仅用于过滤路由信息，不能用于过滤数据包。例如 ip ip-prefix test index 10 permit 10.0.0.0 16 greater-equal 24 less-equal 28，表示匹配的前缀号必须为10.0，且要求24≤前缀长度≤28。所以，满足条件的有10.0.1.0/24、10.0.2.0/25、10.0.2.192/26等。

如图3-52所示，在这个前缀列表中，“index 10”定义了两个匹配条件：一个是“1.1.1.0 24”，另一个是“greater-equal 24 less-equal 24”。“1.1.1.0 24”表示路由的前缀部分的前3个字节必须是“1.1.1”。“greater-equal 24 less-equal 24”表示路由的掩码长度必须是24位。所以，只有“1.1.1.0/24”这个路由满足匹配条件。另外需要注意的是，前缀列表可以同时定义多个“index”。

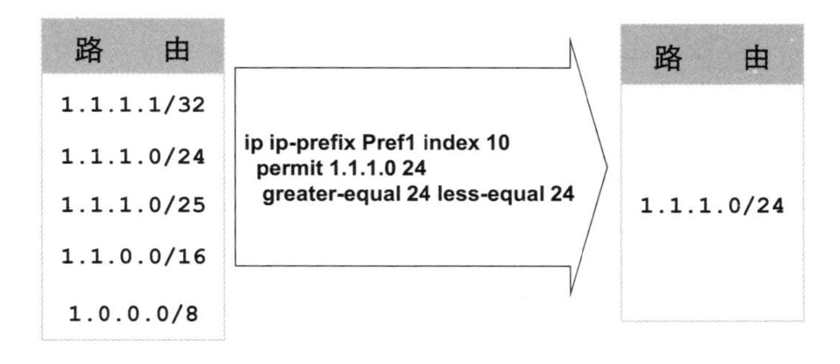

图3-52 ip-prefix

AS-path-filter 列表用来过滤 BGP 的 AS-PATH 属性，使用正则表达式来定义。正则表达式是非常灵活的，同样一种含义可以有多种表示方法。正则表达式用一些特殊的符号来表示特殊的含义，具体如表 3-5 所示。例如，“ip as-path-filter 10 permit .* ”表示匹配所有 AS-PATH 属性。“ip as-path-filter 10 permit _100$”表示匹配从 AS100 发起的路由。“ip as-path-filter 10 permit ^200_”表示匹配从 AS200 接收的路由。

表 3-5 正则表达式

字 符	符 号	特殊意义
句号	.	匹配任意单字符
星号	*	匹配前面的一个字符或者一个序列，可以 0 次或者多次出现
加号	+	匹配前面的一个字符或者一个序列，可以 1 次或者多次出现
问号	?	匹配前面的一个字符后者一个序列，可以 0 次或者 1 次出现
加字符	^	匹配输入字符串的开始
美元符	$	匹配输入字符串的结束
下划线	_	匹配逗号、括号、字符串的开始和结束、空格
方括号	[范围]	表示一个单字符模式的范围
连字符	-	把一个范围的结束点分开

AS-PATH 属性被用来记录路由在传递过程中经过的 AS 号。如果一条路由起源于 AS100，然后依次经过 AS300、AS200、AS500，最后到达 AS600。那么在 AS600 里，路由的 AS-PATH 属性表示为“500 200 300 100”。AS-PATH 属性实际上是一个字符串，因此可以用正则表达式来表示。

团体列表 Community-filter 根据团体属性来过滤 BGP 路由。团体列表有基本的和高级的两种。基本团体列表用来匹配实际的团体属性值和常量，如 ip community-filter 1 permit 100:1 100:2。高级团体列表可以使用正则表达式来匹配团体属性，如 ip community-filter 100 permit ^10。

团体属性分为 Well-known 团体属性和私有的团体属性。Well-known 团体属性包括 internet、no-advertise、no-export、no-export-subconfed 等。私有团体属性由管理员定义，主要用来给前缀打上管理标记，以便制定相应的策略，格式为 AS:NUMBER。

最后介绍一个功能强大的工具 Route-policy。Route-policy 是强大的过滤工具和策略工具。一个 Route-policy 下可以有多个节点，不同的节点号用 seq-number 标识，不同 seq-number 各个部分之间的关系是“或”的关系。每个节点下可以有多个 if-match 和 apply 子句，if-match 子句之间是“与”的关系。If-match 子句可以引用其他的过滤器，包括 acl、ip-prefix、as-path-filter、community-filter 等。Apply 子句可以用来修改路由的属性。

每个节点需要设置其匹配模式：允许或者拒绝。允许模式：当路由项满足该节点的所有 if-match 子句时，被允许通过该节点的过滤并执行该节点的 apply 子句。如路由项不满足该节点的 if-match 子句，将试图匹配路由策略的下一个节点。拒绝模式：当路由项满足该节点的所有 if-match 子句时，被拒绝通过该节点的过滤，并且不会进行下一个节点的测试。

通过图 3-53 的示例，来学习 Route-policy。

- 首先，定义了前缀列表 Pref1，用来匹配 5.5.5.5/32 和 1.1.2.0/24。匹配此前缀列表的条目将被路由策略的 node 10 过滤掉，所以在过滤后的路由表中看不到 5.5.5.5/32 和 1.1.2.0/24。
- 前缀列表 Pref2 用来过滤 6.6.6.6/32（deny）。所以尽管路由策略的 node 20 的策略是 permit，

6.6.6.6/32 仍然被过滤掉了。

- 路由策略的 node 30 定义了两个 if-match 语句：同时满足匹配 acl 2001 和下一跳满足 acl 2002 的条件。acl 2001 匹配的路由条目包括 1.1.3.0/24 和 1.1.3.0/25 共 4 条路由。但是满足 node 30 定义的条件还需要满足下一跳为 13.13.13.1。因此只有两条路由可以满足条件，这两条路由的 cost 被 apply 语句修改为 21。
- 剩余的两条路由是 1.1.3.0/24 和 1.1.3.0/25，而且这两条路由的下一跳是 34.34.34.2。这两条路由继续试图尝试匹配路由策略的 node 40，于是 1.1.3.0/25 路由可以匹配前缀列表 Pref3，cost 被修改为 11。
- 最后剩下的路由 1.1.3.0/24 被 node 50 原封不动地保留。

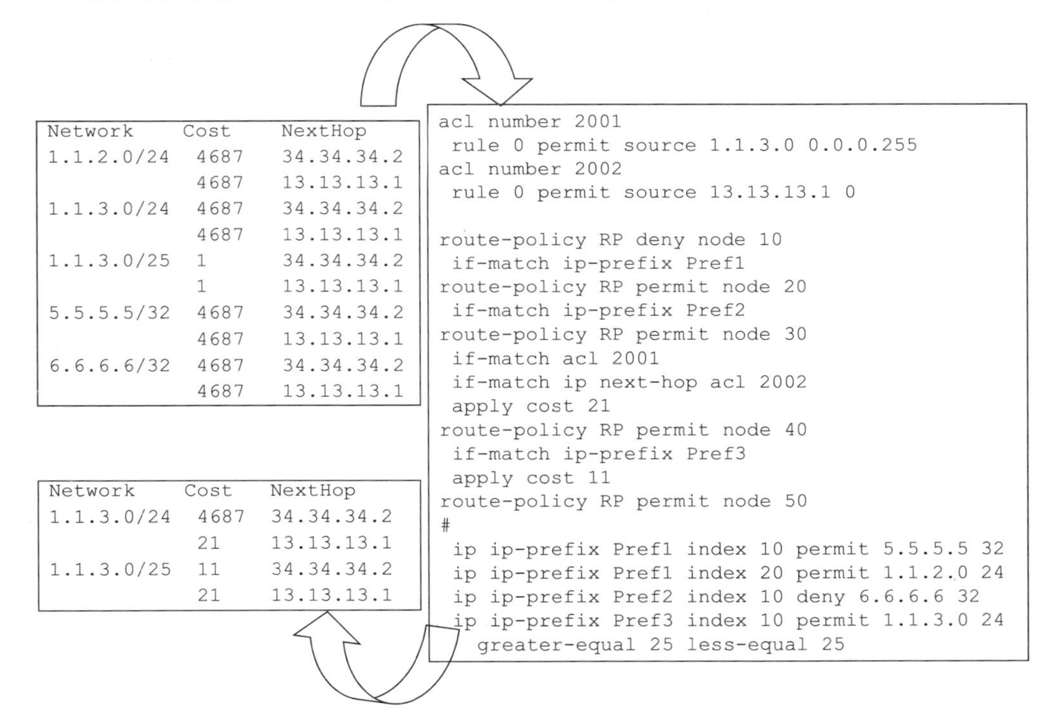

图 3-53 Route-policy

3.7.3 路由策略

一般情况下，不同路由协议之间不能共享各自的路由信息。当需要使用其他途径学习到的路由信息时，需要配置路由引入。路由引入，即在一个路由协议中通告其他途径学习到的路由。

学习路由信息一般有 3 种途径：直连网段、静态配置和动态路由协议。可以把这 3 种途径学习到的路由信息引入到路由协议中。例如，把直连网段引入到 OSPF 中，称为“引入直连”。把静态路由引入 OSPF，称为“引入静态路由”。把 RIP 引入 OSPF，称为“引入 RIP”。当把这些路由信息引入到路由协议进程以后，这些路由信息就可以在路由协议进程中进行通告了。

如图 3-54 所示，在这个网络中，同时运行 OSPF 和 RIP，运行 OSPF 的网段包括 11.0.0.0，运行 RIP 的网段包括 10.0.0.0 和 2.0.0.0。在不配置路由引入的情况下，RTB 没有任何关于 2.0.0.0 和 10.0.0.0 网段的路由信息。

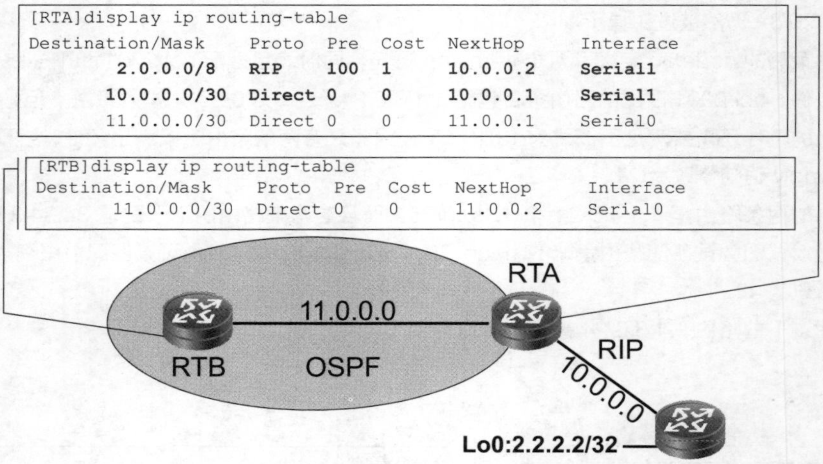

[RTA]display ip routing-table
Destination/Mask Proto Pre Cost NextHop Interface
2.0.0.0/8 RIP 100 1 10.0.0.2 Serial1
10.0.0.0/30 Direct 0 0 10.0.0.1 Serial1
11.0.0.0/30 Direct 0 0 11.0.0.1 Serial0
[RTB]display ip routing-table
Destination/Mask Proto Pre Cost NextHop Interface
11.0.0.0/30 Direct 0 0 11.0.0.2 Serial0
RTA
11.0.0.0
RTB
OSPF
RIP
10.0.0.0
Lo0:2.2.2.2/32

图 3-54 路由引入示例 1

如图 3-55 所示，在 RTA 上把 RIP 引入到 OSPF。这个时候，RTB 就可以学到 2.0.0.0 和 10.0.0.0 网段的路由信息了。注意，在 RTA 的路由表中，尽管 10.0.0.0 网段表明的是“direct”，但是，因为这个网段运行了 RIP，所以也会被引入到 OSPF 中。

ospf 1
import-route rip 1
[RTB]display ip routing-table
Destination/Mask Proto Pre Cost NextHop Interface
2.0.0.0/8 O_ASE 150 1 11.0.0.1 Serial0
10.0.0.0/30 O_ASE 150 1 11.0.0.1 Serial0
11.0.0.0/30 Direct 0 0 11.0.0.2 Serial0
RTA
11.0.0.0
RTB
OSPF
RIP
10.0.0.0
Lo0:2.2.2.2/32

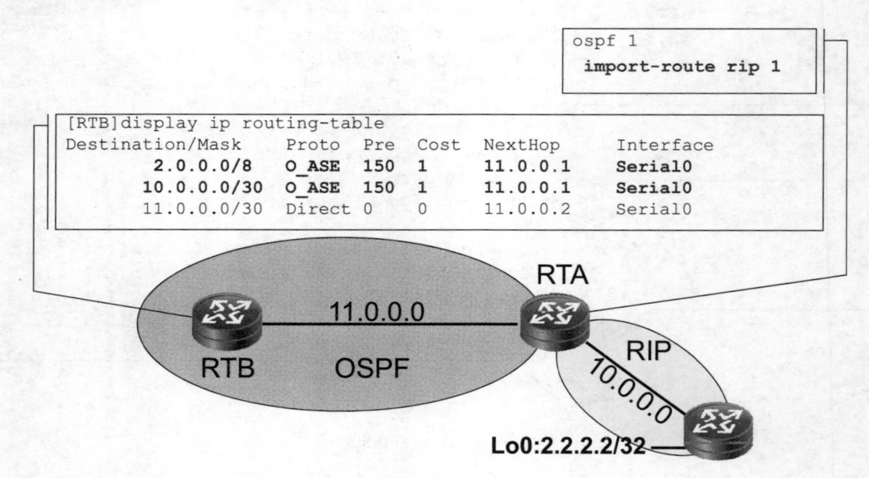

图 3-55 路由引入示例 2

在一般情况下，部署一种路由协议就够了。但是在以下这些情况，可能要部署路由引入。

（1）部署不同路由协议的机构合并。比如，A 公司部署 OSPF，B 公司部署 IS-IS，现在 A 公司和 B 公司合并成一个 C 公司。这时候，原来 A 公司的网络要和原来 B 公司的网络要互相访问，可能需要配置路由引入。

（2）不同的网络使用不同的协议，并且这些网络需要共享路由信息。一个很大的网络可能由很多小网络组成，这些小网络的复杂度是不一样的。有些网络很小，为了管理简单，所以部署了 RIP，有些网络的链路类型很复杂，所以部署 OSPF（OSPF 比 IS-IS 支持的网络类型多），而其他网络部署 IS-IS。为了这些小网络的互访，可能要配置路由引入。

（3）网络协议的限制。拨号网络是按时间计费的，所以拨号网络一般只作为备份链路使用。在主链路正常的情况下，拨号链路是不工作的。在拨号网络上，不适合运行 IS-IS 协议（OSPF 协议有专门针对拨号链路的设计），因为 IS-IS 协议需要定时发送报文。如果在拨号链路上运行 IS-IS 协议，这些报文会导致拨号链路在主链路正常的情况下也处于 UP 状态。通常在拨号链路上配置静态路由，然后把静态路由引入到 IS-IS 中。

如果路由引入不当，有可能会造成次优路径、路由环路等问题。如图 3-56 所示，在这个网络中，同时运行 IS-IS 和 RIP，其中 RTC 和 RTB 是边界路由器。在 RTC 上，把 RIP 引入到 IS-IS 中。2.2.2.2 这个网段将通过 IS-IS 通告给 RTA，然后 RTA 又通告给 RTB。RTB 同时从 RIP 和 IS-IS 学习到关于 2.2.2.2 的路由。于是它比较 IS-IS 和 RIP 的优先级，因为 IS-IS 的优先级为 15，RIP 的优先级为 100，所以 RTB 最终选择 IS-IS 通告的路由。RTB 如果要把数据包发往 2.2.2.2，将选用 RTB-RTA-RTC-RTD 的次优路径。因此，在配置路由引入的时候，要避免次优路由的产生。

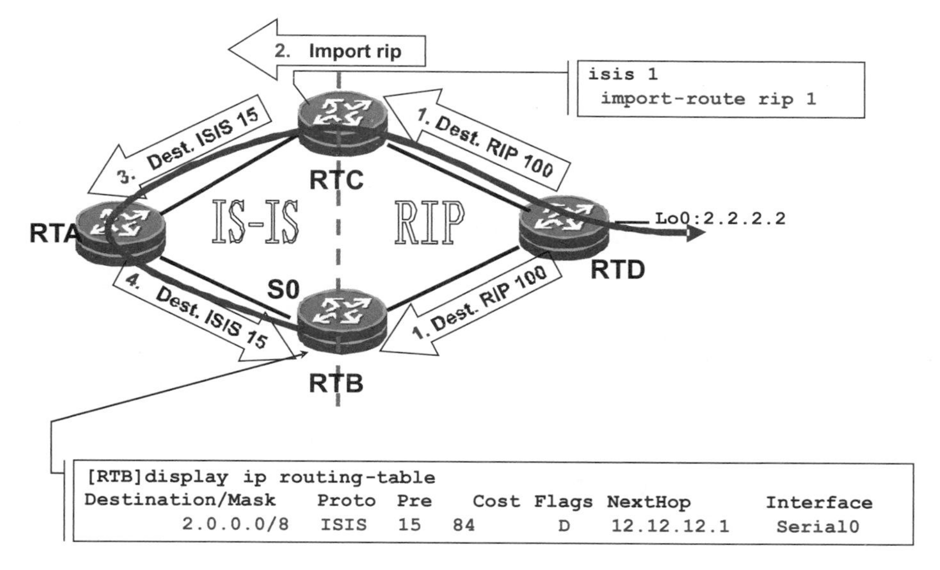

图 3-56　路由引入不当导致次优路径

如图 3-57 所示，RTA 通过引入直连路由把 2.2.2.2 网段引入到 OSPF 中，OSPF 将采用 ASE 路由（优先级为 150）的方式把 DEST 通告给 RTB、RTC、RTE。在 RTE 上，配置了引入 OSPF-ASE，把 2.2.2.2 引入到 IS-IS 中。在 RTC 上，配置了引入 IS-IS，把 IS-IS 路由引入到 OSPF 中。于是，2.2.2.2 网段又从 IS-IS 通告回 OSPF，这称为路由回馈。这样的话，RTB 同时从 RTA 和 RTC 学习到关于 2.2.2.2 的路由。因为优先级都一样（都是 OSPF ASE 路由），所以比较 metric 值，如果 RTB 很不幸地选择了 RTC 通告的路由，环路就发生了。比如，RTD 发一个数据包到 2.2.2.2，数据包将发往 RTE，然后到 RTB，因为 RTB 选择了 RTC 的路由，所以 RTB 把数据包发往 RTC，RTC 再发到 RTD，于是数据包回到了起点。在复杂的环境中要小心，避免这种情况的出现。

另外，路由引入要注意开销值的变化。不同的路由协议计算路由开销的依据是不同的，开销值的大小是不同的，而且开销的范围也是不同的。IS-IS 和 OSPF 的开销值可以基于带宽，而且值的范围很大，RIP 的开销基于跳数，范围很小。所以，当配置 IS-IS 和 RIP 的引入或者 OSPF 和 RIP 的引入时一定要谨慎。应该配置开销值，以反映网络的真实拓扑。

上文提到，路由引入可能会导致次优路由和路由环路。那么可以通过路由过滤来避免这些问题。另外，路由过滤还可以进行精确的路由引入和路由通告。

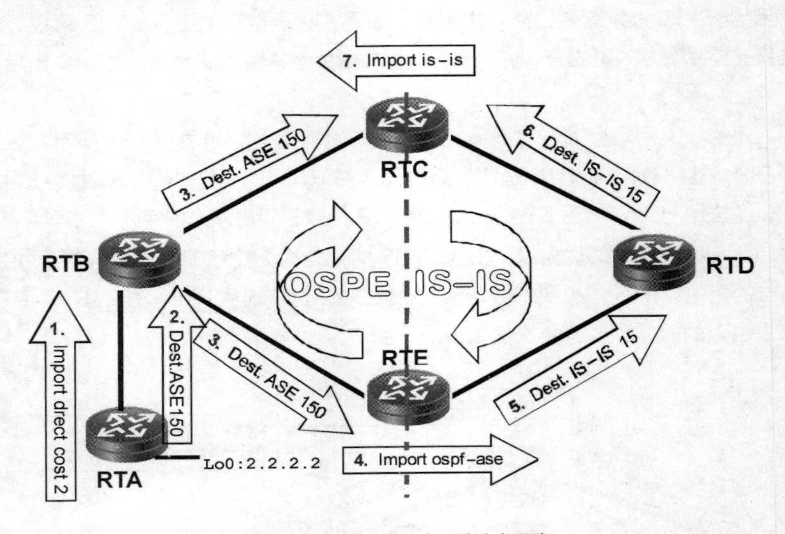

图 3-57　路由引入不当导致路由环路

如图 3-58 所示，在前文次优路由的案例中，次优路由产生的原因是 RTB 同时从 IS-IS 和 RIP 学到关于 2.2.2.2 的路由，但 RTB 选择了从 IS-IS 学到的路由。此时可以在 RTB 上配置路由过滤，把 IS-IS 的路由过滤掉，这样，RTB 将选择 RIP 路由来转发数据包，从而避免了次优路由。

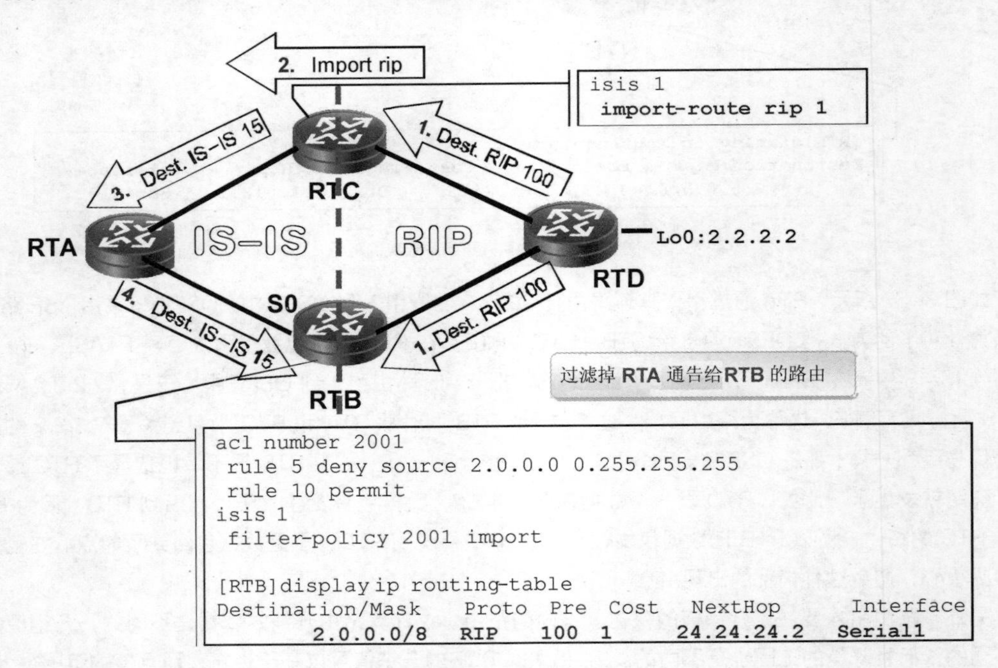

图 3-58　使用路由过滤避免次优路由

如图 3-59 所示，在前文路由环路的案例中，路由环路产生的原因是路由回馈。所以，只要在 RTC 上配置路由引入的时候把 2.2.2.2 过滤掉就可以了。

在通告路由的时候，通常不希望把私网路由通告到公网中去，也可能需要隐藏内部网络的某些路由信息。此时可以使用路由过滤来精确控制路由信息的发布。另一方面，在引入路由的时候可能不希望引入所有路由，只希望引入某些特殊的路由，可以使用路由过滤来精确控制路由引入的过程。

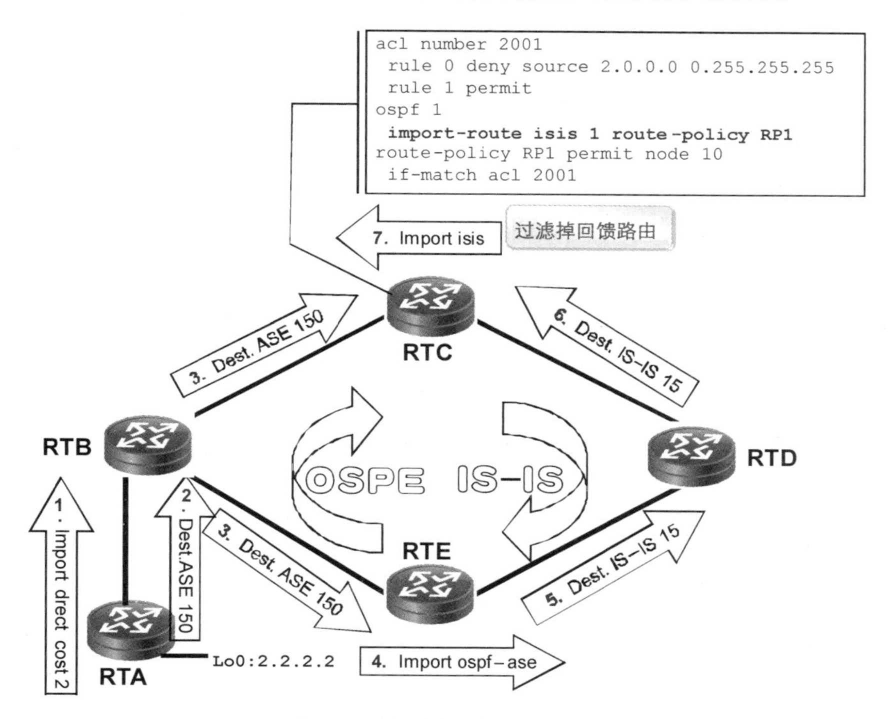

图 3-59 使用路由过滤避免路由环路

图 3-60 所示，RTA 的路由表里包括 3 类私有路由。RTA 在向 RTB 发布路由的时候，需要过滤掉私网路由，只发布公网路由。此时需要定义前缀列表过滤掉私有路由。其中，“ip ip-prefix P1 index 5 deny 10.0.0.0 8 greater-equal 8 less-equal 32”过滤掉 10.0.0.0~10.255.255.255 的私有路由。“ip ip-prefix P1 index 10 deny 172.16.0.0 12 greater-equal 16 less-equal 32” 过滤掉 172.16.0.0~172.31.255.255 的路由。“ip ip-prefix P1 index 15 deny 192.168.0.0 16 greater-equal 16 less-equal 32”过滤掉 192.168.0.0~192.168.255.255 的路由。最后的 “ip ip-prefix P1 index 20 permit 0.0.0.0 0 less-equal 32” 允许其他路由通过。所以在 RTB 的路由表中，只看得到过滤之后的路由。

路由过滤的使用可以灵活控制网络中的路由发布和引入，但需要注意使用原则。路由过滤只能过滤路由信息，链路状态信息是不能被过滤的。过滤的方向可以是出方向和入方向。对于链路状态路由协议，如 OSPF 和 IS-IS，在入方向过滤路由实际上并不能阻断链路状态信息的传递，过滤的效果仅仅是路由不能被加到本地路由表中，而它的邻居仍然可以收到完整的路由状态信息并计算出完整的路由。

路由过滤还可以针对从其他协议引入的路由进行过滤，比如把 RIP 路由引入到 OSPF，OSPF 可以通过使用路由过滤把某些从 RIP 引入的路由过滤掉，不通告给其他邻居。这种配置只能用在出方向上。

不同厂商定义的路由协议的优先级是不一样的。路由协议优先级的作用是给不同协议发现的路由分配不同的优先级，这样当一个路由器同时从不同的路由协议学习到相同的路由时，可以有一个选择的优先顺序。表 3-6 所示是某厂商的路由协议优先级。实际网络中，灵活使用路由协议优先级，也可以实现一些路由策略。

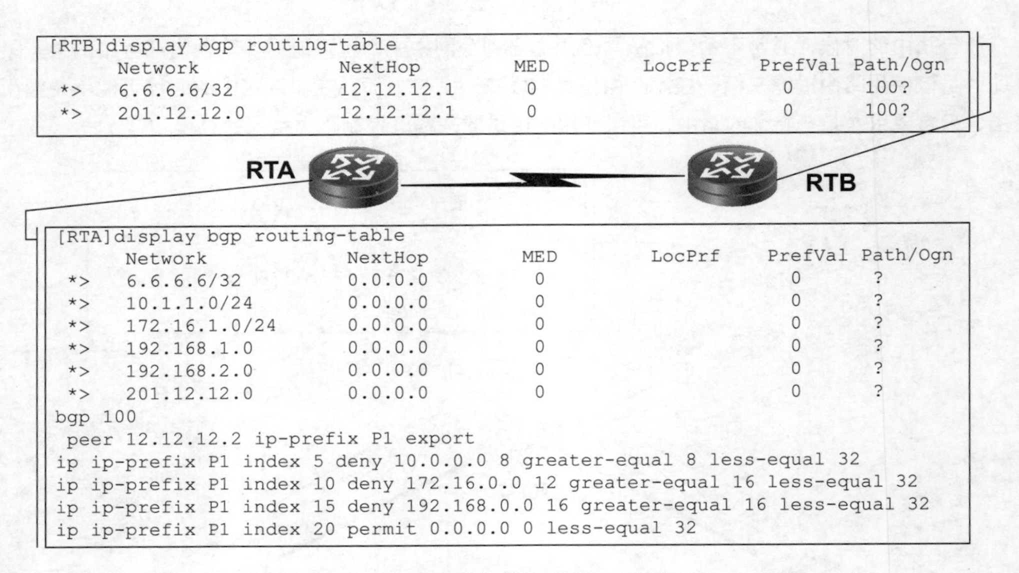

图 3-60 精确控制路由的引入和发布

表 3-6 某厂商的路由协议优先级

路由协议或路由种类	优先级
Direct	0
OSPF	10
IS-IS	15
Static	60
RIP	100
OSPF ASE	150
BGP	255

如图 3-61 所示，浮动静态路由是路由协议优先级的一个典型用途。在很多情况下，会使用主备链路的方式来连接远程网络。在主链路上一般运行动态路由协议，比如 OSPF、IS-IS 等。备用链路一般是拨号链路，费用昂贵，而且是按连接时间收费的。所以，在拨号链路上通常不运行动态路由协议，只是配置一条指向远端网络的静态路由。在主链路正常的情况下，路由器可以从 OSPF 和静态配置学习到相同的路由。因为配置静态路由的优先级比 OSPF 路由的优先级低，所以路由器选择 OSPF 学习到的路由，数据包通过主链路进行转发。当主链路出现故障，OSPF 邻居中断，从 OSPF 学习到的路由也随之失效，并从路由表中清除。这个时候，原来配置的静态路由就自动“浮”出来，加入到路由表中，于是数据包就可以沿着备用链路进行转发了。当主链路恢复正常，OSPF 邻居又重新建立，于是 OSPF 路由重新取代静态路由，流量又切换到主链路上，备用链路也自动 DOWN 掉。这种配置方式既节约了成本，又增加了网络的可靠性。

路由优先级的另一典型应用是路由迁移。有的时候需要使用新的路由协议来取代原有网络中的路由协议，而且要尽可能减小协议迁移时的网络中断时间。如图 3-62 所示，原来的网络使用 OSPF 协议，现在要迁移到 IS-IS 协议。可以在每台路由器上并行运行两种路由协议，适当调整两种路由协议的优先级，使得在最初的时候 IS-IS 只在后台运行，在对 IS-IS 的邻居关系以及 LSDB 等经过仔细检查之后，对 IS-IS 的优先级进行修改，从而使得 IS-IS 取代当前运行的路由协议。

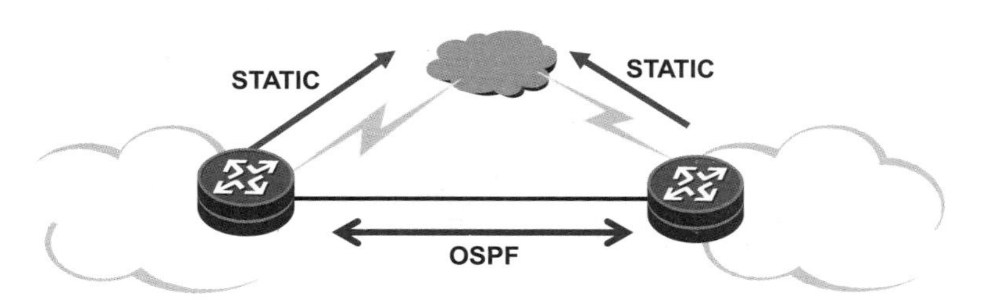

图 3-61　浮动静态路由

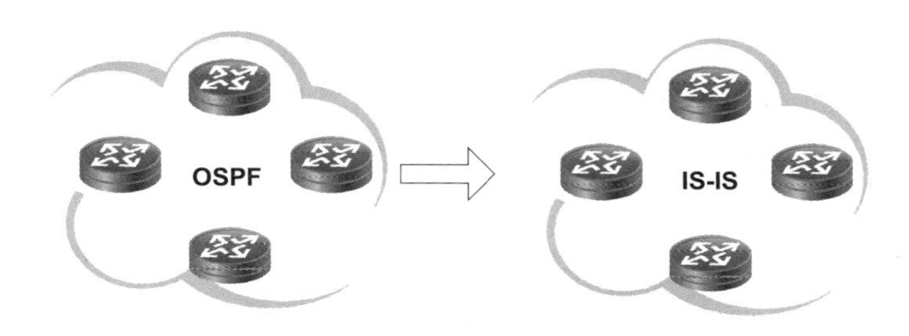

图 3-62　路由迁移

3.8 上机练习

练习任务一：静态路由实验

实验拓扑如图 3-63 所示，使用 10.1.1.0/30 网段将路由器 RTA 和路由器 RTB 连接起来，配置静态路由使 1.1.1.1/32 和 2.2.2.2/32 两个网段能够互访。

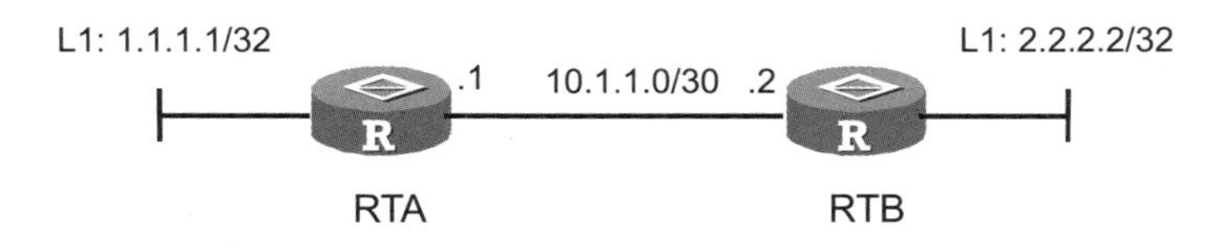

图 3-63　静态路由实验拓扑

实验目的

（1）了解静态路由的工作原理。

（2）了解静态路由的应用场景。

（3）掌握静态路由的配置方式。

实验步骤

（1）配置接口。

```
[RTA]interface Ethernet 0/0/0
[RTA-Ethernet0/0/0]ip address 10.1.1.1 30
[RTA]interface loopback 0
[RTA-Loopback0]ip address 1.1.1.1 32
```

（2）配置静态路由。

```
[RTA]ip route-stactic 2.2.2.2 32 10.1.1.2
```

命令参考

ip route-static ip-address { mask | mask-length } interface-type interface-number [nexthop-address] [preference preference | tag tag]	配置 IPv4 单播静态路由，掩码可以使用点分十进制或掩码长度的方式。静态路由可以指定下一跳或本地出接口

问题思考

如果两台路由器之间不希望学习到对方明细路由，那么应该用什么方式实现互通呢?

练习任务二：RIP 路由实验

如图 3-64 所示，路由器 RTA、RTB、RTC 配置 RIP 路由协议的版本 2，并且使用多播地址发送消息报文，使得路由器 RTA 和 RTC 的网段可以互访。

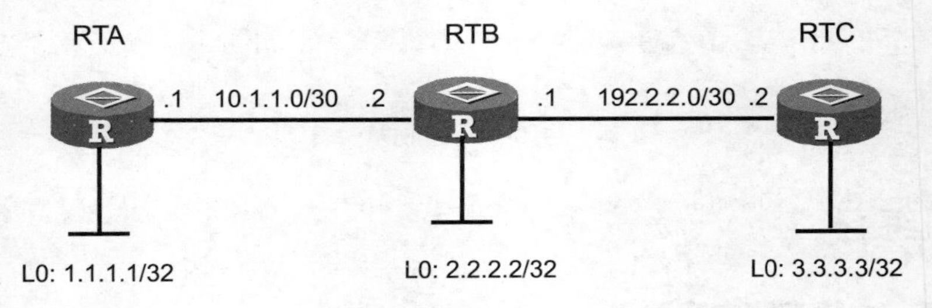

图 3-64 RIP 路由协议实验拓扑

实验目的

（1）了解 RIP 路由协议的工作原理。

（2）了解 RIP 路由协议的应用场景。

（3）掌握 RIP 路由协议的配置方式。

实验步骤

（1）配置接口。

接口 IP 配置参考练习任务一步骤（1）。

（2）启动 RIP。

```
[RTA]rip 1
```

（3）配置 RIP 版本号。

```
[RTA-RIP-1]version 2
```

（4）在相应的环回网络上和接口地址上应用 RIP 多播。

```
[RTA-Ethernet0/0]rip version 2 multicast
```

命令参考

rip [process-id] [vpn-instance vpn-instance-name]	使能系统视图下的指定 RIP 进程
version { 1 | 2 }	指定一个全局 RIP 版本
rip version { 1 | 2 [broadcast | multicast] }	设置接口的 RIP 版本。默认情况下，接口只发送 RIP-1 报文，但可以接收 RIP-1 和 RIP-2 的报文

问题思考

如果路由器的 Loopback 接口不能宣告进 RIP，那么应该用什么方式实现互通呢？

练习任务三：OSPF 路由实验

如图 3-65 所示，路由器 RTA、RTB、RTC 以及 RTD 同时运行 OSPF，并且同属于同一区域 Area 0，路由器与路由器之间通过运行 OSPF，实现两两之间的相互通信。

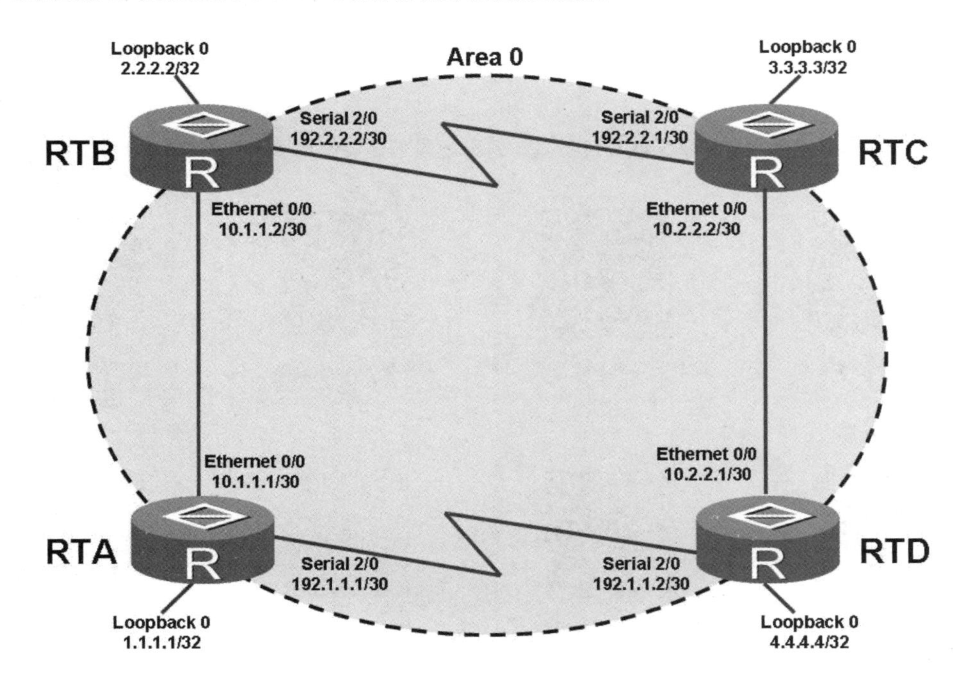

图 3-65　OSPF 路由实验拓扑

实验目的

（1）了解 OSPF 路由协议的工作原理。

（2）了解 OSPF 路由协议的应用场景。

（3）掌握 OSPF 路由协议单区域的配置方式。

实验步骤

（1）指定 OSPF Router ID。

```
[RTA]router-id 1.1.1.1
```

（2）运行 OSPF 协议。

```
[RTA]ospf 1
```

（3）创建区域。

```
[RTA-OSPF-1]area 0
```

（4）通告直连网段。

```
[RTA-ospf-1-area-0.0.0.0]network 10.1.1.0 0.0.0.3
```

命令参考

router id router-id	设置路由管理中的 Router ID，形式使用点分十进制
ospf [process-id | router-id router-id | vpn-instance vpn-instance-name]	创建并运行 OSPF 进程
area area-id	创建 OSPF 区域，并进入 OSPF 区域视图
network address wildcard-mask [description text]	指定运行 OSPF 协议的接口和接口所属的区域

问题思考

多区域 OSPF 在配置方面与单区域有何不同？何种场景下建议使用多区域？

练习任务四：IS-IS 路由实验

如图 3-66 所示，Router A 连接局域网 10.0.1.1/24，Router B 连接局域网 10.0.2.1/24。Router A 的局

域网接口是 202.0.0.1/24，对端的 IP 地址是 202.0.0.2/24。在两台路由器上配置 IS-IS 路由协议使得两个局域网可以相互通信。

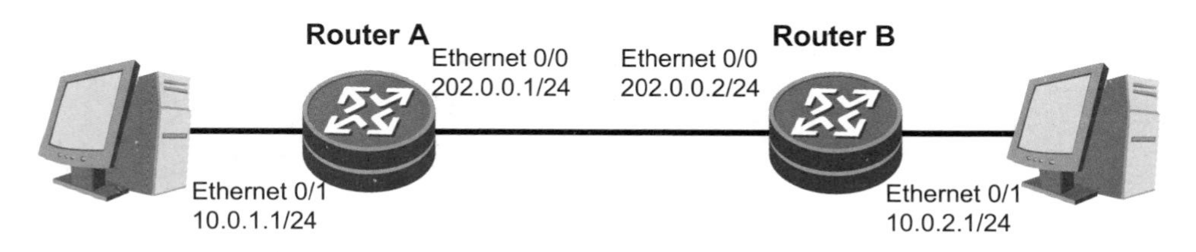

图 3-66　IS-IS 路由实验拓扑

实验目的

（1）了解 IS-IS 路由协议的工作原理。

（2）了解 IS-IS 路由协议的应用场景。

（3）掌握 IS-IS 路由协议的基本配置。

实验步骤

（1）运行 IS-IS 协议。

```
[RTA]isis 100
```

（2）设置 NET 实体名。

```
[RouterA-isis-100]network-entity 49.0001.0100.0000.1001.00
```

（3）指定接口上使能 IS-IS。

```
[RouterA-Ethernet0/0]isis enable 100
```

命令参考

命令	说明
isis [process-id] [vpn-instance vpn-instance-name]	创建 IS-IS 路由进程或指定的 VPN 实例
network-entity net	设置指定 IS-IS 进程的网络实体名称
isis enable [process-id]	使能接口的 IS-IS 功能并指定要关联的 IS-IS 进程号

问题思考

如果配置了 IS-IS 路由器层级，leve-1 层级的邻居和 level-2 层级的邻居有什么区别？如果不配置，系统默认是什么层级？

练习任务五：BGP 路由实验

如图 3-67 所示，路由器 RTA、RTB、RTC 以及 RTD 同时运行 BGP 路由协议，要求 RTD 能够学习到 RTA 的 17.1.1.1/32 和 RTB 的 18.1.1.1 的路由信息。

实验目的

（1）了解 BGP 路由协议的工作原理。

（2）了解 BGP 路由协议的应用场景。

（3）掌握 BGP 路由协议的基本配置。

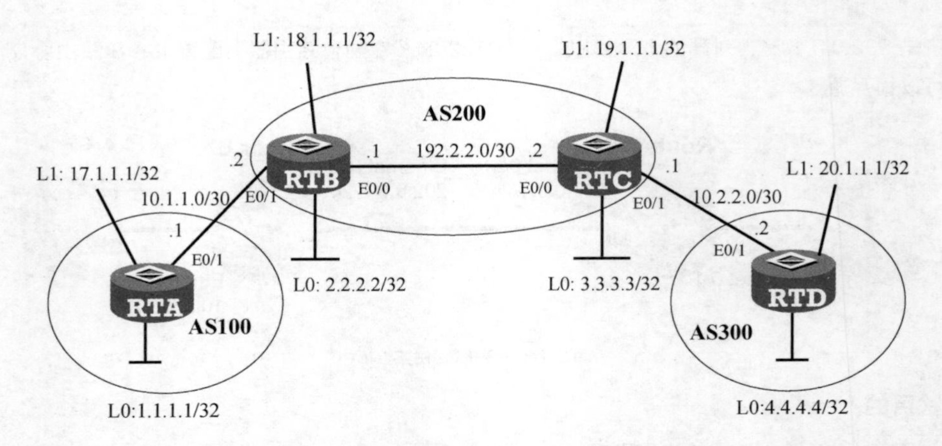

图 3-67　BGP 路由实验拓扑

实验步骤

（1）运行 IGP。

参考本章相应 IGP 上机练习。

（2）运行 BGP。

```
[RTA]bgp 100
```

（3）配置 BGP 对等体。

```
[RTA-bgp]peer 10.1.1.2 as-number 200
```

（4）引入路由。

```
[RTA-bgp]import-route direct
```

命令参考

bgp { as-number-plain | as-number-dot }	使能 BGP，进入 BGP 视图，或者直接进入 BGP 视图
peer { group-name | ipv4-address | ipv6-address } as-number { as-number-plain | as-number-dot }	创建对等体或为指定对等体组配置 AS 号
import-route { direct | isis process-id | ospf process-id | rip process-id | unr | static } [med med | route-policy route-policy-name]	引入其他协议路由信息

问题思考

IGP 路由通过 NETWORK 宣告方式和通过 IMPORT-ROUTE 引入方式进入 BGP 路由表有何不同？如果两种都使用，哪一种是 BGP 最优选路由？

练习任务六：路由选择与路由控制实验

如图 3-68 所示，本实验涉及 AS100 内路由器 RTA、RTC，以及 AS200 内路由器 RTE。所有配置路由器都以 loopback0 作为路由器 router-id。AS200 与 AS100 建立 EBGP 邻居关系，即 RTE 与 RTC 建立 EBGP 邻居关系。在 RTA 上创建 loopback1 和 loopback2 作为测试网段。通过基于 ACL 的路由控制，控制 AS100 向 AS200 发布的默认路由。

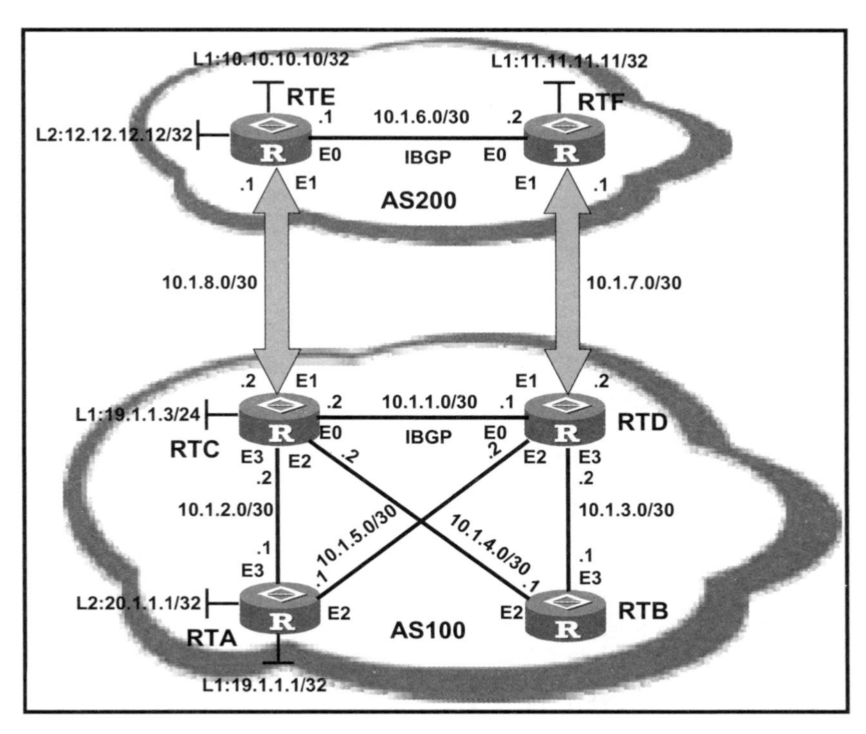

图 3-68　路由选择与路由控制实验拓扑

实验目的

（1）了解路由选择与路由控制的功能。

（2）了解路由选择与路由控制的应用场景。

（3）掌握路由选择与路由控制的基本配置。

实验步骤

（1）运行 IGP。

参考本章相应 IGP 上机练习。

（2）运行 BGP。

参考本章 BGP 上机练习。

（3）启用基本 ACL。

```
[RTC]acl 2001 match-order auto
```

（4）进行 ACL 规则配置。

```
[RTC-acl-basic-2001]rule deny source 19.1.1.1 0.0.0.0
```

（5）BGP 下应用策略过滤。

```
[RTC-bgp]peer ebgp filter-policy 2001 export
```

命令参考

acl { name basic-acl-name { basic | [basic] number basic-acl-number } | [number] basic-acl-number } [match-order { config | auto }]	创建一个基本 ACL，并进入 ACL 视图。如果用户需要创建的基本 ACL 已经存在，执行该命令将直接进入该 ACL 视图

rule [rule-id] { deny | permit } [fragment-type fragment-type-name | source { source-ip-address source-wildcard | any } | time-range time-name | vpn-instance vpn-instance-name]	在基本 ACL 视图下，创建一条规则。如果基本 ACL 规则已经创建，执行该命令将修改原有的规则
peer { group-name | ipv4-address | ipv6-address } filter-policy { acl-number | acl-name acl-name | acl6-number | acl6-name acl6-name } { import | export }	设置对等体（组）的过滤策略

问题思考

基于 ACL 的过滤与基于 IP 前缀列表的过滤有何不同?

3.9 原理练习题

问答题 1：路由表由哪几个要素组成?

问答题 2：什么是等价路由？等价路由的负载分担方式有哪些?

问答题 3：静态路由相比动态路由协议有哪些缺陷和优点?

问答题 4：RIPv1 和 RIPv2 的不同点有哪些?

问答题 5：距离矢量协议常用的防环机制有哪些?

问答题 6：OSPF 协议报文类型有哪些？每种报文的作用是什么?

问答题 7：请描述链路状态算法计算最优路由的过程。

问答题 8：在 IS-IS 协议中，NET 实体地址由哪些组成部分?

问答题 9：在 IS-IS 协议中，ATT 位的作用是什么？若设置位为 1，表示什么含义?

问答题 10：请描述基本 ACL 与扩展 ACL 各自的应用场景。

Chapter

4

第 4 章 MPLS 技术

多协议标签交换（Multiprotocol Lable Switching，MPLS）是一种用于快速数据包交换和路由的体系，它为网络数据流量提供了目标、路由、转发和交换等功能。MPLS 提供了一种方式，将 IP 地址网段映射为简单的具有固定长度的标签。在现网应用中，常用于构建 VPN 通道。

Communication

课堂学习目标

- 掌握 MPLS 协议基本工作原理
- 掌握 BGP MPLS VPN 的基本原理与实现
- 掌握 MPLS L2VPN 的基本原理与实现

4.1 移动承载网络中的隧道技术

移动承载网络为了满足基站业务承载的连通性和可靠性需求，在部署中借用了多种协议和保护技术，在第 2 章和第 3 章中已经分别对移动承载网中的数据链路层技术和网络层技术做了介绍。而在本章节中，将会对移动承载网中用到的部分 MPLS 技术进行介绍。首先来了解 MPLS 相关的一些基础概念。

MPLS 技术，是一种标准化的路由与交换技术，可以支持各种高层协议与业务。

BGP/MPLS VPN，三层隧道技术，借助 MPLS 和 BGP 构建三层 VPN 隧道，IP 业务报文在隧道中进行转发，不同隧道之间的数据互相隔离，同时借助隧道的保护技术，实现业务转发上的安全性和可靠性。

MPLS L2VPN 技术，二层隧道技术，功能上类似于三层隧道，区别在于隧道中承载的是基站的二层数据帧，主要用于在基站和基站网关设备之间构建二层数据转发通道。

4.2 MPLS 基本工作原理

MPLS 技术是一种在开放的通信网上利用标签引导数据高速、高效传输的技术。在无连接的网络中构建了面向连接的业务通道，在流量工程、业务保密、质量服务等方面有很广泛的应用。本节，将介绍到以下的内容。

（1）MPLS 的基本概念。

（2）MPLS 的工作原理。

（3）LDP 的邻居发现机制。

（4）LDP 的标签管理机制。

4.2.1 MPLS 的基本概念和应用

在传统的 IP 转发中，物理层从路由器的一个端口收到一个报文，上送到数据链路层。数据链路层去掉链路层封装，根据报文的协议域上送给相应的网络层。网络层首先看报文是否是送给本机的，若是，去掉网络层封装，上送给它的上层协议。若不是，则根据报文的目的地址查找路由表。若找到路由，将报文送给相应端口的数据链路层，数据链路层封装后，发送报文。若找不到路由，则将报文丢弃。传统的 IP 转发采用的是逐跳转发，数据报文经过每一台路由器，都要执行上述过程。

如图 4-1 所示，RTA 收到目的地址为 10.2.0.1 的数据包，RTA 会依次查找路由表，根据匹配的路由表项进行转发，RTB、RTC、RTD 都会进行类似的处理。所以路由转发机制需要所有的路由器都知道全网的路由或者默认路由。

另外传统 IP 转发是面向无连接的，无法提供好的 QoS 保证。如图 4-2 所示，传统 IP 网络基于 IGP 度量值（Metric）计算最优路径，虽然在 RTB 和 RTD 之间存在两条路径，但传统的 IP 转发中 IGP 根据 Metric 选择最优的路由 RTB-RTC-RTD 转发所有从 Network A 和 Network B 到 Network C 的 IP 报文。当网络中流量过大，有可能导致最优路径拥塞，而路径 RTB-RTG-RTH-RTD 则闲置，没有得到利用。因此，现实网络中的业务数据转发往往还需要考虑带宽、链路属性等其他因素。

Network	Nexthop	Network	Nexthop	Network	Nexthop	Network	Nexthop
10.1.0.0/24	10.1.0.2	10.1.0.0/24	10.1.1.1	10.1.0.0/24	10.1.1.5	10.1.0.0/24	10.1.1.9
10.1.0.1/32	10.1.0.1	10.1.1.0/30	10.1.1.2	10.1.1.0/30	10.1.1.5	10.1.1.0/30	10.1.1.9
10.1.1.0/30	10.1.1.1	10.1.1.1/32	10.1.1.1	10.1.1.4/30	10.1.1.6	10.1.1.4/30	10.1.1.9
10.1.1.2/32	10.1.1.2	10.1.1.4/30	10.1.1.5	10.1.1.5/32	10.1.1.5	10.1.1.8/30	10.1.1.10
10.1.1.4/30	10.1.1.2	10.1.1.6/32	10.1.1.6	10.1.1.8/30	10.1.1.9	10.1.1.9/32	10.1.1.9
10.1.1.8/30	10.1.1.2	10.1.1.8/30	10.1.1.6	10.1.1.10/32	10.1.1.10	**10.2.0.0/24**	**10.2.0.2**
10.2.0.0/24	**10.1.1.2**	**10.2.0.0/24**	**10.1.1.6**	**10.2.0.0/24**	**10.1.1.10**	10.2.0.1/32	10.2.0.1

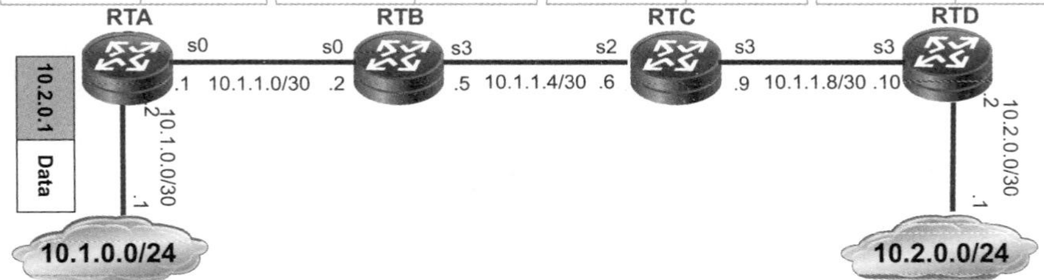

图 4-1　传统 IP 转发

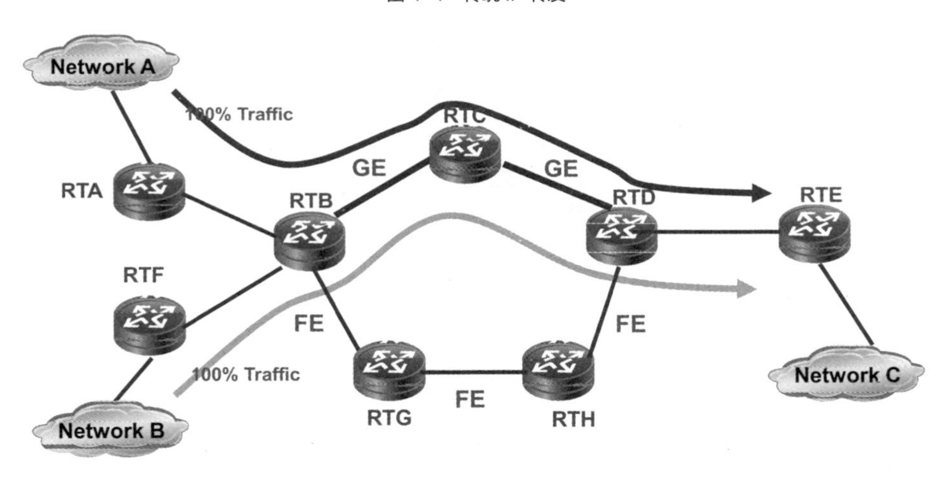

图 4-2　传统 IP 转发在流量工程方面的缺陷

相比较于 IP 转发技术，MPLS 采用了标签交换的方式实现数据的转发。不同于传统 IP 的面向无连接转发，MPLS 的标签交换机制建立了一种面向连接的数据转发路径，通过控制标签路径的建立，就可以控制数据的转发路径。另外，在 MPLS 域内，路由器不再需要查看每个报文的目的 IP 地址，只需要根据封装在 IP 头外面的标签进行转发即可。如图 4-3 所示，RTA 收到 IP 报文后，封装上 MPLS 标签 1024，然后将携带了标签的数据从 S0 口发出。RTB 从端口 S0 收到 RTA 发送的带有标签的报文，查找标签映射表，将入标签 1024 替换为出标签 1029，然后将数据从 S3 端口送出，RTC 在收到报文后，同样进行标签交换操作。数据在 MPLS 域内转发的时候，并不需要检查 IP 头部的目的 IP 地址，只需要根据外面的 MPLS 标签进行转发即可，从而免去了查找路由表的步骤。MPLS 与传统 IP 路由方式相比，它在数据转发时，只在网络边缘分析 IP 报文头，而不用在每一跳都分析 IP 报文头，从而节约了处理时间。

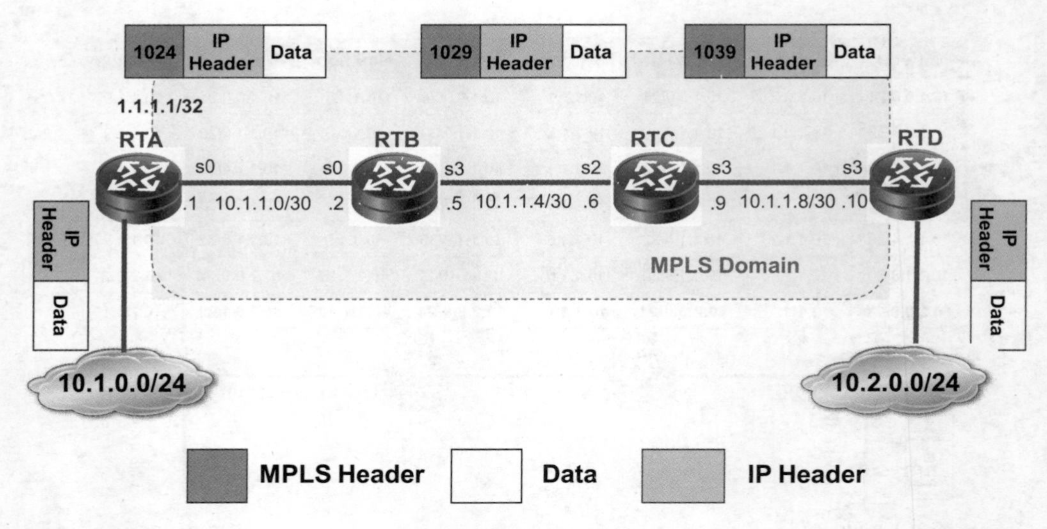

图 4-3 MPLS 标签转发

MPLS 技术，意为多协议标签交换技术，全称是 Multi-Protocol Label Switching，可以从以下 3 个方面来理解 MPLS。

- Multi-Protocol 指的是多种三层协议支持，如 IP、IPv6、IPX 等。最常见的应用就是 IP，在图 4-3 中，MPLS 中封装的上层协议就是 IP。MPLS 的标签封装通常处于二层和三层之间，所以有时候也会把 MPLS 称为 2.5 层协议。
- Label 指的是标签，MPLS 是一种标签交换技术，这里的标签只具有局部意义，是用于区分不同业务或者不同用户的一种信息，譬如去往目的地 A 和去往目的地 B 的数据可以用不同的标签进行表示，而路由器 RTA 上和路由器 RTB 上标记去往目的地 A 的标签可能并不会相同。
- Switching 指的是标签的交换，MPLS 报文交换和转发是基于标签的。针对 IP 业务，IP 包在进入 MPLS 网络时，入口的路由器分析 IP 包的内容，并且为这些 IP 包选择合适的标签，然后所有 MPLS 网络中的节点都是依据这个简短标签来作为转发依据，每经过一个中间节点都需要进行标签的交换。当该 IP 包最终离开 MPLS 网络时，标签被出口的边缘路由器分离。

MPLS 技术最开始出现的时候，由于不需要查找路由表，使数据包传送的延迟时间减短，增加网络传输的速度。然而，随着专用集成电路（Application Specific Integrated Circuit，ASIC）技术的发展，路由查找速度已经不是阻碍网络发展的瓶颈。这使得 MPLS 在提高转发速度方面不再具备明显的优势。

但由于 MPLS 结合了 IP 网络强大的三层路由功能和传统二层网络高效的转发机制，在转发平面采用面向连接方式，这使得 MPLS 能够为流量工程（Traffic Engineering，TE）、虚拟专用网（Virtual Private Network，VPN）、服务质量（Quality of Service，QoS）管理等应用提供更好的解决方案。

图 4-4 所示是通过 MPLS 技术实现 VPN 的场景示例。借助 MPLS 转发不需要查找路由表的功能，可以将不同的分支点连接在一起，构建用户的私有网络。

在图 4-4 中，CE 是用户边缘路由器（Customer Edge，CE）。PE 是服务商边缘路由器（Provider Edge，PE），位于骨干网络。P 是服务提供商网络中的骨干路由器（Provider，P），不与 CE 直接相连。CE 路由器维护用户的局域网路由信息，PE 和 P 则维护运营商的公网路由信息，在用户需要在自己的两个私网分支结构之间进行数据通信的时候，可以在运营商的公网中创建一条 MPLS 的数据转发路径，将用户的私网数据封装在 MPLS 标签中透传到另一端的分支网络中。而数据在公网中进行传递的时候，只需要依据标签进行转发即可，不需要公网中的路由器维护用户的局域网路由信息。

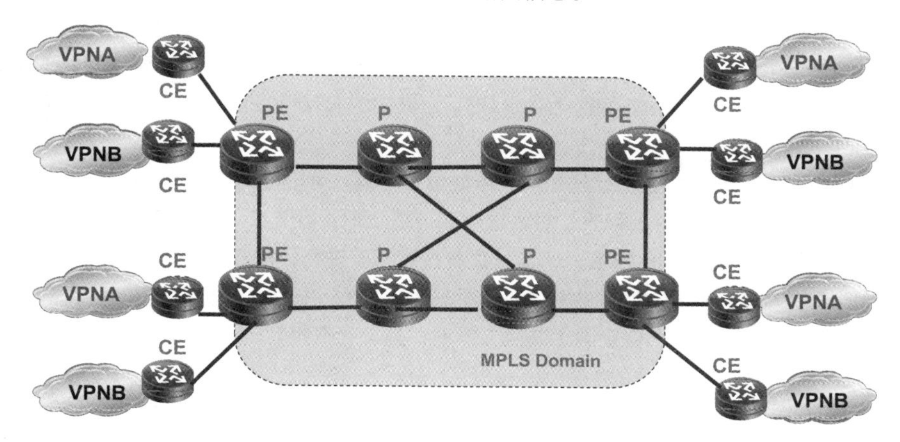

图 4-4　MPLS VPN 应用

图 4-5 所示是 MPLS 技术在流量工程（Traffic Engineering，TE）中的应用。

MPLS TE 结合了 MPLS 技术与 TE，通过建立到达指定路径的标签交换路径进行资源预留，使网络流量能够依照规划好的路径进行转发，绕开了拥塞节点，从而达到了平衡网络流量的目的。如图 4-5 所示，Network A 到 Network C 的 70%的流量通过路径 RTB-RTC-RTD 传递，30%的流量通过 RTB-RTG-RTH-RTD 传递。Network B 到 Network C 的流量类似。由此可以发现，MPLS TE 技术可以很好地利用网络中闲置已久的备用路径来分担流量，达到设备资源利用最大化的目的。

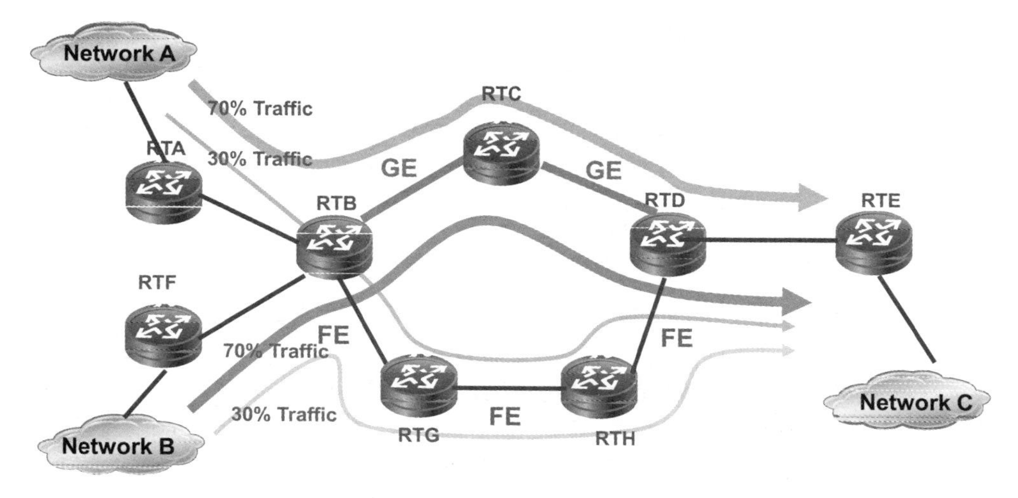

图 4-5　MPLS TE 的应用

4.2.2　MPLS 基本原理

MPLS 通过创建数据转发路径，可以实现 VPN、流量工程等应用，那么 MPLS 到底如何工作的呢？下面将从 MPLS 的基本结构、标签格式、转发流程 3 个方面对 MPLS 的工作原理进行介绍。

1. MPLS 的基本结构

使能了 MPLS 标签交换功能的路由器被称为标签交换路由器（Label Switch Router，LSR）。为了跟

IP 网络进行区分，将由 LSR 构成的网络称为 MPLS 域，而未使能 MPLS 功能、以传统 IP 路由方式进行转发的网络则称为 IP 域。位于 MPLS 域边缘用于连接 IP 网络或其他非 MPLS 网络的路由器则称为标签交换边界路由器（Label Edge Router，LER）。MPLS 网络的典型结构如图 4-6 所示，RTA、RTB、RTC、RTD、RTF 和 RTG 都使能了 MPLS 转发的功能，称为 LSR，而其中的 RTA 和 RTD 位于 MPLS 域和 IP 域的边界，因此 RTA 和 RTD 被称为 LER。

LER 和 LSR 都具有标签转发能力，只是两者所处位置不同，对于报文的处理也不同。入节点 LER 负责从 IP 网络接收 IP 报文并给报文打上标签，然后送到下一跳 LSR，出节点 LER 负责从上一跳 LSR 接收带标签的报文并去掉标签然后转发到 IP 网络。LSR 只负责按照标签进行标签交换报文转发即可。

报文在 MPLS 域内进行转发时经过的路径称为标签转发路径（Label Switch Path，LSP），这条路径是在转发报文之前就已经通过相关协议确定并建立好的，报文会在特定的 LSP 上进行传递。

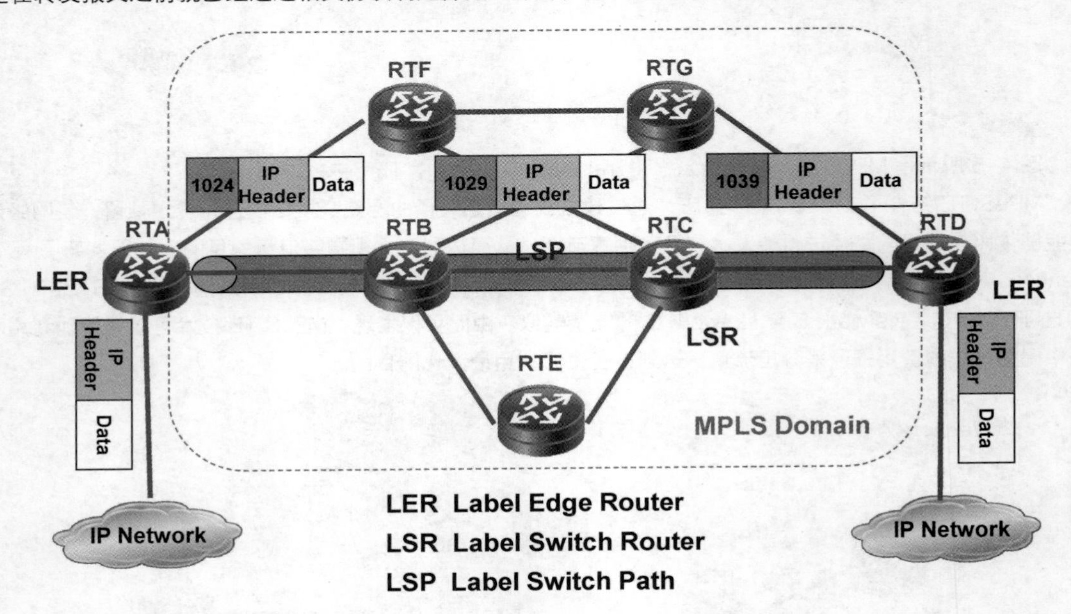

图 4-6 MPLS 网络模型

既然 MPLS 网络是根据标签转发报文，那么 MPLS 中的标签是如何产生的呢？MPLS 又是采用什么样的机制实现报文转发的呢？

如图 4-7 所示，路由器或者交换机包括了两个平面，分别是控制平面和数据平面。其中，控制平面负责产生和维护路由信息以及标签信息，数据平面则负责普通 IP 报文的转发以及带 MPLS 标签报文的转发。

控制平面中又可以分成多个功能模块，分别是路由协议（Routing Protocol）模块、IP 路由表（IP Routing Table）模块、标签分发协议（Label Distribution Protocol）模块等。路由协议模块负责路由信息的传递、计算，并生成 IP 路由表，IP 路由表模块存放了本台设备上的相关路由信息，标签分发协议模块则负责标签信息的生成、交换，并建立标签转发路径 LSP。

数据平面包括 IP 转发表和标签转发表。IP 转发表根据控制平面中的 IP 路由表生成，当收到普通 IP 报文（Incoming IP Packets）时，如果是普通 IP 转发，则查找 IP 转发表进行数据发送；如果需要标签转发，则加上标签按照标签转发表转发。当收到带有标签的报文（Incoming Labeled Packets）时，如果需要按照标签转发，则根据标签转发表转发；如果需要转发到 IP 网络，则去掉标签后根据 IP 转发表转发。

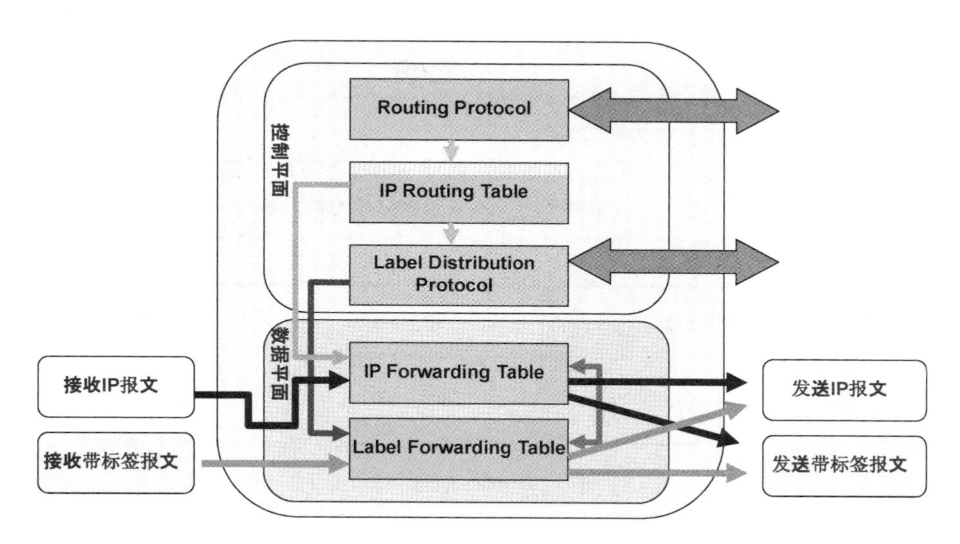

图 4-7　MPLS 结构

2. MPLS 的标签格式

MPLS 有两种封装模式，分别是帧模式和信元模式。

帧模式封装是直接在报文的二层头部和三层头部之间增加一个 MPLS 标签头，边缘标签交换路由器负责加标签和移除标签，核心标签交换路由器负责对标签进行交换。以太网、PPP 采用这种封装模式。MPLS 头部结构如图 4-8 所示。

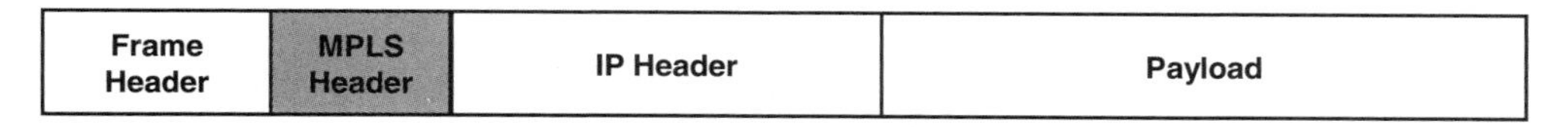

图 4-8　MPLS 头部结构

信元模式封装适应 ATM 分组转发，直接用 ATM 报头的 VPI/VCI 域作为标签，ATM 边缘标签交换路由器入口分切分组为信元到 MPLS ATM 域中，在出口重新组合后向下继续转发。ATM 核心标签交换路由器负责转发信元。ATM 业务目前在现网中已不常见，本书中以帧模式进行 MPLS 介绍。

帧模式封装中的 MPLS 标签头部一共 32 位，由 4 部分组成，分别是 Lable、EXP、S、TTL。其内部字段结构如图 4-9 所示。

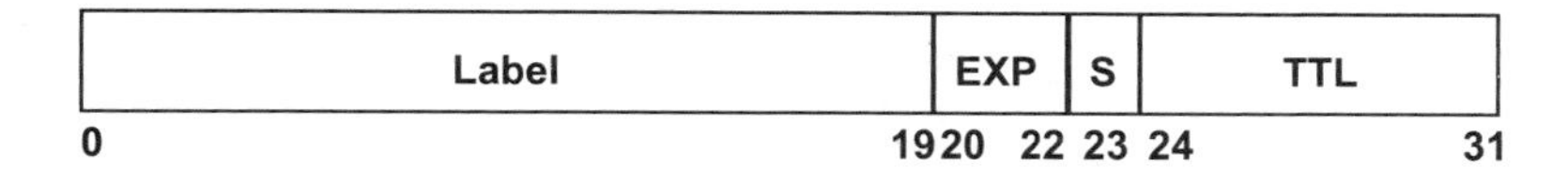

图 4-9　MPLS 头部结构

- 标签字段（Lable），总共为 20 位，用于标记报文，实现标签转发。
- 优先级（EXP），共 3 位，用来标记报文中的优先级。
- 栈底标识位（S），共 1 位，MPLS 标签允许多层标签嵌套，S 位用于表明该标签是否为最后一个标签。
- 存活时间（TTL），长度为 8 位，作用跟 IP 头部中的 TTL 类似，用来防止报文环路。

图 4-10 所示是 MPLS 标签嵌套的一个示例。MPLS 标签按照帧模式进行封装，位于二层头部和三层头

部之间，同时 MPLS 标签有 3 个，实现了多层嵌套。

以太网头部中的协议字段用于表明上层封装的是什么协议，本例中以太网头部后面封装的是 MPLS 单播报文，所以头部中的协议字段取值为 0x8847。

MPLS 报文中的 S 字段用来表示其后面跟随的是另外一个标签还是三层的 IP 头，本例中 Label1 和 Label 2 并不是最后一个标签，因此 S 位取值为 0，表示后面还是 MPLS 标签，Label3 后面封装的是 IP 报文，所以栈底标志位 S 取值为 1。

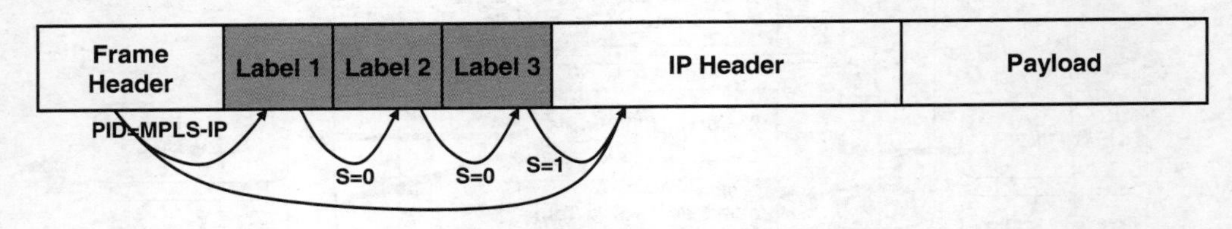

图 4-10　MPLS 标签嵌套

3. MPLS 的转发流程

从前文中可知，MPLS 的工作原理大致可以从两个方面进行理解，一是控制平面的标签生成和标签路径的建立，二是数据平面的基于标签交换的数据转发。

IP 转发是根据目的 IP 地址查找路由表，路由表中定义了目标网段、下一跳、出接口等信息。MPLS 转发中同样定义了一些概念用于描述 MPLS 的标签转发。

（1）节点角色。

- 入节点（Ingress）。数据从 IP 网络进入 MPLS 网络的边缘设备，执行的标签操作为压入（PUSH），对数据报文进行标签封装。
- 中间节点（Transit）。数据标签转发的中间节点，位于 MPLS 域内部，执行的标签操作为交换（SWAP），也就是携带标签的报文从 Transit 的一个端口入，然后被交换成另一个标签从 Transit 的出端口发出。
- 出节点（Egress）。数据从 MPLS 网络发送到 IP 网络的边缘设备，执行的标签操作是弹出（POP），MPLS 报文的标签被剥离，成为 IP 报文。

（2）转发等价类（Forwarding Equivalence Class，FEC）。

FEC 是在转发过程中以等价的方式处理的一组数据分组，例如目的地址前缀相同的数据分组。通常控制平面在分配标签的时候，会为一个 FEC 分配唯一的标签。

（3）下一跳标签转发条目（Next Hop Label Forwarding Entry，NHLFE）。

NHLFE 是进行标签转发时需要用到的一些基本信息，类似于 IP 路由表中的下一跳、出接口等。在 NHLFE 中包含了一些信息，包括报文的下一跳、标签操作（PUSH、SWAP、POP）、出接口等。

图 4-11 所示为 MPLS 标签转发的基本流程。

RTA 从 IP 域接收 IP 报文，PUSH 压入标签 1030，从接口 S0 发送出去。RTB 在收到带标签 1030 的报文时，执行 SWAP 标签交换的操作，将入标签 1030 替换成 1030 的出标签（RTB 上出入标签相同），从接口 S3 发送出去。RTC 上执行相同的操作，将 1030 的入标签 SWAP 替换成 1032 的标签发送到 RTD，RTD 将 1032 的标签 POP 剥离，转发 IP 报文到网络 10.2.0.0/24。

在 MPLS 中，FEC 代表了同一类报文，NHLFE 包含了下一跳和标签操作等信息。在图 4-11 所示的 MPLS 标签转发过程中，RTA 需要将传统的 IP 报文映射到某一个 FEC，然后根据 FEC 关联的 NHLFE 进行报文的封装和处理。RTB、RTC 则根据入标签直接关联的 NHLFE 进行报文的处理。RTD 的处理方式跟 RTB

和 RTC 类似，都是根据入标签关联到 NHLFE，执行标签动作。区别在于，RTB 和 RTC 执行的是标签交换（SWAP）的操作，RTD 执行的是标签弹出（POP）的操作，没有提到 PUSH 操作。

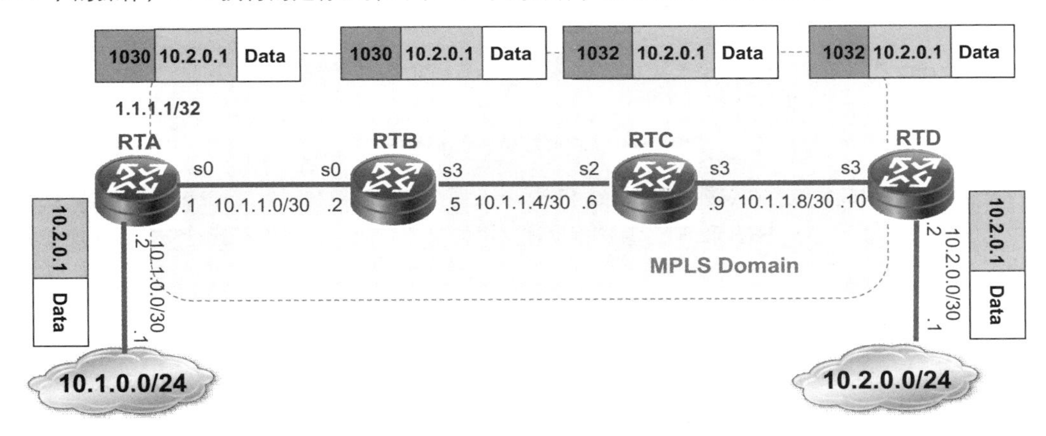

图 4-11　MPLS 转发流程

下面以 RTA 和 RTB 为例对 MPLS 标签转发过程中的具体实现进行描述。

如图 4-12 所示，RTA 收到去往 10.2.0.1 的报文，路由器首先进行 FEC 匹配，匹配到目的前缀为 10.2.0.0/24 的 FEC。FEC 和 NHLFE 的映射关系控制平面已经提前建好，因此，报文在匹配到 FEC 后，直接按照 NHLFE 上定义的动作执行标签操作。本例中给 FEC 压入（PUSH）标签 1030，然后将报文从端口 SeriarI0 发往下一跳 10.1.1.2。

FEC	NHLFE			
	NextHop	Out Interface	Label Operation	Others
10.2.0.0	10.1.1.2	Serial0	PUSH	……

图 4-12　MPLS 转发——Ingress RTA

如图 4-13 所示，RTB 收到 RTA 发送的携带 1030 的标签，路由器直接进行标签的匹配，不需要再去查找 IP 路由表。而标签和 NHLFE 的映射关系控制平面也已经提前建好，因此，报文在匹配到标签 1030 后，直接按照 NHLFE 上定义的动作执行标签操作。本例中将入标签 1030 直接替换（SWAP）成出标签 1030，然后将报文从端口 SeriarI3 发往下一跳 10.1.1.6。

InLabel	NHLFE			
	NextHop	Out Interface	Label Operation	Others
1030	10.1.1.10	Serial3	SWAP	……

图 4-13　MPLS 转发——Transit RTB

RTC 的操作方式跟 RTB 的一样，将入标签 1030 替换成 1032，发送到 RTD。

图 4-14 所示为报文在 RTD 上的标签弹出操作。RTD 收到 RTC 发送的携带 1032 的标签，通过标签匹配，直接执行 NHLFE 定义的标签弹出（POP）操作。此时报文的标签被剥离，而且 NHLFE 中不包含下一跳

InLabel	NHLFE			
	NextHop	Out Interface	Label Operation	Others
1032	10.2.0.2	---------	POP	……

图 4-14　MPLS 转发——Egress RTD

在整个 MPLS 的转发流程中，除去 Ingress 和 Egress 两个节点的数据在封装和转发的时候需要去查看报文中的 IP 地址，其余节点 RTB 和 RTC 直接根据报文中携带的 MPLS 标签进行标签交换，完成数据的转发。

4.2.3　LDP 邻居发现和会话建立

从 4.2.2 节的图 4-7 中可以知道，MPLS 的实现由两部分组成，包括控制平面和数据平面。在 MPLS 的工作原理中，学习了 MPLS 数据平面的工作过程，知道了如何根据控制平面生成的标签转发表项实现数据的转发。而本小节主要介绍 MPLS 控制平面的功能。

在 MPLS 的控制平面中，标签分发协议（Label Distribution Protocol，LDP）负责标签信息的生成、交换，并建立标签转发路径。能够实现标签分配的方式有多种，比如可以通过静态的方式手工配置实现，也可以借助 LDP、针对流量工程扩展的资源预留协议（Resource Reservation Protocol-Traffic Engineering，RSVP-TE）等动态信令协议实现。LDP 作为其中最为常用的协议，在很多场景中都有应用。

1. LDP 的基本概念

LDP 的作用主要是标签的分配控制和保持，在运行了 LDP 的 LSR 之间进行 Lable/FEC 映射信息的交换。

如图 4-15 所示，RTA、RTB、RTC、RTD 配置为 LSR，路由器上运行了 LDP，为实现 LSR 之间 Label/FEC 映射信息的交换，LSR 之间首先需要建立 LDP 会话（LDP Session）。建立了 LDP 会话的两台路由器称为 LDP 对等体（LDP Peer）。

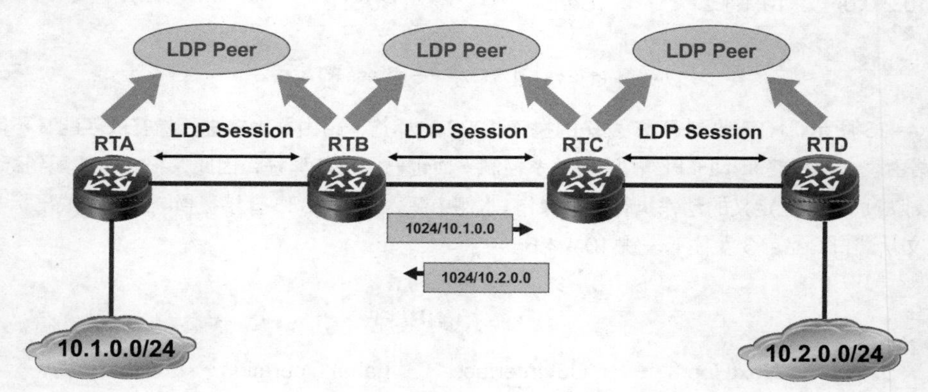

图 4-15　LDP Peer 的建立

LSR 之间建立 LDP Session 后，双方就可以将自身的 FEC 和标签映射信息互相发送给对方。图 4-16 所示是 LDP 中定义的标签映射消息，通过该消息，可以将 FEC 和标签的映射关系告知 LDP 会话的对端。本例中，路由器给 1.1.1.1/32 分配了标签 3。

```
20 2.371000 1.1.1.1  2.2.2.2   LDP        Label Mapping Message
21 2.387000 2.2.2.2  1.1.1.1   LDP        Label Mapping Message
22 2.449000 1.1.1.1  2.2.2.2   LDP        Label Mapping Message
23 2.465000 2.2.2.2  1.1.1.1   LDP        Label Mapping Message
⊟ Label Mapping Message
    0... .... = U bit: Unknown bit not set
    Message Type: Label Mapping Message (0x400)
    Message Length: 30
    Message ID: 0x00000015
  ⊟ Forwarding Equivalence Classes TLV
      00.. .... = TLV Unknown bits: Known TLV, do not Forward (0x00)
      TLV Type: Forwarding Equivalence Classes TLV (0x100)
      TLV Length: 8
    ⊟ FEC Elements
      ⊟ FEC Element 1
          FEC Element Type: Prefix FEC (2)
          FEC Element Address Type: IPv4 (1)
          FEC Element Length: 32
          Prefix: 1.1.1.1
  ⊟ Generic Label TLV
      00.. .... = TLV Unknown bits: Known TLV, do not Forward (0x00)
      TLV Type: Generic Label TLV (0x200)
      TLV Length: 4
      Generic Label: 3
```

图 4-16　标签映射消息

运行 LDP 的 LSR 之间通过交换 LDP 消息来发现邻居、建立和维护 LDP Session 并管理标签。不同的功能，需要用不同的消息报文来实现。LDP 中定义了多种消息类型，各消息报文及功能如表 4-1 所示。

表 4-1　LDP 的消息报文

消息类型	作　用
Hello	在 LDP 发现机制中宣告本 LSR、发现邻居
Initialization	在 LDP Session 建立过程中协商参数
KeepAlive	监控 LDP Session 的 TCP 连接的完整性
Address	宣告接口地址
Address Withdraw	撤销接口地址
Label Mapping	宣告 FEC/Label 映射信息
Label Request	请求 FEC 的标签映射
Label Abort Request	终止未完成的 Label Request Message
Label Withdraw	撤销 FEC/Label 映射
Label Release	释放标签
Notification	通知 LDP Peer 错误信息

LDP 的消息报文按照功能的不同，又可以区分为以下 4 类。

- Discovery Message（发现消息）。宣告和维护网络中一个 LSR 的存在，Hello 消息属于此类。
- Session Message（会话消息）。用于建立、维护和终止 LDP Peers 之间的 LDP Session，Initialization 和 KeepAlive 消息属于此类。
- Advertisement Message（公告消息）。用于生成、改变和删除 FEC 的标签映射，Address、Address Withdraw、Label Mapping、Label Request、Label Abort Request、Label Withdraw、Label Release 都属于此类详细报文。
- Notification Message（通知消息）。用于宣告告警和错误信息，Notification 消息报文属于此类。

不管是哪种 LDP 的消息报文，都是承载在 UDP 或 TCP 之上，使用的端口号为 646。Discovery Message

用来发现邻居，承载在UDP报文上。而会话的建立、映射消息的传递、错误消息的通告，要求可靠而有序，因此Session Message、Advertisement Message、Notification Message等消息都基于TCP传递。具体的消息报文封装格式如图4-17所示。

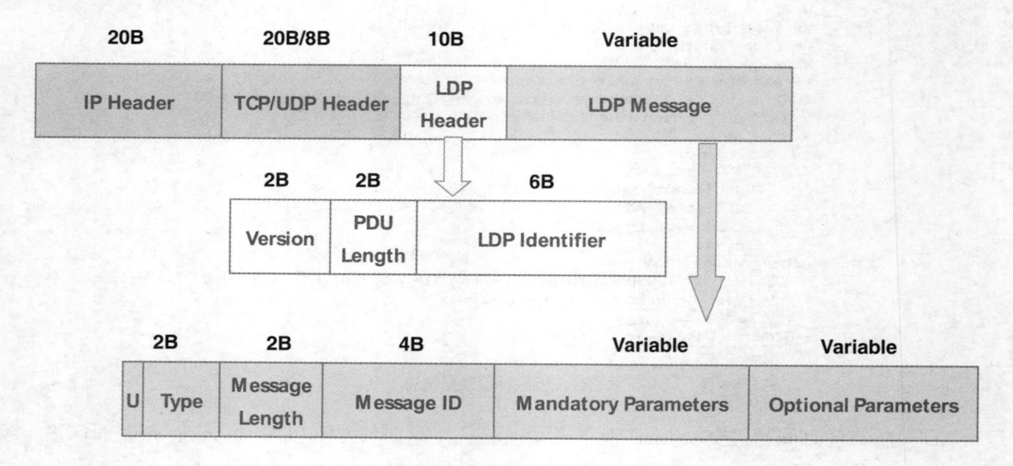

图4-17 LDP消息报文封装格式

LDP报文包括LDP Header和LDP Message两部分。

LDP Header长度为10 B（80 bits），包括版本（Version）、PDU Length（PDU长度）和LDP Identifier（LDP标识符）3部分。其中，Version占用2 B（16 bits），表示LDP版本号，当前版本号为1。PDU Length长度为2 B（16 bits），以字节为单位来表示除了Version和PDU Length以外的其他部分的总长度。LDP Identifier长度为6 B（48 bits），其中前4 B（32 bits）用来唯一标识一个LSR，后2 B（16 bits）用来表示LSR的标签空间。

LDP Message包含5个部分。其中U占用1 bit，为Unknown Message bit。当LSR收到一个无法识别的消息时，该消息的U=0时，LSR会返回给该消息的生成者一个通告，当U=1时，忽略该无法识别的消息，不发送通告给生成者。Message Length占用两个bytes（16bits），以字节为单位表示Message ID、Mandatory Parameters和Optional Parameters的总长度。Message ID占用32 bits，用来标识一个消息。Mandatory Parameters和Optional Parameters分别为可变长的该消息的必选参数和可选参数。

2. LDP邻居发现机制

LDP建立的会话有两种，分别是本地会话和远端会话，如图4-18所示。本地会话是同一链路上的直连LDP邻居。远端会话是非直连链路上的LDP邻居。

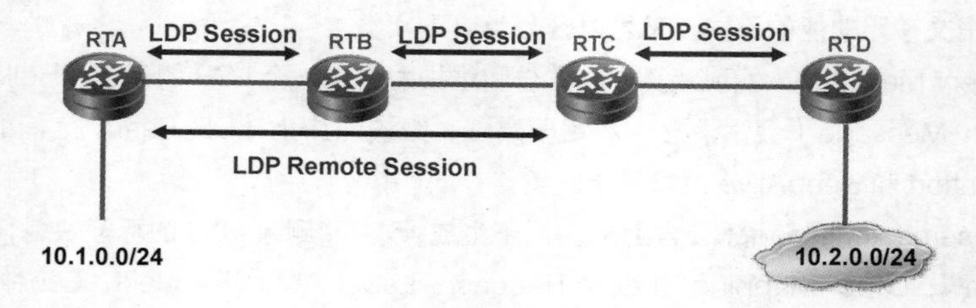

图4-18 LDP会话

LDP邻居发现机制的作用就是用于发现LDP对端邻居的存在。

LDP发现机制包括LDP基本发现机制和LDP扩展发现机制。LDP基本发现机制可以自动发现直连在同一条链路上的LDP Peers，所以这种情况下不需要明确指明LDP Peer，如图4-19所示。RTA和RTB都通过周期性地发送Hello Message表明自己的存在，Hello报文封装在UDP报文中，目的端口号为646，目的IP地址为多播IP地址224.0.0.2，即该消息发给该网段上所有的路由器。同时，Hello消息报文中携带了LDP Identifier信息以便告诉对方自己使用的标签空间。在获得对方的LDP Identifier后，IP地址大的LSR作为主动方发起TCP连接建立过程。TCP连接建立之后，LSR会继续发送Hello Message以便发现新的邻居或者检测错误。

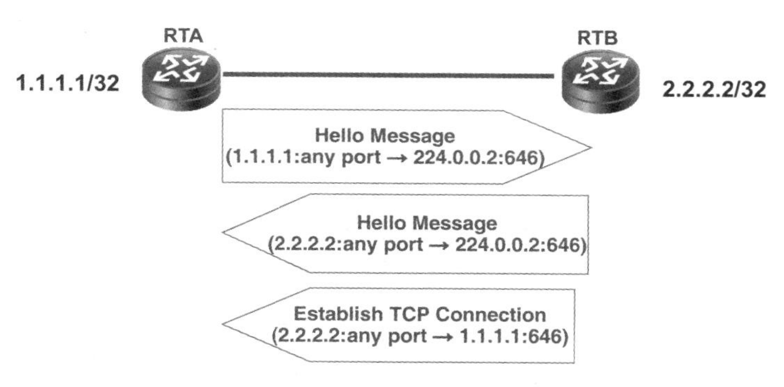

图4-19 LDP基本发现机制

LDP扩展发现机制能够发现非直连的LDP Peers。与LDP基本发现机制不同的是，LDP扩展发现机制是运行LDP的LSR周期性地发送Hello Message给特定的目的IP，所以需要通过配置指定建立Session的LDP Peer，对端LSR将决定是否要回应该报文，如果要回应，则发送Hello Message给特定的LSR。如图4-20所示，RTA发送Hello消息给特定的对端3.3.3.3，RTC收到后，应答报文给1.1.1.1。在获得各自对方用于建立LDP邻居的IP地址信息后，双方建立TCP连接关系。

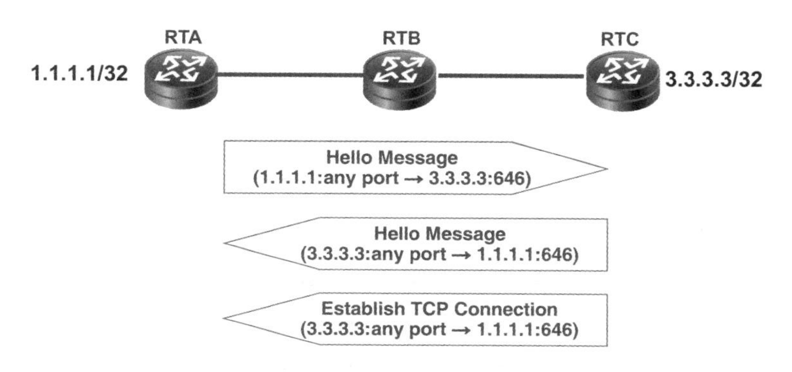

图4-20 LDP扩展发现机制

3. LDP会话建立机制

TCP连接建立之后，就进入了LDP的会话建立阶段。由主动方发出Initialization Message携带会话协商参数，如LDP号、标签分发方式等，被动方检查参数能否接收，如果接收则发送Initialization Message并携带自己希望使用的协商参数，并随后发KeepAlive Message。直到双方都收到对端的KeepAlive Message后，会话建立。如图4-21所示，RTB作为主动方，发出Initialization Message，RTA接受RTB的参数设置，回送Initialization Message报文，同时发送KeepAlive报文，在各自收到对方发送的KeepAlive报文后，RTA和RTB之间的LDP会话建立成功。

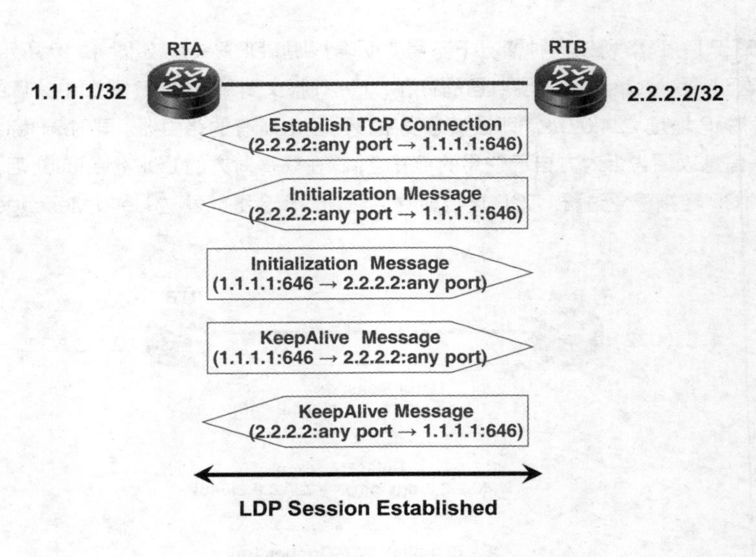

图 4-21　LDP 会话建立成功

如果路由器不接收对方发送的协商参数，那么路由器会向对方发送 Error Notification Message 关闭连接。如图 4-22 所示，RTB 发送的 Initialization Message 报文中的参数，RTA 不接收，因此 RTA 就会发送一个错误通知消息报文，中断双方的邻居建立过程。

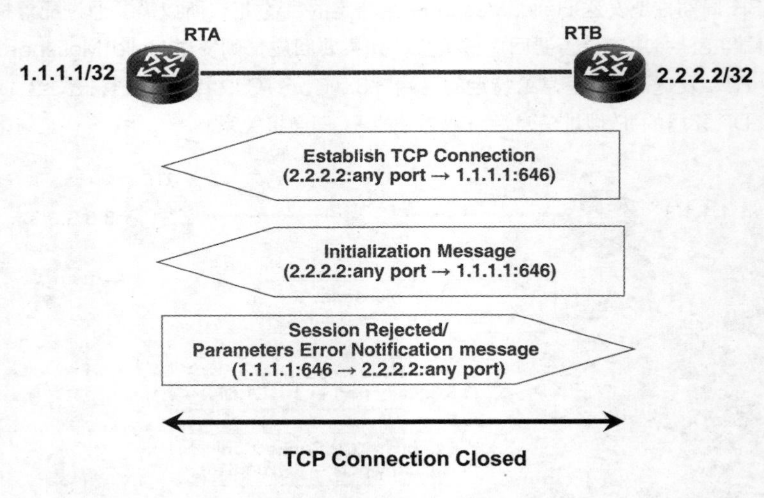

图 4-22　LDP 会话建立失败

LDP 会话建立成功后，双方就可以借助建立的会话进行标签映射信息的通告。

4.2.4　LDP 标签管理

LDP 会话建立成功后，双方可以就 Lable/FEC 的映射关系信息进行交互。在介绍标签管理之前，先介绍标签空间的概念。

在前面提到的 LDP 报文格式中，有一个字段是 48 bits 的 LDP Identifier。字段的前 32 bits 表示 LSR 的 ID，后 16 bits 表示标签空间。标签空间分为两种，分别是基于平台的标签空间和基于接口的标签空间。当字段的后 16 bits 填充 0 时表示基于平台的标签空间，填充非 0 时表示基于接口的标签空间。帧模式封装的MPLS默认都使用基于平台的标签空间。

在基于平台的标签空间中，LSR为一个目的网段只分配一个标签，并将该标签发送给所有的LDP Peers。如图4-23所示，RTB为10.1.0.0分配一个标签1029，并分别发送给它的LDP Peers——RTC和RTE。

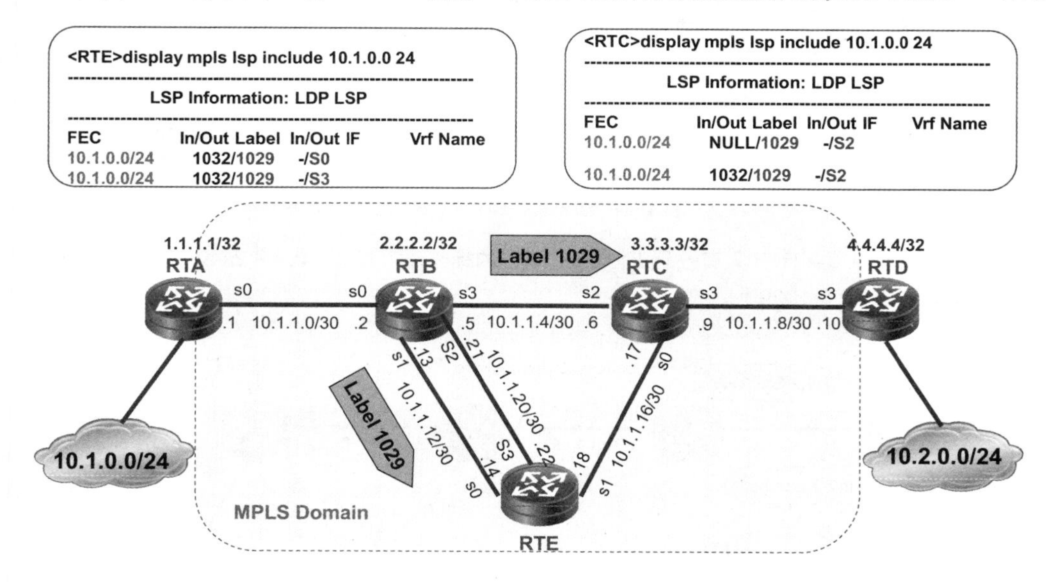

图4-23 基于平台的标签空间

RTC要发送去往10.1.0.0的数据包时，使用标签1029封装，并通过接口S2转发给下一跳RTB。同样，RTE要发送去往10.1.0.0的数据包时，使用标签1029封装，并通过接口S0和S3（在RTE和RTB之间存在两条链路）转发给下一跳RTB。

基于接口的标签空间基于不同的接口给不同的目的IP网络分配标签，这些标签只在特定的接口上唯一。信元模式的MPLS默认使用基于接口的标签空间。

在了解了标签空间的概念后，可以从以下3个方面对标签的管理进行介绍，分别是标签分发、标签控制和标签保持。

1. LDP标签分发

标签分发有两种方式：下游自主模式（Distribution Unsolicited，DU）、下游请求模式（Distribution on Demand，DoD）。

在DU方式下，无须上游路由器请求，下游LSR将根据某一触发策略向上游LSR发送相应网段的标签映射消息（Label Mapping Message）。

所谓上游和下游，是按照数据转发的方向进行区分的。如图4-24所示，对于去往2.2.2.2/32的报文，RTB为下游，RTA和RTC都为上游。对于去往1.1.1.1/32的报文，RTA为下游，RTB为上游。

在DU模式下，作为下游节点的RTB，主动向上游节点RTA和RTC发送2.2.2.2/32的标签映射消息。同样，RTA也主动地向上游RTB发布1.1.1.1/32的标签映射消息。

而在DoD方式下，只有当路由器收到上游路由器请求特定网段的标签请求消息（Label Request Message）时，才发送标签映射消息给上游路由器。

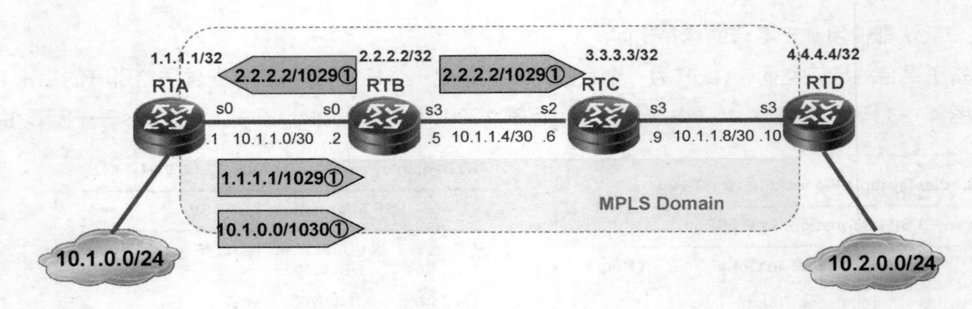

图 4-24 标签分发-DU

如图 4-25 所示，下游节点 RTB 只有收到上游节点 RTA 的标签请求消息（2.2.2.2/Label）时才会发送标签映射消息给 RTA（2.2.2.2/1029）。

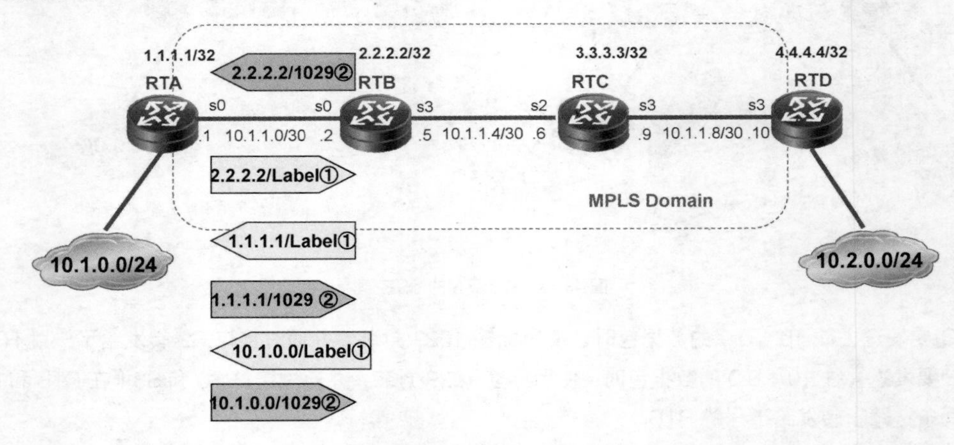

图 4-25 标签分发-DoD

2. LDP 标签控制

标签控制方式有两种：有序模式（Ordered）和独立模式（Independent）。

采用 Independent 控制方式时，每个 LSR 随时可以向邻居发送标签映射。图 4-26 所示为采用 Independent 配合 DoD 模式的标签分发和控制实现。在使用 DoD 作为标签分发方式的情况下，当 RTC 收到上游路由器 RTD 发来的标签请求消息时，不必等待自己的下游路由器 RTB 发来标签映射，就可以立即响应该标签请求消息，发送自己的标签映射给上游路由器 RTD。

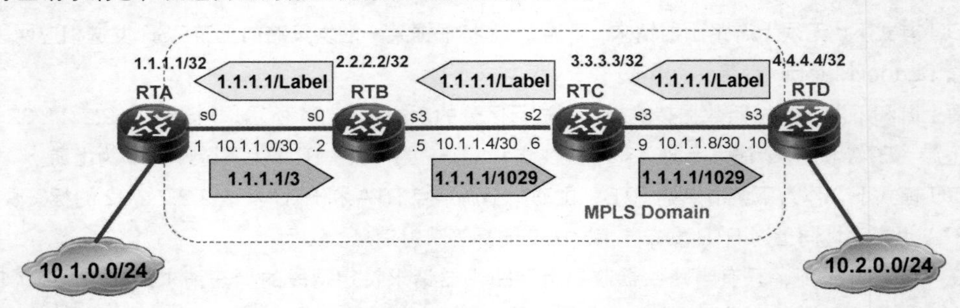

图 4-26 DoD+Independent

在使用 DU 作为标签分发方式的情况下，无论何时，只要 LSR 准备好对 FEC 进行标签转发，就可以向其邻居发送标签映射。图 4-27 所示为 Independent 配合 DU 模式的标签分发和控制实现。在使用 Independent 作为标签控制方式时，即使 RTA 不触发标签的分配，RTB 也会发送标签映射给它的上游路由器 RTD。与图 4-26 不同的是，在 DU 模式下，并不需要标签请求消息。

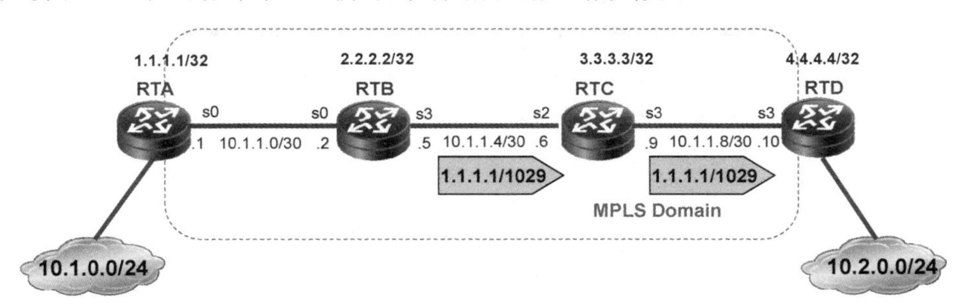

图 4-27　DU+Independent

当标签控制方式为 Ordered，只有当 LSR 收到特定 FEC 下一跳发送的特定 FEC-标签映射消息，或者 LSR 是 LSP 的出口节点时，LSR 才可以向上游发送标签映射消息。

图 4-28 给出了标签控制方式为 Ordered、分发方式采用 DoD 时标签的分配情况，RTD 向下游路由器 RTC 请求 1.1.1.1 的标签，RTC 只有在收到它的下游路由器 RTB 发给它的标签映射消息之后才可能给 RTD 分发标签。所以 RTC 在给 RTD 分发标签之前，首先发送标签请求消息给 RTB，RTB 再发送标签请求消息给 RTA。由于 RTA 是该 LSP 的出口节点，所以 RTA 分发标签给 RTB，RTB 收到 RTA 分发的标签后，再分发标签给 RTC，RTC 收到 RTB 分配的标签后，再为 RTD 分发标签。

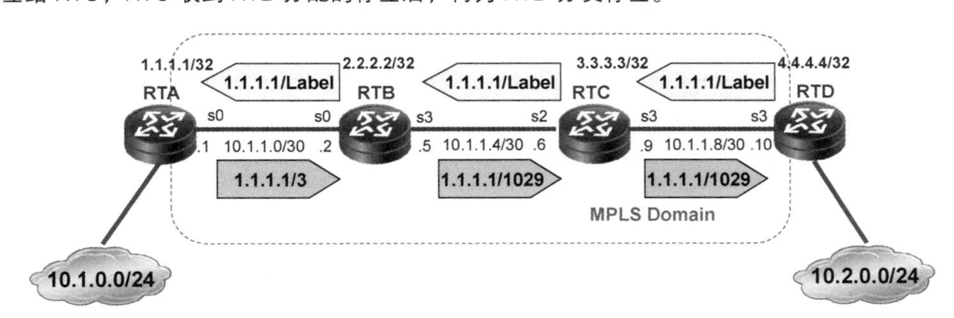

图 4-28　DoD+Ordered

图 4-29 所示为标签控制方式为 Ordered，标签分发方式为 DU 时标签的分配情况。下游路由器 RTA 发送 1.1.1.1 的标签映射消息给 RTB，RTB 收到下游路由器 RTA 分发的标签后给 RTC 分发标签，RTC 收到 RTB 发来的标签后再给 RTD 发送标签。

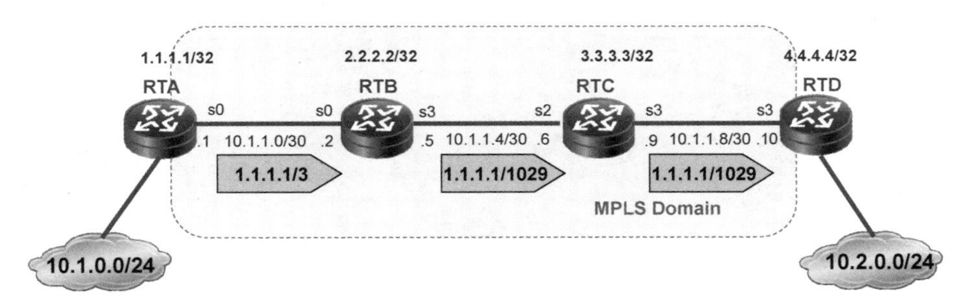

图 4-29　DU+Ordered

3. LDP 标签保持

标签保持方式有两种，分别是保守模式（Conservative）和自由模式（Liberal）。

当使用 DU 标签分发方式时，LSR 可能从多个 LDP Peer 收到同一网段的标签映射消息，如图 4-30 所示，RTC 会分别从 RTB 和 RTE 收到网段 10.1.0.0/24 的标签映射消息。如果采用 Conservative 保持方式，则 RTC 只保留下一跳 RTB 发来的标签，丢弃非下一跳 RTE 发来的标签。

当使用 DoD 标签分发方式时，如果采用 Conservative 保持方式，LSR 根据路由信息只向它的下一跳请求标签。

Conservative 方式的优点在于，只需保留和维护用于转发数据的标签，当标签空间有限时，这种方式非常实用。缺点在于，如果路由表中到达目的网段的下一跳发生了变化，必须从新的下一跳那里获得标签，然后才能够根据标签转发数据，导致路由收敛慢。

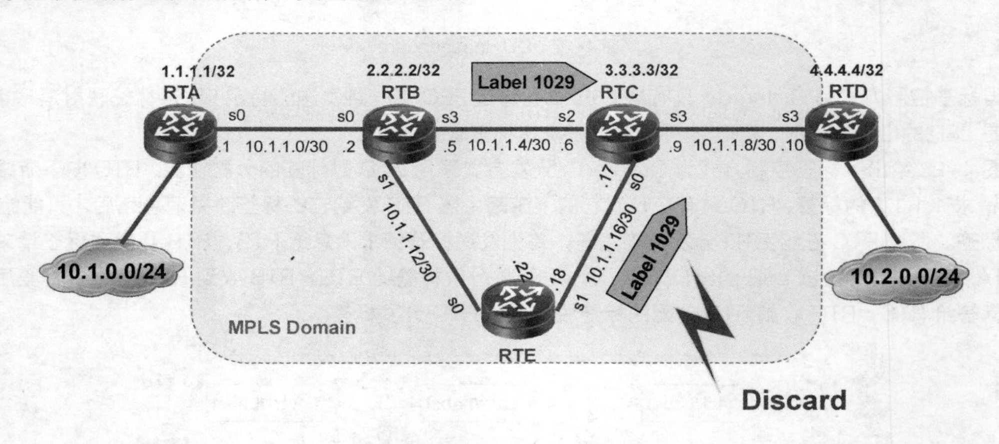

图 4-30 标签保持——Conservative

在 DU 标签分发方式下，如果采用 Liberal 保持方式，则 RTC 保留所有 LDP Peer RTB 和 RTE 发来的标签，无论该 LDP Peer 是否为到达目的网段的下一跳，如图 4-31 所示。

在 DoD 标签分发方式下，如果采用 Liberal 保持方式，LSR 会向所有 LDP Peer 请求标签。但通常来说，DoD 分发方式都会和 Conservative 保持方式搭配使用。

Liberal 方式的最大优点在于，路由发生变化时能够快速建立新的 LSP 进行数据转发，因为 Liberal 方式保留了所有的标签。缺点是，需要分发和维护不必要的标签映射。

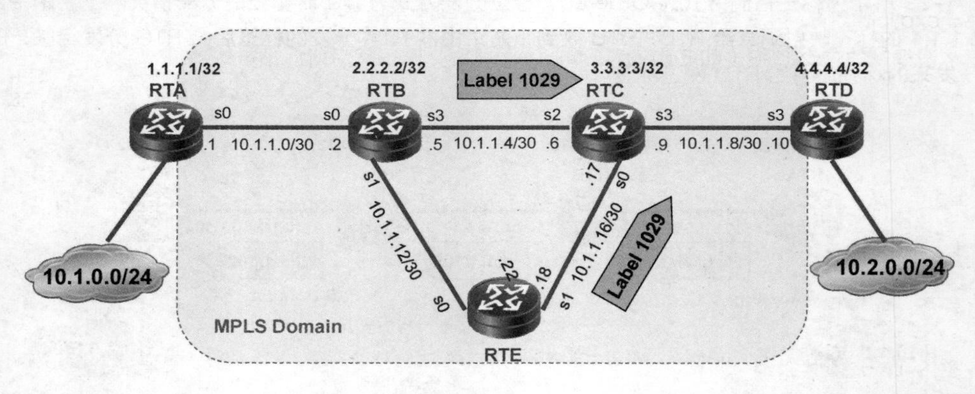

图 4-31 标签保持——Liberal

华为设备中默认使用的组合为 DU+Ordered+Liberal。

4. PHP

使用 LDP 完成了标签交互，正确建立 LSP 后，数据报文就可以沿着 LSP 转发。在图 4-32 所示的 MPLS 标签转发流程中，Egress RTD 收到带有标签 1032 的报文后，首先弹出标签，然后根据目的 IP 地址查找路由表，进行传统的 IP 转发。实际上对于 Egress RTD，收到的标签 1032 对其转发来讲已经没有意义。如果出口 Egress 只进行 IP 报文的转发，而不再分析标签和去掉标签，那么转发的效率会提高。所以可以在倒数第二个 LSR RTC 上弹出标签后发送 IP 报文给 Egress RTD，这样 Egress RTD 就不必处理标签，而是直接转发 IP 报文到相应目的地即可，这样就减少了最后一跳的负担。这种机制通常称为倒数第二跳弹出（Penultimate Hop Popping，PHP）。

在使用 PHP 倒数第二跳弹出机制时，倒数第二个 LSR 依然根据上游 LSR 标签决定向哪里转发报文，然后直接去掉标签，进行转发。那么当最后一跳 LSR（即 Egress LER）收到这个报文时，就是传统的 IP 报文了，这时直接进行传统的 IP 转发。如图 4-32 所示，当 RTC 根据入标签 1030 转发报文，从出接口 Serial3 发送报文时，并不携带标签，RTD 直接进行 IP 路由查找转发即可，不需要再进行标签剥离的操作。

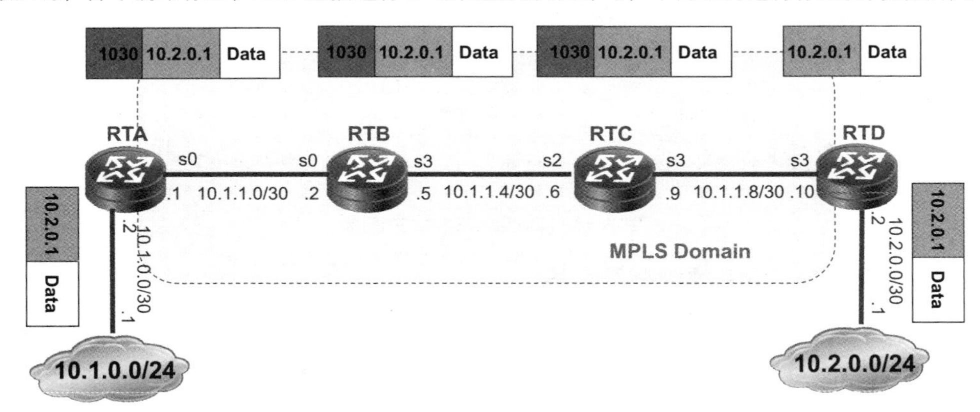

图 4-32 标签的倒数第二跳弹出

那么 LSR 如何知道自己是倒数第二跳呢？根据 LDP 的原理可知，RTC 路由器所使用的标签是由它的下游 RTD 分配的。RTD 作为 Egress，在向上游 RTC 分配标签的时候有 3 种选择，包括显式空标签（explicit-null）、隐式空标签（implicit-null）和非空标签（non-null）。

- explicit-null，显式空标签值为 0。这个值只有出现在标签栈底时才有效，表示报文的标签在分配该标签的这个 LSR（即 Egress LER）上必须被弹出，然后对此报文进行 IP 转发。
- implicit-null，隐式空标签值为 3。这个值不会出现在标签栈中。当一个 LSR（倒数第二跳 LSR）发现自己被分配了隐式空标签时，它并不用这个值替代栈顶原来的标签，而是直接执行 POP 操作。
- non-null，表示不使用 PHP 特性，Egress 节点向倒数第二跳正常分配标签。

在默认情况下，Egress 节点向倒数第二跳节点分配隐式空标签 implicit-null，使能 PHP 功能。

4.2.5 LDP 的实现

借助于 LDP 分配的标签，MPLS 可以完成标签交换路径的建立。通过下面的 LDP 的基本配置示例，对 LDP 的实现进行简单的了解。

如图 4-33 所示，LDP 的基本功能的配置可以分为以下几个方面。

- 配置 LSR 的 ID，用于 MPLS 中不同 LSR 的区分。LSR ID 使用 IPv4 地址格式，在 MPLS 域内唯一，但只代表 ID，非 IP 地址。
- 在全局模式下，使能 MPLS 和 MPLS LDP。
- 在相应的接口下，使能 MPLS 和 MPLS LDP。

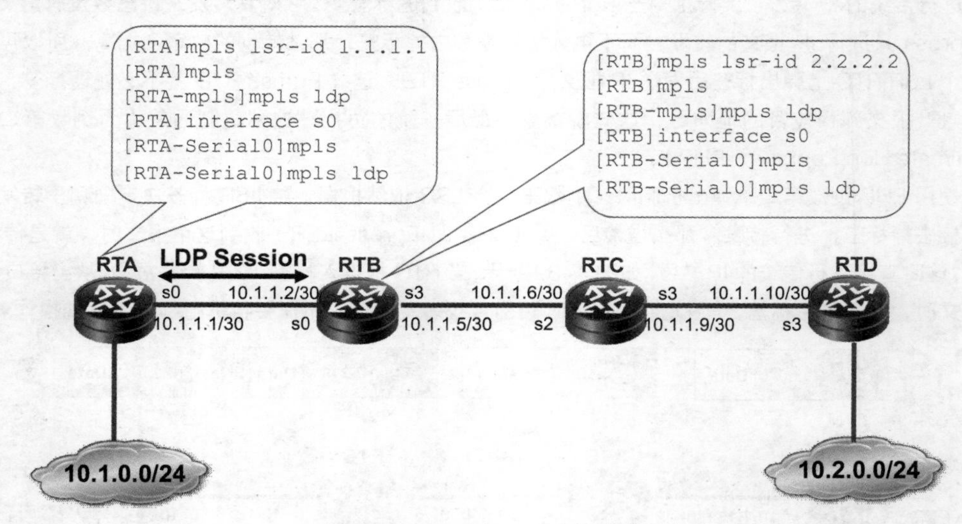

图 4-33　LDP 会话基本功能的配置

4.2.6　MPLS LDP 故障案例分析

MPLS 架构的定义，使得数据能够依据标签交换进行转发，而以 LDP 为代表的标签分发协议的存在，使得标签分配和控制能够动态进行，从而为 MPLS 的标签转发构建标签交换路径。下面通过一个案例来加深对 MPLS 和 LDP 的了解。

案例 1：路由不可达，导致路由器之间不能建立 LDP 会话。

图 4-34 所示为网络中 MPLS LDP 故障案例拓扑，配置完成后，PE1 和 PE2 之间的 LDP Session 无法正常建立。

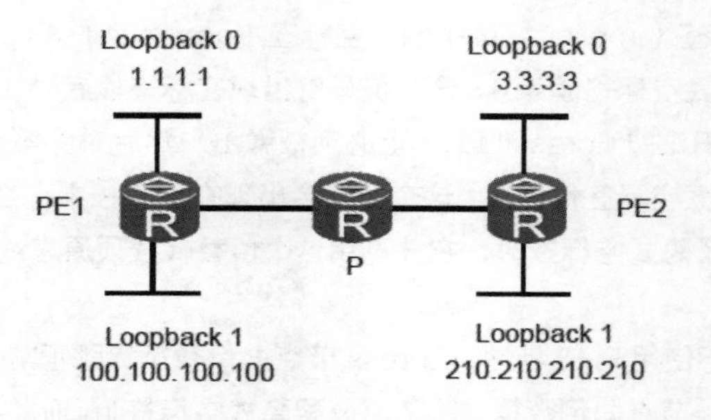

图 4-34　MPLS LDP 故障案例拓扑

故障原因分析：

（1）在 PE1 和 PE2 设备上执行命令 debugging mpls ldp session 来查看 LDP 报文的交互情况。发现两台设备可以正常交互 Hello 报文，但是 LDP 的状态始终在 Non-existent 与 Initialized 之间切换。

通过检查配置发现，两台设备建立 LDP Session 的 LSR ID 为各自的 Loopback1 的地址。

（2）在 PE1 上查看路由表，发现没有到 PE2 的 Loopback1 的路由。

（3）查看设备上 OSPF 的路由器配置，发现 OSPF 在发布 Loopback1 接口的路由时，IP 地址不正确，导致两台路由器的 Loopback1 接口之间不可达。

案例总结：

默认情况下，LDP 实例的 LSR ID 等于执行 mpls lsr-id 命令配置的 MPLS 的 LSR ID。当 LDP 实例没有配置自己的 LDP LSR ID 时，它将使用 MPLS 的 LSR ID。在建立 LDP Session 时，如果配置了 LDP 的 LSR ID，则使用该 LSR ID 建立 Session，此时应发布该 LSR ID 的路由。此案例属于路由发布错误，可以通过重新配置路由来解决问题。

4.3 BGP/MPLS VPN

BGP/MPLS VPN 是一种 L3VPN（Layer 3 Virtual Private Network）技术。它使用 BGP 在骨干网上发布 VPN 路由，使用 MPLS 协议在骨干网上转发 VPN 报文。本节将会学习以下内容。

（1）BGP/MPLS VPN 的基本概念。

（2）BGP/MPLS VPN 的基本原理。

（3）BGP/MPLS VPN 的实现。

4.3.1 BGP/MPLS VPN 的简介

在介绍 MPLS 应用时，曾经提到过 MPLS 在现网中部署比较广泛的一种应用是 MPLS VPN。VPN 全称为 Virtual Private Network，意为虚拟的私有网络。最简单的情况下，一个 VPN 中的所有站点形成一个闭合的用户网络，相互之间能够进行流量转发，但 VPN 中的用户不能与任何本 VPN 以外的用户进行通信。

典型的组网如图 4-35 所示，同属于 VPNA 或者同属于 VPNB 的不同站点之间能够互相通信，如 CE1 和 CE5 之间、CE2 和 CE6 之间应该能互通。但 VPNA 和 VPNB 的业务互相隔离，不能进行通信，也无法和 Internet 进行通信，如 CE1 和 CE2 之间、CE1 和 P 之间无法互通。

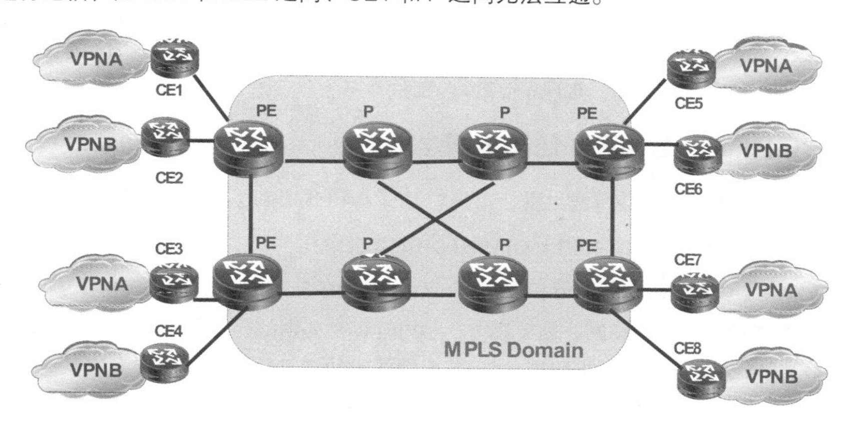

图 4-35　MPLS BGP VPN 网络结构

在图 4-35 中，组成 VPN 网络的网元角色有以下几类。

（1）用户网络边缘设备（Customer Edge，CE）。有一个或多个接口直接与服务提供商（Service Provider，SP）网络直接相连。CE 可以是路由器或交换机，也可以是一台主机。通常情况下，CE“感知”不到 VPN

的存在，也不需要支持 MPLS。

（2）服务提供商边缘设备（Provider Edge，PE）。PE 与 CE 直接相连。在 MPLS 网络中，对 VPN 的所有处理都发生在 PE 上，对 PE 性能要求较高。

（3）服务提供商网络中的骨干设备（Provider，P）。该设备不与 CE 直接相连。P 设备只需要具备基本的 MPLS 转发能力即可，不维护 VPN 信息。

如果需要 VPNA 或者 VPNB 之间能够互通，或者跟其他 VPN、Internet 进行通信，那么就需要进行额外的业务部署，本课程只介绍 VPN 内部的业务互通，不考虑 VPN 间和 VPN 与 Internet 的互通。

在图 4-35 所示的拓扑中，要实现 VPN 内部站点之间的业务互通，必须要解决的问题有以下两个。

（1）VPNA 的 CE1 节点要能够访问 CE5 下联的业务网段，那么 CE1 上必须要有 CE5 的路由。但用户 VPN 内部的私网路由不能够被通告到中间的骨干网络，因为一旦被通告到中间的骨干网络，就意味着 VPN 用户能够跟中间的骨干公网进行业务互通。

那么，CE1 和 CE5 之间的业务路由如何跨越中间的骨干网络进行传递?

（2）假设 CE1 学到了 CE5 的路由，用户的 VPN 私网数据被发送到 PE 节点，但中间的骨干网络中，并不维护用户的私网路由信息，无法借助路由查找的方式实现数据转发。

那么，用户的私网数据如何透传中间的运营商网络?

在 BGP/MPLS VPN 的实现中，借助 BGP 和 MPLS 这两个协议，解决了上述的两个问题。

（1）BGP 使用 TCP 作为传输层协议，而且 BGP 的主要功能在于路由的控制和选择。在 VPN 的实现中，需要跨越公共网络进行 VPN 私网路由的传递，因此，可以借助 BGP 实现 PE 间的 VPN 私网路由的交互，而不会将 VPN 的路由信息传递到中间的公共网络，同时也可以借助 BGP 的路由控制功能，实现 VPN 间路由信息的发布控制。

（2）MPLS 协议通过标签交换的方式实现了数据的转发，因此在 VPN 的数据转发实现中，可以将私网数据封装在 MPLS 标签中，直接透传中间的公共网络，而不需要中间的公共网络中具备 VPN 的私网路由信息。同时相比通用路由封装（Generic Routing Encapsulation，GRE）等隧道技术，MPLS 集成了 IP 路由技术的灵活性和 ATM 标签交换技术的简捷性，通过面向连接的 LSP 的建立，能够在一定程度上保证 IP 网络的 QoS，实现网络流量的控制，减少链路拥塞。

在 BGP/MPLS VPN 的实现中，BGP 负责控制平面的路由传递与选择，而 MPLS 则负责转发平面的数据转发。BGP 和 MPLS 的配合工作，实现了 VPN 内部的业务互访。

4.3.2 BGP/MPLS VPN 的基本概念

在了解 BGP/MPLS VPN 的实现原理之前，首先对 BGP/MPLS VPN 实现中涉及的几个概念进行介绍。

1. VRF（VPN Routing and Forwarding table）

VPN 路由转发表（VPN Routing and Forwarding table，VRF）也称为 VPN 实例（VPN-instance）。PE 节点连接了公共网络和用户的私网，因此在 PE 上同时存在公网的路由信息和用户的私网路由信息。为了将用户的私网数据和公共网络的数据隔离，PE 节点需要维护若干独立的路由转发表，包括一个公网路由转发表以及一个或多个 VPN 的路由转发表。其中的公网路由表，包含全部 PE 和 P 路由器的公共路由，用于公共网络的数据转发。VPN 路由表，则包含了该 VPN 中本地 CE 或者远端 CE 的路由信息。如图 4-36 所示，PEA 上维护了公网路由表、VPNA 的私网路由表和 VPNB 的私网路由表。

PE 上的各 VRF 之间相互独立，并与公网路由转发表相互独立。因此也可以将每个 VPN-instance 看作一台虚拟的路由器：维护独立的地址空间，与 VPN 用户相连的路由器接口。表 4-2 是 PEA 上的公网路由表和 VPNA 的私网路由表的信息。

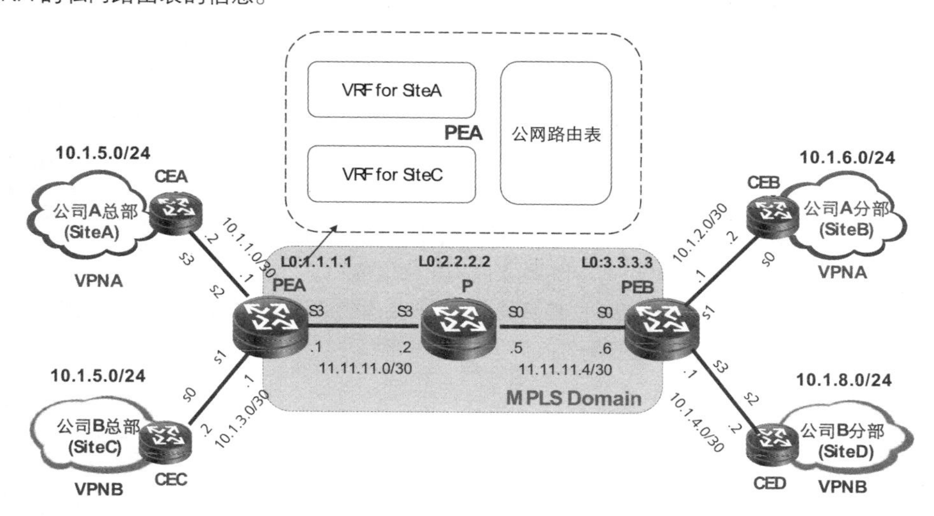

图 4-36　VPN 实例

表 4-2　公网路由表和 VPN 私网路由表信息

<PEA>display ip routing-table
Routing Tables: Public
Destinations : 9　　Routes : 9

Destination/Mask	Proto	Pre	Cost	NextHop	Interface
1.1.1.1/32	Direct	0	0	127.0.0.1	InLoopBack0
2.2.2.2/32	OSPF	10	1563	11.11.11.2	Serial3
3.3.3.3/32	OSPF	10	3125	11.11.11.2	Serial3
11.11.11.0/30	Direct	0	0	11.11.11.1	Serial3
11.11.11.1/32	Direct	0	0	127.0.0.1	InLoopBack0
11.11.11.2/32	Direct	0	0	11.11.11.2	Serial3
11.11.11.4/30	OSPF	10	3124	11.11.11.2	Serial3
127.0.0.0/8	Direct	0	0	127.0.0.1	InLoopBack0
127.0.0.1/32	Direct	0	0	127.0.0.1	InLoopBack0

[PEA]display ip routing-table vpn-instance vpna
Routing Tables: vpna
Destinations : 7　　Routes : 7

Destination/Mask	Proto	Pre	Cost	NextHop	Interface
10.1.1.0/30	Direct	0	0	10.1.1.1	Serial2
10.1.1.1/32	Direct	0	0	127.0.0.1	InLoopBack0
10.1.1.2/32	Direct	0	0	10.1.1.2	Serial2
10.1.2.0/30	BGP	255	0	3.3.3.3	-----
10.1.2.2/32	BGP	255	0	3.3.3.3	-----
10.1.5.0/24	BGP	255	0	10.1.1.2	Serial2
10.1.6.0/24	BGP	255	0	3.3.3.3	-----

2. RD（Route Distinguisher）

不同的公司通过部署 MPLS VPN，实现了公司内部的互通和公司之间的隔离，每个公司的 VPN 类似一个独立的虚拟私有网络。因此在规划各自内部网络 IP 地址的时候，有可能会选用相同的 IP 地址空间。

如图 4-37 所示，规划公司 A 总部和分部属于 VPNA，公司 B 总部和分部属于 VPNB，同时实现 VPNA 和 VPNB 之间的隔离。在规划各自公司的 IP 地址网段时，公司 A 和公司 B 的总部使用了相同的地址空间 10.1.5.0/24。

那么，PEA 如何解决地址重叠的问题呢？该问题又可以区分为以下两个分支问题。

- 在 PEA 上，如何隔离 VPNA 和 VPNB 之间的路由信息？
- PEA 在将 VPNA 和 VPNB 的路由信息通过 BGP 传递到 PEB 的时候，BGP 如何区分出这是两条路由，而不是同一条路由的更新？

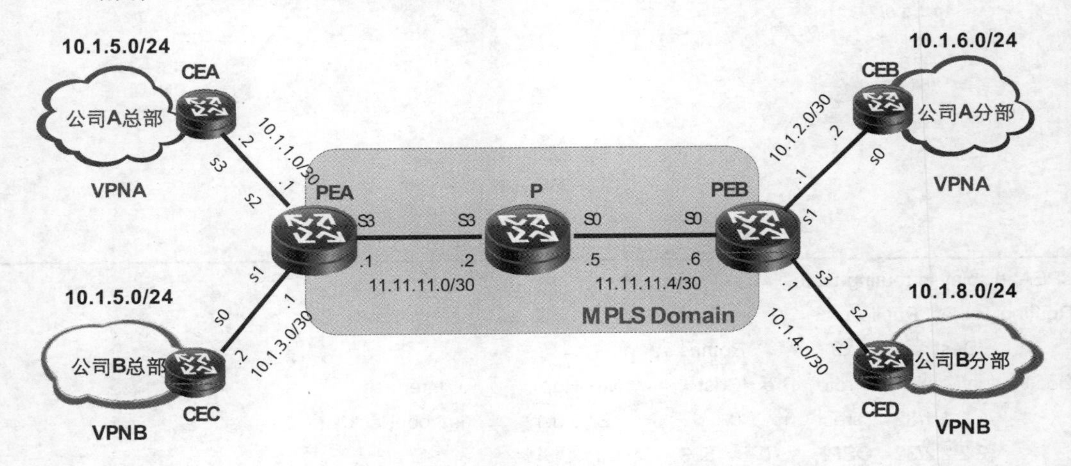

图 4-37 不同 VPN 用户地址空间重叠

PEA 上的不同 VPN 间的路由隔离，实际上可以通过前面介绍的 VRF 进行隔离。VRF 本质上是 VPN 的路由转发表，不同 VPN 的路由转发表之间实际上是互相隔离的，因此允许不同的 VRF 内存在相同的路由网段。不同的 VPN 在进行数据转发时，查找各自的 VRF 转发表进行匹配查找。

VPNA 和 VPNB 的路由都借助 BGP 进行传递，因此在使用了相同地址空间的情况下，PEB 在接收到 BGP 传递过来的 IPv4 路由时，将只选择其中一条（因为两条路由的目的地址和子网掩码都相同，BGP 无法区分不同 VPN 中相同的 IP 地址前缀），从而导致去往另外一个 VPN 的路由丢失。因此，BGP 在传递 VPN 路由时，选择了使用 VPNv4 地址族，而非 IPv4 地址族。

VPNv4 地址由两部分构成，RD 值和 IPv4 地址，如图 4-38 所示。

VPNv4 Address = Route Distinguisher + IPv4 地址

图 4-38 VPNv4 地址

RD 全称为 Route Distinguisher，共 64 位。在创建 VPN 时，每一个 VPN-instance 都会有唯一的一个 RD 值，不同路由器上的 RD 值允许不同。以图 4-37 举例，PEA 和 PEB 给 VPNA 分配的 RD 值可以不同，但 PEA 给 VPNA 和 VPNB 分配的 RD 值必须唯一。

配置了 RD 后，PE 路由器在从 CE 路由器获得各个 VPN 用户侧的 IPv4 路由信息时，会给这些地址前面附加上该 VPN 的 RD。由于 RD 唯一，所以由 RD 和 IPv4 地址构成的地址（即为 VPNV4 地址）也就唯一。BGP 路由协议传递的就是带有 RD 的 VPNV4 路由信息。

这样对端 PE 在接收到 BGP 路由后就可以识别来自不同 VPN 但是 IPv4 地址却相同的路由信息。

3. RT（Route Target）

在解决了 PE 上如何区分不同 VPN 的路由信息，以及 BGP 如何向对端传递相同 IPv4 路由信息这两个问题后，应该接着考虑以下的问题：路由信息从 PEA 传递到 PEB 后，PEB 应该将这些路由信息注入到哪个 VRF 中呢？或者 PEB 收到 PEA 发布的公司 A 和公司 B 的路由信息之后，如何判断应该将这些路由信息注入到 VPN-instance vpna 中，还是 VPN-instance vpnb 中呢？

另外，假设现在公司 A 总部由于业务需求，需要和另外一个公司 C 实现互通，但是公司 A 分部、公司 B 总部和公司 B 分部都不允许和公司 C 互通。显然，不可以将公司 C 直接划入 VPNA。如果将 PEA 连接公司 C 的接口也绑定在 VPN-instance vpna 中，则会导致公司 A 分部也可以和公司 C 互通，所以必须规划另外一个 VPNC。

Route Target 解决了上述的问题。Route Target 分为 Export Route Target 和 Import Route Target。当一个 VPN-Instance 发布路由时，会给每条路由信息打上一个或多个 Export Route Target 标记。接收端的路由器根据每个 VRF 配置的 RT 的 Import Route Target 进行检查，如果其中配置的任意一个 Import Route Target 与路由中携带的任意一个 Export Route Target 匹配，则将该路由加入到相应的 VRF 中。表 4-3 所示是通过 Route Target 实现路由注入的一个示例。

表 4-3　通过 Route Target 实现路由注入

PE	VPN-instance	Export Route Target	Import Route Target
PEA	vpna	100：1 300：1	100：1 300：1
	vpnb	200：1	200：1
	vpnc	300：1	300：1
PEB	vpna	100：1	100：1
	vpnb	200：1	200：1

VPN-Instance vpna 发布公司 A 总部的路由信息时会打上 Export Route Target 100:1 和 300:1，PEA 判断 VPN-Instance vpnc 的 Import Route Target 300:1 和 VPN-Instance vpna 发布的公司 A 总部的路由信息中携带的 Route Target（300：1）相匹配，所以会将该路由信息注入到 VPN-Instance vpnc 中，而 VPN-Instance vpnb 的 Import Route Target 200:1 和 VPN-Instance vpna 发布的公司 A 总部的路由信息中携带的 Route Target（300：1）不匹配，所以不会将该路由信息注入到 VPN-Instance vpnb 中。反之 VPN-Instance vpnc 发布公司 C 的路由信息时会打上 Export Route Target 300:1，PEA 判断 VPN-Instance vpna 的 Import Route Target 100:1 300:1 和 VPN-Instance vpnc 发布的公司 C 的路由信息中携带的 Route Target（300：1）相匹配，所以会将该路由信息注入到 VPN-Instance vpna 中，而 VPN-Instance vpnb 的 Import Route Target 200:1 和 VPN-Instance vpnc 发布的公司 C 的路由信息中携带的 Route Target（300：1）不匹配，所以不会将该路由信息注入到 VPN-Instance vpnb 中。

由于每个 VPN-Instance 可以有多个 Export RouteTarget 与 Import Route Target 属性，所以可以实现非常灵活的 VPN 访问控制。

4.3.3 BGP/MPLS VPN 的实现原理

BGP/MPLS VPN 的实现中，将分 3 部分进行介绍，包括 MP-BGP 的能力扩展、VPN 路由信息的发布和 VPN 数据报文的转发。

1. MP-BGP 的能力扩展

在 BGP/MPLS VPN 的实现中，BGP 负责 VPN 路由的传递，而且传递的是 VPNv4 路由，而非 IPv4 路由。传统的 BGP-4（RFC1771）只能管理 IPv4 的路由信息，为了正确处理 VPN 路由，VPN 使用 RFC2858 中规定的多协议扩展 BGP（Multiprotocol Extensions for BGP-4，MP-BGP）。

MP-BGP 实现了对多种网络层协议的支持，采用地址族（Address Family）来区分不同的网络层协议，既可以支持传统的 IPv4 地址族，又可以支持其他地址族（比如 VPN-IPv4 地址族、IPv6 地址族等）。

MP-BGP 在建立邻居时，会使用 Open 消息中包含的能力协商参数 Capabilities 进行能力的协商。如果双方路由器都具备该能力，那么 BGP 路由器就使用该功能与对等体进行信息交互。在 VPN 的实现中，MP-BGP 引入了两个新的属性，分别为 MP_REACH_NLRI 和 MP_UNREACH_NLRI。

MP_REACH_NLRI 全称为多协议网络层可达信息（Multiprotocol Reachable Network Layer Reachability Information，MP_REACH_NLRI），用于发布可达路由及下一跳信息，该属性由一个或多个三元组（地址族信息、下一跳信息、网络可达性信息）组成，其中网络可达信息中包含了 VPNv4 前缀和 MP-BGP 给 VPNv4 路由分配的标签信息。MP-BGP 之间交换 VPN 路由信息时，一个 Update 消息可以携带多条具有相同路由属性的可达路由信息。

多协议不可达信息（Multiprotocol Unreachable Network Layer Reachability Information，MP_UNREACH_NLRI）用于通知对等体删除不可达的路由。一个 Update 消息可以携带多条不可达路由信息。

2. VPN 的路由信息发布

在基本的 BGP/MPLS VPN 组网中，VPN 路由信息的发布涉及 CE 和 PE，P 路由器只维护骨干网的路由，不需要了解任何 VPN 路由信息。PE 路由器一般只维护自身接入的 VPN 的路由信息，不维护所有 VPN 路由。VPN 路由信息的整个发布过程可以分为以下 3 个阶段：本地 CE 到入口 PE、入口 PE 到出口 PE、出口 PE 到远端 CE。

（1）本地 CE 到入口 PE 的路由信息交换。

CE 与直接相连的 PE 建立邻居或对等体关系后，把本站点的 VPN 路由发布给 PE。CE 与 PE 之间可以使用静态路由、RIP、OSPF、IS-IS 或 BGP。无论使用哪种路由协议，CE 发布给 PE 的都是标准的 IPv4 路由。

PE 上的各 VPN 路由转发表之间相互隔离，并与公网路由转发表相互独立。PE 从 CE 学习路由信息时，PE 需要区分该路由应注入哪个路由转发表。通常的静态路由和路由协议自身并不具备这种区分能力，因此在配置的时候，必须指明相应的 VPN 信息。如图 4-39 所示，在 CE 上配置时，按照常规的静态路由配置方式即可，但在 PE 上配置静态路由时，必须指定特定的 VPN 实例。

动态路由的配置跟静态路由的配置类似。如图 4-40 所示，PEA 上配置 IS-IS 协议时，需要关联 VPN 实例。

（2）入口 PE 到出口 PE 的路由信息交换。

CE 将路由信息传递给 PE 后，PE 将静态或者 IGP 路由注入到 MP-BGP，如图 4-39 和图 4-40 所示，然后借助 PE 之间建立的 MP-IBGP 邻居将 VPNv4 路由传递到对端 PE。如图 4-41 所示，BGP 中使能了

VPNv4 地址族，建立了 VPNv4 邻居关系。

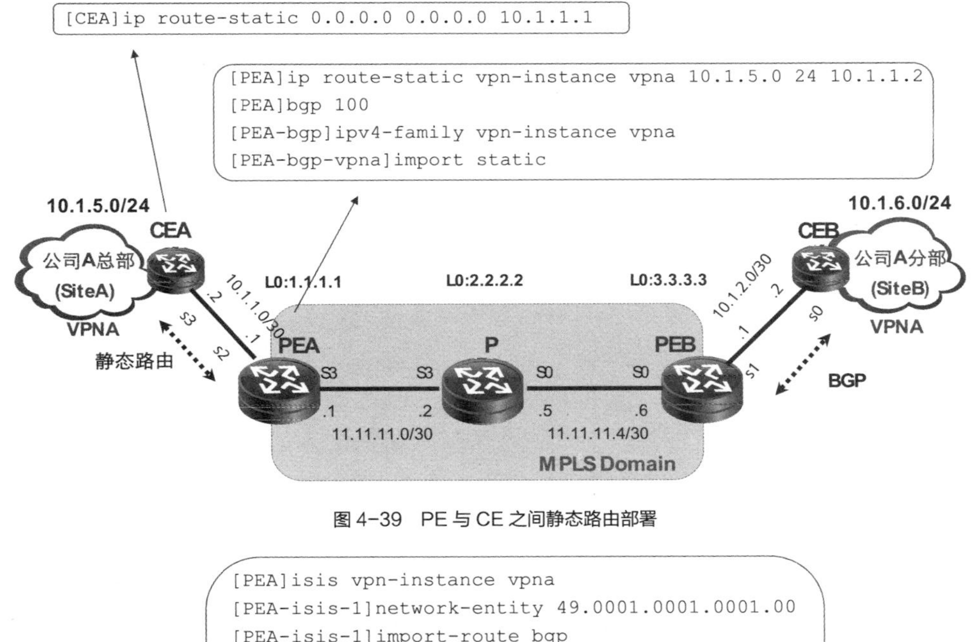

图 4-39　PE 与 CE 之间静态路由部署

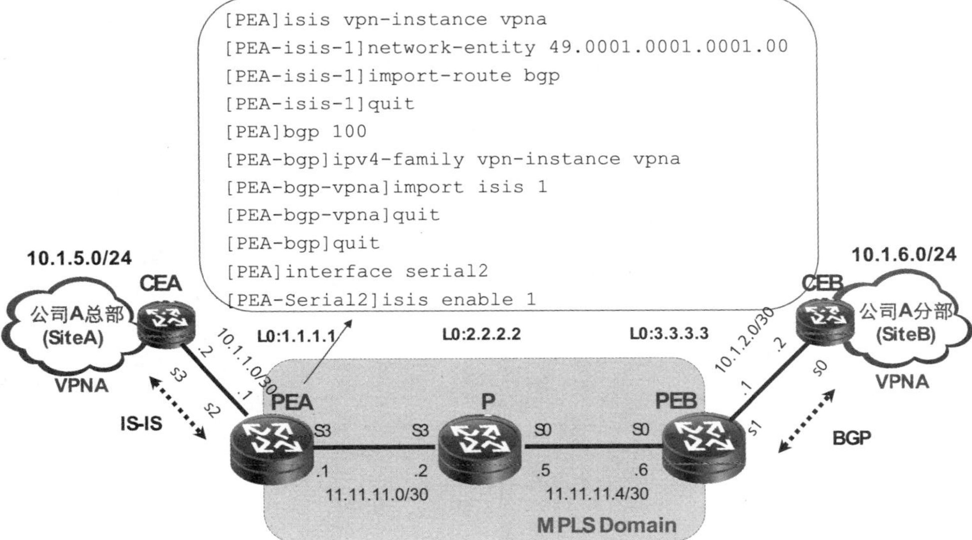

图 4-40　PE 与 CE 之间的动态路由部署

入口 PE 到出口 PE 的路由信息交换过程可分为以下 3 个步骤。

① PE 从 CE 接收到 IPv4 路由后，对该路由加上相应 VRF 的 RD(RD 手动配置)，使其成为一条 VPNV4 路由。

② 在将 VPNv4 路由注入 MP-BGP 后，MP-BGP 将路由通告中的下一跳属性更改为自己，通常是自己的 Loopback 地址，并为这条路由加上私网标签，该标签由 MP-IBGP 随机生成，同时加上 Export Route Target 属性，然后发送给它所有的 PE 邻居。

③ 接收端 PEB 收到发送端 PEA 发布的路由后，将 VPNv4 路由变为 IPv4 路由，并且根据本地 VRF 的 Import Route Target 属性决定是否将路由加入到相应的 VRF 中，保留私网标签，留做转发时使用。

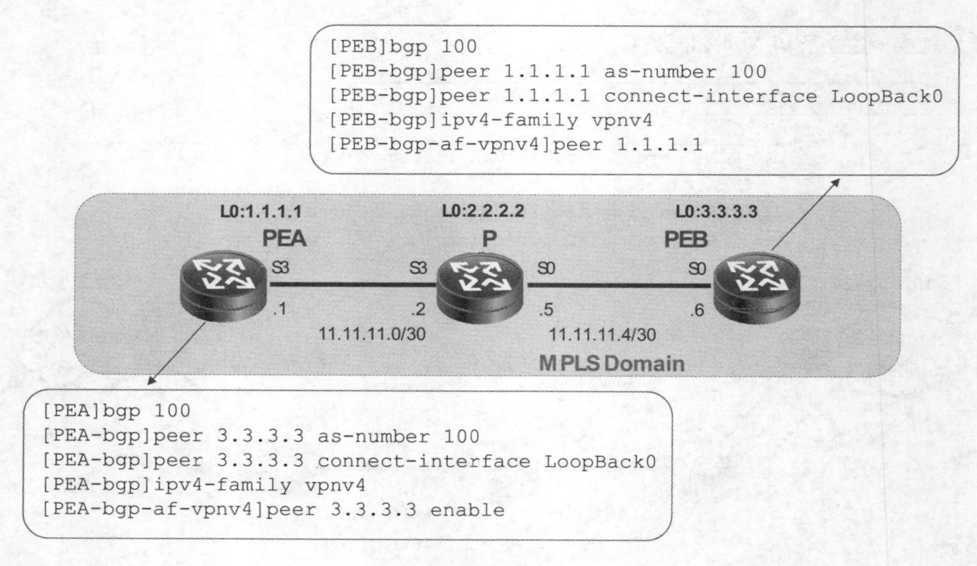

图 4-41 MP-IBGP 配置

如图 4-42 所示，PEA 通过 IGP/BGP 学习到 CE 的路由信息 10.1.5.0/24，下一跳为 CEA。PEA 构建 VPNv4 路由 100:1:10.1.5.0/24，借助 MP-BGP 传递到 PEB，下一跳为 PEA，携带 RT 值 100：1，MPLS 标签 15362。PEB 接收到 MP-BGP 路由信息后，将 VPNv4 路由变为 IPv4 路由，并比较本地 VRF 的 Import Route Target 决定是否将路由加入 VRF。

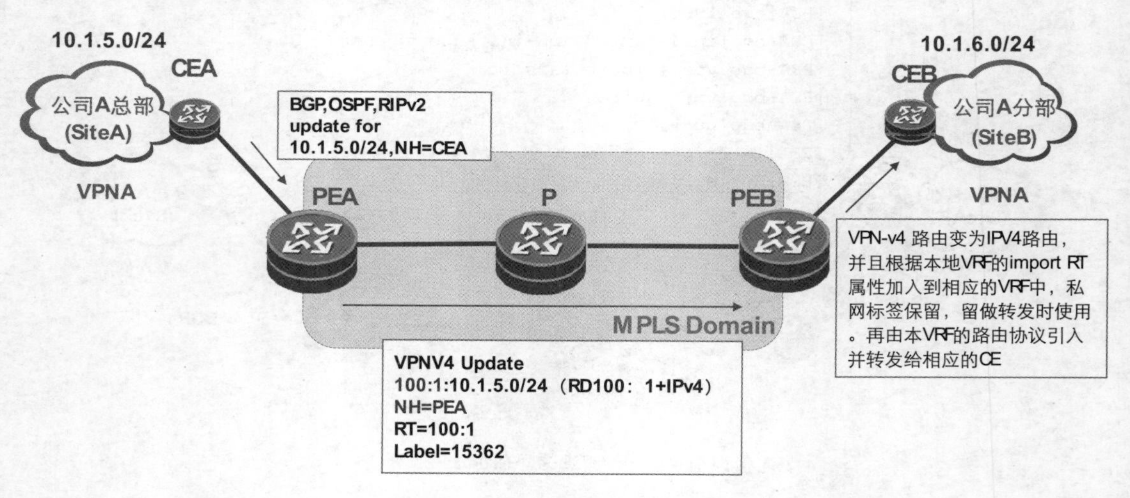

图 4-42 入口 PE 到出口 PE 的路由传递

（3）出口 PE 到远端 CE 的路由信息交换。

出口 PE 在学习远端传递过来的路由，并加入本地 VRF 中后，可以选择是否将路由信息继续往 CE 传递，方式跟 CE 向入口 PE 传递路由的方式相同，传递的同样是普通 IPv4 路由信息。

3. VPN 的报文转发

私网数据交换需要跨越中间的公网骨干网络，在这个过程中需要进行标准的 MPLS 转发，MP-BGP 在路由传递过程中分配的标签是 VPNv4 路由的私网标签。数据要跨越中间的公网骨干网络，必须还要建立

PE之间的MPLS隧道。MPLS标签即外层标签分配的过程如图4-43所示，PE和P路由器通过骨干网IGP学习到BGP路由下一跳的路由后，通过运行的LDP给1.1.1.1/32分配公网标签，建立LSP通道。

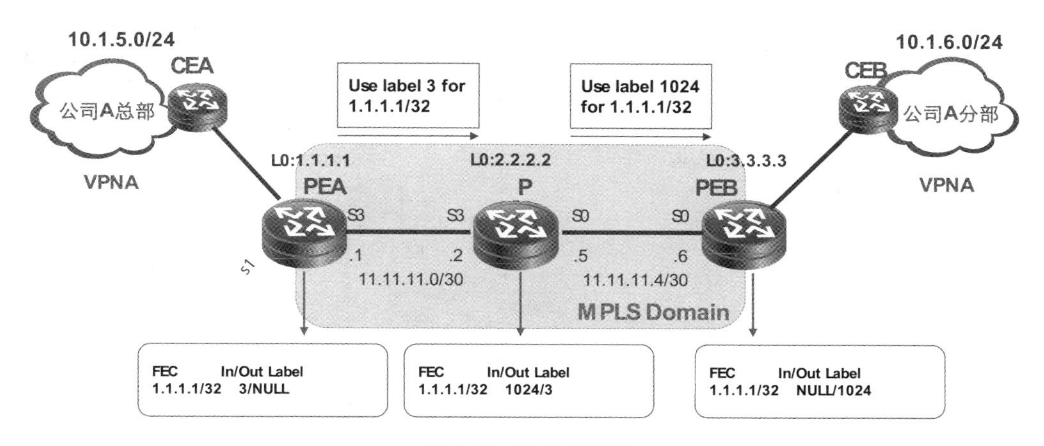

图4-43 公网标签分配

如图4-42所示，可以留意到，PEA在将VPNv4的路由信息传递给PEB的时候，同时向PEB分配了一个标签，这个标签代表的是VPNv4的私网路由信息。

因此，在BGP/MPLS VPN的实现中，数据转发需要MPLS两层标签嵌套。外层标签用来指示如何到达BGP路由的下一跳，内层标签表示报文的出接口或属于哪个VRF。

如图4-44所示，公司A分部的CEB路由器发出一个IP报文，目的地址为公司A总部，PEB收到报文后，首先封装内层标签15362，再封装外层标签1024，转发给P。P收到后，根据外层标签转发，因为P是倒数第二跳，所以弹出外层标签，保留内层标签，发送给PEA。PEA收到后根据内层标签判断出该报文属于哪个VRF，然后PEA去掉私网标签，将IP报文转发给公司A总部。

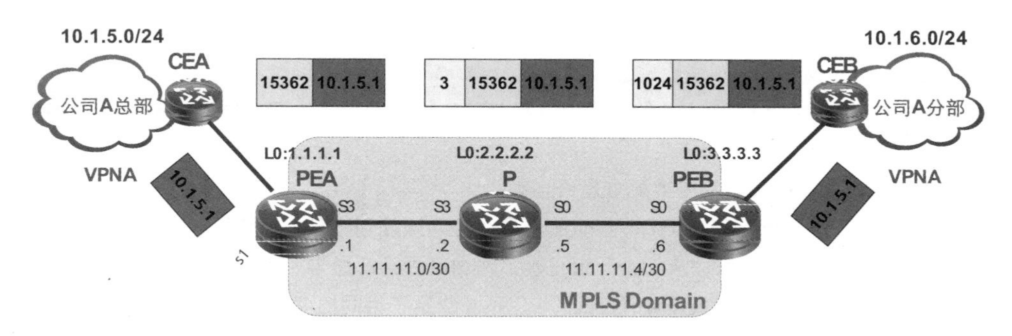

图4-44 VPN数据转发过程

4.3.4 BGP/MPLS VPN的故障案例分析

在BGP/MPLS VPN的实现中，BGP负责控制层的VPN路由的传递，MPLS负责跨越公网骨干网络的数据转发。其中控制层面的路由传递，传递的是带上了RD属性的VPNv4路由，又借助RT控制了VRF间的路由学习。转发层面的数据发送，封装了内外两层MPLS标签，外层标签用于指示如何到达BGP路由的下一跳，内层标签表示报文的出接口或属于哪个VRF。

下面可以通过一个案例来加深对BGP/MPLS VPN的了解。

案例：已配置相同 RT 的不同 VPN 之间不能互通。

图 4-45 所示的网络中配置了 BGP/MPLS VPN 业务，CE1 与 CE3 属于 VPN-A，CE2 属于 VPN-B。由于某业务的需求，在 VPN-A 和 VPN-B 上配置相同的 VPN Target，实现不同 VPN 间互通。

配置完成后，发现 CE1 可以 ping 通 VPN-A 中的 4.4.4.9，但 CE2 无法 ping 通 VPN-A 中的 4.4.4.9，即 VPN-B 与 VPN-A 未实现互通。

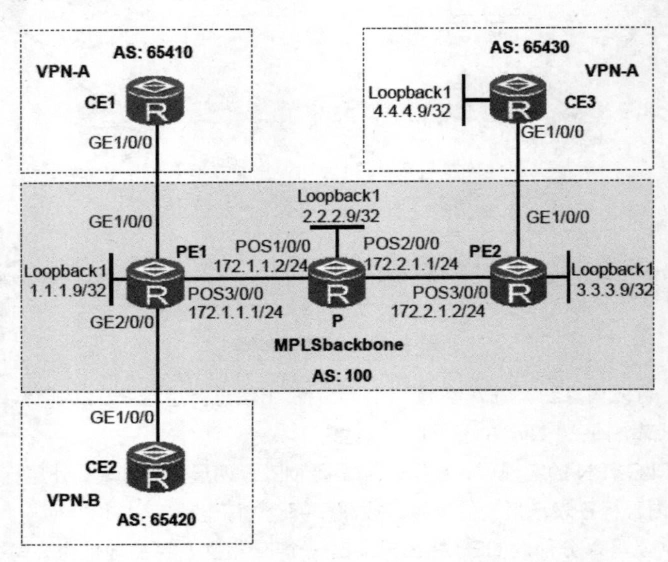

图 4-45 相同 RT 的不同 VPN 之间无法互通

故障原因分析：

（1）检查 PE 间的 VPNv4 邻居关系是否建立成功。

在 PE1 上查看 BGP VPNv4 地址族的邻居关系，显示 PE 之间的 BGP 对等体关系成功建立。

（2）检查 PE 间的 MPLS 隧道是否建立成功。

依次在 PE1、P、PE2 上检查 LDP 的会话信息和 MPLS 的 LSP 状态，显示结果状态正常，LSP 隧道建立成功。

（3）确认 PE 上的 VPN 实例的参数配置是否正确。

在 PE1 和 PE2 上分别检查 RD、RT 等参数的配置，显示跟规划相符，配置正常。

（4）检查 PE 和 CE 上的接口信息是否配置正确，路由是否正常通告。

在 PE 上检查接口信息配置，发现 VPN-B 和 VPN-A 绑定了相同的 IP 地址。

由于不同 VPN 间绑定了相同的 IP 地址，不会显示 IP 地址冲突告警，因此，配置能够成功，PE2 能够接收到 PE1 传递的 VPNA 和 VPNB 的 VPNv4 路由信息。PE2 在接收到 VPNv4 路由信息后会根据路由中携带的 RT 值将 VPNv4 路由信息恢复到 VPN 实例的 IPv4 路由表中，但此时恢复的 IPv4 路由信息是相同的，PE2 的 IPv4 路由表只会优选其中一条路由作为转发路由，因此 CE3 只能同 CE1 或者 CE2 中的一个进行通信，如果实现了负载分担，那么在 CE1 和 CE2 看来都会有丢包情况出现。

4.4 MPLS L2VPN

全球化的趋势使得越来越多的企业在不同的城市建立分支机构。为使公司的内部网络能够覆盖到总部和分部，就必然需要在总部和分部之间创建 VPN 通道。

VPN 通道的选择可以有几种。一为 L3VPN 方式，借助 BGP/MPLS 创建三层的 VPN 通道，但这种 VPN 通道形成的 VPN 网络的总部和分部处于不同的 IP 网段，借助于三层路由的方式实现互通。同时，运营商的 PE 路由器上会有用户 CE 侧的路由信息，也即意味着运营商会获得用户侧的路由，维护也需要运营商参与。二为租赁专线的方式，客户使用二层专线，如 FR、ATM、光纤等，但这种方式的建设时间长，价格也比较昂贵。鉴于此，引入了二层 VPN 的概念来解决此种情况。

4.4.1　MPLS L2VPN 概述

MPLS L2VPN 提供基于 MPLS 的二层 VPN 服务，BGP/MPLS VPN 中封装用户的三层 IP 包，而 MPLS L2VPN 直接在 MPLS 隧道上透明传输用户的二层数据，其中的外层 MPLS 隧道可以和 BGP/MPLS VPN 的三层 VPN 共用。

MPLS L2VPN 的实现，使得用户的总部和分部之间可以建立二层的连接，在两个 CE 之间透明传递用户数据，增加了用户数据的安全。

L2VPN 和 L3VPN 之间的主要区别如表 4-4 所示。

表 4-4　MPLS L2VPN 和 MPLS L3VPN 比较

MPLS L3VPN	MPLS L2VPN
服务提供商参与私网路由	CE 之间直接交换路由信息
PE 基于三层信息转发用户报文	PE 基于二层信息转发用户报文
只承载 IP	承载的二层帧中可以携带任何三层协议

相较于 MPLS L3VPN，MPLS L2VPN 的组网架构大致相同，如图 4-46 所示。在 MPLS L2VPN 的架构中，同样包含了 CE、PE、P 等设备，但同时也引入了接入电路 AC、虚电路 VC 等一些新的概念。

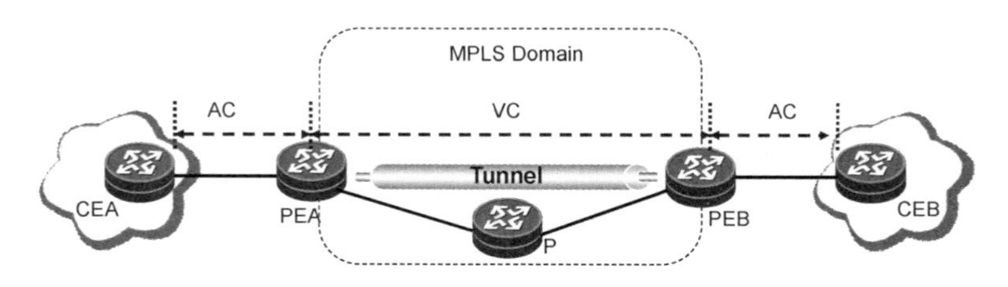

组件	描述
AC	Attachment Circuit，接入电路
VC	Virtual Circuit，虚电路
Tunnel	隧道

图 4-46　MPLS L2VPN 的组网架构

MPLS L2VPN 的基本架构可以分为 AC、VC 和 Tunnel 这 3 个部分。

- AC（Attachment Circuit，接入电路）。是一条连接 CE 和 PE 的独立的链路或电路。AC 接口可以是物理接口或逻辑接口，端口属性包括封装类型、最大传输单元 MTU 以及特定链路类型的接口参数。

- VC（Virtual Circuit，虚电路）。是指在两个 PE 节点之间的一种逻辑连接。
- Tunnel（隧道）。用于在骨干网络中透明传送用户数据，可以是 LSP 隧道，也可以是 GRE 隧道。常用的还是采用 MPLS 技术的 LSP 隧道。

MPLS L2VPN 的具体数据转发过程如图 4-47 所示。

MPLS L2VPN 的用户报文（二层数据帧）被封装在二层 MPLS 标签中进行传送，CEA 发送一个常规的数据链路层协议帧（Layer 2 Protocol Data Unit，L2PDU），到达 PEA 后封装上两层标签——内层标签 V 和外层标签 T1。数据被送到 P 节点，进行外层标签的交换，T1 标签被替换成 T2 标签，内层标签保持不变，数据一直被送到 PEB 节点，剥离内外两层标签，还原出数据链路层的协议帧 L2PDU，被转发到对端 CEB。

在整个过程中，外层标签负责数据在 PE 间的转发，内层标签负责出接口和归属那个 L2VPN 的信息匹配，整个过程跟 L3VPN 的实现原理基本类似。而封装在标签内部的用户数据报文，全程维持不变。

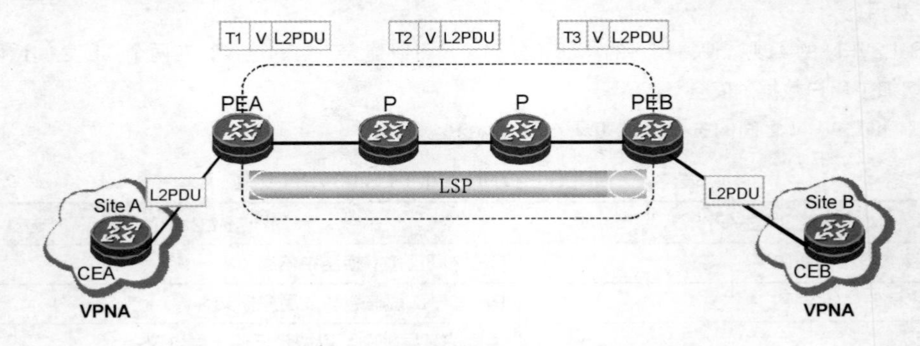

图 4-47 MPLS L2VPN 的数据转发过程

MPLS L2VPN 业务实现主要有两种，分别是 VPWS 和 VPLS，如图 4-48 所示。

虚拟专用专线业务（Virtual Private Wire Service，VPWS）是一种通过公网实现的点到点业务。在 VPWS 中，两个站点之间可以像通过链路直接互联一样实现通信。但是，多个站点之间不能同时通过服务提供商实现通信。

虚拟专用局域网业务（Virtual Private LAN Service，VPLS）是一种通过公网实现的点到多点业务。VPLS 通过 MAN/WAN 将地理位置分散的多个用户站点互联，使得它们像在一个 LAN 中工作。

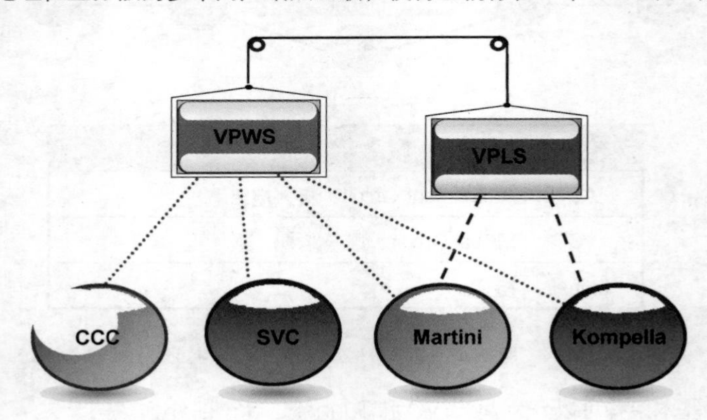

图 4-48 MPLS L2VPN 业务实现的分类

在业务实现上，VPWS 和 VPLS 稍有不同。VPWS 的实现方式分为 4 种：CCC、SVC、Martini、Kompella。VPLS 的实现方式有两种，分别是 Martini 和 Kompella。在后文中，将对不同的实现方式进行介绍。

在业务功能上，VPWS 和 VPLS 也稍有不同。如表 4-5 所示，VPLS 和 VPWS 相似之处在于转发报文时不考虑三层头部。不同之处则主要在于，VPLS 允许 PE 使用二层帧头中的 MAC 地址信息决定如何转发数据帧，VPLS 允许使用一个 CE/PE 之间的连接将数据帧传递到多个远端 CE。从这一点来看，VPLS 比 VPWS 更类似于 L3VPN。在后文中也将对此部分内容做介绍。

表 4-5　VPWS 和 VPLS 的业务比较

功能类型	VPWS	VPLS
连接类型	二层点到点	二层多点到多点
二层封装类型	任何(Frame Relay，ATM/Cell，Ethernet，VLAN，HDLC，PPP)	只支持 Ethernet
服务提供商参与私网路由	否	否
客户端支持的协议	任何	任何
服务提供商支持的协议	IP 和 MPLS	MPLS

4.4.2　VPWS 技术概述

VPWS 是一种点到点的虚拟伪线技术，PE 设备提供一种逻辑互联机制，使得两个 CE 看上去像是通过一条单一的逻辑二层电路互联，二层电路然后被映射到服务提供商网络中的 Tunnels 上。在这逻辑二层连接上，服务提供商基于二层信息来转发收到的数据帧。如图 4-49 所示，VPNA 的两个 CE 之间、VPNB 的两个 CE 之间，都通过 PE 间的逻辑二层电路互联。同时，这两条二层逻辑电路都承载在同一条外层隧道上。

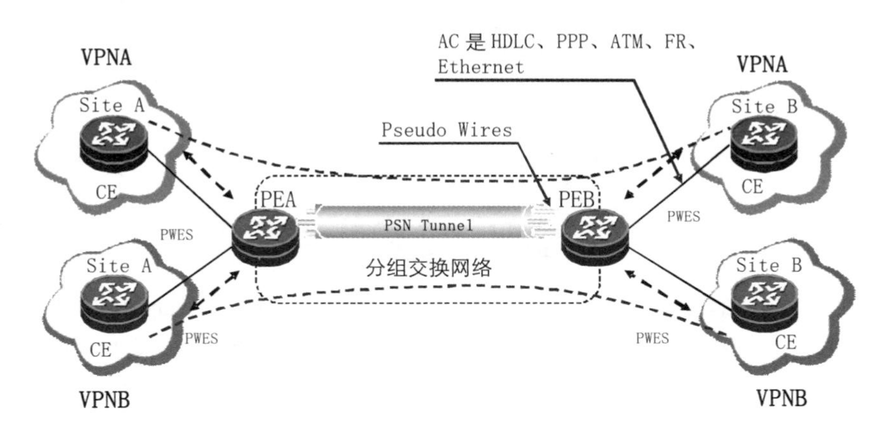

图 4-49　VPWS 的参考模型

在 L2VPN 中，PE 之间建立的用于传递二层信息的逻辑电路，通常称为伪线（Pseudo Wires，PW）。至于外层的 Tunnel，可以是 MPLS 的隧道，也可以是 GRE 的隧道，可以指定用于一条特殊的 VPWS，也可以共享给多个业务使用。

VPWS 可以适用于各种业务，以太网、ATM、帧中继等。每个 PE 设备负责将用户的二层数据帧绑定到相应的 VPWS，然后转发到特定的目的地。

4.4.3　VPWS 实现方式

在上文曾提到过，VPWS 的实现方式有 4 种，分别是 CCC、SVC、Martini 和 Kompella。

- CCC（Circuit Cross Connect，电路交叉连接）、SVC（Static Virtual Circuit，静态虚拟电路）方式不使用信令协议，通过静态配置 VC 标签的方式来实现 MPLS L2VPN。
- Martini 方式使用 LDP 信令，通过 LDP 信令协议传递二层信息和 VC 标签的方式来实现 MPLS L2VPN。
- Kompella 方式使用 BGP 信令，通过 BGP 信令协议传递二层信息和 VC 标签的方式来实现 MPLS L2VPN。

在本书中，将以 CCC 和 Martini 两种方式为例，详细介绍 VPWS 的工作原理。

1. CCC

CCC 模式的 VPWS 既支持远程连接，也支持本地连接，如图 4-50 所示。

- 本地连接。在两个本地 CE 之间建立的连接，即两个 CE 连在同一个 PE 上。PE 的作用类似二层交换机，可以直接完成交换，不需要配置静态 LSP。
- 远程连接。在本地 CE 和远程 CE 之间建立的连接，即两个 CE 连在不同的 PE 上，需要配置静态 LSP 来把报文从一个 PE 传递到另一个 PE。PE 侧通过配置命令将静态 LSP 与 CCC 连接进行对应。

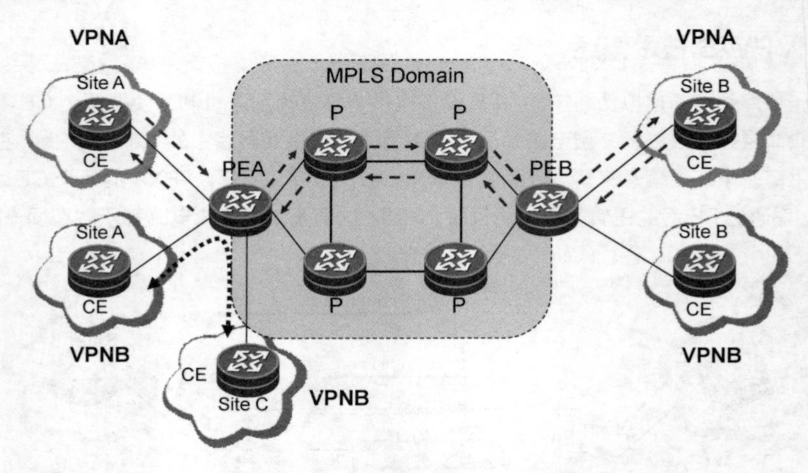

图 4-50　CCC 模式的网络拓扑

在图 4-50 中，VPNA 的 Site A 和 Site B 通过 CCC 远程连接互联。Site A 与 Site B 间需要两条静态 LSP，一条从 PEA 到 PEB，表示从 Site A 到 SiteB 的 LSP，另一条从 PEB 到 PEA，表示从 Site B 到 Site A 的 LSP。两条虚线组成一条双向的 VC，即 CCC 远程连接，为客户提供类似传统二层 VPN 的二层连接。

VPNB 的 Site A 和 Site C 则通过 CCC 本地连接实现互联，它们接入的 PEA 相当于一个二层交换机。CE 之间不需要 LSP 隧道，可以直接进行 VLAN、Ethernet、FR、ATM AAL5、PPP、HDLC 等不同链路类型的数据交换。

CCC 的报文转发方式如图 4-51 所示。

VPNB 的 CEA 和 CEC 都连接在 PEA 上，PEA 收到 VPNB 的 CEA 接口发送来的 L2 PDU 后，PEA 根据 CCC 的关联配置发现这是一个本地连接。PEA 得到出接口后对 L2 PDU 不做任何处理，将二层报文通过出接口发送到 VPNB 的 CEC。

VPNA 的 CEA 和 CEB 是远程连接，由两条单向的虚拟链路共同构成了一条双向的虚拟电路。本例中以发送报文到 VPNA 的 CEB 为例，反方向过程类似。

（1）PEA 收到 CEA 接口发送来的二层报文。

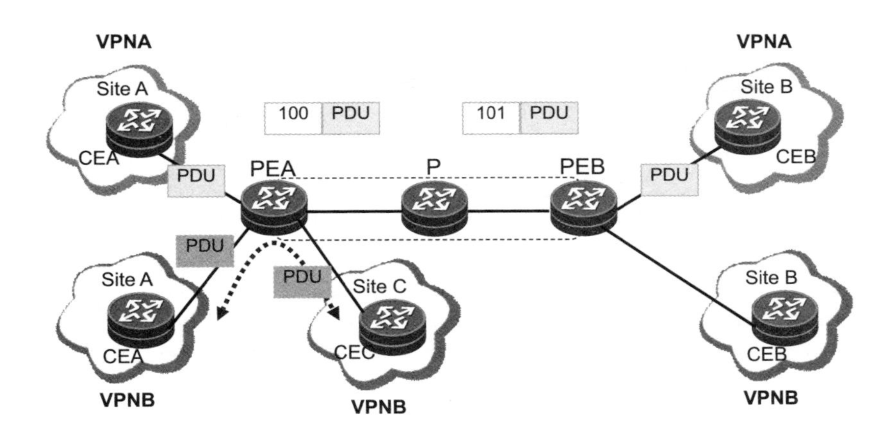

图4-51 CCC的报文转发

（2）PEA根据CCC的关联配置查找静态LSP，得到下一跳为PEB，出标签为100。

（3）PEA在L2 PDU报文外封装MPLS头（Lable=100），并发送到连接P的接口。

（4）P设备收到报文后查找LSP表，弹出标签100后，在L2 PDU报文外封装MPLS头（Lable=101），并发送到连接PEB的接口。

（5）PEB收到报文后查找LSP表，进行弹出操作，根据CCC的关联配置得到对应的出接口。

（6）PEB将二层报文直接送到CEB。

在这个过程中，在入接口，PE设备只关心接收二层报文的接口。如果这个接口关联某一个CCC连接，则PE查找CCC的相关配置，并且进行MPLS封装和MPLS转发。PE连接CE的接口并不做任何二层的处理。同样在出接口，PE只是解封装MPLS，并直接将报文发送到出接口。

因此PE的CCC连接一旦建立起来，PE上的AC接口的二层协议状态实质上是处于DOWN状态。这一点在所有形式的VPWS实现上都是相同的。

VPWS在实现上也可以在报文进入PE时进行二层报文头的解封装，并且在出口PE上对报文进行重新二层封装，这样就可以实现二层协议的相互转换，也就是异种介质互通。关于这部分内容，有兴趣的读者可以自行学习。

CCC方式是一种静态配置VC连接的方式，根据配置把VC一端收到的二层协议报文映射到一个静态的LSP隧道上去，这样二层报文在途经的每一跳设备就根据该静态LSP进行MPLS转发，最后将报文转发到VC的另一端。实现CCC的远端连接，配置的内容要包含以下几个方面：基础的IP路由和MPLS配置、MPLS L2VPN功能使能、CCC的业务配置。下面的配置示例就是以图4-52作为网络拓扑创建的远端CCC连接。

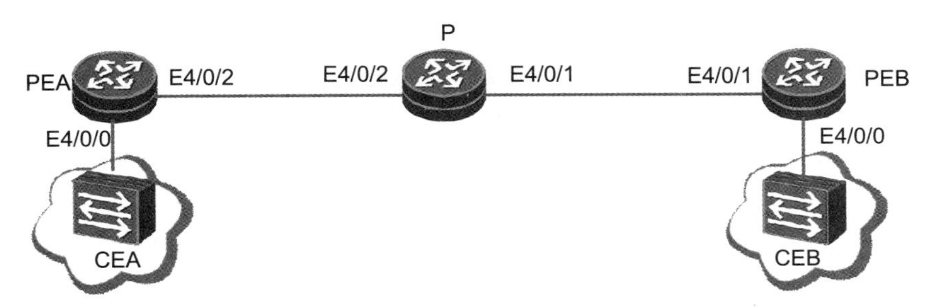

图4-52 CCC的远端连接实现拓扑示例

关键的配置指令如下：

```
    [PEA]mpls l2vpn
    [PEA]ccc  PEA-PEB  interface  Ethernet4/0/0.1  in-label  100  out-label  200  nexthop
13.13.13.1

    [PEB]mpls l2vpn
    [PEB]ccc  PEB-PEA  interface  Ethernet4/0/0.1  in-label  201  out-label  101  nexthop
12.12.12.1

    [P]static-lsp  transit  PEA-PEB  incoming-interface  Ethernet4/0/2  in-label  200
outgoing-interface Ethernet4/0/1 out-label 201
    [P]static-lsp  transit  PEB-PEA  incoming-interface  Ethernet4/0/1  in-label  101
outgoing-interface Ethernet4/0/2 out-label 100
```

CCC 作为 MPLS L2VPN 的其中一种实现方式，与其他方式不同的地方在于，CCC 只采用一层标签传送用户数据。

这一层标签在每个 LSR 上进行标签交换，因此 CCC 对 LSP 的使用是独占性的，而且在两个方向都需要配置静态的 LSP。CCC 的 LSP 只用于传递这个 CCC 连接的数据，不能用于其他 VPWS 连接，也不能用于 BGP/MPLS VPN 或承载普通的 IP 报文。

CCC 方式只需要 ISP 网络支持 MPLS 转发，不需要任何标签信令传递二层 VPN 信息。CCC 的静态配置需要管理员手工操作，因此 CCC 适用于小型、拓扑简单的 MPLS 网络。CCC 不进行信令协商，不需要交互控制报文，因此消耗资源比较小，易于理解，但维护不方便，扩展性差。

2. Martini

Martini 模式的 VPWS 只支持远程连接，而不支持本地连接。

如图 4-53 所示，VPNA 的 Site A 和 Site B 通过 Martini 远程连接（虚线）互联。VPNB 的 Site A 和 Site B 也通过 Martini 远程连接（点线）互联。VPNA 和 VPNB 在 ISP 的网络里分别通过两条不同的 LSP 互联，也可以复用一条 LSP，通过一条 LSP 进行互联。

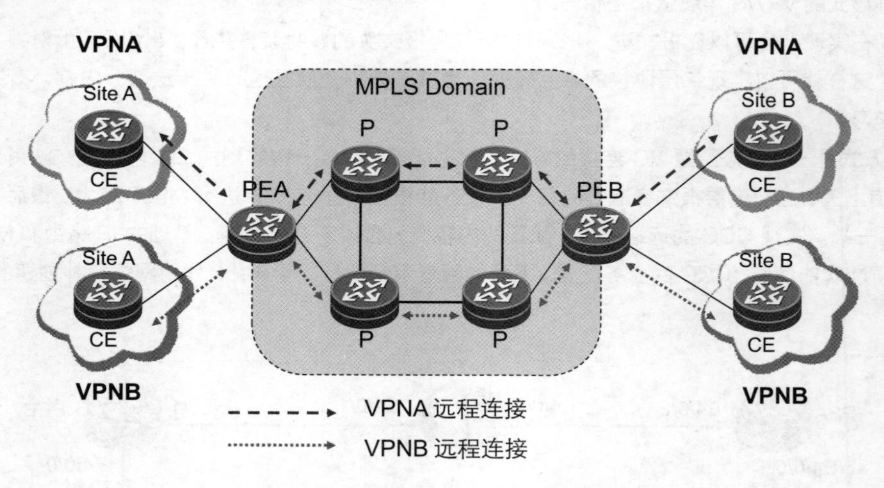

图 4-53　Martini 模式的网络拓扑

那么，如果图 4-53 中 VPNA 和 VPNB 的虚电路 VC 复用同一条 LSP 进行承载，应该如何区分呢？在 Martini 方式中，两个 CE 之间的虚电路 VC 的区分通过两个参数实现，即 VC Type 和 VC ID。

- VC Type：表明 VC 的封装类型，例如 ATM、VLAN 或 PPP。

● VC ID：标识 VC。相同 VC Type 的所有 VC，其 VC ID 必须在整个 PE 唯一。

如图 4-54 所示，PEA 接入了 VPNA 和 VPNB 的业务，那么在区分不同 VPN 的不同业务的时候，在封装类型相同的情况下，必须配置不同的 VC ID 进行业务区分。

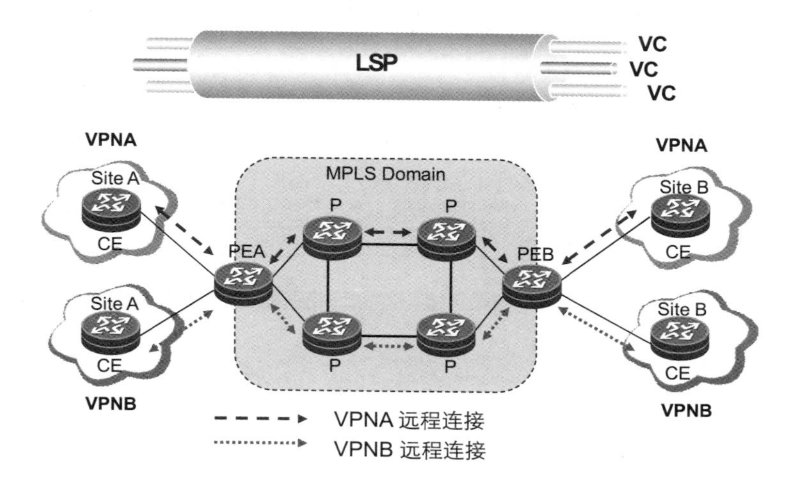

图 4-54　VC 区分

如图 4-55 所示，PEB 上的接入接口封装了 VLAN，同时为区分 VC，配置 VC ID 为 101。

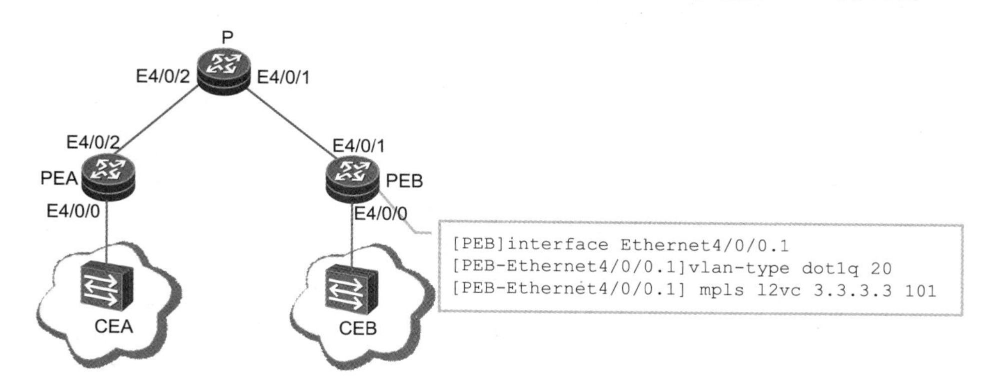

图 4-55　VC 的配置

在 Martini 方式中，VC 标签信息由 LDP 进行传递。图 4-56 所示为 LDP 的标签映射消息，其中的 FEC 由 VC Type + VC ID 进行标识。本例中的封装类型为 VLAN，ID 取值 101，分配的标签为 1026。

从上述介绍可以了解到，在 Martini 的实现中，VC 标签的分配由 LDP 负责，VC 的区分则由 VC Type + VC ID 共同实现。Martini 的实现过程具体以下步骤。

（1）接入电路上配置区分 VC 的参数，如 VC ID 等。

（2）PEA 和 PEB 之间创建好外层隧道，以及 LDP 的远端会话。

（3）PEA 为新接口分配 VC 标签并绑定到配好的 VC ID。

（4）PEA 通过 LDP 远端会话发送携带 VC 标签信息的标签映射消息。

（5）PEB 收到标签映射消息后，和本地 VC ID 进行匹配。

（6）反向标签传递过程相同，PEB 发送标签映射消息给 PEA，构建双向 VC 标签映射。

```
⊟ Label Distribution Protocol
    Version: 1
    PDU Length: 46
    LSR ID: 3.3.3.3 (3.3.3.3)
    Label Space ID: 0
  ⊟ Label Mapping Message
      0... .... = U bit: Unknown bit not set
      Message Type: Label Mapping Message (0x400)
      Message Length: 36
      Message ID: 0x00000091
    ⊟ Forwarding Equivalence Classes TLV
        00.. .... = TLV Unknown bits: Known TLV, do not Forward (0x00)
        TLV Type: Forwarding Equivalence Classes TLV (0x100)
        TLV Length: 20
      ⊟ FEC Elements
        ⊟ FEC Element 1 VCID: 101
            FEC Element Type: Virtual Circuit FEC (128)
            0... .... = C-bit: Control Word NOT Present
            .000 0000 0000 0100 = VC Type: Ethernet VLAN (0x0004)
            VC Info Length: 12
            Group ID: 0
            VC ID: 101
          ⊞ Interface Parameter: MTU 1500
          ⊞ Interface Parameter: VCCV
    ⊟ Generic Label TLV
        00.. .... = TLV Unknown bits: Known TLV, do not Forward (0x00)
        TLV Type: Generic Label TLV (0x200)
        TLV Length: 4
        Generic Label: 1026
```

图 4-56 VC 标签映射消息

完成了整个标签映射消息交换后，CE 就可以借助建立的 VC 二层通道进行数据转发。图 4-57 所示给出了用户流量在 Martini 模式下转发的过程。

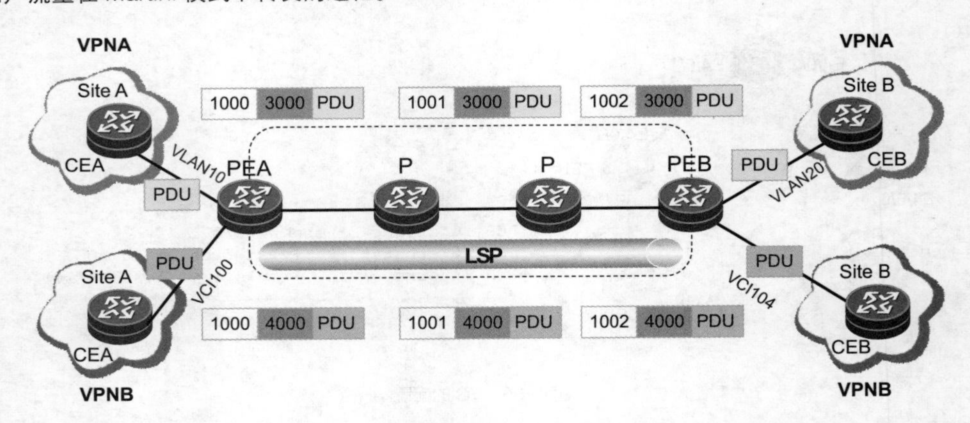

图 4-57 Martini 模式下的数据转发过程

VPNA 的 Site A 中发送到 PEA 的 VLAN10 的报文，在到达 PEA 后，PEA 先打上 VC 标签 3000，然后再打上外层隧道的出标签 1000，即进入了外层 LSP 隧道。这些报文通过外层隧道的标签交换，到达 PEB，PEB 去掉外层 LSP 的入标签 1002，根据内层 VC 标签 3000，选择到 VPNA 的 Site B 的出接口。

VPNB 的 Site A 中发送到 PEA 的 VCI100 的 ATM 报文，PEA 在其上打上 VC 标签 4000，然后打上 LSP 的出标签 1000，同样进入 LSP 隧道。这些报文在到达 PEB 后，PEB 去掉 LSP 的入标签 1002，根据内层 VC 标签 4000，选择到 VPNB 的 Site B 的出接口。

在本例中，外层的 LSP 隧道是被共享的。PEB 收到报文后会根据内层标签的不同映射到不同的 VC 上。

在 Martini 方式中，只有 PE 设备需要保存 VC Label 和 LSP 的映射等少量信息，P 设备不包含任何二层 VPN 信息，只需要维护外层 LSP 隧道即可，所以扩展性好。此外，当需要新增加一条 VC 时，只在相关的两端 PE 设备上各配置一个单方向 VC 连接即可，不影响网络的运行。以图 4-58 所示的拓扑为例，部署 Martini 模式的二层 VPN。

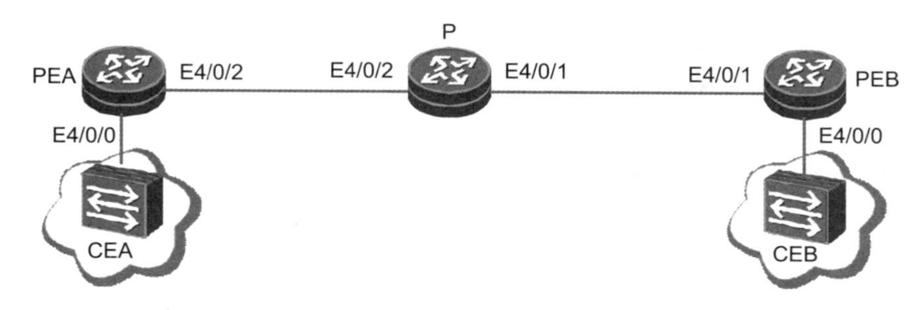

图 4-58　Martini 模式拓扑

在 Martini 的配置实现中，LDP 远端会话的配置，L2VPN 的配置实现，都是在 PE 上部署的，P 节点上只需要部署和维护外层 LSP 的相关配置即可，具体的 L2VPN 配置方式如下。

```
[PEA]mpls ldp remote-peer vpna
[PEA-mpls-ldp-remote-vpna] remote-ip 2.2.2.2
[PEA-mpls-ldp-remote-vpna] quit
[PEA]mpls l2vpn
[PEA]mpls l2vpn default martini
[PEA]interface Ethernet4/0/0.1
[PEA-Ethernet4/0/0.1]vlan-type dot1q 10
[PEA-Ethernet4/0/0.1] mpls l2vc 2.2.2.2 101
```

3. VPWS 各种实现方式比较

在 VPWS 的 4 种实现方案中，SVC 和 Kompella 的部署实现与 Martini 类似，区别在于隧道标签的分发方式。Martini 方式采用 LDP 进行标签分发，SVC 采用静态的方式进行手工静态标签分配，Kompella 方式采用 BGP 进行标签分发。

4 种实现方式之间的主要区别如表 4-6 所示。

表 4-6　VPWS 各种实现方式比较

项　　目	CCC	Martini	SVC	Kompella
公网隧道	静态 LSP，独占	GRE、LSP 隧道共用	GRE、LSP 隧道共用	GRE、LSP 隧道共用
内层标签	无	远端 LDP 分发	手工配置	MP-BGP 分发
标签封装	只有一层	内外两层	内外两层	内外两层
支持本地连接	是	否	否	是
扩展性	较差	差	差	较好
应用场景	NA	稀疏模式	NA	密集模式

4.4.4　VPLS 技术概述

如前面所述，MPLS L2VPN 分为 VPWS 和 VPLS 两种。

VPWS 是一种通过公网实现的点到点业务。在 VPWS 中，两个站点之间可以像通过链路直接互联一样实现通信。但是多个站点之间不能同时通过服务提供商实现通信。

VPLS 是一种通过公网实现的点到多点业务。它可以使用户从多个地理位置分散的点同时接入网络，相互访问，就像这些点直接接入到 LAN 上一样。

VPLS 的动态实现方式跟 VPWS 相同，有两种方式，分别为 Martini 和 Kompella。

Martini 方式使用 LDP 信令，通过 LDP 信令协议传递二层信息和 VC 标签的方式来实现 VPLS。

Kompella 方式使用 BGP 信令，通过 BGP 信令协议传递二层信息和 VC 标签的方式来实现 VPLS。

VPLS 使用 MPLS 技术在逻辑电路或隧道上来提供以太网的多点连接功能，使得服务提供商可以很容易、很有效地提供可管理的以太网 VPN 业务。参考模型如图 4-59 所示，运营商骨干节点 PE 之间公网互通，VPNA 和 VPNB 用户使用同一 MPLS 外层隧道构建各自的虚拟骨干网络，分别对应到 VPLS-A 和 VPLS-B 虚拟二层局域网。VPN 用户的 CE 节点通过 AC 链路连接到各自的虚拟骨干网络。

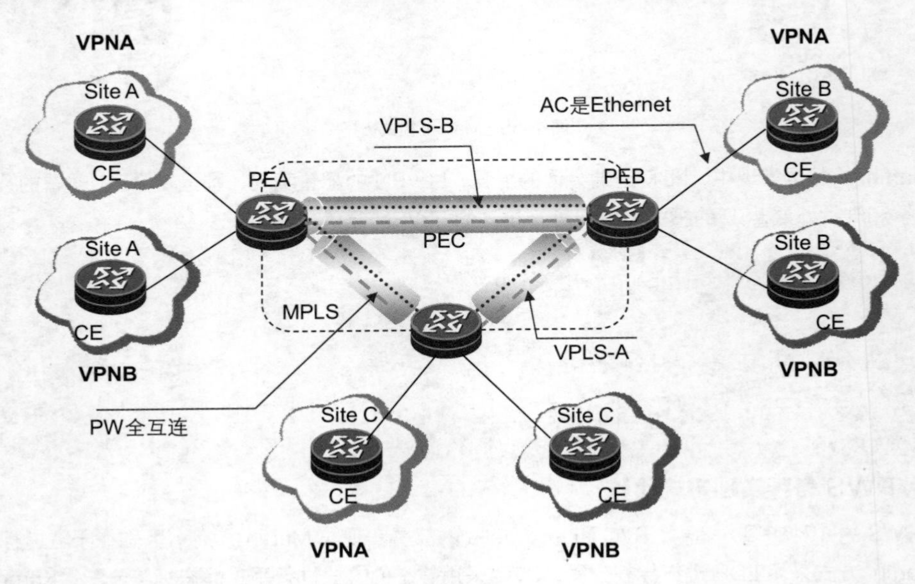

图 4-59 VPLS 参考模型

与 VPWS 专线业务不同的是，VPWS 实现的是点到点通信，数据被导入到隧道后，按照隧道路径一直转发到对端。但 VPLS 实现的是点到多点的专网业务，属于同一 VPLS 实例的 CE 节点间进行通信的时候，当 CE 发送数据帧到 PE 节点，PE 通过检查数据帧的目的 MAC 地址来决定如何转发数据帧。因此在 VPLS 的实现中，PE 的功能类似交换机的数据转发，需要检查报文的二层头部信息。

4.4.5 VPLS 技术原理与实现

VPLS 的实现原理可以从几个方面进行介绍，包括 VPLS 的组件模型、VPLS 的信令协议、VPLS 的数据转发、MAC 地址的学习和环路的避免。

1. VPLS 的组件模型

VPLS 实现的是点到多点的业务模型。整个 VPLS 网络就像一个交换机，它通过 MPLS 隧道在每个 VPN 的各个 Site 之间建立虚连接（PW），并通过 PW 将用户二层报文在站点间透传。具体参考模型如图 4-60 所示。

VPLS 的组网模型中，包含有以下组件。

- AC：AC 的作用和 VPWS 中定义的接入链路的作用一致。但 VPLS 目前只支持以太网链路。
- PW：使能了 MPLS 功能的服务提供商网络中，用于连接两个不同 PE 路由器上两条 AC 的仿真虚电路，称为伪线。

- 虚拟交换实例（Virtual Switching Instance，VSI）：VSI 是一个虚拟的二层转发实体，类似于虚拟交换机的概念。VSI 负责学习远端的 MAC 地址，并且将用户流量转发到相应的节点，同时也要负责保证每个 VPLS 域无环路。另外，VSI 还具有了 MAC 地址老化、撤销，以及数据转发功能。
- PW 信令协议（PW signaling）：PW 信令协议是 VPLS 的实现基础，用于创建和维护 PW。PW 信令协议还可用于自动发现 VSI 的对端 PE 设备。

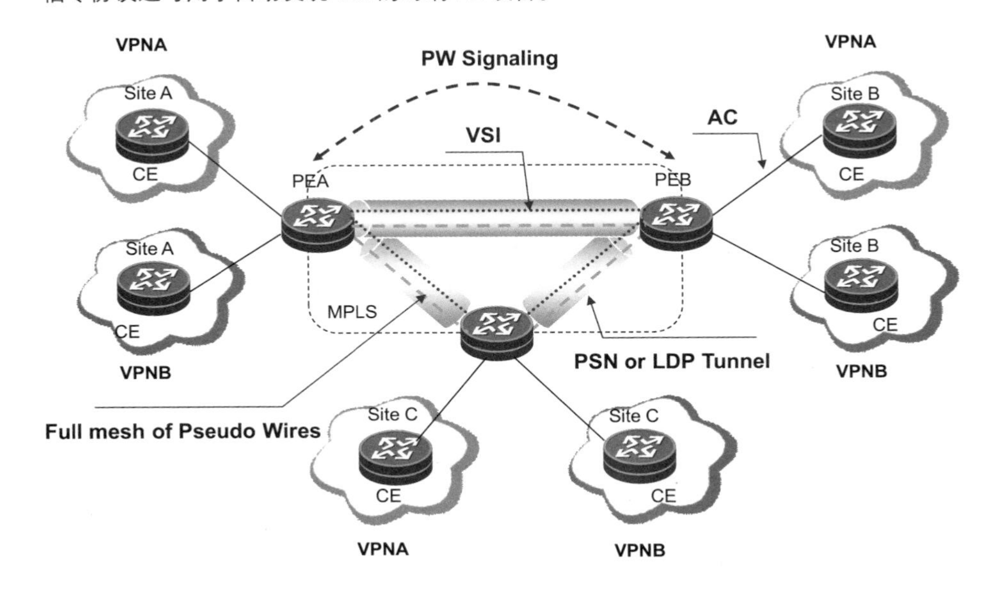

图 4-60 VPLS 组件模型

2. VPLS 的信令协议

VPLS 中的 PW 信令协议，主要用于 PE 之间的 PW 的创建。目前使用的信令协议主要有 LDP 和 BGP 两种。

两种模式之间的不同之处有以下几点。

- LDP 实现比较简单，对 PE 要求相对较低。采用 BGP 时，要求 PE 运行 BGP，对 PE 要求较高，但有新成员加入时，可以借助 BGP 实现新成员信息的自动发现。
- LDP 方式需要在每两个 PE 之间建立 LDP Session，其 Session 数与 PE 数的平方成正比。而用 BGP 方式，可以利用 RR（Route Reflector）降低 BGP 连接数。
- 以 LDP 方式分配标签是对每个 PE 分配一个标签，需要的时候才分配；在 BGP 方式下，则是分配一个标签块，对标签有一定浪费。
- 在 LDP 方式下，必须保证所有域中配置的 VPLS Instance 都使用同一个 VSI ID 值空间；在 BGP 方式下，采用 VPN Target 识别 VPN 关系。

根据两种信令协议的特征，在实际的部署选择上，可以得出以下结论。

- LDP 方式适合用在 VPLS 的站点比较少，应用比较简单的情况下，特别是 PE 不运行 BGP 的时候。
- BGP 方式适合用在大型网络的核心层，以及有一些扩展应用（如跨域等）需求的情况下。
- 当 VPLS 网络比较大时（节点多或者地理范围大），可以采用两种方式结合的 HVPLS（Hierarchical VPLS，分层 VPLS），核心层使用 BGP 方式，接入层使用 LDP 方式。

本章节的 VPLS 实现将以 Martini 方式为例。

Martini 模式的 VPLS 实现的是虚拟 LAN 的效果，因此，不同于 VPWS 区分为远程连接和远端连接，VPLS 模式下允许多个 AC 站点接入 VPLS 网络。

图 4-61 所示是 VPLS 的配置示例，在 PEA 和 PEB 上分别进行了以下信息的配置，包括创建 VSI 虚拟交换实例，配置 LDP 作为信令协议，指定 VSI ID 为 2，手工指定对端 PE 的 IP 地址，关联 AC 接口到 VSI。

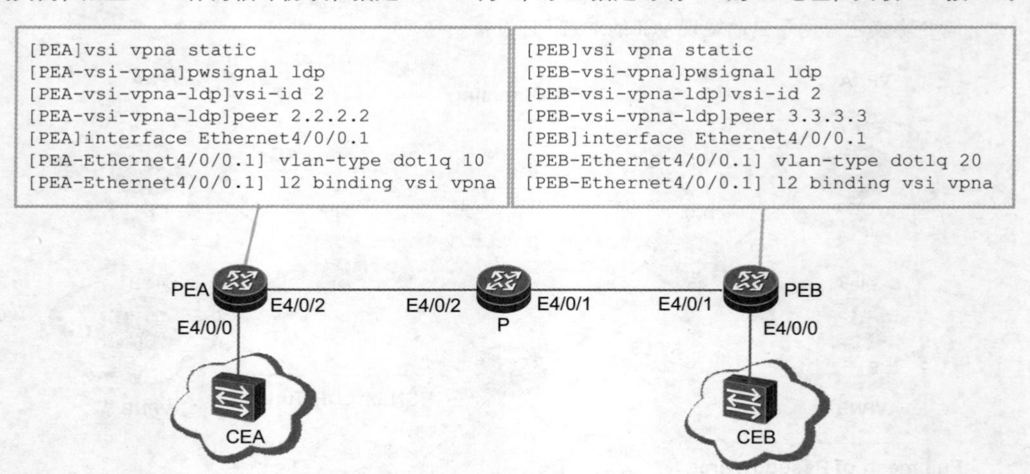

图 4-61　VPLS 的配置示例

上例中，LDP 作为 PW 信令协议来创建 PW，其中的报文交互过程与 VPWS 方式相似，标签映射消息如图 4-62 所示。不同于 VPWS 中用 VC Type+VC ID 来标识 FEC，VSI 中用 VSI ID 替代了 VC ID，但在 LDP 的协议报文中，仍然标记为 VC ID。

```
⊟ Label Distribution Protocol
    Version: 1
    PDU Length: 46
    LSR ID: 3.3.3.3 (3.3.3.3)
    Label Space ID: 0
  ⊟ Label Mapping Message
      0... .... = U bit: Unknown bit not set
      Message Type: Label Mapping Message (0x400)
      Message Length: 36
      Message ID: 0x00000c7b
    ⊟ Forwarding Equivalence Classes TLV
        00.. .... = TLV Unknown bits: Known TLV, do not Forward (0x00)
        TLV Type: Forwarding Equivalence Classes TLV (0x100)
        TLV Length: 20
      ⊟ FEC Elements
        ⊟ FEC Element 1 VCID: 2
            FEC Element Type: Virtual Circuit FEC (128)
            0... .... = C-bit: Control Word NOT Present
            .000 0000 0000 0100 = VC Type: Ethernet VLAN (0x0004)
            VC Info Length: 12
            Group ID: 0
            VC ID: 2
          ⊞ Interface Parameter: MTU 1500
          ⊞ Interface Parameter: VCCV
    ⊟ Generic Label TLV
        00.. .... = TLV Unknown bits: Known TLV, do not Forward (0x00)
        TLV Type: Generic Label TLV (0x200)
        TLV Length: 4
        Generic Label: 1027
```

图 4-62　LDP 标签映射消息

借助于信令协议，VPLS 完成了 PE 之间 PW 隧道的创建。用户的二层数据可以借助内层的 PW 隧道和外层的 LSP 实现转发。

3. VPLS的数据转发

VPLS构建的虚拟局域网类似交换机构建的二层交换网络，建立在MPLS隧道上的虚连接PW承担了PE间数据互通的功能。PE设备在转发CE的数据报文的同时会学习源MAC并建立MAC转发表项，完成MAC地址与用户接入接口（AC）和虚连接（PW）的映射关系。对于P设备，只需要完成依据MPLS标签进行MPLS转发即可，不必关心MPLS报文内部封装的二层用户报文。

具体的数据转发流程如图4-63所示。

（1）CEA上送二层报文，通过AC接入PEA。

（2）PEA收到报文后，根据MAC地址表选定转发报文的PW。

（3）PEA根据PW的转发表项生成两层MPLS标签（VC私网标签用于标识PW，Tunnel公网标签用于穿越隧道到达PEB）。

（4）二层报文经公网隧道到达PEB，标签被弹出。

（5）PEB根据本地维护的MAC地址表转发报文到对应的AC，将CEA上送的二层报文转发给CEB。

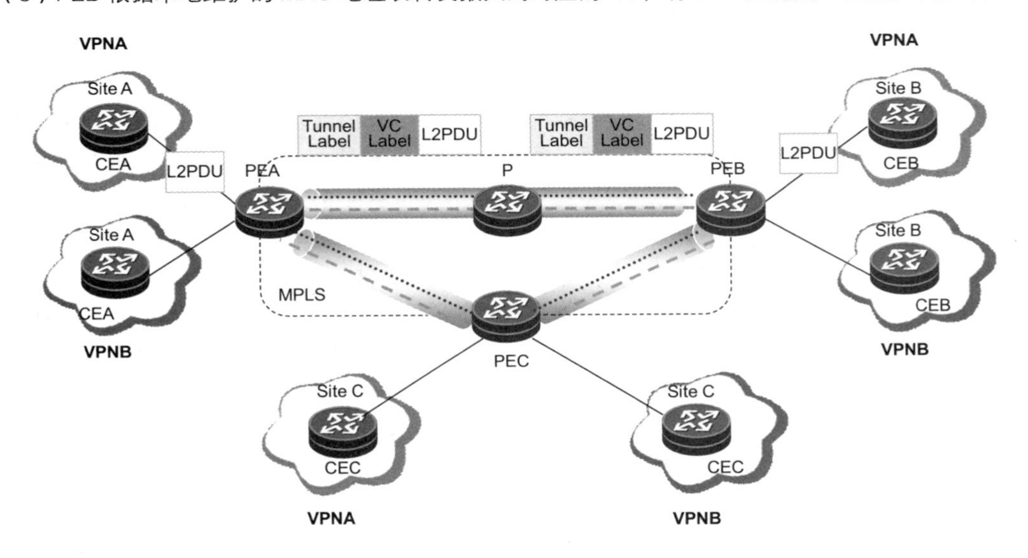

图4-63 VPLS的数据转发流程

从上面的交互过程可以发现，VPLS与VPWS最大的区别就在于，在VPLS点到多点的报文转发模式中，需要借助MAC地址表选择相应的PW和AC接口。

4. MAC地址的学习

VPLS数据转发中的MAC地址表的维护涉及了MAC地址的学习和回收两个过程。

如图4-64所示，用户A的VPLS网络是一个全连接的虚拟局域网，对应了唯一的一个VSI ID。PE路由器之间形成了双向PW实现数据的转发，MAC地址则通过PE路由器之间的定向LDP标签映射消息来学习。

PEA为其接入链路AC分配了一个本地标签VC-AB，这个标签被传递给PEB。PEB分配标签VC-BA，并发送这个VC标签给PEA。

CEA和CEB进行通信，首先CEA需要知道目的地CEB的MAC地址，因此CEA发送ARP广播报文请求CEB的MAC地址，源地址是CEA，目的地址填充为广播MAC。报文从PEA发往PEB和PEC，去往PEB的报文封装PEB发送给PEA的PW标签VC-BA，去往PEC的报文则封装PEC发送给PEA的PW标签VC-CA。

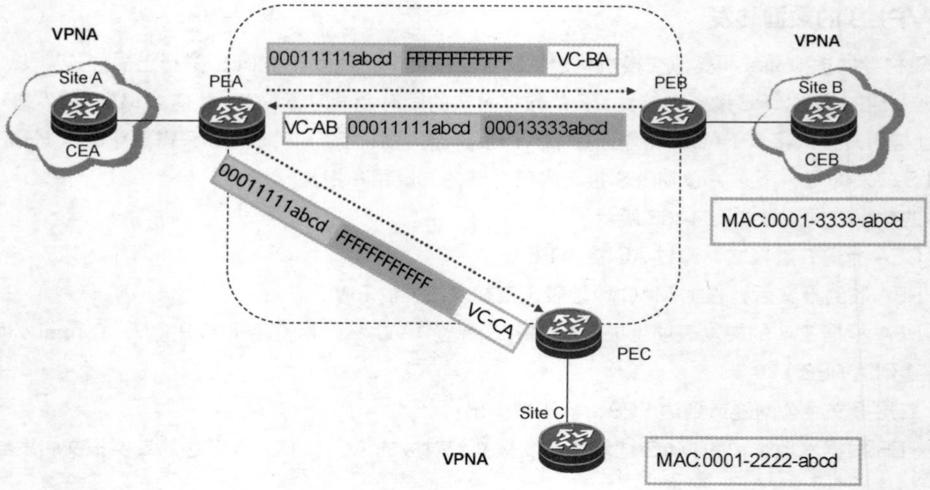

图 4-64 MAC 地址学习

PEB 从 PEA 收到报文并将源 MAC 地址 0001-1111-abcd 和内层标签 VC-BA 关联，并因此推断源 MAC 地址 0001-1111-abcd 在 PEA 网络之后。因此 VC-BA 最初是由 PEB 在定向的 LDP 会话建立过程中分发并传递给 PEA 的，PEB 现在可以将 0001-1111-abcd 和 VC-BA 关联，从而完成整个 MAC 地址表的构建。

MAC 地址学习模式可以分为两种，包括 unqualified 和 qualified。

在 unqualified 学习模式中，所有用户 VLAN 都被一个 VSI 处理，共享一个广播域和 MAC 地址空间。这意味着，用户 VLAN 的 MAC 地址必须唯一，不能发生地址重叠。否则，在 VSI 中就无法对它们进行区分，这会导致用户数据帧的丢失。unqualified 学习方式的一个应用就是为给定用户提供的基于端口的 VPLS 业务（例如，将从 CE-PE 之间的接口上收到的全部流量映射到一个 VSI）。

在 qualified 学习模式中，每个用户 VLAN 分配一个自己的 VSI，这意味着每个用户 VLAN 有自己的广播域和 MAC 地址空间。因此，在 qualified 学习模式中，不同用户 VLAN 的 MAC 地址可能会彼此重叠，但将会被正确处理，因为每个用户 VLAN 都有自己的 FIB（也就是每个用户的 VLAN 都有自己的 MAC 地址空间）。因为 VSI 广播多播数据帧，qualified 学习模式为给定用户 VLAN 提供限制广播范围的优势。

部分厂商的设备只支持 unqualified 模式的 MAC 地址学习。

5. 环路避免

在以太网上，为了避免环路，一般的二层网络都要求使能 STP 协议。但是私网的 STP 协议不应该参与到 ISP 的网络中去，而是只在私网的设备间运行，避免私网设备间的环路。

VPLS 中，使用“全连接”和“水平分割转发”来避免环路。每个 PE 必须为每一个 VPLS 转发实例创建一棵到该实例下的所有其他 PE 设备的树。每个 PE 设备必须支持“水平分割”策略来避免环路，即 PE 不能在具有相同 VPLS 实例的 PW 之间转发报文。通常在同一个 VPLS 实例中每个 PE 是通过 PW 连接的。从此意义上讲，“水平分割转发”的意思就是从公网侧 PW 收到的数据包不再转发到其他 PW 上，只能转发到私网侧，从 PE 收到的报文不转发到其他 PE。如图 4-65 所示，PEB 不向 PEC 转发来自 PEA 的报文，PEC 也不向 PEB 转发来自 PEA 的报文。

PE 间的全连接和水平分割一起保证了 VPLS 转发的可达性和无环路。当 CE 有多条连接到 PE，或连接到一个 VPLS VPN 的不同 CE 间有连接时，VPLS 不能保证没有环路发生，需要使用其他方法，如 STP 等来避环。

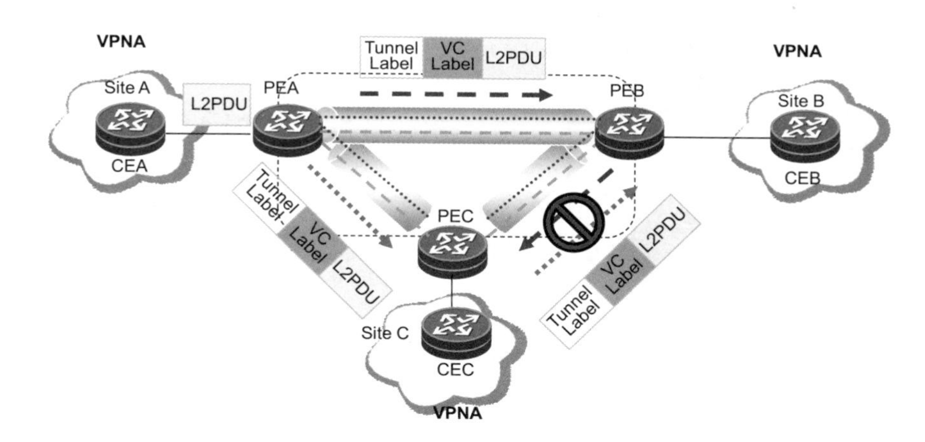

图 4-65　VPLS 的环路避免

对于用户来说，其在 L2VPN 私网内运行 STP 协议是允许的，所有的 STP 的 BPDU 报文只是在 ISP 的网络上透传。

4.4.6　MPLS L2VPN 的故障案例分析

MPLS L2VPN 的典型应用有两种，虚拟租用电路（Virtual Leased Line，VLL）和虚拟专用局域网业务（Virtual Private LAN Service，VPLS）。VLL 构建虚拟的二层专线业务，VPLS 实现点到多点的二层专网业务。下面将通过案例来加深对 VLL 和 VPLS 业务的了解。

案例 1：VLL 配置中的会话和 AC 状态正常，但 VC 不能 UP。

图 4-66 所示的网络中配置了 Martini 方式的 VLL 后，发现 VC 状态不能 UP，有关 Remote 的值均为 0，即无效值。查看 Session 和 AC 的状态，两者的状态均为 UP。

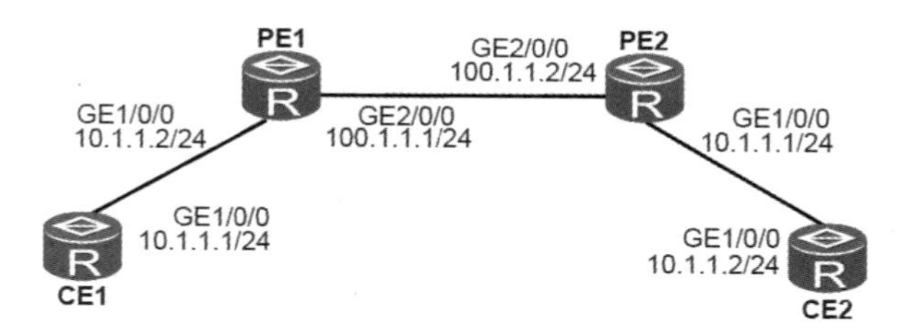

图 4-66　VLL 中 VC 无法 UP 的网络拓扑

故障原因分析：

根据提供的故障信息，问题的主要关键点在于无法获取远端分配的标签，因此故障处理可以从以下几个方面着手解决。

（1）两端 PE 的 VLL 是否正确设置了对端的地址。

（2）两端的 VC ID 是否一致。

（3）两端封装类型是否一致。

（4）两端控制字使能状态是否一致，两端必须都使能控制字或者都不使能控制字。

（5）两端的 MTU 值是否一致。

在本案例中，经过检查发现两端的 MTU 参数设置不一致，导致 VC 协商不成功。修改一端的 MTU 值后，故障恢复。具体的信息如图 4-67 所示。

```
[PE2-GigabitEthernet1/0/0] display mpls l2vc 100
total LDP VC : 1 0 up 1 down
*client interface : GigabitEthernet1/0/0
session state : up
AC status : up
VC state : down
VC ID : 100
VC type : ethernet
destination : 1.1.1.1
local VC label : 146433 remote VC label : 0
control word : disable
forwarding entry : not exist
local group ID : 0
manual fault : not set
active state : active
link state : down
local VC MTU : 120 remote VC MTU : 80
tunnel policy name : --
traffic behavior name: --
PW template name : pwt1
primary or secondary : primary
create time : 0 days, 0 hours, 18 minutes, 44 seconds
up time : 0 days, 0 hours, 12 minutes, 37 seconds
last change time : 0 days, 0 hours, 12 minutes, 37 seconds
VC last up time : 2009/04/07 16:19:26
VC total up time : 0 days, 0 hours, 12 minutes, 37 seconds
```

图 4-67　二层 VPN 的 VC 信息

案例总结：

Martini 中定义的接口参数，有些必须支持，有些可选支持。参数协商时，有些不需要匹配，有些则必须匹配。譬如，Ethernet 类型的接口必须携带 MTU，如果 MTU 不一致，PW 状态不能 UP。VLAN 参数是可选参数，如果携带了 VLAN，两端 VLAN 是否一致只影响业务连通性，不影响 VC 状态。

案例 2：VPLS 业务使用 LDP 作为信令协议，但 VSI 不能进入 UP 状态。

如图 4-68 所示，PE1、PE2 上配置以 LDP 为信令协议的 VPLS，在 PE1 上发起 CE-Ping，探测 CE2 上的 IP 地址，无法正常获得探测结果。检查发现 VSI 没有进入 UP 状态。

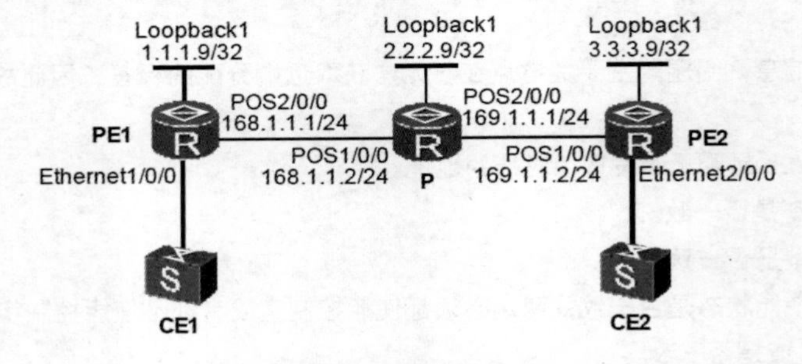

图 4-68　VSI 状态无法 UP 的网络拓扑

故障原因分析：

对于业务VSI，状态UP的前提是，要有两个或两个以上UP的AC接口，或者有一个UP的AC接口和一个UP的PW。

根据故障中的组网情况，如果需要VSI状态为UP，那么需要AC接口和PW都处于UP状态才可以。因此，通常可以检查以下的信息。

（1）AC接口和PW状态。

（2）如果AC接口状态异常，可以检查端口配置和链路情况。

（3）如果PW状态异常，可以检查LDP会话和VC等参数配置。

（4）PW配置正常的情况下，222222222如果仍然无法UP，则可以检查外层隧道的状态。

本例中，通过检查发现两端AC均为UP，外层隧道也正常。但PE2上的远端LDP Peer信息错误。具体信息如图4-69所示。

```
[PE2]display vsi verbose
VSI Name : v1
VSI Index : 0
PW Signaling : ldp
Member Discovery Style : static
PW MAC Learn Style : unqualify
Encapsulation Type : vlan
MTU : 1500
VSI State : down
Resource Status : Valid
VSI ID : 1
*peer Router ID : 2.2.2.9
VC Label : 17408
Session : up
Tunnel ID : 0x6002001,
Interface Name : Ethernet2/0/0
State : up
```

图4-69　VSI信息

更改PE2上的远端LDP参数为1.1.1.9后，故障消除。

案例总结：

定位类似问题时，可以从VSI的状态UP的条件着手，从而去检查AC、PW的状态。

AC接入链路UP的条件比较简单：绑定了物理接口，且物理接口的协议状态为UP。

PW状态UP的条件较多，如MTU、封装类型、VSI ID、对端Peer的配置等。其中，关键是本端是否收到对端的标签，以及对端是否收到本端的标签。

4.5 上机练习

练习任务一：MPLS隧道建立实验

假设作为网络管理员，当前公司网络中需要部署MPLS实现数据转发。原有网络中已经部署了OSPF路由协议，用来承载业务。需要在这些设备上完成MPLS的基本配置，其中两台PE设备是MPLS的边缘路由器，分别为 PE1、PE2，两台 P 设备是网络中的骨干路由器，为 P1、P2。拓扑结构及 IP 地址规划详如图 4-70 所示。

实验拓扑

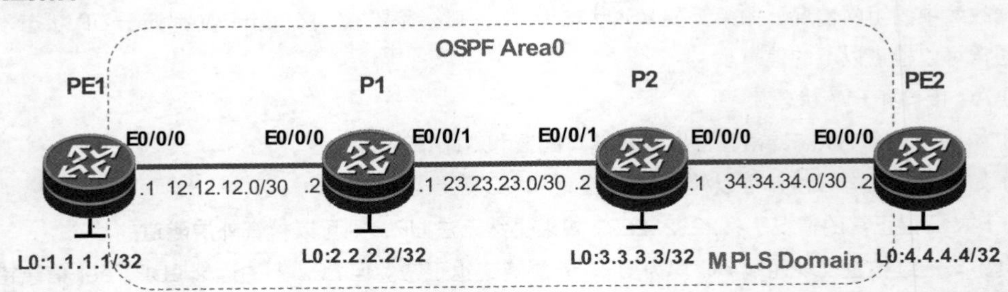

图 4-70 MPLS 隧道实验拓扑及 IP 地址规划

实验目的

（1）了解 MPLS 协议的作用。

（2）了解 MPLS LDP 建立隧道的工作原理。

（3）掌握 MPLS LDP 建立隧道的基本配置。

实验步骤

（1）部署 IGP 协议。

配置命令请参考第 3 章的 OSPF 协议配置。

（2）全局使能 MPLS 和 LDP。

```
[PE1]mpls lsr-id 1.1.1.1
[PE1]mpls
[PE1]mpls ldp
```

（3）接口使能 MPLS 和 LDP。

```
[PE1-Ethernet0/0/0]mpls
[PE1-Ethernet0/0/0]mpls ldp
```

（4）配置 LSP 触发策略。

```
[PE1-MPLS]lsp-trigger host
```

命令参考

mpls lsr-id lsr-id	配置 LSR 的 ID
mpls	系统视图下，执行此命令使能本节点的全局 MPLS 能力，并进入 MPLS 视图 接口视图下，执行此命令使能所在接口的 MPLS 能力
mpls ldp	系统视图下，执行此命令使能全局 MPLS LDP，并进入 MPLS-LDP 视图 接口视图下，执行此命令使能接口上的 MPLS LDP 能力
lsp-trigger { all | host | ip-prefix ip-prefix-name | none }	设置触发建立 LDP LSP（Label Switch Path）的策略

问题思考

如果标签转发表查找失败，则如何处理该数据包？

练习任务二：BGP/MPLS VPN 特性验证实验

如图 4-71 所示，RTA 与 RTD 为同一 VPN 用户，分别配置 BGP 与 RTB、RTC 相连接，RTB、RTC 属于同一个自治域系统 AS100，AS100 内部采用 OSPF 协议作为 IGP，配置 MPLS 与 MP-BGP，完成 MPLS L3VPN 功能。

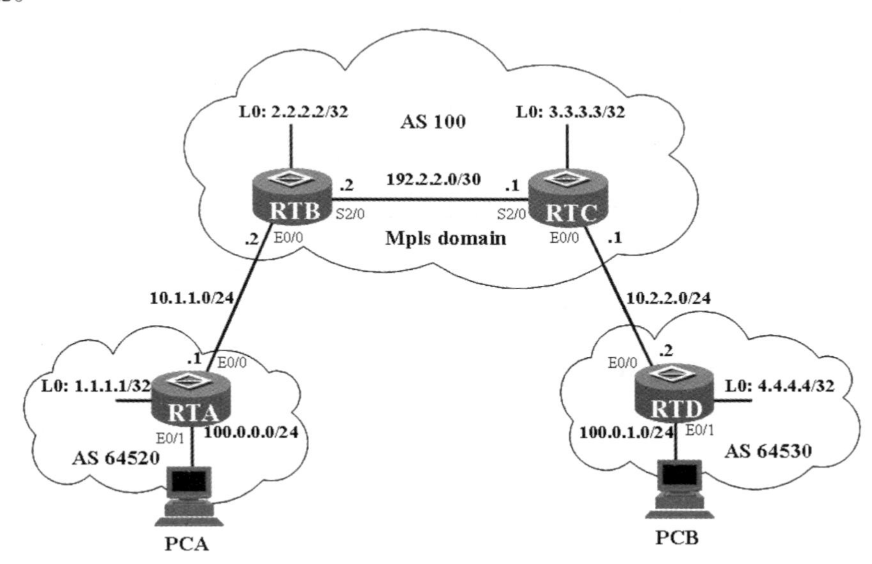

图 4-71　BGP/MPLS VPN 实验拓扑

实验目的

（1）熟悉掌握 MPLS L3VPN 基本配置与原理。

（2）熟悉 MPLS L3VPN 的调试。

（3）掌握 MPLS L3VPN 的一般故障处理。

实验步骤

（1）配置 IGP 等基础信息。

请参考前述章节完成配置。

（2）配置 MPLS 和 LDP。

参考本章节练习任务一。

（3）配置 MPLS L3VPN。

```
[RTB]ip vpn-instance Huawei
[RTB-vpn-huawei]route-distinguisher 100:1
[RTB-vpn-huawei]vpn-target 100:1 both

[RTB-Ethernet0/0]ip binding vpn-instance Huawei

[RTB-bgp]ipv4-family vpnv4
[RTB-bgp-af-vpn]peer 3.3.3.3 enable

[RTB-bgp]ipv4-family vpn-instance Huawei
[RTB-bgp-af-vpn-instance]peer 10.1.1.1 as-number 64520
[RTB-bgp-af-vpn-instance]import-route direct
```

命令参考

ip vpn-instance vpn-instance-name	创建 VPN 实例，并进入 VPN 实例视图
route-distinguisher route-distinguisher	为 VPN 实例的 IPv4 或 IPv6 地址族配置路由标识 RD
vpn-target vpn-target <1-8> [both | export-extcommunity | import-extcommunity]	为当前 VPN 实例相应地址族配置 VPN Target
ip binding vpn-instance vpn-instance-name	将当前 AC 接口与指定 VPN 实例进行绑定
ipv4-family { unicast | multicast | vpnv4 }	使能 BGP 的各 IPv4 地址族并进入 BGP 的各 IPv4 地址族视图
peer { group-name | ipv4-address | ipv6-address } enable	在地址族视图下使能与指定对等体（组）之间交换相关的路由信息

问题思考

PE 与 CE 之间若采用静态路由该如何配置?

练习任务三：MPLS L2VPN 特性验证实验

如图 4-72 所示，RTA、RTD 分别通过 VLAN 方式接入 RTB 和 RTC ，RTB 和 RTC 之间建立 Martini 方式的 MPLS L2VPN。

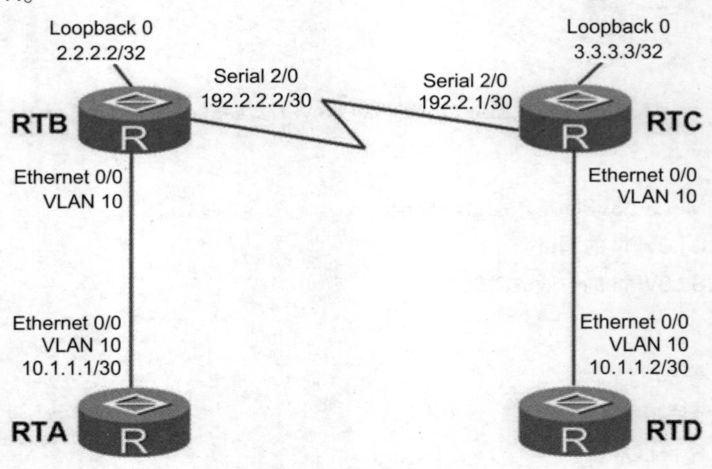

图 4-72 MPLS L2VPN 实验拓扑

实验目的

（1）了解 MPLS L2VPN 的基本原理。

（2）掌握 MPLS L2VPN 的配置流程。

（3）熟悉 MPLS L2VPN 的配置命令。

配置步骤

（1）配置 IGP 等基础信息。

请参考前述章节完成配置。

（2）配置 MPLS 和 LDP。

参考本章节练习任务一。

（3）创建 LDP 远程会话。

```
[RTB]mpls ldp remote-peer 0
[RTB-mpls-remote0]remote-ip 3.3.3.3
```

（4）使能 MPLS L2VPN。

```
[RTA]mpls l2vpn
```

（5）创建 Martini 方式 MPLS L2VPN 连接。

```
[RTB-Ethernet0/0]mpls l2vc 3.3.3.3 100
```

命令参考

mpls ldp remote-peer remote-peer-name	创建远端对等体并进入远端对等体视图
remote-ip ip-address	配置 LDP 远端对等体的 IP 地址
mpls l2vpn	使能 L2VPN 并进入 L2VPN 视图
mpls l2vc { ip-address vc-id }	创建基于 LDP 信令的 PW 连接

问题思考

Martini 方式的 L2VPN 在两个 CE 间建立虚电路 VC（Virtual Circuit），那么不同的 VC 通过什么进行区分?

练习任务四：VPLS 特性验证实验

如图 4-73 所示，两台路由器 R2-NE40E-A 和 R3-NE40E-B 作为 PE 启动 VPLS 功能。CE1 挂在 R2-NE40E-A 路由器上，CE2 挂在 R3-NE40E-B 上。CE1 和 CE2 属于一个 VPLS。采用 BGP 作为 VPLS 信令建立 PW，通过配置 VPN Target 实现 VPLS PE 的自动发现，实现 CE1 与 CE2 的互通。

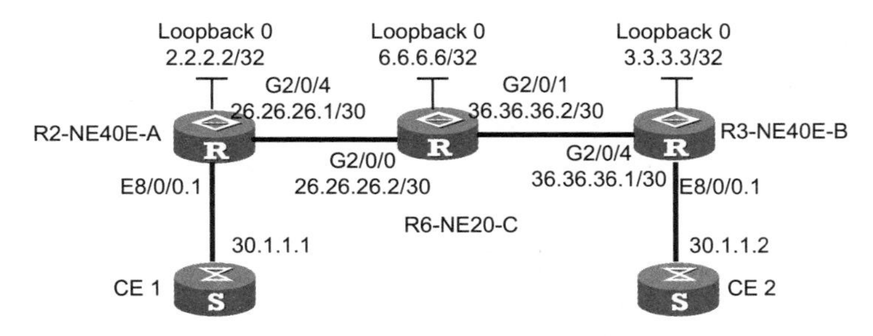

图 4-73　VPLS 实验拓扑

实验目的

配置 Kompella 方式的 VPLS。

实验步骤

（1）配置 IGP 等基础信息。

请参考前述章节完成配置。

（2）配置 MPLS 和 LDP。

参考本章节练习任务一。

（3）配置 BGP 对等体。

```
[R2-NE40E-A-bgp]vpls-family
[R2-NE40E-A-bgp-af-vpls]peer 3.3.3.3 enable。
```

（4）使能 MPLS L2VPN。

参考本章练习任务三。

（5）创建 VSI，配置 BGP 信令。

```
[R2-NE40E-A]vsi aa auto
[R2-NE40E-A-vsi-aa]pwsignal bgp
[R2-NE40E-A-vsi-aa-bgp]route-distinguisher 100:1
[R2-NE40E-A-vsi-aa-bgp]vpn-target 100:1 both
[R2-NE40E-A-vsi-aa-bgp]site 1 range 5 default-offset 0
```

（6）绑定和 CE 相连接口到 VSI。

```
[R2-NE40E-A-Ethernet8/0/0.1]l2 binding vsi aa
```

命令参考

vpls-family	进入 BGP-VPLS 地址族视图
vsi vsi-name [auto]	创建 VSI 或进入 VSI 视图
pwsignal { bgp | ldp }	配置 VSI 所采用的信令方式
site site-id [range site-range] [default-offset { 0 | 1 }]	配置 VSI 实例的 Site ID
l2 binding vsi vsi-name	将二层接口绑定到 VSI 实例

问题思考

若使用 Martini 方式，那么在配置方面有哪些不同之处?

4.6 原理练习题

问答题 1：请描述 MPLS 报文封装中每个字段的意义。

问答题 2：请描述沿着 LSP 各 LSR 对标签的操作方式。

问答题 3：静态 LSP 和动态 LSP 的区别是什么?

问答题 4：当一个链路层协议收到一个 MPLS 报文后，是如何判断这是一个 MPLS 报文，应该送给 MPLS 处理，而不是像普通的 IP 报文那样，直接送给 IP 层处理?

问答题 5：在标签转发过程中，MPLS 报文头中的 TTL 减 1，那么 IP 报文头中的 TTL 是否还减 1?

问答题 6：MPLS BGP VPN 中的路由发布时已经携带了 RT，可否就使用 RT 作为标识呢?

问答题 7：MPLS BGP VPN 中的公网标签是何协议分配的? 私网标签是何协议分配的?

问答题 8：VPWS 和 VPLS 的 L2VPN 有什么区别? 分别应用在哪些场景?

Communication

Chapter

5

第 5 章
IPv6

IPv6 作为下一代网络基础，以其鲜明的技术优势得到了广泛的认可。本章主要介绍 IPv6 的产生背景及特点、IPv6 地址的结构与格式，以及 IPv6 报文格式及类型。

课堂学习目标

- 了解 IPV6 技术产生背景和原因
- 掌握 IPV6 地址类型
- 掌握 IPV6 报文结构

5.1 IPv6 背景与特点

2011 年，IPv4 地址已经被分配完，IPv4 地址耗尽以及 IPv4 地址区域分配不均衡成为运营商必须面临的一个现实问题。另外迅速的业务增长对 IPv4 地址的海量需求导致 IPv4 地址短缺的问题日益突出。

5.1.1 互联网面临的挑战

无论是在技术还是在发展速度上，互联网获得了巨大成功是不争的事实。然而，在新世纪，互联网在前进的道路上面临着一系列新的挑战。

（1）数据传输带宽不够。为了让人们拥有更多更有价值的服务与应用，互联网需要提供比现在大得多的通信能力，或许所需要的接入带宽要比目前大 100 倍，骨干网的总带宽比目前大 1 000 倍。

（2）IPv4 地址空间有限。随着政府、企业、家庭用户以及移动用户等不同群体对使用互联网的需求不断增多，扩大地址空间已成为互联网发展的必然趋势。

（3）服务转发质量较低。目前互联网所提供的服务是“尽力而为”的，得不到质量保证，尤其是对实时性要求较严的服务更是如此。“尽力而为”也使运营商或服务提供商难以推出能盈利的商业模式，影响了互联网的深化发展。

（4）安全保护能力不足。互联网是一个全球开放、透明的网络，是无边界的，任何团体或个人都可以在网上方便地传送或获得各种信息。而目前网络自身的安全保护能力有限，许多应用系统几乎处于不设防的状态，存在着太多的弱点。而将来对网络的攻击不仅仅是蠕虫、病毒或黑客攻击，还会有瞄准互联网基本机理的攻击，使关键的交换机、路由器和传输设备瘫痪，网络安全问题必然给信息安全带来极大的风险和隐患。

计算机技术和通信技术的发展与融合使得互联网应用及模式飞速发展。目前，在互联网上应用非常成功并且普遍使用的 IPv4 协议是 1973 年制定的，在经过三次修订后于 1981 年 9 月成为标准规范 RFC791。随着互联网规模的扩大和应用的日渐丰富，IPv4 的危机也逐渐呈现出来。在设计 TCP/IP 的初期，其开发者没有预估到互联网的发展能如此快速，如此深广。互联网的迅猛发展已使 TCP/IP 不能满足人们的需要，阻碍了互联网的发展，主要表现在以下这些方面。

（1）IP 地址已经枯竭，无法满足不同地域的使用需求。尤其是 IP 地址分配的不合理，加剧了 IPv4 地址不足对互联网发展的制约。例如，互联网技术产生于美国，在早期进行 IPv4 地址分配时，美国的使用机构都能分配到较大的地址前缀（如美国的大学），但是较后发展互联网的区域（如亚洲国家）则只能分配到较小的地址前缀，从而出现了美国一所大学拥有的 IP 地址数量比一个国家拥有的还要多的情况。

（2）为了应对 IP 地址不足的问题，出现了类似于划分子网、无类编址、NAT 等技术。虽然这些技术没有彻底解决 IP 地址不足的问题，但是在一定程度上缓和了因地址不足而形成的对互联网发展的影响。然而，随着互联网加速发展以及 IP 地址分配不合理的影响，互联网核心路由器的路由表也日益膨胀，使得核心路由器负荷加重，在路由选择的计算速度上出现明显的下降，最终严重影响并制约着互联网的进一步发展。同时，IPv4 报头设计不合理，也在一定程度上降低了数据传输的速度。

（3）随着互联网的深入发展，越来越多的不同业务需要互联网来进行支持，例如网络会议、网络电话、网络电视等。相对于早期的互联网业务（如网页浏览、电子邮件等），这些业务提出了更严格的实时性要求，并需要更完善的业务保护机制。然而，以 IPv4 为基础的互联网却难以满足这样的需求。

（4）在进行 TCP/IP 设计时，根本没有考虑到安全性问题。这就致使互联网安全性很差，并且很容易受到利用网络协议发起的攻击。虽然已开发了一些相关的安全补丁协议（如 IPSec），但仍不能从根本上解决安全问题。

5.1.2　为什么使用 IPv6

在 20 世纪 90 年代初期，互联网的发展已呈现了超出当时在用协议所能控制范围的态势。因此，自从 1991 年 12 月发布了名为《未来互联网体系架构》（RFC1287）的协议后，一系列与新一代互联网相关的协议也被陆续制定出来，从而对互联网的发展做出估计，并指明了互联网协议中需要改进的最重要的领域。到 1994 年为止，已经出现了一些可以作为 IPv4 继承者的提案。其中，最为重要的 3 个提案分别为《含有更多地址的 TCP 和 UDP》（RFC1347）、《TP/IX：下一代互联网》（RFC1475）和《简单增强 IP 白皮书》（RFC1710）。最后，《简单增强 IP 白皮书》（RFC1710）被进一步修改，并成为 IPng，即 IPv6 的基础。

相对于 IPv4，IPv6 有以下较为显著的优势。

（1）几乎无限的地址空间：地址容量大大扩展，由原来的 32 位扩充到 128 位，彻底解决了 IPv4 地址不足的问题。

（2）简单是美：报头格式大大简化，从而有效减少路由器或交换机对报头的处理开销，这对设计硬件报头处理的路由器或交换机十分有利。

（3）扩展优先：加强了对扩展报头和选项部分的支持，这除了让转发更为有效外，还对将来网络加载新的应用提供了充分的支持。

（4）层次划分：地址空间采用了层次化的地址结构，利于路由快速查找，同时可以借助路由聚合，有效缩减 IPv6 路由表尺寸。

（5）即插即用：大容量的地址空间能够真正地实现无状态地址自动配置，使 IPv6 终端能够快速连接到网络上，无须人工配置，实现了真正的即插即用。

（6）贴身安全：认证与私密性得到有效的保证，因为 IPv6 把 IPSec 作为必备协议，保证了网络层端到端通信的完整性和机密性。

（7）QoS 保证：流标记的使用为数据报所属类型提供了个性化的网络服务，并有效保障了相关业务的服务质量。

（8）移动便捷：IPv6 在移动网络和实时通信方面有很多改进。特别的，与 IPv4 不同，IPv6 具备强大的自动配置能力，从而简化了移动主机和局域网的系统管理。

IPv6 背景与特点

5.2　IPv6 地址结构与格式

通过前面章节的介绍，我们知道 IPv4 地址总共 32 位，而 IPv6 地址为 128 位。大家可能会有一个疑问，IPv4 地址不够用，那就在 IPv4 上再增加几位地址表示就行了，何必非要使用 IPv6 的 128 位呢？这种提问是对芯片设计及 CPU 处理方式不理解造成的，同时也对未来网络的扩展没有充分的预见性。芯片设计中数值的表示是全用“0”“1”代表，CPU 处理字长发展到现在分别经历了 4 位、8 位、16 位、32 位、64 位等，在计算机中，当数据能用 2 的指数次幂字长位的二进制数表示时，CPU 对数值的处理效率最高。IPv4 地址对应的是 32 位字长就是因为当时的互联网上的主机 CPU 字长为 32 位。现在的 64 位机已十分普及，128 位机正在成长中。将地址定为 64 位在网络扩展性上显得不足，定为其他的一个长度在硬件芯片设计、程序编制方面的效率都将下降，因此从处理效率和未来网络扩展性上考虑，将 IPv6 的地址长度定为 128 位是十分合适的。

那么 IPv6 地址长度为 128 位是什么概念呢？即 IPv6 提供 128 位的地址空间。IPv6 所能提供的巨大的地址容量可以从以下几个方面来说明。

（1）共有 2 的 128 次幂个不同的 IPv6 地址，也就是全球可分配地址数约为 340 万亿万亿万亿个。

（2）若按土地面积分配，每平方厘米可获得 2.2×1 020 个地址。地球上每一粒沙子都会有一个 IP 地址。

在可预见的很长时期内，IPv6 地址耗尽的机会是很小的，IPv6 的 128 位地址长度形成的巨大的地址空间能够为所有可以想象出的网络设备提供一个全球唯一的地址，IPv6 充足的地址空间将极大地满足那些伴随着网络智能设备的出现而对地址增长的需求，例如移动电话（Mobile Phone）、家庭网络接入设备（Home Access Network，HAN）等。

5.2.1 IPv6 地址结构

所有类型的 IPv6 地址均是指向特定接口的，而不是具体节点。而一个 IPv6 的单播地址将指向一个特定的接口。因为每个接口都属于具体节点，所以节点上任意接口的单播地址都可以作为该节点的唯一标识。

所有接口都必须至少拥有一个链路本地地址。每个接口可以有多个不同类型或不同作用范围的 IPv6 地址。同时，当一个单播地址的作用范围超出了本地链路连接，但不作为非邻居报文传送中的源地址或目的地址时，该单播地址将是不需要的。这种定义对点到点的接口更有意义。而对于上述接口与地址的关系，存在着这样的一种例外情况，当多个物理接口相对于 IP 层来说仅仅表现为一个接口（例如，多个物理接口绑定到一个 eth-trunk 口）时，一个或一组单播地址将可赋予到这些绑定在一起的物理接口上。这种方式可以实现物理接口上负载分担。

IPv6 的地址结构延续了 IPv4 的地址模型。同时，多个不同的子网前缀可以同时赋予到同一条链接上。

IPv6 地址=前缀+接口标识

前缀：相当于 IPv4 地址中的网络 ID。

接口标识：相当于 IPv4 地址中的主机 ID。

例如，全球单播地址 2001:a304:6101:0001:5ed9:98ff:feca:a298，IPv6 前缀为 2001:a304:6101:0001，接口标识为 5ed9:98ff:feca:a298。

其中，IPv6 的地址前缀可用于区分不同的地址类型。具体地址前缀的分类如表 5-1 所示。

表 5-1 IPv6 地址前缀分类

地址前缀分类	二进制表示方式	IPv6 表示方式
未指定地址	00...0 (128 位)	::/128
环回地址	00...1 (128 位)	::1/128
多播地址	11111111	ff00::/8
链路本地地址	1111111010	fe80::/10
IPv6 Internet	0010000000000001	2001::/16
6to4 隧道	0010000000000010	2002::/16
6bone	0011111111111110	3ffe::/16

后面章节中也会提到任播地址与单播地址共享同一个地址空间，并不受地址作用范围的影响。因此，从地址表示方式上分析，这两大类地址是无法区分的。有了前缀（前缀划分方式本章不做介绍）后，接口 ID 是如何生成的呢？目前，接口 ID 的产生可以采用以下 3 种方式中的任意一种。

（1）IEEE EUI-64 规范：采用由 IEEE 的 48 位 MAC 地址自动生成 64 位的接口 ID，此时接口 ID 长度将是 64 位。这种生成方式可以减少配置的工作量。例如，当采用无状态地址自动配置时，只需配置一个 IPv6 前缀，就可以与接口 ID 一起形成 IPv6 地址。但是其最大的缺点是，某些恶意者可以通过二层 MAC 推算出三层 IPv6 地址。具体的转化步骤有以下两步。

① 确定接口的 48 位 MAC 地址，其中的 c 是公司标识，0 表示 MAC 是本地的，g 表示 MAC 是单播的或是多播（广播）的，m 表示扩展标识符，如图 5-1 所示。

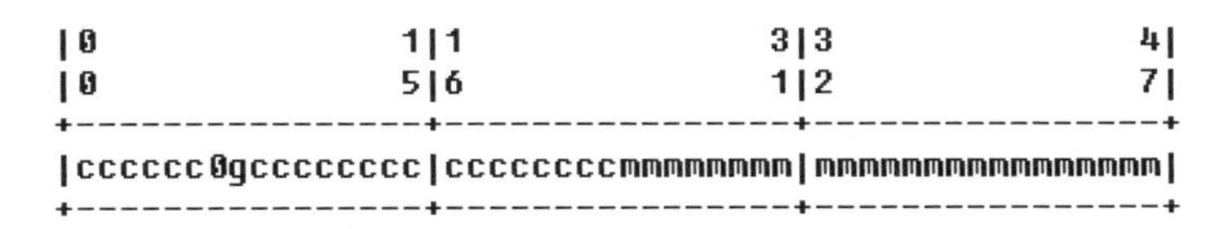

图 5-1　接口 MAC 地址

② 在 48 位的接口 MAC 地址中间部位插入 0xfffe，并将表示本地的 0 改为 1，用于表示全球的，如图 5-2 所示。

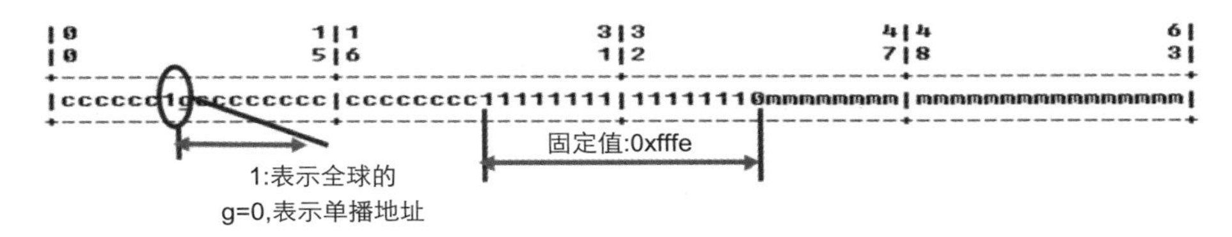

图 5-2　IPV6 全球单播地址

（2）设备随机生成：有些设备支持采用随机生成的方式来产生接口 ID，如 Windows XP 系统。

（3）手工配置：通过人为指定接口 ID 来实现。

5.2.2　IPv6 地址书写格式

众所周知，IPv4 地址是由用点号隔开的 4 段十进制数加上掩码或前缀长度来表示的，例如 192.168.1.1/24。IPv6 的地址长度是 128 位。若沿用 IPv4 的十进制表示方法就显得太笨拙了，所以现在有 3 种方法来用表示 IPv6 地址。

（1）首选格式。首选格式表示为 x:x:x:x:x:x:x:x，其中“x”是由 4 个十六进制数组成，例如 abcd:ef01:2345:6789:abcd:ef01:2345:6789 或 2001:db8:0:0:8:800:200c:417a。

需要注意的是，每段中的十六进制数若以零开头，则开头的连续零可以省略。但是，每段中必须至少保留一个十六进制数。

（2）压缩格式。基于地址分配方式的不同，某些 IPv6 地址将会含有较长的连续“0”部分。为了让这样的 IPv6 地址更易于表示，采用符号“::”来表示 IPv6 地址中任一连续“0”的部分，从而压缩了 IPv6 地址的长度。要注意的是，符号“::”在某一 IPv6 地址中只能出现一次。具体应用如表 5-2 所示。

表 5-2　IPv6 地址压缩格式

首选格式	压缩格式	地址类型
2001:db8:0:0:8:800:200c:417a	2001:db8::8:800:200c:417a	单播地址
ff01:0:0:0:0:0:0:101	ff01::101	多播地址
0:0:0:0:0:0:0:1	::1	环回地址
0:0:0:0:0:0:0:0	::	未指定地址

（3）内嵌 IPv4 地址的格式。当 IPv4 向 IPv6 进行过渡时，往往需要处理这两种地址的转换。此时，内嵌 IPv4 地址的格式将显得更为有效。具体格式是 x:x:x:x:x:x:d.d.d.d，其中“x”是由 4 个十六进制数组成的，“d”是由十进制数组成的，与 IPv4 地址的表示一致，如表 5-3 所示。

表 5-3　内嵌 IPv4 地址格式

内嵌 IPv4 地址的格式	压缩格式
0:0:0:0:0:0:13.1.68.3	::13.1.68.3
0:0:0:0:0:ffff:129.144.52.38	::ffff:129.144.52.38

5.3 IPv6 地址类型

前面章节中已经介绍，在 IPv4 中，其地址分为单播地址、多播地址以及广播地址 3 类。在 IPv6 中，其地址种类分别为单播地址、多播地址以及任播地址。在 IPv6 中，保留了 IPv4 中的单播地址与多播地址及其相关特性，但没有了广播地址，增加了一种新的地址类型——任播地址。

（1）单播地址用于标识一个接口，发往该目的地址的报文会被送到被标识的接口。

（2）多播地址用于标识多个接口，发往该目的地址的报文会被送到被标识的所有接口。

（3）任播地址用于标识多个接口，发往该目的地址的报文会被送到被标识的所有接口中最近的一个接口上。实际上，任播地址与单播地址使用同一个地址空间，也就是说，由路由器决定数据包是做任播转发还是单播转发。

5.3.1 单播地址

IPv6 中的单播概念和 IPv4 中的单播概念是类似的，即寻址到达单播地址的数据包最终会被发送到一个唯一的接口，并能进行任意长度的地址前缀聚合。与 IPv4 单播地址不同的是，IPv6 单播地址可分为链路本地地址、站点本地地址（已不推广使用）和全球单播地址等种类的单播地址。其中，全球单播地址又包含具有特殊用途的子类，如内嵌 IPv4 地址的 IPv6 地址。以下根据类别分别进行介绍。

（1）未指定地址。

未指定地址::/128 是不能被赋予任何节点的，用于表示该节点没有可用的 IPv6 地址。例如，一个正初始化的终端设备拥有可用 IPv6 地址之前，该终端就使用未指定地址作为源地址来发送 IPv6 报文。

需要注意的是，未指定地址一定不可作为报文的目的地址，不能出现在路由报头中，同样不能成为路由器所转发报文的源地址。

（2）环回地址。

::1/128 用于一个节点向自身发送 IPv6 报文，但不能赋予任何物理接口。其作用区域是链路本地范围，可以把环回地址理解为虚接口（环回接口）上的链路本地单播地址。同时，有以下两点需要注意。

① 当某节点对外发送报文时，环回地址不能作为该报文的源地址。

② 任何节点不能把以环回地址为目的地址的报文发送出去，路由器同样不能转发类似的报文。而当某个接口收到这样的报文时，需要丢弃该报文。

（3）全球单播地址。

全球单播地址的通用格式如图 5-3 所示。

全球路由前缀	子网ID	接口ID

图 5-3 IPv6 全球单播地址格式

其中，全球路由前缀是采用典型的层次化结构赋予具体站点的，子网 ID 是站点中某链路的标识，接口 ID 的含义则如“IPv6 地址结构”中对其的描述。

当全球单播地址的前 3 位不全为 0 时，该地址的 64 位接口 ID 将采用“IPv6 地址结构”中描述的格式。若全球单播地址的前 3 位全为 0 时，该地址的接口 ID 将不受这样的限制，如内嵌 IPv4 地址的 IPv6 地址。

（4）内嵌 IPv4 地址的 IPv6 地址。

当需要将 IPv4 单播地址与 IPv6 全球单播地址建立联系的时候一般使用两种地址，一种是 IPv4 兼容 IPv6 地址，另一种是 IPv4 映射 IPv6 地址。

① IPv4 兼容 IPv6 地址。

IPv4 兼容 IPv6 地址主要用于 IPv4 向 IPv6 的转换，具体格式如图 5-4 所示。

图 5-4 IPv4 兼容 IPv6 地址格式

其中的 IPv4 地址必须是全球唯一的 IPv4 单播地址。由于现在的转换机制已经不再使用 IPv4 兼容 IPv6 地址，因此该类地址已不再使用，新的或可升级的系统将不需要支持此类地址。

② IPv4 映射 IPv6 地址。

IPv4 映射 IPv6 地址主要用于把节点中的 IPv4 地址表示为 IPv6 地址，具体格式如图 5-5 所示。

80位	16位	32位
0	ffff	IPv4

图 5-5 IPv4 映射 IPv6 地址格式

（5）链路本地地址。

链路本地地址的作用范围仅在直连链路上有效，具体格式如图 5-6 所示。

10 位	54 位	64 位
1111111010	0	接口ID

图 5-6 IPv6 链路本地地址格式

链路本地地址用于在直连链路上为不同情况下的信息交换进行寻址，例如地址自动配置、邻居发现，甚至在没有路由器的情况下，也能正常寻址。需要注意的是，路由器一定不能转发任何以链路本地地址为源地址或目的地址的报文到任何其他的链路上。

（6）站点本地地址。

在最初的设计中，站点本地地址主要用于在没有全球前缀的情况下在一个站点内进行寻址。因应用过程中的不便利，例如对站点的定义不清晰等，站点本地地址已在 RFC3879 中停止推广使用。

（7）唯一本地地址。

唯一本地地址是通过分配一个伪随机的全球 ID 而生成的。它的作用范围仅在一个站点内或者一个站点集内，并不建议在互联网上使用。

5.3.2 多播地址

IPv6 的多播与 IPv4 相同，也就是发往多播目的地址的报文会被发送到该多播地址代表的一组接口。多播 IP 地址主要用于标识一组接口，尤其在不同节点上的接口。而一个接口可以同时隶属于多个不同的多播组，具体格式如图 5-7 所示。

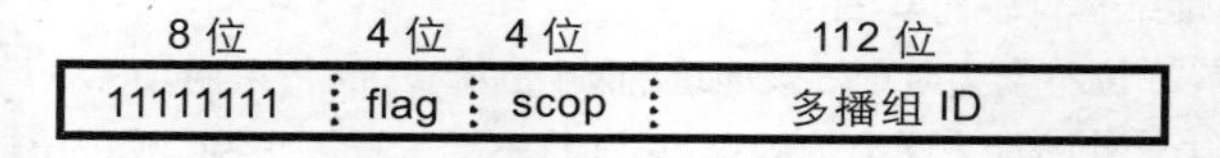

图 5-7 IPv6 多播地址格式

其中，前 8 位用于识别这是一个多播地址，flag 字段用于说明多播组 ID 的组成方式，scope 字段用于说明多播组的使用范围，多播组 ID 用于识别一定范围内的永久或临时的多播组。需要注意以下几点。

① 永久多播组的作用范围是独立于 scop 字段取值的。例如，若 NTP 服务器获得多播组 ID 为 0x101，不管 scop 字段的变化，多播地址 ff01::101、ff02::101、ff05::101 或 ff0e::101 均表示 NTP 服务器。

② 临时多播组的作用范围仅受 scop 字段的约束。例如，临时站点本地多播地址 ff15::101 仅在本地有效，若其他站点使用同样的多播 IP 地址，则不同站点的多播 IP 地址之间没有任何关系。同样的结果对于多播组 ID 相同但 scop 字段不同的多播 IP 地址，或者多播组 ID 相同的永久多播 IP 地址一样有效。

③ 多播 IP 地址不能作为 IPv6 报文的源地址，也不能出现在路由报头中。

④ 在转发多播报文时，路由器需要在 scop 字段定义的范围内进行转发。

多播 MAC 地址：假设某 IPv6 的多播地址为 ffxx:xxxx:xxxx:xxxx:xxxx:xxxx: nnnn:mmmm，当采用以太网进行转发多播报文时，多播 MAC 地址将由数值 0x3333 和多播地址的最后 4 个字节组成。即此时的目的地址将为 3333-nnnn-mmmm。

5.3.3 任播地址

任播地址是 IPv6 特有的地址类型，主要用来标识一组网络接口（通常属于不同的节点）。目标地址是任播地址的数据包将发送给其中路由意义上最近的一个网络接口，适合于“一对一组中的一个”的通信场合。接收方只需要是一组接口中的一个即可，如移动用户上网就需要因地理位置的不同而接入离用户最近的一个基站，这样可以使移动用户在地理位置上受限较小。任播地址是直接从单播地址空间进行分配的，并且与单播地址使用相同的格式。因此，从语法上看，任播地址与单播地址没有任何区别。当一个单播地址分配到多个接口时，需要在节点上明确把它配置为任播地址，从而让节点在对其处理时有别于一般的单播地址。

IPv6 地址类型

5.4 IPv6 报文结构

IPv6 是一种新版本的互联网协议，并在互联网持续发展的过程中成为 IPv4 的替代者。相对于 IPv4 来说，IPv6 的改进主要在于以下几点。

（1）扩充了地址容量。

（2）简化了基本报头。

（3）改善了报文选项的扩展性。

（4）增加了标记特定流的能力。

（5）提升了报文转发的安全性与私密性。

5.4.1　IPv6 报文构成

IPv6 的报文结构一共由 3 部分组成，分别是基本报头、扩展报头以及上层协议数据单元，具体结构如图 5–8 所示。

基本头部
扩展报头
上层协议数据单元
有效载荷
IPv6 数据包

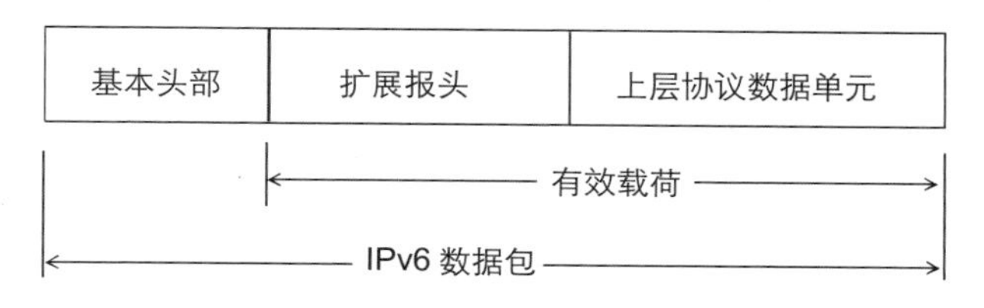

图 5–8　IPv6 报文结构

（1）基本报头。每一个 IPv6 数据包都必须包含一个基本报头。基本报头的长度为 40 字节，主要提供了报文转发的基本信息，会被转发路径上的所有路由器解析。

（2）扩展报头。包括一些扩展的报文转发信息，该部分不是必需的，也不是每个路由器都需要处理，一般只有目的路由器（或者主机）才处理扩展报头。

（3）上层协议数据单元。上层协议数据单元一般由上层协议报头和它的有效负载构成，该部分与 IPv4 的上层协议数据单元没有任何区别。即有效载荷可以是 ICMPv6 报文、TCP 报文或 UDP 报文。

5.4.2　IPv6 基本报头

作为 IPv6 数据包的必要组成部分，对 IPv6 基本报头的优化设计将能改善数据转发的效果。为此，从减少节点分析报文的处理开销与降低报头占用带宽的比率出发，部分 IPv4 报头的字段已不再出现于 IPv6 的基本报头。如 IPv4 报文中的报头长度字段已经不出现在 IPv6 的基本报头中。IPv6 基本报头格式如图 5–9 所示。

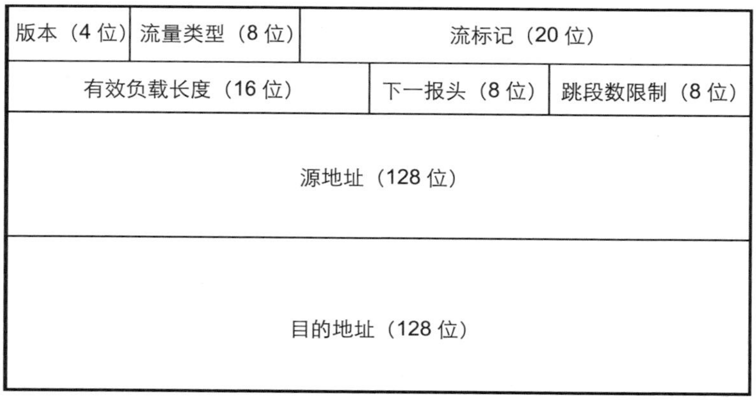

版本（4 位）
流量类型（8 位）
流标记（20 位）
有效负载长度（16 位）
下一报头（8 位）
跳段数限制（8 位）
源地址（128 位）
目的地址（128 位）

图 5–9　IPv6 报头格式

IPv6 基本报头也称为固定报头，共包含 8 个字段，总长度为 40 个字节。这 8 个字段以下分别介绍。

（1）版本：该字段规定了 IP 协议的版本，其值为 6，长度为 4 位。

（2）流量类型：该字段的功能和 IPv4 中的服务类型功能类似，表示 IPv6 数据包的类或优先级，其长度为 8 位。

（3）流标签：与 IPv4 相比，该新增字段主要用来标识这个数据包属于源节点和目的节点之间的一个特定数据包序列，并需要有中间的 IPv6 路由器进行特殊处理，其长度为 20 位。一般来说，一个流可以由源地址、目的地址和流标签来确定。

（4）有效负载长度：该字段表示数据包有效负载的长度。有效负载是指紧跟 IPv6 基本报头的数据包的其他部分（即扩展报头和上层协议数据单元）。该字段的长度为 16 位，那么只能表示最大长度为 65535 字节的有效载荷。如果有效载荷的长度超过这个值，该字段会置为 0，而有效载荷的长度将用逐跳选项扩展报头中的超大有效载荷选项来表示。

（5）下一报头：该字段定义紧跟在 IPv6 基本报头后面存在的第一个扩展报头的类型，或者上层协议数据单元中的协议类型，其长度为 8 位。

（6）跳段数限制：该字段类似于 IPv4 中的生存时间（TTL）字段，定义了 IP 数据包所能经过的最大跳数。每经过一个路由器，该数值减去 1，当该字段的数值为 0 时，数据包将被丢弃。该字段的长度为 8 位。

（7）源地址：表示发送方的地址，其长度为 128 位。

（8）目的地址：表示接收方的地址，其长度为 128 位。当不存在路由报头时，表示最终接收方的地址。否则，表示必须经过的下一跳节点。

5.4.3 IPv6 扩展报头

IPv6 报头设计中对原 IPv4 报头所做的一项重要改进就是将所有可选字段移出基本报头，并置于扩展报头中。扩展报头是跟在基本报头后面的可选内容。为什么在 IPv6 设计中需要扩展报头字段呢？在 IPv4 报头中包含了所有的选项，因此每个中间路由器都必须检查这些选项是否存在，如果存在的话，就必须处理它们。这种设计方法会降低路由器转发 IPv4 数据包效率。为了解决转发效率的问题，在 IPv6 中把相关选项移到扩展报头中。此时，中间路由器就不需要处理每一个可能出现的选项（逐跳选项扩展报头除外）。这样的处理方式就能提高路由器处理数据包的速度，并提高其转发性能。

通常情况下，一个典型的 IPv6 报文是没有扩展报头的。仅当需要路由器或目的节点做某些特殊处理时，才由发送方添加一个或多个扩展报头。与 IPv4 选项不同的是，IPv6 扩展报头的长度是任意的，不受 40 字节限制，从而满足未来扩充新增选项的需要。

多个 IPv6 扩展报头通过下一报头字段衔接起来，最后挂接真正的 IPv6 数据的下一报头字段是类似于协议号的字段。同时，IPv6 与 IPv4 一起共用了很多协议号，如 TCP、OSPF 等。扩展报头的封装方式如图 5-10 所示。

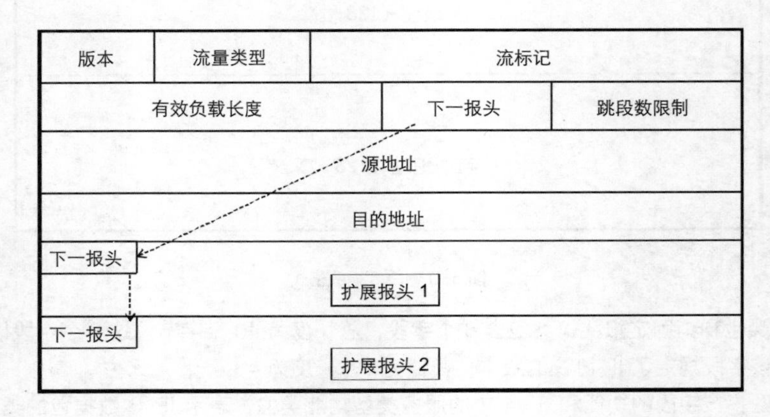

图 5-10 IPv6 扩展报头封装方式

目前，已定义的扩展报头有以下几种。

（1）逐跳选项报头：为传送路径上的每跳转发指定发送参数，每跳都须读取并处理该报头。该报头可包含多种选项，如路由器告警选项、超大有效载荷选项、资源预留选项等。

（2）目的选项报头：从定义上看，目的选项报头和逐跳选项报头是一样的，唯一区别就是指向它们的下一报头不同。目的选项报头是唯一可以在报文中出现两次的扩展报头，分别可以出现在路由报头之前和上层协议数据报文之前。当出现在路由报头之前，会被路由报头地址表中的节点处理。当出现在上层协议数据报文之前，仅被最终目的地处理。因此，那些需要被指定转发路径上特定节点处理的选项都放在路由报头之前，否则，仅需放在上层协议数据报文之前。

（3）路由报头：类似于IPv4源路由选项，IPv6源节点用路由报头来指定报文到达目的地的路径上经过的中间节点。IPv6基本报头的目的地址不一定是报文转发的最终目的地址，可能是路由报头中所列的某一地址。

（4）分段报头：当报文长度超过MTU时，就需要将报文分段发送。在IPv6中，分段发送使用的是分段报头。分段报头仅被源节点和目的节点处理，即在源节点进行分段，在目的节点进行报文组装。因此，在转发途中不会有任何路由器处理分段报头。

（5）认证报头：主要用于对IP数据包的承载内容进行数据完整性的验证，将实体与数据包内容相连接并实现身份验证，通过使用公共密钥签字算法提供不可抵赖服务，并且使用顺序号字段来防止重放攻击。

（6）封装安全净载报头：主要为IPv4和IPv6同时提供混合式的安全服务，能够提供数据加密、无连接完整性、反重放攻击与有限的业务流机密保护等功能。

以上扩展报头在进行封装时必须要遵守一些扩展报头的规约，具体的规约如下。

（1）扩展报头必须按顺序出现，即逐跳选项报头、目的选项报头、路由报头、分段报头、认证报头、封装安全净载报头以及目的选项报头。

（2）除了目的选项报头外，每种扩展报头只能出现一次。

（3）目的选项报头最多出现两次，一次在路由报头之前，一次在上层协议数据报文之前。如果没有路由报头，则只能出现一次。

（4）基本报头、扩展报头和上层协议数据报头之间的链接主要是通过基本报头或扩展报头中的下一报头字段指明紧跟的连接内容来实现的。

IPv6 报文结构

5.5 上机练习

练习任务：IPv6上机实验

如图5-11所示，两台路由器通过GE接口直接相连，给接口配置不同类型的IPv6地址，验证它们之间的互通性。其中EUI-64网络地址为3001::/64，全球单播网络地址为2001:12::/64。

图5-11 IPv6实验拓扑

实验目的

（1）复习IPv6基本原理。

（2）熟悉 IPv6 地址配置命令、IPv6 基本维护命令。

（3）掌握 IPv6 基本配置故障处理的思路。

实验步骤

（1）使能路由器 IPv6 报文转发能力。

```
[R1-NE5000E]ipv6
```

（2）配置路由器 IPv6 地址。

```
[R1-NE5000E-GigabitEthernet2/0/0]ipv6 address 2001:12::1/64
```

（3）测试连通性。

```
[R1-NE5000E]ping ipv6 2001:12::2
```

命令参考

ipv6	ipv6 命令用来使能路由设备的 IPv6 功能
ipv6 address { ipv6-address prefix-length | ipv6-address/prefix-length }	ipv6 address 命令用来手动配置接口的全球单播 IPv6 地址
ping ipv6 ipv6-address	ping ipv6 命令用来检查 IPv6 网络连接及主机是否可达

问题思考

为什么必须要在路由器上使能 IPv6 报文的转发能力？

5.6 原理练习题

问答题 1：IPv6 地址可以分为哪几类？

问答题 2：如何在 PC 上给某个接口配置 IPv6 地址？

问答题 3：2001:0DB8:0000:0000:0000:0000:032A:2D70，此 IPv6 地址压缩到最短是什么？

Communication

Chapter

6

第6章 防火墙

路由器设备主要侧重点在于实现网络中设备的互联互通，关注的业务是 IP 层次的业务，转发能力比较强，但是隔断攻击、提供业务过滤的能力相对比较弱。

防火墙能够实现对一些非法攻击的防御，可以保证内部网络的安全。本章主要介绍了防火墙的基本安全技术和特性，包括防火墙类型、安全区域、工作模式等。

课堂学习目标

- 了解防火墙的功能与应用概述
- 掌握防火墙的区域功能
- 了解防火墙的工作模式
- 掌握防火墙 NAT 的功能

6.1 防火墙概述

防火墙是位于两个信任程度不同的网络之间（如企业内部网络和 Internet 之间）的设备。它对两个网络之间的通信进行控制，通过强制实施统一的安全策略，防止对重要信息资源的非法存取和访问，以达到保护系统安全的目的。

在逻辑上，防火墙是分离器、限制器，也是一个分析器。它能有效地监控内部网络和外部网络之间的任何活动，保证内部网络的安全。在物理上，防火墙通常是一组硬件设备。例如路由器、计算机，或者是路由器、计算机和配有软件的网络组合。所以，实际上，防火墙=硬件+软件+控制策略。

随着防火墙技术的发展，防火墙的功能越来越强大，从其技术发展历史来看，可以把防火墙简单归为 3 类，即包过滤防火墙、代理型防火墙和状态检测防火墙。

包过滤技术是利用定义的特定规则过滤数据包。防火墙直接获得数据包的源 IP 地址、目的 IP 地址、源 TCP/UDP 端口、目的 TCP/UDP 端口和协议号等参数信息，利用以上的部分或者全部的信息按照规则进行比较，过滤通过防火墙的数据包。规则是按照 IP 数据包的特点定义的，可以充分利用上述的几个要素来定义数据包通过防火墙的条件。包过滤防火墙的特点是简单，但是缺乏灵活性。另外，包过滤防火墙针对每个数据包都需要进行策略检查，策略过多会导致性能急剧下降。如图 6-1 所示，通过制定规则，防火墙允许数据包 192.110.10.0/24 通过，不允许数据包 202.110.10.0/24 通过。

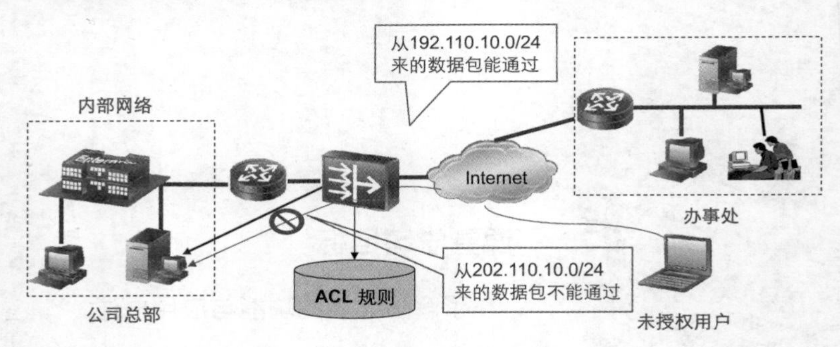

图 6-1 包过滤防火墙

代理型防火墙把防火墙作为一个业务访问的中间节点。如图 6-2 所示，对 Client 来说防火墙是一个 Server，对 Server 来说防火墙是一个 Client。代理型防火墙安全性较高，但是开发代价很大，对每一种应用开发一个对应的代理服务是很难做到的。因此代理型防火墙不能支持很丰富的业务，只能针对某些应用提供代理支持，如常用的 HTTP 代理等。

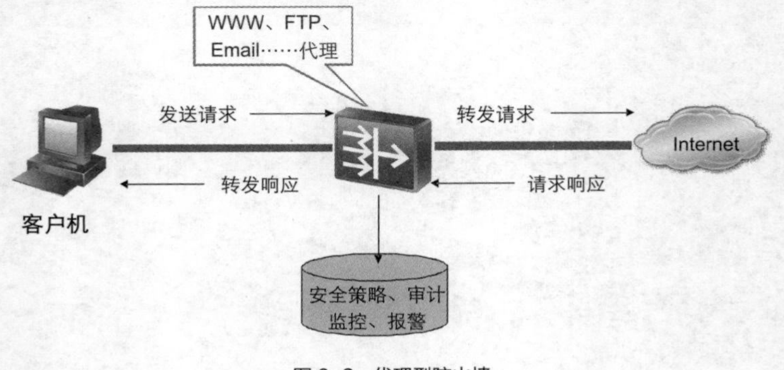

图 6-2 代理型防火墙

状态检测技术是一种高级的通信过滤技术。状态检测是检查应用层协议信息并且监控基于连接的应用层协议状态。对于所有连接，状态检测防火墙通过检测基于 TCP/UDP 连接的连接状态，动态地决定报文是否可以通过防火墙。如图 6-3 所示，在状态检测防火墙中，会维护着一个以五元组（源 IP 地址、目的 IP 地址、源 TCP 端口、目的 TCP 端口和协议号）为 Key 值的会话（Session）表项。对于后续的数据包，通过匹配 Session 表项，防火墙就可以决定哪些是合法访问，哪些是非法访问。

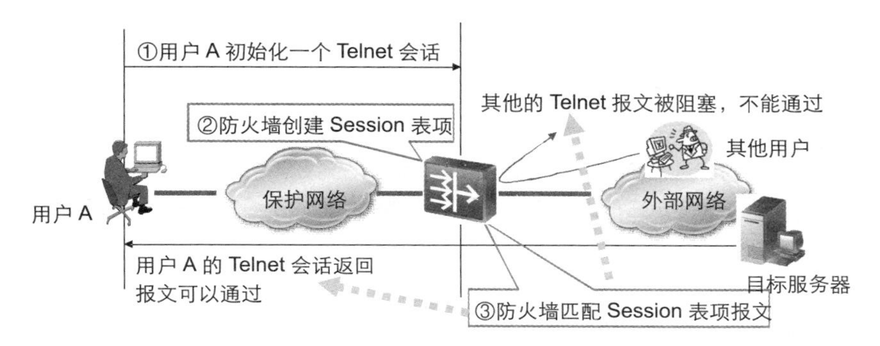

图 6-3 状态检测防火墙

网络安全体系如图 6-4 所示。在该安全体系中，防火墙就像一道门，它可以明确阻止某类人群的进入，但无法阻止被允许人群中的破坏分子，也不能阻止内部的破坏分子。访问控制系统可以不让低级权限的人做越权工作，但无法保证有高级权限的人做破坏工作，也无法保证低级权限的人通过非法行为获得高级权限。而入侵检测系统（IDS）是一个通过数据和行为模式来识别判断系统是否安全的设备，是防火墙之后的第二道安全闸门。二者的关系有一个经典的比喻，防火墙相当于一个小区的门禁系统，对所有进出大门的人员进行审核，但对本身就在小区内部，或者以合法身份进入大门的人却无法监控。而 IDS 就能对小区内部所有人的行为都进行监控。

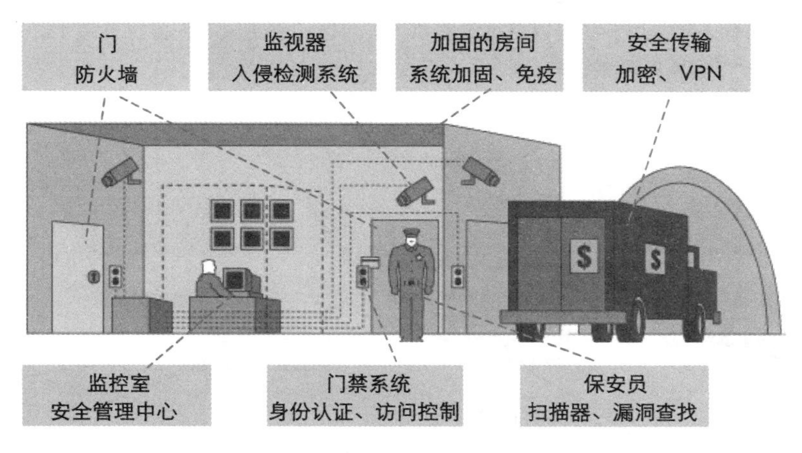

图 6-4 网络安全体系

形象地说，IDS 就是网络上的摄像机，能够捕获并记录网络上的所有数据。同时它也是智能摄像机，能够分析并提炼出可疑的、异常的网络数据。并且 IDS 还是 X 光摄像机，能够穿透一些巧妙的伪装，抓住实际的内容。更先进的 IDS 还能够对入侵行为自动地进行反击、阻断连接和关闭道路（与防火墙联动）。

另外，安全系统还有其他的相关技术。比如通过身份认证技术、ACL 访问控制列表等可以过滤或仅允许特殊的人群访问系统，通过系统加固，安装免疫系统等来对服务器等的特殊资源提供保护。通过相关的扫描软件来自行发现系统的相关漏洞并及时打上补丁。对于需要传输的数据，可以通过加密或利用 VPN 通道来传输以提供安全性。对于系统的运营，可以通过安全管理中心来监控，一旦发现可疑操作日志等，能及时提供警告并及时处理。

综上所述，防火墙不是解决所有网络安全问题的万能药方，只是网络安全策略中的一个组成部分。防火墙对于外网向内网的访问控制一般很严，内网向外网的访问相对宽松一些。如常说的绕过防火墙，大多是利用控制程序从内网向外网发起连接来达到，如利用木马程序等。防火墙不能像病毒软件那样定时地更新防火墙的操作软件，所以对于新产生的安全威胁防范不够，更不能防范所有的安全威胁。同时，需要平衡防火墙的深度检测功能和转发性能。因为，若配置防火墙对数据包的深度检测功能，防火墙就需要对数据包的部分内容进行检测，会增加对数据包的处理时延。另外，防火墙对于加密过的数据或者对于穿越它的隧道中的数据无法提供检测功能。在部署上，防火墙一般处于网络边界出口，所以防火墙本身的性能、抗攻击能力也是整个网络安全需要考虑的因素。

防火墙产品基础——防火墙概述

6.2 防火墙的区域

域（Zone）是防火墙上引入的一个重要的逻辑概念。防火墙通常放在网络的边界，路由器通过接口来连接不同网段，防火墙则通过域来表示不同的网络。通过将接口加入域并在安全区域之间启动安全检查（称为安全策略），从而对流经不同安全区域的信息流进行安全过滤。常用的安全检查主要包括基于 ACL 和应用层状态的检查。

如图 6-5 所示，Huawei 防火墙上默认有 5 个安全区域，并且每个安全区域都设置了安全优先级。其中，虚拟区（Vzone）是虚拟防火墙所支持的区域，其安全优先级为 0。非受信区（Untrust）是低级的安全区域，其安全优先级为 5。非军事化区（DMZ）是中度级别的安全区域，其安全优先级为 50。受信区（Trust）是较高级别的安全区域，其安全优先级为 85。本地区域（Local）是最高级别的安全区域，其安全优先级为 100。此外，如认为有必要，用户还可以自行设置新的安全区域并定义其安全优先级别。系统最多支持 16 个安全区域，包括 5 个保留的区域在内。

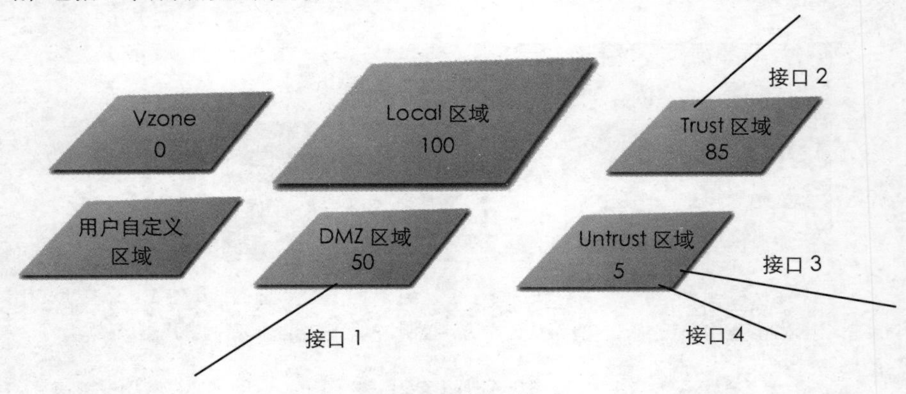

图 6-5 安全区域

除 Local 区域外，使用其他安全区域前，都需要将安全区域分别与防火墙的特定接口关联，即将接口加入安全区域。并且，接口只能加入到一个安全区域，该接口既可以是物理接口，也可以是逻辑接口。一个安全区域能够支持的最大接口数量为 1 024 个。注意，将接口添加进区域，例如将某个接口加入 Untrust 区域，表示该接口所连接的网络属于 Untrust 区域，但接口本身仍属于 Local 区域。

安全区域与各网络的关联遵循下面的原则，内部网络应安排在安全级别较高的区域，外部网络应安排在安全级别最低的区域，一些可对外部提供有条件服务的网络应安排在安全级别中等的 DMZ 区域。

此外，需要为每个安全区域定义安全优先级。定义安全优先级的目的是用来区分安全区域间数据流的方向，是入方向（Inbound）还是出方向（Outbound）。当数据流在安全区域之间流动时，才会激发防火墙进行安全策略的检查，即防火墙的安全策略实施都是基于域间（例如 Untrust 区域和 Trust 区域之间）的数据流，不同的区域之间可以设置不同的安全策略（例如包过滤策略、状态过滤策略等）。

域间的数据流分两个方向，包括 Inbound 和 Outbound。Inbound 方向指数据由低级别的安全区域向高级别的安全区域传输。Outbound 方向指数据由高级别的安全区域向低级别的安全区域传输。示例如图 6-6 所示。

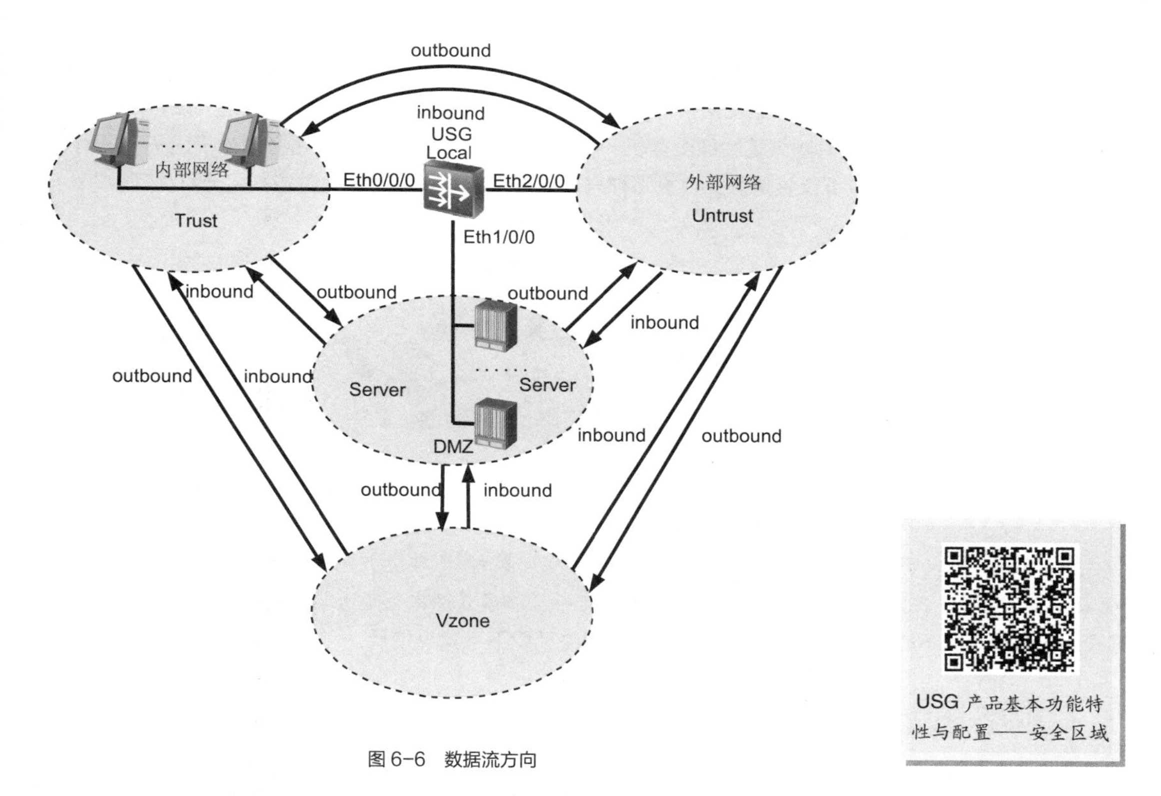

图 6-6　数据流方向

6.3 防火墙的工作模式

华为防火墙能够在 3 种模式下工作，即路由模式、透明模式、混合模式。

如果防火墙以第三层对外连接（接口具有 IP 地址），则认为防火墙工作在路由模式。如图 6-7 所示，当防火墙位于内部网络和外部网络之间时，需要将防火墙与内部网络、外部网络以及 DMZ 这 3 个区域相连的接口分别配置成不同网段的 IP 地址，重新规划原有的网络拓扑。此时相当于一台路由器。采用路由模式时，可以完成 ACL 包过滤、ASPF 动态过滤、NAT 转换等功能。然而，路由模式需要对网络拓扑进行修改（内部网络用户需要更改网关、路由器需要更改路由配置等）。

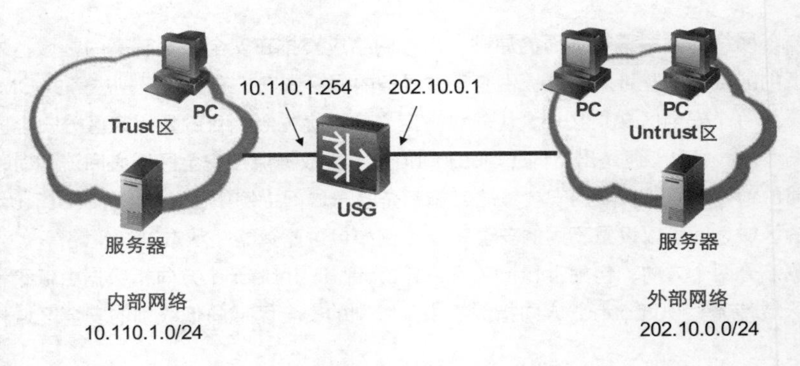

图 6-7 路由模式

如果防火墙通过第二层对外连接（接口无 IP 地址），则防火墙工作在透明模式下。如果防火墙采用透明模式进行工作，只需在网络中像放置网桥一样插入该防火墙设备即可。最大的优点是无须修改任何已有的配置。如图 6-8 所示，此时防火墙就像交换机一样工作，内部网络和外部网络必须处于同一个子网。此模式下，报文在防火墙当中不仅仅是像交换机那样只做二层处理，还会对报文进行高层分析处理。

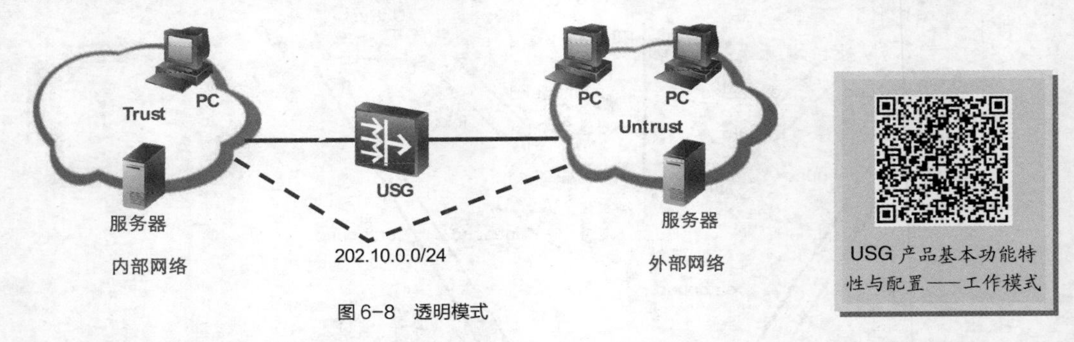

图 6-8 透明模式

如果 USG 防火墙既存在以路由模式工作的接口（接口具有 IP 地址），又存在以透明模式工作的接口（接口无 IP 地址），则防火墙工作在混合模式下。这种工作模式基本上是透明模式和路由模式的混合。目前只用于透明模式下提供双机热备的特殊应用中，别的环境下不建议使用。

6.4 网络地址转换

网络地址转换（Network Address Translation，NAT）是将 IP 数据包报头中的 IP 地址转换为另一个 IP 地址的过程。在实际应用中，NAT 主要用于实现私有网络访问外部网络的功能。

在互联网上，公网的 IP 地址是有限的。随着互联网的飞速发展，可用的公有 IP 地址数量越来越少。每个企业都申请公网 IP 地址来应用是不现实的，对应的解决方案是在企业内部使用私有 IP 地址，在对外接口上申请少量的公有 IP 地址。而私有地址不可以在 Internet 上出现，如果私有地址用户需要访问 Internet，必须要进行相应的地址转换（即 NAT）。当企业用户访问公网时，所有的私有 IP 地址都将进行 NAT 转换，即将私有地址转换成公有 IP 地址进行访问。转换时，可以使用少量的公有地址代表多数的私有地址，这样就达到了节省公有 IP 地址的作用。

另外，Internet 上对政府、企业网络的攻击日益频繁，采用 NAT 可以有效地将内部网络地址对外隐藏。在 NAT 出口路由器上实施安全措施的机制将减小网络安全配置工作的难度。

整个 IPv4 地址空间分为公有地址和私有地址。公有地址就是从 Internet 地址分配组织得到的合法 IP 地址，对于用户来说，一般该地址都是从 ISP 申请的。

Internet 地址分配组织规定以下的 3 段网络地址保留，用作私有地址：10.0.0.0~10.255.255.255、172.16.0.0 ~ 172.31.255.255、192.168.0.0 ~ 192.168.255.255。也就是说这 3 段网络地址不会在 Internet 上被分配，但可以在一个企业（局域网）内部使用。各个企业根据在可预见的将来主机数量的多少，来选择一个合适的网络地址。不同的企业，它们的内部网络地址可以相同。如果一个公司选择其他的网段作为内部网络地址，则有可能会引起路由表的混乱。因此构建自己的内部局域网的时候，都应该选择上面这 3 个网段的地址作为自己的 IP 地址。

如前所述，上述私有 IP 地址用户访问 Internet，必须要通过 NAT 转换为公有 IP。在防火墙上，由 Trust 区域向 Untrust 区域和 DMZ 区域主动发起连接时，检测相应的数据连接是否需要进行 NAT 转换。如果要进行 NAT 转换，则在 IP 转发的出口处完成，报文的源地址（私有地址）被转换成公有地址。在 IP 层的入口处，对回复报文进行还原，报文的目的地址（公有地址）被还原成私有地址。

图 6-9 所示为一个基本的 NAT 转换过程。防火墙处于私有网络和公有网络的连接处。当内部 PC A（192.168.1.3）向外部服务器 Server B（202.120.10.2）发送一个数据包 1 时，数据包将通过防火墙。NAT 进程查看报头内容，发现该数据包是发往外部网络的。那么它将数据包 1 的源地址字段的私有地址 192.168.1.3 转换成一个可在 Internet 上选路的公有地址 202.169.10.1，并将该数据包发送到外部服务器 Server B。同时在网络地址转换表中记录这一映射。外部服务器 Server B 给内部 PC A 发送应答报文 2（其初始目的地址为 202.169.10.1）。报文到达防火墙后，NAT 进程再次查看报头内容，然后查找当前网络地址转换表的记录。用原来的内部 PC 的私有地址 192.168.1.3 替换目的地址。上述的 NAT 过程对终端（如图中的 PC 和服务器）来说是透明的。对外部服务器而言，它认为内部 PC 的 IP 地址就是 202.169.10.1，并不知道有 192.168.1.3 这个地址。因此，NAT“隐藏”了企业的私有网络。

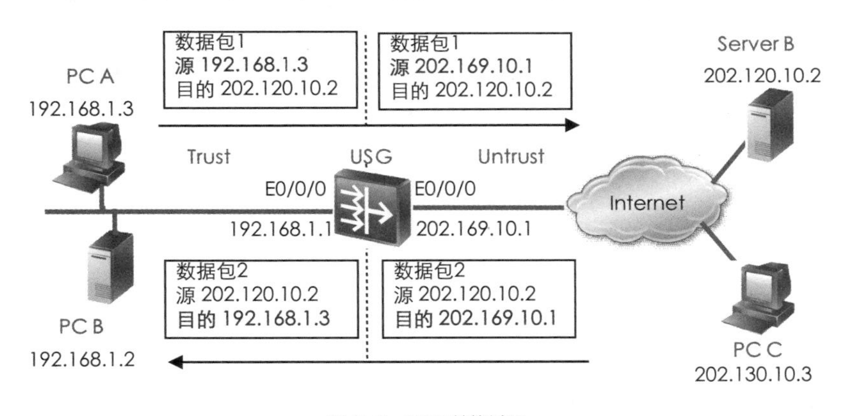

图 6-9 NAT 转换过程

实际上，地址转换分为两种方式，包括 NO_PAT 方式和 PAT 方式。在 NO_PAT 方式下，私网地址和公网地址一一对应，不转换端口。其优点是实现简单，缺点是一个私网地址需要一个公网地址与之对应，并不能解决公网地址短缺的问题。PAT 方式允许多个私有地址映射到同一个公有地址上。PAT 映射 IP 地址和端口号，来自不同内部地址的数据包可以映射到同一外部地址，但它们被转换为该地址的不同端口号，因而仍然能够共享同一地址。如图 6-10 所示，4 个带有内部地址的数据包到达 NAT 服务器。其中数据包 1 和 2 来自同一个内部地址，但有不同的源端口号；数据包 3 和 4 来自不同的内部地址，但具有相同的源端口号。通过 PAT 映射，4 个数据包都被转换到同一个外部地址，但每个数据包都被赋予了不同的源端口号。因而仍保留了报文之间的区别。当回应报文到达时，NAT 进程根据映射关系仍能够根据回应报文的目的地址和端口号来区别该报文应转发到哪台内部主机。目前大量采用 PAT 方式。

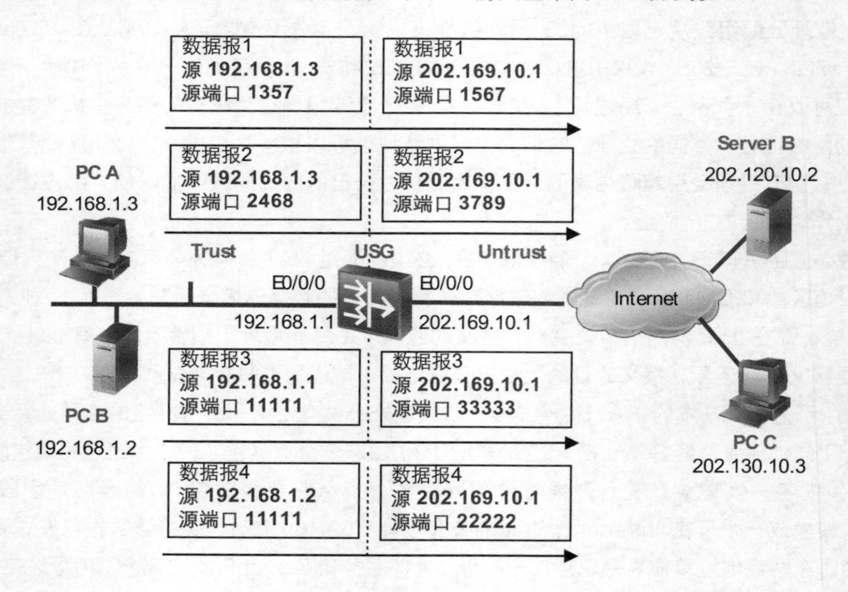

图 6-10 PAT 方式

NAT 隐藏了内部网络的结构，具有"屏蔽"内部主机的作用。但是在实际应用中，可能需要提供给外部一个访问内部主机的途径。如提供给外部一个 WWW 的服务器，或是一台 FTP 服务器。使用 NAT 可以灵活地添加内部服务器。如图 6-11 所示，可以使用 202.168.0.11 作为 Web 服务器的外部地址，使用 202.168.0.12 作为 FTP 服务器的外部地址。防火墙的 NAT 提供了内部服务器功能以供外部网络访问。外部网络的用户访问内部服务器时，NAT 将请求报文内的目的地址转换成内部服务器的私有地址。对内部服务器回应报文而言，NAT 要将回应报文的源地址（私有地址）转换成公有地址。

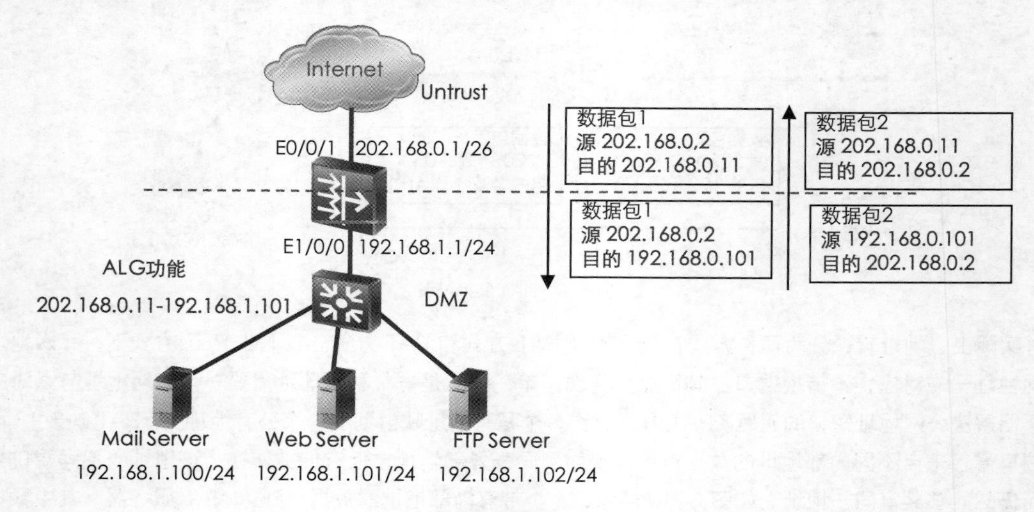

图 6-11 内部服务器 NAT

NAT 和 PAT 只能对 IP 报文的头部地址和 TCP/UDP 头部的端口信息进行转换。对于一些特殊协议，例如 ICMP、FTP 等，它们报文的数据部分可能包含 IP 地址或端口信息。这些内容不能被 NAT 有效地转换，这就可能导致问题。如一个使用内部 IP 地址的 FTP 服务器可能在和外部网络主机建立会话的过程中，需要将自己的 IP 地址发送给对方。而这个地址信息是放在 IP 报文的数据部分，NAT 无法对它进行转换。当外部网络主机接收了携有这个私有地址的数据包时，就会认为 FTP 服务器不可达。解决这些特殊协议的 NAT 转换问题的方法是，在 NAT 实现中使用应用级网关（Application Level Gateway，ALG）功能。ALG 是特定的应用协议的转换代理。它和 NAT 建立交互关系，依据 NAT 的状态信息来改变封装在 IP 报文数据部分中的特定数据，并完成其他必需的工作以使应用协议可以跨越不同范围运行。Huawei 防火墙提供了完善的地址转换应用级网关机制，使其在流程上可以支持各种特殊的应用协议，而不需要对 NAT 平台进行任何的修改，具有良好的可扩充性。目前已实现的常用应用协议的 ALG 功能包括 DNS、FTP、H.323、HWCC、ICMP、ILS。

USG 产品基本功能特性与配置——NAT 介绍

6.5 原理练习题

问答题 1：在防火墙的发展过程中总共经历了几代？每代防火墙的特点是什么？

问答题 2：什么是防火墙的安全区域？默认自带的区域有哪些？

问答题 3：什么是防火墙数据流的入方向和出方向？

问答题 4：华为防火墙部署双机热备时必须用到哪些功能模块？

问答题 5：请简单描述防火墙的安全策略的部署方式。

Communication

Chapter

7

第7章 SDN

SDN即软件定义网络，其核心思想是通过将网络设备控制面与数据面分离开来，从而实现了网络流量的灵活控制，为网络及应用的创新提供了良好的平台。本章主要介绍SDN的基本理念和当前业界发展现状。

课堂学习目标

- 了解SDN的技术理念与特征
- 掌握SDN带来的变革和挑战
- 了解SDN的最新发展趋势

7.1 SDN 的理念和特征

坐落于硅谷的斯坦福大学有着浓厚的创新精神。尼克·麦克柯恩（Nick Mckeown）教授等人的 Ethane、Cleanslate 项目孕育了一个似乎是异想天开的技术理念，如果能将整个网络分布式调整为网络集中控制，把控制面集中到一个软件进行控制，那么就可以对网络进行软件般的升级。这种概念就被命名为软件定义网络（Software-Defined Networking，SDN）。通过大家的研究和分析发现，SDN 的价值不仅在于可以快速开通新业务，还可以整合网络资源，让网络硬件资源也虚拟化、碎片化，实现灵活调度，同时还可以将网络转发设备做得更简化。

另一方面，SDN 自从诞生以来就存在很多不同的理解和争议。随着 OpenFlow、SDN 等概念逐步被抛出，ONF/IETF 组织、NFV 产业联盟的推动，以及运营商、网络服务提供商、设备生产商的积极投入，SDN 从概念逐渐向商业化推进。在商业进程中，各方对 SDN 有不同的见解。并且，SDN 实际上不是一个概念或技术，而是一种新的网络架构，这种架构包含了多种特征。如表 7-1 所示，列出的都是当前业界主流的 SDN 组织。不同组织、不同厂家在宣传 SDN 时，都会偏重其中某些特征。

表 7-1　SDN 组织

	ONF OPEN NETWORKING FOUNDATION	IETF	ETSI 2013 Celebrating 25 years
主要参与者	互联网公司发起，运营商参与，互联网公司代表：Google、Facebook；运营商公司代表：DT、Verizon、NTT；新兴公司非常积极，代表有 Big Switch	Cisco 处于领导者地位，代表传统的设备厂商	大的电信公司发起，代表公司有 BT、Telefonica、AT&T、Verizon、DT 等；IT 设备商 Intel、HP 等非常积极
核心思想	SDN 分层开放架构 OpenFlow 标准定义	现有设备向 SDN 演进思路，代表技术有 I2RS、PCE 等	网络功能虚拟化，采用通用的硬件平台
影响	设备通用化、低成本化，削弱硬件设备的价值，价值转移到软件上	强调设备平滑演进能力	设备硬件通用化、低成本化，削弱网络设备的价值

SDN 首先指的是网络架构的改变，给网络加上一个大脑进行集中式控制架构。如图 7-1 所示，整个 SDN 网络架构可以分为 3 层：第一层是物理网络设备，包括以太网交换机和路由器等；中间层是控制器，通过监控流量转发设备了解网络状况，同时调度和控制流量的转发；最顶层是一些用控制器实现安全、管理和其他特殊功能的应用程序。该架构将所有网络设备的控制功能都集中抽象到控制器上，具有更好的全局观，便于资源统一调度。将原有转发、控制一体的形式一分为二，抽象网络底层转发设备、屏蔽复杂度，而上层控制实现高效配置和管理。因此物理设备功能大大简化，只负责转发。

其次，SDN 的第二个特征是网络能力开放，即网络能力以应用程序接口（Application Programming Interface，API）方式开放，实现第三方应用可以通过 API 调用网络。这有点类似“操作系统+应用程序”的灵活功能架构。通过标准接口，实现开放 APP 应用以及软件可编程，便于快速引入新业务，好像智能手机一样，方便加载新的 APP。ONF 和 IETF 组织的 SDN 工作组，都强调了网络能力开放，但两者在实现方式上有较大差异。这里需要强调的是网络能力开放与集中式架构没有必然的关联，在现有网络架构下，也可以实现网络能力开放。

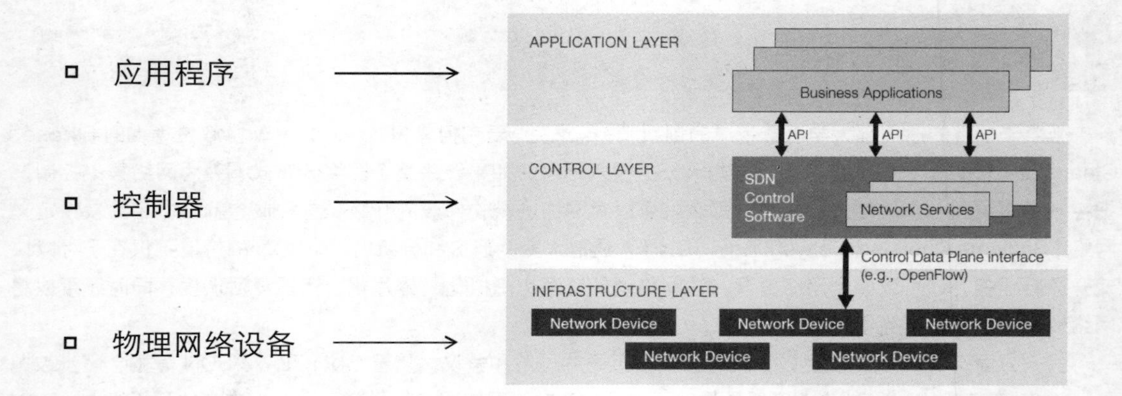

图 7-1 SDN 架构

SDN 的第三个特征是网络资源虚拟化，这也是 SDN 在云场景中的主要应用。其核心是以云计算的视角来看网络，实现计算、存储、网络资源的自动化调度。在云场景中，计算和存储资源已经实现虚拟化、资源池化、动态化。租户只需在云管理界面上根据需求输入需要多少计算资源、多少存储资源，就能通过云平台动态生成一个虚拟机，用于实现某个业务。当然实现具体业务，仅仅有计算资源、存储资源是不够的，还需要网络资源。网络资源也需要在计算资源和存储资源动态生成时，通过云界面配置一起动态生成。这就是网络资源虚拟化的概念。

7.2 SDN 带来的变革和挑战

SDN 目前有非常迫切、实际的市场需求，其技术逐步成熟并走向商业化应用。在技术上，SDN 是全局性、颠覆性的创新技术，催生了新的网络架构，改变产业生态。对运营商而言，SDN 是降低建网成本、实现业务灵活部署的重要方法，是实现企业转型的重要一环。结合现有网络情况，SDN 是重塑 ICT 产业链和生态链的一个重大机遇。

相比传统网络架构，SDN 通过软硬件解耦隔离，实现网络虚拟化、IT 化以及软件化。采用 SDN 架构后，底层基础网络只负责数据转发，可由廉价的通用商用 IT 设备构成，以此减少厂家化差异，降低建网成本。上层负责集中的控制功能和业务编排，由独立的控制软件实现，业务网络的设备种类与功能由上层软件决定。最终通过远程控制、自动配置部署网络，提供所需网络功能、参数以及业务。

综上所述，SDN 非常符合 IT 低成本、多样化的大趋势。即硬件负责性能，软件负责功能。SDN 开启了网络 IT 化的进程，被认为是去电信化的重要突破，也是 IT 和软件突破电信业壁垒的重要机遇，预示了产业结构的大调整。

如图 7-2 所示，未来 SDN 将渗透到数据中心、移动承载网、传送网、城域网、接入网、家庭网等几乎所有网络场景。但目前运营商对于 SDN 的引入既积极又谨慎。毕竟改变网络架构的问题是伤筋动骨的事情。

运营商的网络不可能一步跨越到 SDN。毕竟，现网中存在数以百万、千万计的正在运行的网络设备以支持大量传统业务，这些业务不会一夜消失，这些设备也不是一天就能换掉的。此外，用户原有的网络与运维方法已经形成了固定模式，SDN 所带来的这种全新的运维模式，用户不是一天两天就可以适应的。尽管 SDN 已经开始从理论研究逐渐走向实践，但在其走向真正大规模商用部署过程中仍然有许多问题需要解决。

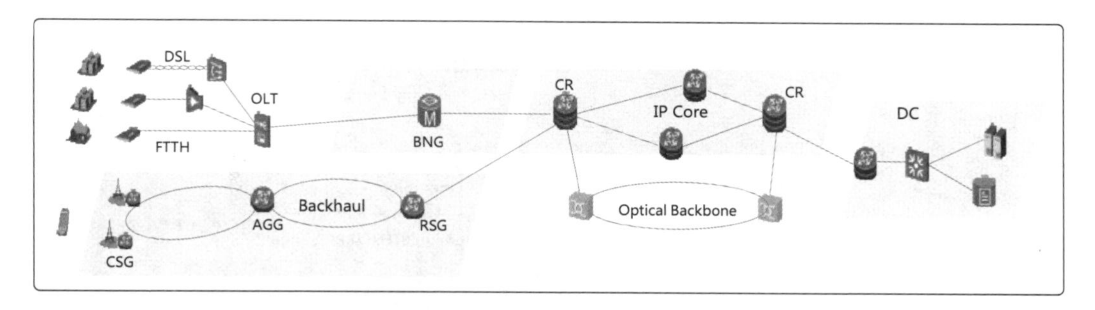

图 7-2 SDN 覆盖场景

对于网络架构演变导致的迁移，客户通常有以下几点担心。

（1）对现网业务的影响，例如导致现有业务中断，或者现有支持业务无法在新架构上支持。

（2）对现网设备的影响，是否需要大规模升级现网设备，尤其是现网涉及多厂家，无法保证多厂家都支持新技术、新标准。因此，客户都不愿意冒风险，需要有稳妥可信的迁移方案。因此，SDN 在运营商网络部署一定是走演进路线，逐步迁移到 SDN。在演进的过程中，SDN 网络与现有传统网络共存是一个必然，就像 IPv4 与 IPv6 一样。

目前，对于整个行业中 SDN 所面临的挑战，主要有以下几点。

（1）集中控制和管理的挑战。大型 IDC 机房有数千台交换机和数万台虚拟交换机，大型电信网络有数百万台设备。这样大规模的网络进行集中管理、配置、故障定位，其弹性和安全性是一个很大的挑战。

（2）网络架构、接口、协议的标准化和互操作的挑战。目前 SDN 的控制器架构有多种，接口也不统一，标准化面临很大的挑战。例如，南向接口已不局限于 OpenFlow，北向接口也不局限于 Restful。在实现上，规模巨大的现有设备怎样纳入统一的 SDN，实现互操作和平滑迁移？其巨大的工作量令人望而却步。

（3）对现有运维体系、流程和人才的巨大挑战。现有庞大网络中有那么多不同来源的新旧软件、硬件、网管，怎样在 SDN 架构中实现运维、业务发放、故障定位？这些都对现有网络运维体系和流程提出了巨大的挑战，也是对运营商技术力量的大考验。

（4）对通用硬件的性能和可靠性的挑战。电信网络对芯片性能要求高于计算，目前尚无完全符合 Openflow 标准的芯片。使用通用硬件性能不能满足某些高性能网元的要求。例如，现有交换机的 ASIC 的处理能力就比通用处理器的性能要好几十倍，导致涉及流表容量、学习速度、转发速率和延时性能不够好。另外，目前通用硬件的可靠性也不能达到传统电信设备 5 个 9 的要求（即可靠性要达到 99.999%）。

（5）软件的复杂性和有效性挑战。SDN 主要依靠软件来定义网络的功能，其控制器需要为每一条数据流选择一个数据转发通道，其计算复杂性可想而知。面对大规模电信网络，其控制软件的复杂性和有效性将面临很大的挑战。

7.3 SDN 最新发展

当前，SDN 的发展如火如荼，成熟的商业化解决方案逐渐部署在世界各地的客户网络中。其中应用部署较为广泛的是在各大运营商、互联网公司的 DC 中。并且在部署时，大多会结合云计算平台共同实现，进行计算、存储、网络的资源协同，实现业务快速部署。

图 7-3 所示是当前业界较为主流的数据中心 SDN 解决方案架构。该架构以云计算的视角看待整个数据中心的所有资源，包括计算资源、存储资源、网络资源。所有的资源需实现动态化、弹性化、虚拟化，通过云平台进行统一管理，灵活调度，以满足当前客户业务的快速发放、弹性扩展的需求。

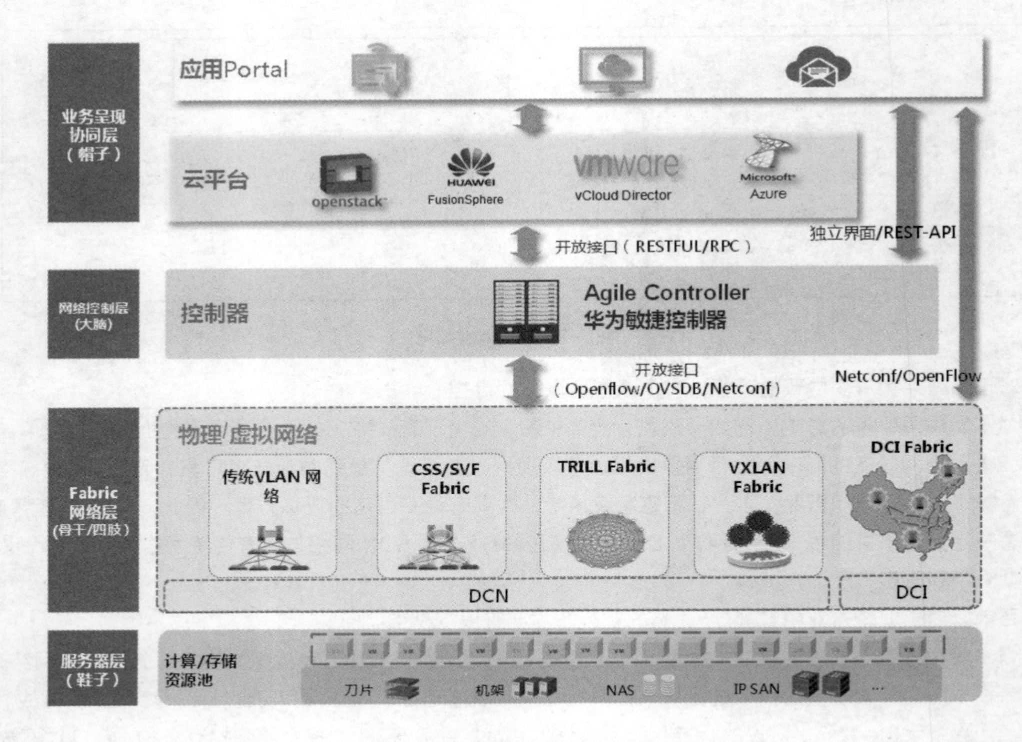

图 7-3　DCN SDN 解决方案架构

云平台需要对接 3 个基本模块，即计算虚拟化模块，存储虚拟化模块，网络虚拟化模块。计算虚拟化用于实现计算资源的逻辑表示，为业务提供虚拟的 CPU 和内存资源，具体可以使用 Vmware Vcenter、Microsoft Hyper-v、Huawei FusionCompute 等产品。存储虚拟化模块可以对接传统的存储（如 SAN、NAS 等），也可以使用由服务器本地硬盘组成的分布式存储。该模块为业务提供灵活扩展、功能丰富的磁盘空间。其中，SDN 在架构中的作用是实现整个 DC 网络资源的虚拟化。在整个架构中，SDN Controller 通过开放的北向接口对接云平台；通过南向接口对接网络设备。对于云平台而言，SDN Controller 是其中实现网络资源虚拟化的功能模块；对于网络设备而言，SDN Controller 是集中进行统一控制的大脑。与传统的业务开通方式相比，所有的用户业务发放均在云平台实现，业务模板化自动下发，避免传统业务开通过程中部署周期长、系统运维复杂等问题，也打破了传统 CT 和 IT 的技术壁垒。

在网络这一模块中，SDN 控制器通过对基础通信设备（如路由器、交换机），以及对增值服务设备（如防火墙、负载均衡器）等的纳入管理，来实现网络资源的统一控制。在具体实现上，通过路由器集群、交换机 VS 等技术实现网络连通性设备的虚拟化；通过虚拟防火墙、虚拟负载均衡等技术实现增值设备的虚拟化。再用 M-LAG/堆叠等技术来实现接入设备的可靠性，通过双活/多活实现网关设备可靠性，通过双机热备实现防火墙可靠性，以保障网络部分基础设施的健壮性。在整个网络的底层直接部署 OSPF/BGP 等路由协议，将 VLAN 等二层技术仅部署在接入交换机到服务器接入链路，解决了传统二层网络由来已久的广播问题。同时在底层路由基础之上部署 VxLAN 技术，避免对现网进行大规模调整的同时，可以实现云环境中所需要的大二层虚拟化网络，为业务在 DC 内、DC 间的调整提供了底层环境。这样的虚拟网络资源池，既可以满足云计算环境所需要的弹性可伸缩资源池，实现业务快速部署的需求，也可以应对现实情况中客户多样化、个性化的组网需求。

在业务具体实现上，一个租户往往可以对应到一个 VDC（Virtual Data Center，虚拟数据中心）。VDC

是面向最终客户的资源容器，通过 VDC 对租户的可用资源进行配额管理。一个 VDC 具备一定的计算、存储、网络方面的配额。一个 VDC 下可以创建多个 VPC（Virtual Private Cloud，虚拟私有云）。VPC 可以对应到一个业务部门或者企业分支。VPC 提供隔离的虚拟机和网络环境，满足不同部门网络隔离要求。而每个 VPC 可以提供独立的虚拟防火墙、弹性 IP、VLB、安全组、IPSec VPN、NAT 网关等业务，满足不同客户的组网需求。

图 7-4 所示为客户业务开通后，网络部分在基础设施上的部署形态。客户可以根据实际需求选择所需的网络功能。图中的业务流除了实现基本通信外，还配置了防火墙、负载均衡的增值服务。所有业务层面开通均由云平台+SDN 实现，无须人员进场调试。并且当客户不再续费使用服务时，能够快速进行资源释放，将资源回收并调度给其他业务使用。试想，在大规模 DC 场景下，如此复杂的业务使用传统的开通方式，将是一件烦琐、低效的任务。自动化、智能化的 SDN 解决方案才是唯一的出路。

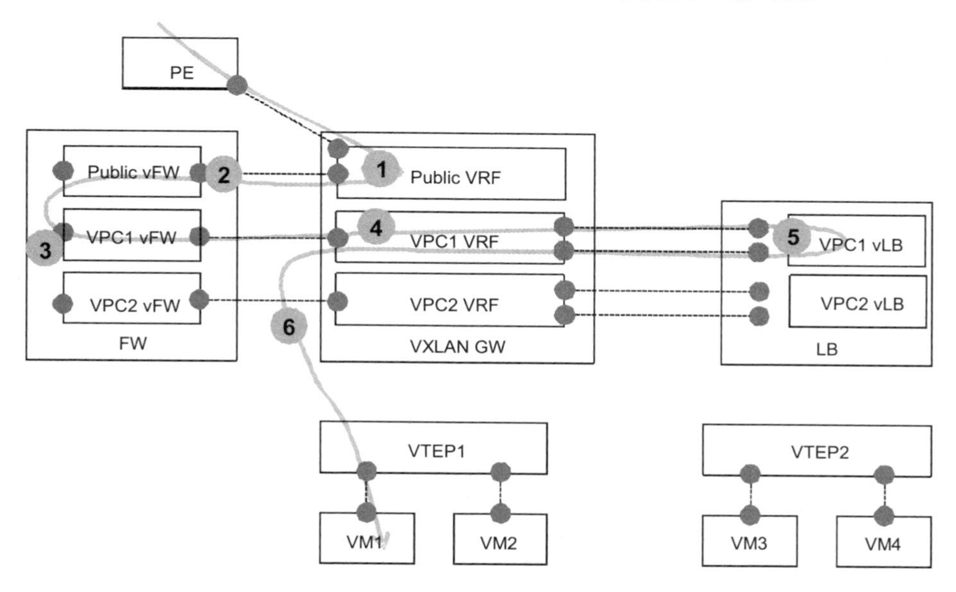

图 7-4 网络部分在基础设施上的部署形态

综上，SDN 架构给传统 CT 网络带来革命性的影响，使整个网络的资源灵动、敏捷起来，网络中的各个组件能够像美妙的音符一样自由组合。SDN 给传统网络注入了鲜活的生命力，是云时代不可或缺的关键部分。在不久的将来，或许能够见到一个数据中心只有一两个运维人员的场景。这并不是一个梦，而是必定会出现的景象。

7.4 原理练习题

问答题 1：SDN 的关键特征有哪些?

问答题 2：SDN 网络的三层架构分别是什么?

问答题 3：目前 SDN 所面临的挑战主要有哪些?

问答题 4：请简单描述 SDN 的技术理念。

附录 I　华为的通用路由平台 VRP

VRP 平台结构

通用路由平台（Versatile Routing Platform，VRP）是华为公司数据通信产品使用的网络操作系统，以 IP 业务为核心，采用组件化的体系结构，在实现丰富功能特性的同时，提供基于应用的可裁剪能力和可扩展能力。

VRP 作为华为公司从低端到核心的全系列路由器、以太网交换机、业务网关等产品的软件核心引擎，实现统一的用户界面和管理界面；实现控制平面功能，并定义转发平面接口规范，实现各产品转发平面与 VRP 控制平面之间的交互；实现网络接口层，屏蔽各产品链路层对于网络层的差异。

随着网络技术和应用的飞速发展，VRP 在处理机制、业务能力、产品支持等方面也在持续演进。VRP 版本主要有 VRP1.x、VRP3.x、VRP5.x 和 VRP8.x，分别具有不同的业务能力和产品支持能力，如 VRP 3.0～3.x 可以用于 AR 系列路由器、NE 系列路由器和全系列交换机，VRP5.10 和 VRP5.30 主要用于 NE 系列路由器，VRP 8 是最新的 VRP 平台软件版本。

附图 1-1 所示是 VRP 平台结构。为了使单一软件平台能运行于各类路由器和交换机之上，VRP 软件模块采用了组件结构，各种协议和模块之间采用了开放的标准接口。VRP 由 GCP、SCP、DFP、SMP、SSP 这 5 个平面组成。

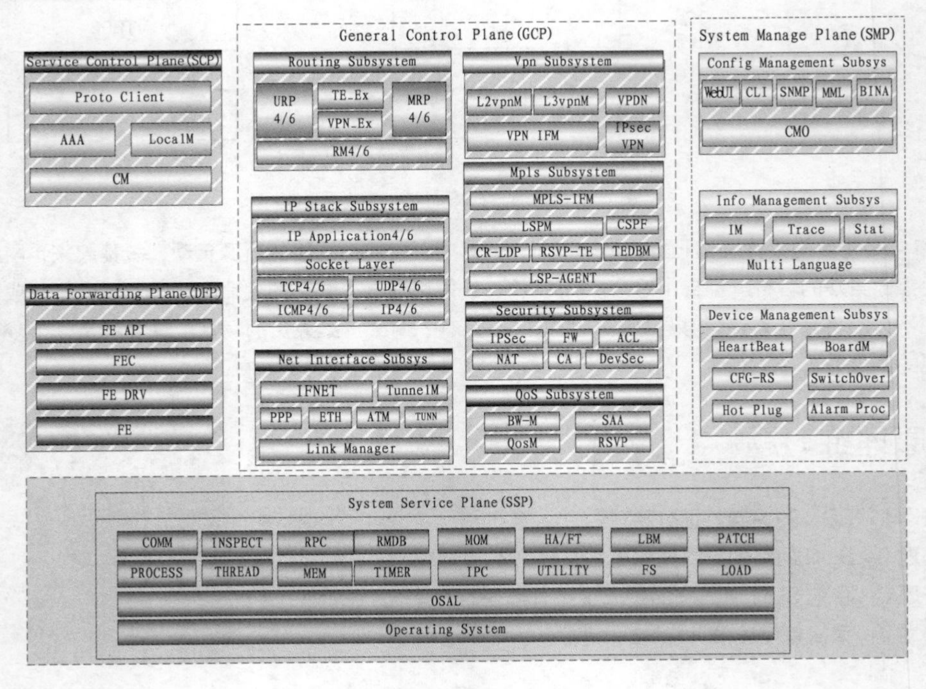

附图 1-1　VRP 平台结构

GCP(通用控制平面):支持网络协议族,其中包括 IPv4 和 IPv6。它所支持的协议和功能包括 SOCKET、TCP/IP 协议、路由管理、各类路由协议、VPN、接口管理、链路层、MPLS、安全性能,以及对 IPv4 和 IPv6 的 QoS 支持。

SCP(业务控制平面):基于 GCP,支持增值服务,包括连接管理、用户认证计费、用户策略管理、VPN、多播业务管理和维护与业务控制相关的 FIB。

DFP(数据转发平面):为系统提供转发服务,由转发引擎和 FIB 维护组成。转发引擎可依照不同产品的转发模式通过软件或硬件实现,数据转发支持高速交换、安全转发和 QoS,并可通过开放接口支持转发模块的扩展。

SMP(系统管理平面):具有系统管理功能,设备与外部的交互接口,处理外部输入的控制指令、协议配置指令。在平台的配置和管理方面,VRP 可灵活地引入一些网络管理机制,如命令行、NMP 和 Web 等。

SSP(系统服务平面):支持公共系统服务,如内存管理、计时器、IPC、装载、转换、任务/进程管理和组件管理。

VRP 还具有支持产品许可证文件(License)的功能,可在不破坏原有服务的前提下根据需要调整各种特性和性能的范围。

VRP 软件介绍

VRP 配置基础

VRP 的配置基础包括 3 个方面。

- 配置环境搭建。
- VRP 基础配置。
- 系统管理。

配置环境搭建

目前华为数据通信设备支持以下 3 种配置方式:通过 Console 口进行本地配置、通过 Telnet 或 SSH 进行本地或远程配置、通过 AUX 口进行本地或远程配置。

(1)通过 Console 口进行本地配置。

以下两种情况只能通过 Console 口搭建配置环境:

① 路由器第一次上电;

② 无法通过 Telnet 或 AUX 口搭建配置环境。

通过 Console 口配置路由器的操作步骤如下。

步骤 1:连接配置电缆,RJ45 头一端接在路由器的 Console 口上,9 针(或 25 针)RS232 接口一端接在计算机的串行口(COM)上。

步骤 2:PC 上运行仿真程序,如 Windows 系统自带的超级终端;打开后选择使用相应的 COM 连接,确定后出现附图 1-2 所示的右侧界面。在该界面中设置如下:9 600 bit/s、8 位数据位、1 位停止位、无奇偶校验和无流量控制。然后确定,即可登录设备进行操作。

(2)通过 Telnet 或 SSH 进行本地或远程配置。

如果路由器非第一次上电,而且用户已经正确配置了路由器各接口的 IP 地址,并配置了正确的登录验证方式和呼入/呼出受限规则,在配置终端与路由器通信正常的情况下,可以用 Telnet 通过局域网或广域网登录到路由器,对路由器进行配置。

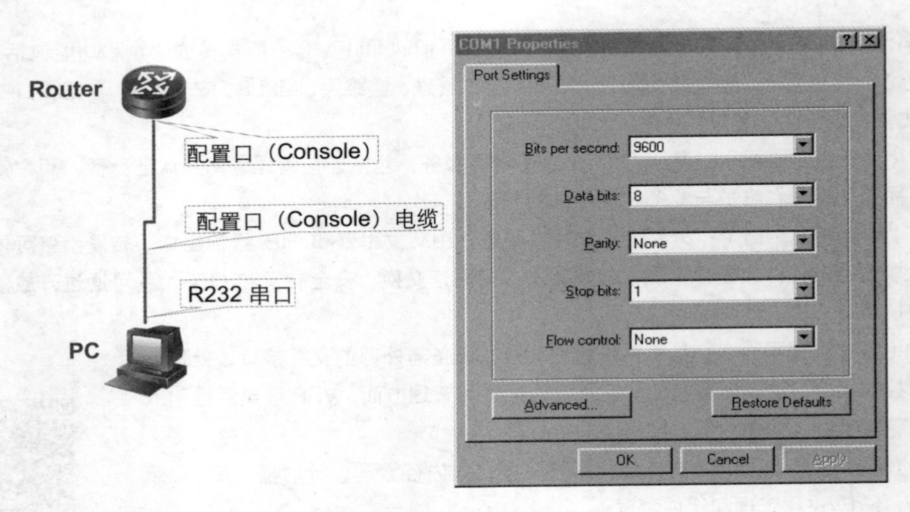

附图 1-2　Console 本地配置

通过 Telnet 配置路由器的操作步骤如下。

步骤 1：保证配置终端和路由器维护网口之间通信正常，从配置终端能够 ping 通路由器维护网口 IP 地址。

步骤 2：设置用户登录时使用的参数，包括对登录用户的验证方式，以及登录用户的权限。

登录用户的验证方式有 3 种：password 验证，登录用户需要输入正确的口令；AAA 本地验证，登录用户需要输入正确的用户名和口令；不验证，登录用户不需要输入用户名或口令。

完成上述配置后，即可以在 PC 上运行 Telnet 工具来登录路由器，如附图 1-3 所示。

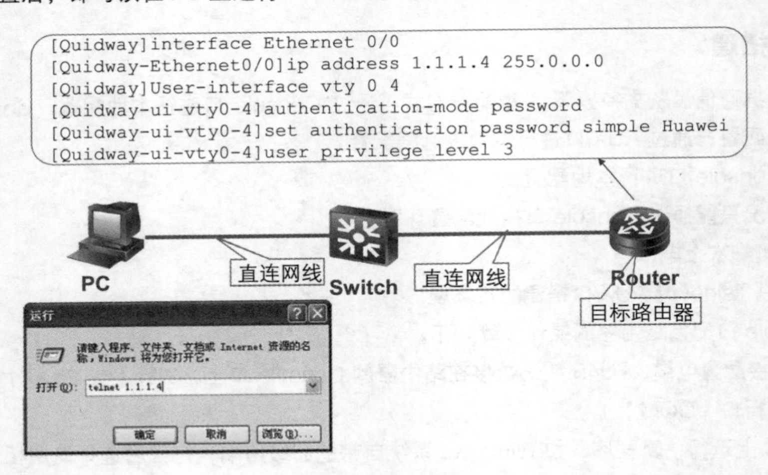

附图 1-3　Telnet 配置

（3）通过 AUX 口进行本地或远程配置。

通过 AUX 配置路由器的组网如附图 1-4 所示，在配置终端的串口和路由器的 AUX 口分别连接 Modem，Modem 通过 PSTN 网络连接。

完成上述配置后，在 PC 上打开超级终端，选择通过 Modem 连接登录路由器。此种方式现网不常用。

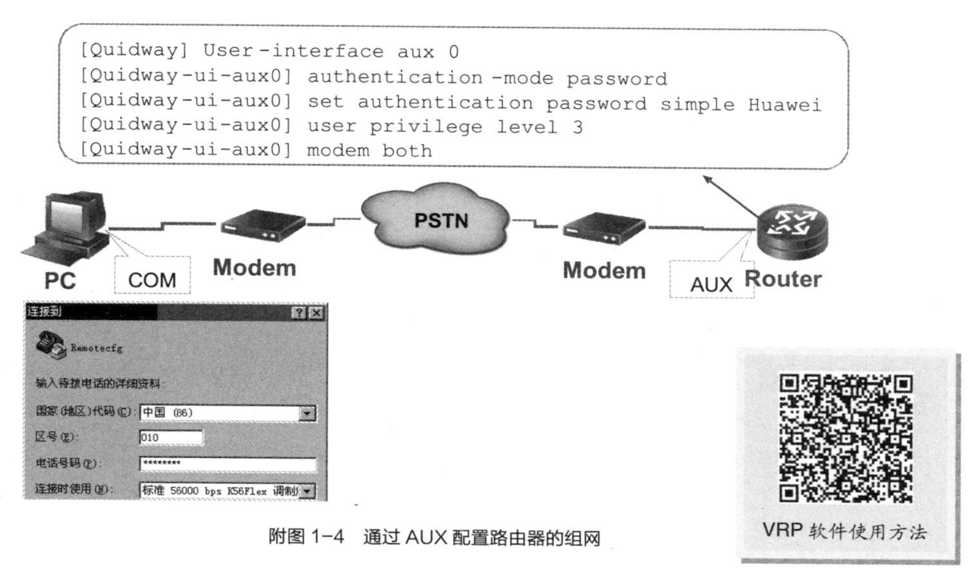

附图 1-4 通过 AUX 配置路由器的组网

VRP 基础配置

使用 Console/Telnet 等方式登录路由器后，即进入用户视图。

在用户视图中使用 system-view 命令可以切换到系统视图，在系统视图中使用 quit 命令可以切换到用户视图。

在系统视图中使用相关的业务命令可以进入其他业务视图，不同的视图下可以使用的命令不同。附图 1-5 所示为常见的几种命令视图。

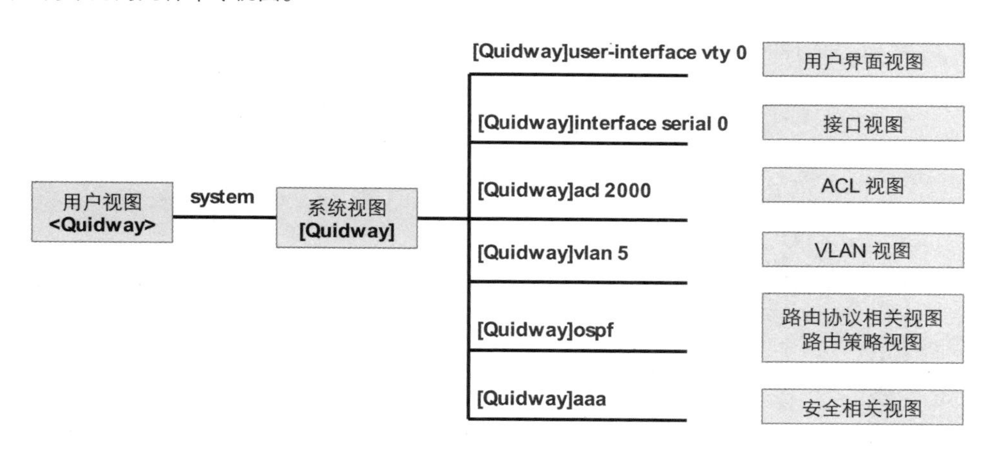

附图 1-5 命令视图

VRP 操作平台的系统命令采用分级方式，命令从低到高划分为 4 个级别。

- 参观级：网络诊断工具命令（ping、tracert）、从本设备出发访问外部设备的命令（Telnet、SSH、Rlogin）等。
- 监控级：用于系统维护、业务故障诊断，包括 display、debugging 等命令。
- 配置级：业务配置命令，包括路由、各个网络层次的命令，向用户提供直接网络服务。
- 管理级：用于系统基本运行的命令，对业务提供支撑作用，包括 FTP、TFTP、Xmodem 等文件传送命令、配置文件切换命令、备板控制命令、用户管理命令、命令级别设置命令、系统内部参数设置命令等。

系统对登录用户也划分为 4 级，分别与命令级别对应，即不同级别的用户登录后，只能使用等于或低于自己级别的命令。以下是几种常见的命令操作。

1. 进入和退出系统视图

命令 quit 的功能是返回上一层视图，在用户视图下执行 quit 命令就会退出系统。

命令 return 可以使用户从任意非用户视图退回到用户视图。return 命令的功能也可以用组合键<Ctrl+Z>完成。

```
<Quidway>system-view              //从用户视图进入系统视图
Enter system view, return user view with Ctrl+Z.
[Quidway]
[Quidway]interface Serial 0/0/0   //从系统视图进入接口视图
[Quidway-Serial0/0/0]quit         //从接口视图退回到系统视图
[Quidway]quit                     //从系统视图退回到用户视图
<Quidway>
```

2. 命令行在线帮助

在任一命令视图下，输入“?”获取该命令视图下所有的命令及其简单描述。

在输入了命令的前几个关键字母，按下<Tab>键，可以直接补全命令。

```
<Quidway> ?        //输入一命令，后接以空格分隔的“?”，列出全部关键字及其简单描述
<Quidway> d?                          //输入一个命令，后接一字符串紧接“?”
    debugging   delete   dir   display   //列出命令以该字符串开头的所有关键字
```

3. 切换语言模式

VRP 支持中英文两种语言模式，使用 language-mode 命令切换语言模式。

```
<Quidway>language-mode ?
  chinese  Chinese environment
  english  English environment
<Quidway>language-mode chinese
Change language mode, confirm? [Y/N]y
```

Info：改变到中文模式。

4. 路由器名称配置

VRP 命令介绍

在系统视图下使用命令 sysname 可以修改路由器名称。

```
[Quidway]sysname Router1          //改变路由器名为 Router1
[Router1]
```

5. 文件传送

VRP 可以通过 FTP、TFTP、XMODEM 进行软件升级和配置文件的备份，常用方式为 FTP 和 TFTP。

FTP 采用 Server/Client 模式。VRP 既可以实现 FTP Server 的功能，也可以作为 FTP Client。当 VRP 作为 FTP Server 时，用户可以运行 FTP 客户端程序登录到路由器，访问路由器上的文件。当 VRP 作为 FTP Client 时，用户在 PC 上通过终端仿真程序或 Telnet 程序建立与路由器的连接后，可以输入 FTP 命令建立与远程 FTP Server 的连接，并访问远程主机上的文件。

```
<Router> ftp 172.16.104.110
Trying 172.16.104.110 ...
```

```
Connected to 172.16.104.110.
……
User(172.16.104.110:(none)):quidway
331 Give me your password, please
Password:
230 Logged in successfully
……
[ftp] get vrp.cc
……
150 "D:\system\vrp.cc" file ready to send (5805100 bytes) in IMAGE / Binary mode
226 Transfer finished successfully.
FTP: 5805100 byte(s) received in 19.898 second(s) 291.74Kbyte(s)/sec.
```

TFTP（Trivial File Transfer Protocol）与 FTP 相比，不具有认证控制等机制，适用于客户机和服务器之间不需要复杂交互的环境。TFTP 基于 UDP 实现，采用 Server/Client 模式。TFTP 传输由客户端发起。当需要下载文件时，由客户端向 TFTP 服务器发送读请求包，然后从服务器接收数据包，并向服务器发送确认；当需要上传文件时，由客户端向 TFTP 服务器发送写请求包，然后向服务器发送数据包，并接收服务器的确认。TFTP 传输文件有两种模式：二进制模式用于传输程序文件；ASCII 码模式用于传输文本文件。VRP 只能作为 TFTP 客户端，且只能使用二进制模式传输文件。

XModem 协议通过串口传输文件，因其简单性和较好的性能得到广泛应用。VRP 提供 XModem 接收程序功能，可以应用在 AUX 接口上 。

VRP 软件加载

系统管理

SNMP（Simple Network Management Protocol，简单网络管理协议）是一种广泛使用的网络管理协议。它是应用层协议，传输层使用 UDP，占用 161 和 162 两个端口。

SNMP 的结构分为 NMS 和 Agent 两部分。NMS（Network Management Station）向 Agent 发送请求，Agent 是驻留在被管设备上的一个进程或任务，接收到 NMS 的请求后进行相应的分析，提取某些信息，并生成响应报文，回送给 NMS。SNMP 就是用来规定 NMS 和 Agent 之间如何传递管理信息的应用协议。如附图 1-6 所示。

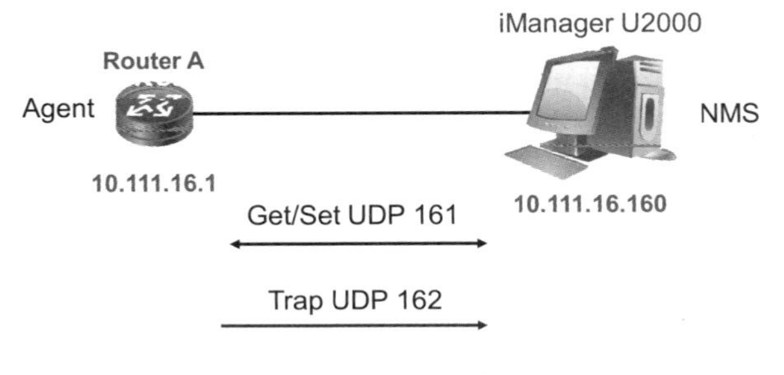

附图 1-6　SNMP 实现

SNMP 规定了两种操作，GET 和 SET。GET 用于从被管理设备获取管理信息，SET 通过设置变量值来起到配置被管理设备的作用。

Trap 由 Agent 产生，将被管理设备的异常事件主动报告给 NMS。当设备出错告警、设备的重要数据被改变时，代理通过发送 Trap 通知 NMS。NMS 接收到 Trap 后，可产生相应的动作，如轮询检测来诊断故障，采取恢复措施、修改网络管理的相关数据。

设备上 SNMP 进程的启用需要进行如下配置：

```
[Quidway]snmp-agent
[Quidway]snmp-agent sys-info version v3
[Quidway]snmp-agent community read public
[Quidway]snmp-agent community write private
[Quidway]snmp-agent trap enable
[Quidway]snmp-agent target-host udp-domain 10.111.16.160 udp-port 5000 params securityname public
```

参考资料

- VRP 特性描述——系统管理。
- VRP 特性描述——基础配置。
- VRP 配置指南——系统管理。
- VRP 配置指南——基础配置。
- VRP 命令参考。

附录Ⅱ　华为模拟器 eNSP

eNSP 介绍

eNSP(enterprise Network Simulation Platform)是一款由华为提供的、免费的、可扩展的、图形化网络仿真工具平台，主要对企业网路由器、交换机进行软件仿真，完美呈现真实设备实景，支持大型网络模拟，让用户有机会在没有真实设备的情况下也能够实验测试，学习网络技术。eNSP 通过虚拟设备接口与真实网卡的绑定，能够实现虚拟设备与真实设备的对接。

图标说明

图标如附图 2-1 所示。

路由器

三层交换机

二层交换机

防火墙

网云

以太网线缆　　串行线缆

附图 2-1　图标

资料清单

- 安装软件 eNSP V100R002C00。
- eNSP V100R002C00 软件安装指南。
- Enterprise Network Simulator 帮助。
- Enterprise Network Simulator 命令参考。

软件和文档资料获取途径

（1）打开 http://support.huawei.com/enterprise。

（2）选择“技术支持 – 网络管理 – eSight Network – eNSP”。

（3）下载相应版本的软件和产品文档。

附录Ⅲ　缩略词和图标对照

缩略词

A		
ARP	Address Resolution Protocol	地址解析协议
ATM	Asynchronous Transfer Mode	异步传输模式
ADCCP	Advanced Data Communication Control Procedure	高级通信控制过程
ARM	Asynchronous Responses Mode	异步响应方式
ABM	Asynchronous Balanced Mode	异步平衡方式
AS	Autonomous System	自治系统
ACL	Access control list	访问控制列表
ARIS	Aggregate Route-based IP Switch	基于聚合路由的 IP 交换
ASIC	Application-specific integrated circuit	专用集成电路
AC	Attachment Circuit	接入电路
ALG	Application Level Gateway	应用级网关
API	Application Programming Interface	应用程序接口

B		
BPDU	Bridge Protocol Data Unit	桥协议数据单元
BGP	Border Gateway Protocol	边界网关协议
BDR	Backup Designated Router	备份指定路由器

C		
COS	Class of Service	优先权字段
CNGI	China Next Generation Internet	中国下一代互联网
CSMA/CD	Carrier Sense Multiple Access with Collision Detection	带冲突检测的载波侦听多路接入
CIR	Committed Information Rate	承诺信息速率
CIDR	Classless Inter Domain Routing	无类域间路由
CFI	Canonical Format Indicator	标准格式指示
CLNP	Connectionless Network Protocol	基于无连接的网络协议
CE	Customer Edge	用户边缘路由器
CCC	Circuit Cross Connect	电路交叉连接

D		
DNS	Domain Name System	域名系统
DTE	Data Terminal Equipment	数据终端设备
DLCI	Data Link Connection Identifier	数据链路连接标识
DSAP	Destination Service Access Point	目的服务访问点
D-V	Distant-Vector	距离矢量协议
DVMRP	Distance Vector Multicast Routing Protocol	距离向量多点广播路由选择协议
DR	Designated Router	指定路由器
DD	Database Description	数据库描述
DIS	Designated Intermediate System	指定中间系统
DSP	Domain Specific Part	域内服务部分
DU	Distribution Unsolicited	下游自主模式
DoD	Distribution on Demand	下游请求模式

E		
EIA	Electronic Industries Alliance	电子工业联盟
EGP	Exterior gateway protocols	外部网关协议

F		
FTP	File Transfer Protocol	文件传输协议
FDDI	Fiber Distributed Data Interface	光纤分布式数据接口
FR	Frame Relay	帧中继
FCS	Frame Check Sequence	帧校验序列
FIFO	First Input First Output	先进先出
FEC	Forwarding Equivalence Class	转发等价类

G		
GVRP	Garp Vlan Registration Protocol	通用 VLAN 属性注册协议
GARP	Generic Attribute Registration Protocol	通用属性注册协议
GMRP	GARP Multicast Registration Portocol	通用多播注册协议

H		
HTTP	Hypertext Transfer Protocol，HTTP	超文本传输协议
HDLC	High-level Data Link Control	高级数据链路控制
HODSP	High Order DSP	路由域细节高序部分
HAN	Home Access Network	家庭网络接入设备

I		
IPRAN	IP Radio Access Network	基于 IP 的无线接入网络
IP	Internet Protocol	因特网协议
ISO	International Organization for Standardization	国际标准化组织
IETF	Internet Engineering Task Force	互联网工程任务组
IEEE	Institute of Electrical and Electronics Engineers	电子电器工程师学会
ITU	International Telecommunication Union	国际电信联盟
ICMP	Internet Control Message Protocol	网际控制报文协议
ISDN	Integrated Service Digital Network	综合业务数字网
InterNIC	International Network Information Center	国际网络信息中心
IS-IS	Intermediate System to Intermediate System	中间系统到中间系统
IGP	Interior gateway protocols	内部网关协议
IDP	Inter Domain Part	域间部分
IANA	Internet Assigned Numbers Authority	因特网地址分配组织
IDS	intrusion detection system	入侵检测系统

L		
LTE	Long-Term Evolution	长期演进
LAN	Local Area Network	局域网
LLC	Logic Link Control sublayer	逻辑链路控制
LCP	Link Control Protocol	链路控制协议
LMI	Local Management Interface	本地管理接口
LAG	Link Aggregation	链路聚合技术
LACP	Link Aggregation Control Protocol	链路聚合控制协议
LACPDU	Link Aggregation Control Protocol Data Unit	链路聚合控制协议数据单元
LSA	link-state advertisement	链路状态通告
LSDB	link state database	链路状态数据库
LSR	LSA Request	链路状态请求
LSU	LSA Update	链路状态更新
LSACK	Link State Acknowledgment	链路状态确认
LSR	Label Switch Router	标签交换路由器
LER	Label Edge Router	标签交换边界路由器
LSP	Label Switch Path	标签交换路径
LDP	Label Distribution Protocol	标签分发协议

M		
MME	Mobility Management Entity	移动性管理实体
MSTP	Multi-Service Transmission Platform	多业务传送平台

MPLS	Multi-Protocol Label Switching	多协议标签交换
MAC	Media Access Control sublayer	介质访问控制
MSS	Maximum Segment Size	最大报文段
MDI	Medium Dependent Interface	媒体独立接口
MP-BGP	Multiprotocol Extensions for BGP-4	多协议扩展 BGP
MRU	Maximum Receive Unit	最大接收单元
MAC	Media Access Control	物理地址
MP_REACH_NLRI	Multiprotocol Reachable Network Layer Reachability Information	多协议网络层可达信息
MP_UNREACH_NLRI	Multiprotocol Unreachable Network Layer Reachability Information	多协议不可达信息

N		
NAT	Network Address Translation	地址转换协议
NRM	Normal Responses Mode	正常响应方式
NCP	Network Control Protocol	网络层控制协议
NIC	Network Interface Card	网络接口卡
NBMA	Non-broadcast multiple access	非广播多路访问
NSAP	Network Service Access Point	网络服务访问点
NSEL	NSAP Selector	地址类型
NET	Network Entity Titles	网络实体名称
NHLFE	Next Hop Label Forwarding Entry	下一跳标签转发条目

O		
OAM	Operation，Administration and Maintenance	操作维护管理
OSI RM	Open System Interconnection Reference Model	开放系统互联参考模型
OSPF	Open Shortest Path Fisrt	开放式最短路径优先协议

P		
PPP	Point-to-Point Protocol	点对点协议
PVC	Permanent Virtual Circuit	永久虚电路
PVID	Port VLAN ID	端口默认 VLAN
PIM-SM	Protocol Independent Multicast - Sparse Mode	协议无关多播-稀疏模式
PIM-DM	Protocol Independent Multicast - Dense Mode	协议无关多播-密集模式
P2MP	Point-to-MultiPoint	点到多点网络
PE	Provider Edge	服务商边缘路由器
PHP	Penultimate Hop Popping	倒数第二跳弹出
PDA	Personal Digital Assistant	个人数据助理

Q		
QoS	Quality of Service	服务质量

R		
RAN	Radio Access Network	无线回传网络
RNC	Radio Network Control	基站控制器
RARP	Reverse Address Resolution Protocol	反向地址解析协议
RSTP	Rapid Spanning Tree Protocol	快速生成树协议
RIP	Routing Information Protocol	路由信息协议
RR	Route-Reflector	路由反射器
RSVP-TE	Resource Reservation Protocol-Traffic Engineering	针对流量工程扩展的资源预留协议

S		
SAE	System Architecture Evolution	系统架构演进
SGW	Service Gateway	服务网关
PGW	PDN Gateway	PDN 网关
PCRF	Policy and Charging Rules Function	策略和计费规则功能
SNA	System Network Architecture	系统网络架构
SMTP	Simple Mail Transfer Protocol	简单邮件传输协议
SNMP	Simple Network Management Protocol	简单网络管理协议
SDLC	Synchronous Data Link Control	同步数据链路控制
SVC	Switched Virtual Circuit	交换虚电路
STP	Spanning Tree Protocol	生成树协议
SSAP	Source Service Access Point	源服务访问点
SNPA	subnetwork point of attachment	链路层地址
SVC	Static Virtual Circuit	静态虚拟电路
SDN	Software-Defined Networking	软件定义网络

T		
TCP	Transmission Control Protocol	传输控制协议
TFTP	Trivial File Transfer Protocol	简单文件传输协议
TOS	Type of Service	服务类型
TPI	Tag Protocol Identifier	标签协议标识
TLV	type-length-value	类型长度值
TE	Traffic Engineering	流量工程

U		
UDP	User Datagram Protocol	用户数据报协议

V		
VLSM	Variable Length Subnet Mask	可变长子网掩码
VLAN	Virtual Local Area Networks	虚拟局域网技术
VRRP	Virtual Router Redundancy Protocol	虚拟路由器冗余技术
VLAN ID	VLAN Identifier	VLAN 标识
VPN	Virtual Private Network	虚拟专用网
VC	Virtual Circuit	虚电路
VPWS	Virtual Private Wire Service	虚拟专用专线业务
VPLS	Virtual Private LAN Service	虚拟专用局域网业务
VSI	Virtual Switching Instance	虚拟交换实例
VLL	Virtual Leased Line	虚拟租用电路
VDC	Virtual Data Center	虚拟数据中心
VPC	Virtual Private Cloud	虚拟私有云

W		
WAN	Wide Area Network	广域网

图标对照

接入网络	
	分光器/合波器
	DSLAM
	OLT
	ADSL MODEM
	ONT

无线网络	
	基站通用图标
	2/3G 基站控制器 BSC/RNC 图标

	SGW/PGW
	MME

数通网络	
	ATN 系列设备（定位移动回传网接入层）
	C乂 系列设备（定位移动回传网汇聚层）
	通用核心路由器
	通用防火墙图标
	接入交换机
	网络云图
	汇聚交换机
	核心交换机
	通用接入/汇聚路由器
	三层交换机

核心网络	
	电话
	网管

光网络	
	MSTP
	BITS 时钟源

终端与外设	
	PC 终端
	服务器
	笔记本电脑/便携机
	大型服务器
	移动终端/手机